人工智能实战

[古] 阿纳达 · 佩雷兹 · 卡斯塔诺(Arnaldo Pérez Castaño) 著
敖富江 周云彦 李博 李海莉 译

清华大学出版社
北 京

Practical Artificial Intelligence
Arnaldo Pérez Castaño
EISBN：978-1-4842-3356-6

北京市版权局著作权合同登记号　图字：01-2019-6301

图书在版编目(CIP)数据

人工智能实战 / (古) 阿纳达 • 佩雷兹 • 卡斯塔诺 著；敖富江 等译. —北京：清华大学出版社，2019.10

书名原文：Practical Artificial Intelligence

ISBN 978-7-302-53856-1

I. ①人…　II. ①阿…　②敖…　III. ①人工智能—普及读物　IV. ①TP18-49

中国版本图书馆 CIP 数据核字(2019)第 213297 号

责任编辑：王　军
装帧设计：孔祥峰
责任校对：牛艳敏
责任印制：丛怀宇

出版发行：清华大学出版社
网　　址：http://www.tup.com.cn，http://www.wqbook.com
地　　址：北京清华大学学研大厦 A 座　　**邮　　编：**100084
社 总 机：010-62770175　　**邮　　购：**010-62786544
投稿与读者服务：010-62776969，c-service@tup.tsinghua.edu.cn
质 量 反 馈：010-62772015，zhiliang@tup.tsinghua.edu.cn
印 装 者：三河市国英印务有限公司
经　　销：全国新华书店
开　　本：170mm×240mm　　**印　　张：**24　　**字　　数：**630 千字
版　　次：2019 年 12 月第 1 版　　**印　　次：**2019 年 12 月第 1 次印刷
定　　价：98.00 元

产品编号：082905-01

译 者 序

从“知情识趣”的 Siri 助手到“倍有面子”的刷脸支付，从“要留清白在人间”的扫地机器人到“春风得意马蹄疾”的自动驾驶，人工智能早已从象牙塔中、科幻小说里，飞入寻常百姓家，它深刻地改变了经济和社会的方方面面，也成为计算机与信息技术中最为热门的领域之一。

本书作者 Arnaldo Pérez Castaño 是一位资深的程序员和人工智能专家，长期从事一线开发工作，在数学建模、算法优化等领域实践经验十分丰富，撰写了多本相关著作。本书是一本关于人工智能的入门书籍，适用于具有一定 C#编程基础、希望学习掌握人工智能技术，有所建树的读者。和大多数注重数学理论的人工智能书籍不同，本书本着“闻之不若见之，知之不若行之”的理念，采用紧密结合实践的学习模型，从命题逻辑、一阶逻辑、自动定理证明等基础概念开始，全面介绍 Agent、多 Agent 系统、仿真、监督/无监督学习、启发式算法、搜索算法、强化学习等各种人工智能典型应用；每一章均包含一个编写了完整代码的实际问题，便于读者理解抽象的数学理论，在实践中消化吸收，融会贯通。

本书主要章节由敖富江、周云彦、李博、李海莉翻译，参与翻译的还有杜静、张民垒、秦富童、黄赪东、赵旭、刘宇、岁塞、庞训龙、王震、王金锁、孔德强等。为完美地翻译本书，做到“信、达、雅”，译者们在翻译过程中查阅、参考了大量中英文资料。当然，限于水平和精力有限，翻译中的错误和不当之处在所难免，我们非常希望得到读者的积极反馈以利于更正和改进。

感谢本书的作者，于字里行间感受你们的职业精神和专业素养总是那么令人愉悦；感谢清华大学出版社给予我们从事本书翻译工作和学习的机会；感谢清华大学出版社的编辑们，他们为本书的翻译校对投入了巨大热情并付出了很多心血，没有他们的帮助和鼓励，本书不可能顺利付梓。

最后，希望读者能够通过阅读本书，早日掌握人工智能技术，并结合到自己的实际应用，收获事半功倍的助力！

译 者

作 者 简 介

Arnaldo Pérez Castaño 是一位计算机科学家，居住在古巴哈瓦那。他是 *PrestaShop Recipes*(Apress，2017)和一系列编程书籍 —— *JavaScript Fácil*、*HTML y CSS Fácil* 以及 *Python Fácil*(Marcombo S.A.)的作者，并为 *MSDN Magazine*、VisualStudio Magazine.com 和 *Smashing Magazine* 等刊物撰写 AI 相关的文章。他是 Cuba Mania Tour(http://www.cubamaniatour.com)网站的联合创始人之一。

他的专长包括 Java、VB、Python、算法、优化、Matlab、C#、.NET Framework 和人工智能。Arnaldo 通过 freelancer.com 提供服务，并担任期刊 *Journal of Mathematical Modelling and Algorithms in Operations Research*(运筹学研究中的数学建模和算法)的审稿人。他爱好电影和音乐。许多同事称他为“加勒比海科学家”。可以通过 arnaldo.skywalker@gmail.com 与他联系。

技术审校者简介

James McCaffrey 在微软研究院的机器学习专家组工作。James 拥有南加州大学的认知心理学和计算统计学博士学位、心理学学士、应用数学学士学位以及计算机科学硕士学位。他经常在开发者大会上发表演讲。James 在大学时代工作于迪士尼乐园时学会了面对公众演说，他甚至仍然可以纯靠记忆背诵整部《丛林巡航》的解说词。

致　谢

首先，非常感谢微软研究院的 James McCaffrey 博士，他热情地接受了本书技术审校者的任务。我和他是在我为 *MSDN Magazine* 撰写文章时，在网上初识的。他当时的评论总是大有裨益，在本书的整个审查过程中同样如此。我还要感谢他的耐心，因为本书原先计划是 9 章，但最终却成为一本包含 17 章的书，而他一直陪伴着我完成这一切。

此外，我还必须感谢本书的编辑们，Pao Natalie 和 Jessica Vakili，感谢他们在本书写作过程中充满耐心和善解人意。

最后，我还想向所有 AI/机器学习相关领域的研究人员致谢，他们日复一日地尝试用新的进展、技术和想法推动这一非常重要的科学领域的进步。谢谢你们！

前　言

本书提出了一种学习人工智能知识的新模式。大多数人工智能书籍都十分偏重理论，而抛弃了能够证明书中介绍的理论的实践问题。而在本书中，我们提出了一种模式，该模式遵循理念：“告知的会被忘记；教会的能够记住；亲身参与，才能学会”，因此，本书中包含理论知识，但保证每章中都包含至少一个编写了完整代码(C#)的实际问题，以便让读者更好地理解，并作为一种让他们亲身体会本章介绍的理论概念和思想的方式。读者可以使用本书附带的代码来执行这些实际问题，这样应该能够帮助读者更好地理解书中描述的概念。

本书尽可能浅显易懂地描述所包含的解释和定义(考虑到它们属于数学、科学领域的事实)，因此不同背景的读者只需要具备最基本的数学或编程知识即可入门并理解内容。

第 1 章和第 2 章探讨许多科学领域(如数学或计算机科学)的基础：逻辑学。在这两章中，我们将介绍命题逻辑、一阶逻辑和自动定理证明，还将介绍用 C#编程的相关实际问题。

在第 3~7 章中，重点关注 Agent 和多 Agent 系统。这几章将深入研究不同类型的 Agent 及其架构，然后提出一个大型实际问题，其中将编写一个火星漫游车程序，其任务是在火星上找到水。我们还将讨论另一个实际问题，即设置一组使用 Windows Communication Foundation(WCF)进行通信的 Agent，最后通过提出另一个实际问题(第 7 章)结束本书的这一部分内容：构成多 Agent 系统的一组 Agent 将协作并进行通信以清洁房间的污垢。

第 8 章将描述人工智能的一个称为仿真的子领域，在该领域中通过运用统计和概率工具模拟现实生活场景。在本章中，我们将模拟一个机场的运作，其中飞机在某个特定时段内到达和离开机场。

第 9~12 章专门介绍监督学习，它是一种非常重要的机器学习范式，基本上是通过向一台机器(程序)提供许多对<数据，分类>的样本，教会它做某件事(通常是对数据进行分类)，其中数据可以是任何事物，它可以是动物、房屋、人等。例如，样本集可能是< 象，大型><猫，小型>等。

显然，为了使机器能够理解和处理任何数据，必须输入数值而不是文本。在这些章节中，我们将探讨支持向量机、决策树、神经网络和手写数字识别。

第 13 章将阐释另一种非常重要的机器学习范式，即无监督学习。在无监督学习中，学习的是作为输入接收的数据的结构，没有监督学习中出现的标签(分类)；换句话说，样本只是<数据>，并且不包括分类。因此，无监督学习程序是在没有任何外部帮助的前提下，仅通过研究数据本身提供的信息进行学习。在本章中将介绍聚类，一种经典的无监督学习技术。另外将描述多目标聚类和多目标优化。构造帕累托边界的方法，即作者提出的帕累托边界生成器，也将包含在本章中。

第 14 章将重点介绍启发式和元启发式，这是在前几章中提到过的一个主题，最终在本章中开展研究。本章将主要描述两种元启发式：遗传算法和禁忌搜索，它们是两种应用最广泛的元启发式类，即基于人口的元启发式和基于单一解的元启发式的典型代表。

第 15 章将探讨游戏编程，特别是需要执行搜索的游戏的世界。本章将详解和实现多种流行的搜索算法。本章还包括一个实际问题，其中设计和编码了一个滑动拼图智能 Agent。

第 16 章将深入探讨博弈论，特别是其称为对抗性搜索的子领域。在该领域中，我们将研究 Minimax 算法并实现一个使用该策略(Minimax)进行游戏的黑白棋 Agent。

第 17 章将描述一种目前被视为人工智能未来的机器学习范式：强化学习。在强化学习中，Agent 通过奖励和惩罚来学习。它们像人类一样与时俱进地学习，当学习过程足够长时，它们可以在游戏中达到极具竞争力的水平，直到击败人类世界冠军(例如西洋双陆棋和围棋)。

本书下载资源请扫封底二维码获取。

目　　录

第 1 章

逻辑学与人工智能

在本章中，我们将阐释一个不仅对人工智能(Artificial Intelligence，AI)，也对许多其他知识领域，如数学、物理、医学、哲学等，都至关重要的主题。自从上古时代开始，该主题(逻辑)就得到了一些如亚里士多德、欧几里得和柏拉图等伟大的数学家和哲学家的深入研究和形式化阐述。AI 诞生于人类的早期阶段，是一种使科学得以蓬勃发展的基本工具。它令我们复杂的人类意识变得清晰而直接，并理顺我们有时混乱的思维。

逻辑是本章的阐述重点。本章将解释它的一些基本理念、概念和分支，以及它与计算机科学和 AI 的关系。该主题对于理解本书中将阐释的许多概念至关重要。此外，如果没有逻辑，又如何能创造出优秀的人工智能？逻辑指导我们思维的理性，所以，如果我们绕过这一极其重要的、具备于人类“天生”智能中的、在许多情况下决定决策(或者确切地说是理性决策)的元素(逻辑)，又如何能创造出一个人工版本的思维？

本书将以这些主题开始：命题逻辑，一阶逻辑，一些实际问题。在这些实际问题中我们将学习：如何创建一个逻辑框架，如何使用一种名为 DPLL 的优秀算法解决 SAT(satisfiability，可满足性)问题，以及如何使用一阶逻辑组件编写第一个简单、朴素的清洁机器人。

注意

逻辑可以分为数理逻辑、哲学逻辑、计算逻辑、布尔逻辑、模糊逻辑、量子逻辑等类别。在本书中将讨论计算逻辑，它涉及计算机科学和逻辑学中必然交叉的相关领域。

1.1 逻辑是什么

对于逻辑是什么以及它在我们日常生活中的作用有多么大，我们都有一点直觉上的认识。尽管具有关于逻辑的此类常识或文化理念，但令人惊奇的是，在科学界中对于逻辑到底是什么，却(迄今为止)并没有一个正式或放之四海而皆准的定义。

为了向逻辑的奠基者们寻求它的定义，我们可以追溯到它的起源，发现逻辑(logic)这个词实际上派生于古希腊语 logike，意为“概念、思路或思想”。

一些理论家将逻辑定义为“思维的科学”。虽然该定义似乎是对我们通常与逻辑一词所联系到一起的那些事物的一种不错的近似描述，但它其实并不非常准确，因为逻辑并不是与思想和推理研究相关的唯一一种科学。现实情况是，该学科根深蒂固地建立在所有其他科学的基础之上，很难对它给出一个正式定义。

在本书中，将把逻辑视为形式化人类推理的一种方式。

由于计算逻辑是与计算机科学相关的逻辑学分支，因此在此将阐释关于该主题的一些重要概念。在此描述的概念最终将在全书及书中所提出的每个实际问题中都会用到。

逻辑广泛应用于计算机科学中，例如处理器层次的逻辑门，硬件(例如浮点运算)和软件的验证，高级编程中的约束编程，以及人工智能中的规划、调度、代理控制等问题。

1.2 命题逻辑

在人类的日常生活和交流过程中，我们不断倾听具有某种意义的语言表达，在其中我们可以找到命题。

命题(proposition)是可以根据其真实性("真"或"1"，"假"或"0"等)或其模态(有可能的、不可能的、必要的等)进行分类的陈述。每个命题都表达了一种代表其意义和内容的思想。由于我们语言中表达的方式种类繁多，可以将它们分类为叙述、感叹、提问等。在本书中，将关注第一类命题，即陈述，它们是对判断的表达，以下将其简称为命题。

下面是一些命题的例子。

(1) "吸烟会损害你的健康。"

(2) "迈克尔·乔丹是有史以来最伟大的篮球运动员。"

(3) "爵士乐是世界上最酷的音乐流派。"

(4) "100 大于 1。"

(5) "哈瓦那有美丽的海滩。"

(6) "第二次世界大战于 1945 年结束。"

(7) "我听史汀的音乐。"

(8) "我会阅读西班牙诗人拉斐尔·阿尔伯蒂的诗作。"

这样的命题称为简单(simple)命题或原子(atomic)命题，我们可能在任何日常对话中使用到此类命题。为了增加它们的复杂性和含义，可以使用复合命题(compound proposition)，此类命题是通过逻辑联结词将简单命题(例如上文所列)连接在一起获得的。

这样，基于上文列出的命题，可以得到以下(未必为真或有意义的)复合命题。

(1) "哈瓦那没有**(NOT)**美丽的海滩。"

(2) "吸烟会损害你的健康并且**(AND)**100 大于 1。"

(3) "迈克尔·乔丹是有史以来最伟大的篮球运动员或者**(OR)**第二次世界大战于 1945 年结束。"

(4) "如果**(IF)**爵士乐是世界上最酷的音乐类型，那么**(THEN)**我会听史汀的音乐。"

(5) "当且仅当**(IF ONLY IF)**100 大于 1 时，我才阅读西班牙诗人拉斐尔·阿尔伯蒂的诗作。"

其中的逻辑联结词以大写字母单词或短语表示，如"NOT"、"AND"、"OR"、"IF ... THEN"和"IF AND ONLY IF"。

简单命题或原子命题用称为命题变量(propositional variables)的字母(p、q、r 等)表示。我们可以将以下一些命题命名如下。

(1) p="吸烟会损害你的健康。"

(2) q="迈克尔·乔丹是有史以来最伟大的篮球运动员。"

(3) r="爵士乐是世界上最酷的音乐流派。"

(4) s="100 大于 1"。

命题既可以为真(1)也可以为假(0)，具体取决于它的构成命题的真假值，这种命题称为公式。请注意，公式可以很简单，即仅由一个命题构成，因此每个命题都可认为是一个公式。

命题逻辑的语法遵循以下规则。

(1) 所有变量和命题常量(真/假)都是公式。

(2) 如果 F 是公式，则 NOT F 也是公式。

(3) 如果 F 和 G 是公式，那么 F AND G、F OR G、F => G、F <=> G 也是公式。

公式 F 的解释是对 F 中出现的每个命题变量进行真值赋值，并确定 F 的真值。因为每个变量总是有两个可能的取值(真/假或 1/0)，公式 F 的解释总数是 2^n，其中 n 是 F 中出现的变量总数。

在所有解释下值都为真的命题称为重言式(tautology)或逻辑定律(logic law)。

在所有解释下值都为假的命题称为矛盾式(contradiction)或不可满足式(unsatisfiable)。

本书着重研究组合命题的真值以及它们的计算方式。在可满足性问题中，我们接收一个公式，通常是一种特殊的标准化形式，称为合取范式(Conjunctive Normal Form，CNF)，我们将尝试为其原子命题指派真值，使公式变为真(1)，如果这样的指派组合存在，则称该公式是可满足(satisfiable)的。这是计算机科学中的一个典型问题，本章将讨论该问题。

在下一节中，将进一步介绍逻辑联结词，因为它们在确定公式最终是否取真值上起着决定性作用。

1.3 逻辑联结词

通常而言，逻辑联结词使用以下符号表示。

- ¬表示否定(非)
- ∧ 表示合取(与)
- ∨ 表示析取(或)
- => 表示蕴含(“如果….那么”)
- <=>表示双重蕴含或等值(“当且仅当”)

逻辑联结词的行为类似一元或二元(接收一个或两个参数)函数，其输出值可以为 1(真)或 0(假)。为了更好地理解每个联结词及其每个可能输入的输出，可以使用真值表(**truth table**)。

■ **注意**

波浪符号(~)也用于表示否定。

在真值表中，列对应于变量和输出，行则对应于各命题变量的所有可能取值组合。在后面几小节中，将给出每个联结词的详细真值表。

1.3.1 否定

设有一个命题 p，则该命题的否命题记为¬p(读作非 p)。这是一个一元逻辑联结词，因为它只需要一个命题作为输入。

接下来尝试否定一些前文所述的命题。

(1) “吸烟并不损害健康。”

(2) “迈克尔·乔丹不是有史以来最伟大的篮球运动员。”

(3) “爵士乐不是世界上最酷的音乐流派。”

(4) “100 不比 1 大。”

(5) “哈瓦那没有美丽的海滩。”

(6) “第二次世界大战不是在 1945 年结束。”

否定逻辑联结词的真值表如表 1-1 所示。

表 1-1　否定逻辑联结词的真值表

p	¬p
1	0
0	1

从表 1-1 中可以看出，如果命题 p 为真(1)，则其否命题为假(0)；而当命题 p 为假(0)时，则其否命题为真(1)。

1.3.2　合取

设有命题 p、q，则它们的合取记为 p∧q(读作 p 与 q)，它是一个二元逻辑联结词，需要两个命题作为输入。

前述命题的合取可以简单地通过使用词语 AND 得到，如下所示。

(1) “吸烟损害健康并且我会阅读西班牙诗人拉斐尔·阿尔伯蒂的诗作。”

(2) “迈克尔·乔丹是有史以来最伟大的篮球运动员并且爵士乐是世界上最酷的音乐流派。”

(3) “100 大于 1 并且哈瓦那有美丽的海滩。”

合取逻辑联结词的真值表如表 1-2 所示。

表 1-2　合取逻辑联结词的真值表

p	q	P∧q
1	0	0
0	1	0
0	0	0
1	1	1

从表 1-2 中可以看出，只有当 p 和 q 同时为真(1)时，p∧q 才为真(1)。

1.3.3　析取

设有命题 p、q，则它们的析取记为 p∨q(读作 p 或 q)。它是一个二元逻辑联结词，需要两个命题作为输入。

前述命题的析取可以简单地通过使用词语 OR 得到，例如：

(1) “我会阅读西班牙诗人拉斐尔·阿尔伯蒂的诗作，或聆听史汀的音乐。”

(2) “迈克尔·乔丹是有史以来最伟大的篮球运动员，或爵士乐是世界上最酷的音乐流派。”

(3) “第二次世界大战在 1945 年结束，或哈瓦那有美丽的海滩。”

析取联结词的真值表如表 1-3 所示。

表 1-3 析取联结词的真值表

p	q	p∨q
1	0	1
0	1	1
0	0	0
1	1	1

从表 1-3 中可以看出，当 p 或 q 有一个为真时，p∨q 就为真。

1.3.4 蕴涵

在数学中，有无数表达法用于表示一种蕴涵关系，即形如“if...then”关系。若有命题 p、q，则它们的蕴涵关系可表示为 p => q(读作 p 蕴涵 q)。这是一个二元逻辑联结词，它需要两个命题作为输入，并表明由 p 的真实性可以推导出 q 的真实性。

我们称 q 为真是 p 为真的必要条件，p 为真是 q 为真的充分条件。

蕴涵联结词类似于在多种命令式编程语言(如 C#、Java 或 Python)中使用的条件语句(if)。为了理解联结词产生的输出，请设想以下命题：

- p = “John 是聪明的。”
- q = “John 去了剧院。”

蕴涵 p => q 将描述为“如果 John 是聪明的，则他去剧院”。接下来分析 p、q 的每个可能的值组合以及联结词得到的结果。

第 1 种情况，其中 p = 1，q = 1。此时，John 很聪明，且他去剧院；因此，p => q 为真。

第 2 种情况，其中 p = 1，q = 0。此时，John 很聪明，但他并不去剧院；因此，p => q 为假。

第 3 种情况，其中 p = 0，q = 1。此时，即使 John 去了剧院，但他并不聪明；由于 p 为假，而 p => q 仅描述当 p(=John 聪明)为真时的状况，因此无法否定命题 p => q；因而该命题为真。

第 4 种情况，其中 p = 0，q = 0。此时，John 不聪明，也不去剧院。由于 p 为假，而 p => q 仅描述当 p(=John 聪明)为真时的状况，因此 p => q 为真。

总而言之，当 p = 0 时，命题 p => q 恒为真，因为，如果条件 p(John 是聪明的)不成立，则结果(John 去剧院)可能是任何情况。该命题可以解释为“如果 John 聪明，那么他会去剧院”，或者“如果 John 不聪明，那么可能发生任何事情”，而后者为真。

蕴涵联结词的真值表如表 1-4 所示。

表 1-4 蕴涵联结词的真值表

p	q	P=>q
1	0	0
0	1	1
0	0	1
1	1	1

当命题 p 为假或命题 p 与 q 均为真时，命题 P=> q 为真。

1.3.5 等值

如果p => q和q => p两者的值相同，则称命题p、q等值，表示为p <=> q(读做“p等值于q”或“p当且仅当q”)。

双重蕴涵或等值联结词只会在p和q的值相同时输出才为真。

等值联结词的真值表如表1-5所示。

表1-5 等值联结词的真值表

p	q	p<=>q
1	0	0
0	1	0
0	0	1
1	1	1

设有命题p、q、r，则等值联结词满足以下特性。

- 自反性：p <=> p
- 传递性：如果p <=> r且 r <=> q，则p <=> q
- 对称性：如果p <=> q，则q <=> p

蕴涵和等值联结词在数理逻辑和计算逻辑中都具有重要意义，它们代表了用于表达数学定理的基本逻辑结构。随着我们继续阅读本书，人工智能、逻辑联结词和逻辑之间的关系将进一步凸显。

1.4 命题逻辑定律

现在我们已经熟悉了所有逻辑联结词，接下来介绍一个逻辑等值和蕴涵的列表，由于其重要性，称它们为命题逻辑定律。其中，p、q和r都是公式，并且使用≡符号来表示p <=> q是一个重言式；即在p、q的任何一组值(即任何解释)下该公式恒为真。此时，称p和q**逻辑等值**。此符号类似于算术中使用的等号，因为它与等号的含义相似，只不过是用于逻辑层次。若p≡q成立，基本上意味着当接收相同的输入时，p和q将始终具有相同的输出(各个变量的真值)。

逻辑等值关系如下所示：

(1) $p \vee p \equiv p$(幂等律)

(2) $p \wedge p \equiv p$(幂等律)

(3) $[p \vee q] \vee r \equiv p \vee [q \vee r]$(结合律)

(4) $[p \wedge q] \wedge r \equiv p \wedge [q \wedge r]$(结合律)

(5) $p \vee q \equiv q \vee p$(交换律)

(6) $p \wedge q \equiv q \wedge p$(交换律)

(7) $p \wedge [q \vee r] \equiv [p \wedge q] \vee [p \wedge r]$(合取分配律)

(8) $p \vee [q \wedge r] \equiv [p \vee q] \wedge [p \vee r]$(析取分配律)

(9) $p \vee [p \wedge q] \equiv p$

(10) $p \wedge [p \vee q] \equiv p$

(11) $p \vee 0 \equiv p$

(12) $p \wedge 1 \equiv p$

(13) $p \vee 1 \equiv 1$

(14) $p \wedge 0 \equiv 0$

(15) $p \vee \neg p \equiv 1$

(16) $p \wedge \neg p \equiv 0$(矛盾律)

(17) $\neg[\neg p] \equiv p$(双重否定律)

(18) $\neg 1 \equiv 0$

(19) $\neg 0 \equiv 1$

(20) $\neg[p \vee q] \equiv \neg p \wedge \neg q$(德・摩根律)

(21) $\neg[p \wedge q] \equiv \neg p \vee \neg q$(德・摩根律)

(22) $p \Rightarrow q \equiv \neg p \vee q$(蕴涵的定义)

(23) $[p \Leftrightarrow q] \equiv [p \Rightarrow q] \wedge [q \Rightarrow p]$(等值的定义)

请注意在上文公式中括号的使用。正如数学中一样，括号可用于将变量及其联结词组合在一起，以表示它们间的顺序相关性、与逻辑联结词的关联等。例如，类似 $p\vee[q\wedge r]$的公式，表示其子公式 $q\wedge r$ 的结果将与析取逻辑联结词和变量 p 连接。

和上文引入≡符号以表示 p、q 在逻辑上等值一样，现在引入≈符号表示 p、q 在逻辑上是蕴含的，记为 $p\approx q$。如果它们在逻辑上是蕴含的，则 $p \Rightarrow q$ 必须是一个重言式。

逻辑蕴含关系如下所示：

(1) $p \approx q \Rightarrow [p \wedge q]$

(2) $[p \Rightarrow q] \wedge [q \Rightarrow r] \approx p \Rightarrow q$

(3) $\neg q \Rightarrow \neg p \approx p \Rightarrow q$

(4) $[p \Rightarrow q] \wedge [\neg p \Rightarrow q] \approx q$

(5) $[p \Rightarrow r] \wedge [q \Rightarrow r] \approx [p \vee q] \Rightarrow r$

(6) $\neg p \Rightarrow [q \wedge \neg q] \approx p$

(7) $p \Rightarrow [q \wedge \neg q] \approx \neg p$

(8) $\neg p \Rightarrow p \approx p$

(9) $p \Rightarrow \neg p \approx \neg p$

(10) $p \Rightarrow [\neg q \Rightarrow [r \wedge \neg r]] \approx p \Rightarrow q$

(11) $[p \wedge \neg q] \Rightarrow q \approx p \Rightarrow q$

(12) $[p \wedge \neg q] \Rightarrow \neg p \approx p \Rightarrow q$

(13) $[p \Rightarrow q] \wedge [\neg p \Rightarrow r] \approx q \vee r$

(14) $\neg p \Rightarrow q \approx p \vee q$

(15) $p \Rightarrow q \approx q \vee \neg p$

(16) $p \approx p \vee q$

(17) $p \wedge q \approx p$

(18) $p \approx q \Rightarrow p$

上述定律很多非常直观，可以通过穷举所涉及变量的所有可能值以及每个公式的最终结果，很容易地得到证明。例如，被称为德・摩根律的等值关系$\neg[p\vee q]\equiv\neg p\wedge\neg q$，可以通过遍历真值表中 p、q 的每个可能值证明，如表 1-6 所示。

表 1-6　验证$\neg[p \vee q] \equiv \neg p \wedge \neg q$的真值表

p	q	¬[p∨q]	¬p∧¬q
0	0	1	1
0	1	0	0
1	0	0	0
1	1	0	0

至此，本书已经介绍了计算逻辑的一些基本主题。现在，读者可能好奇命题逻辑和人工智能之间有何关系。首先，命题逻辑和广义的逻辑学是与 AI 相关的许多领域的基础领域。我们的大脑充斥着逻辑决策，我们在每一步中都要进行开(1)/关(0)定义，并且在多个场合，由我们的“内置”逻辑证明定义的合理性。由于 AI 试图在某种程度上模仿我们的人类大脑，因此必须理解逻辑以及如何使用它，以在将来开发可靠、合乎逻辑的 AI。在接下来的章节中，我们将继续研究命题逻辑，最后将对一个实际问题开展初步研究。

1.5　范式

在检查可满足性时，某些类型的公式比其他公式更容易使用。在这些公式中，可以发现范式。

- 否定范式(Negation Normal Form，NNF)
- 合取范式(Conjunctive Normal Form，CNF)
- 析取范式(Disjunctive Normal Form，DNF)

首先假定所有公式都不包含蕴涵，即所有蕴涵关系 p => q 都转换为其等值形式¬p ∨ q。

如果一个公式中被否定的子公式仅有该公式的变量，则称该公式为否定范式。所有公式均可以使用前一节中介绍的逻辑等值关系 17、20 和 21，转换为一个等效的 NNF。

■ **注意**

范式在自动定理证明(也称为自动演绎或ATP)中很有用，自动演绎是自动推理的子域，同时也是AI的子域。ATP致力于通过计算机程序证明数学定理。

如果一个公式形如$(p_1 \wedge p_2 \ldots \vee p_n) \wedge (q_1 \vee q_2 \ldots \vee q_m)$，其中各个 p_i、q_j 是命题变量或命题变量的否定，则称该公式为一个合取范式。CNF 是变量析取的合取，并且所有 NNF 均可以使用命题逻辑定律转换为 CNF。

如果一个公式形如$(p_1 \wedge p_2 \ldots \wedge p_n) \vee (q_1 \wedge q_2 \ldots \vee q_m)$，其中的各个 p_i、q_j 是命题变量或命题变量的否定，则称该公式为一个析取范式。DNF 是变量合取的析取，所有 NNF 也可以使用命题逻辑定律转换为一个 CNF。

在本章的末尾，将研究几个实际问题，其中将描述计算 NNF 和 CNF 的算法；还将研究范式与 ATP 之间的关系。

■ **注意**

数学对象的规范(canonical)形式或正规(normal)形式都是表示它的标准方式。规范形式表明每个对象存在一种唯一表示方式，正规形式不涉及唯一性特征。

1.6 逻辑电路

本书现已介绍的关于命题逻辑的主题在解决设计问题中得到了应用，更重要的是，在数字逻辑电路中得到了应用。这些执行逻辑二值函数的电路用于处理数字信息。

此外，人类所创造的最重要的逻辑机器(计算机)在底层上使用的是逻辑电路。

计算机是 AI 容器的最为基本和经典的例子，它接收输入数据(以 1 和 0 的二进制流形式)，它使用逻辑和算法(就像我们的大脑那样)处理该信息，最后它提供输出或动作。计算机的核心是 CPU(中央处理单元)，它由 ALU(算术逻辑单元)和 CU(控制单元)组成。ALU——也可以推广到整台计算机——使用具有符号 1 和 0 的二进制语言处理数字形式的信息。这些符号也称为比特，即计算机中信息的基本单位。

逻辑电路是当前我们计算机中的主要技术性部件之一，在电子世界中，本章至此所描述的所有逻辑联结词，称为逻辑门(logical gate)。

逻辑门是用于在数字电路中进行计算的一组开关结构。它能够根据输入产生可预测的输出。通常，输入是两个选定电压之一，分别代表 0 和 1。0 为低电压，1 为较高电压。发射极耦合逻辑的电压变化范围大约为 0.7V，而继电器逻辑的电压变化范围则大约为 28V。

■ 注意

称为神经元的神经细胞工作方式比逻辑门更复杂，但基本相似。神经元具有树突和轴突结构，用于传输信号。神经元从其树突接收一组输入，以加权和将它们相关联，并根据输入信号的频率类型在轴突中产生输出。与逻辑门不同，神经元是适应性的。

我们输入计算机的每一条信息(键盘输入的字符、图像等)最终都会转换为 0 和 1。然后，该信息以不连续或离散的方式通过逻辑电路传递和传送。信息以通常由高(1)和低(0)电压电平构成的电子脉冲产生的连续信号形式流动，如图 1-1 所示。

图 1-1 数字化信息流

ALU 中的逻辑电路通过执行适当的逻辑门(AND、OR 等)，变换所接收的信息。结果，对输入信息进行的任何变换，都可以使用命题逻辑来描述。人们构建了连接各种基本电子元件的电路。我们将每个电子元件及其表示的操作抽象为一个图形，如图 1-2、图 1-3 和图 1-4 所示。

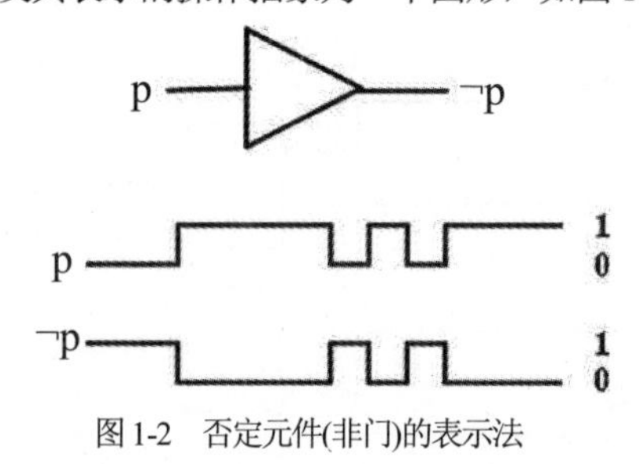

图 1-2 否定元件(非门)的表示法

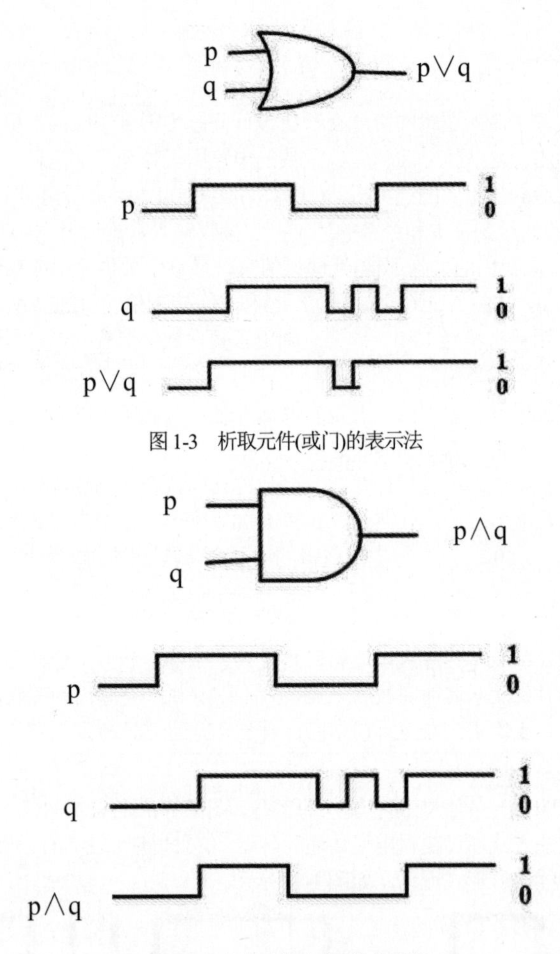

图 1-3　析取元件(或门)的表示法

图 1-4　合取元件(与门)的表示法

作为逻辑电路的第一个例子，在图 1-5 中可以看到一个二进制比较器。该电路接收两个输入(比特)p 和 q，如果 p 和 q 相等，将输出 0；否则，输出 1。为了验证图 1-5 中所示的电路图的输出是否正确，并且实际表示一个二进制比较器，可以遍历二进制输入 p、q 的所有可能值，并检查相应的结果。

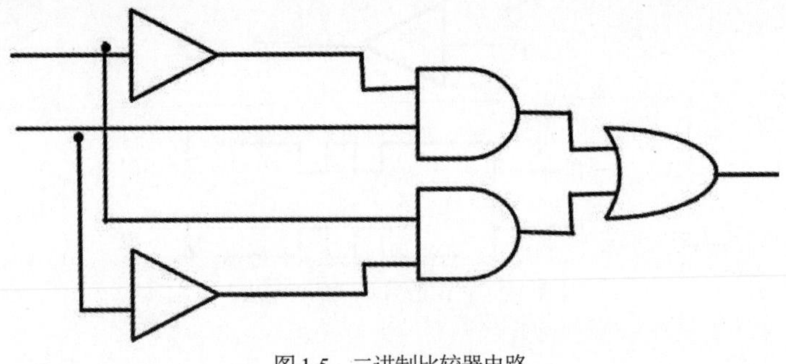

图 1-5　二进制比较器电路

通过对该电路的简单分析可知，当输入 p、q 取不同的值时，各输入都将通过一条被取非的路径，而另一条路径输入信号将保持不变。这将激活两个合取门中的一个，输出 1；因此，最终的析取门也将输出 1，且将把两个输入比特视为不相等。简而言之，当两个输入相等时，输出将为 1；如果输入不相等，则输出将为 0。

现在我们已经学习了命题逻辑的不同相关主题，接下来将首次介绍一个实际问题。在下一节中，将给出一种在 C#中利用这种强大语言表示逻辑公式的方法，并将介绍如何使用二叉决策树求得一个公式的所有可能输出值。

1.7 实际问题：使用继承和 C#运算符计算逻辑公式的值

至此，我们已经学习了命题逻辑的基础知识，在本节中，将提出第一个实际问题。我们将创建一组类，这些类通过继承相互关联，使我们能够根据由输入定义的先验信息得到任意公式的输出。这些类将使用结构递归(structural recursion)。

在结构递归中，类所展示的结构——从而也包括对象——本身是递归的。对于本例而言，递归将出现在 Formula 类及其后代的方法中。使用递归，将在层次结构树中一直调用方法。C#中的继承将通过调用正确版本(与类所代表的逻辑门对应的版本)的方法，帮助实现递归。

代码清单 1-1 列出了本书公式设计中所有其他类的父类。

代码清单 1-1 抽象类 Formula

```
public abstract class Formula
{
    public abstract bool Evaluate();
    public abstract IEnumerable<Variable> Variables();
}
```

抽象的 Formula 类声明它的所有后代必须实现一个布尔方法 Evaluate()和一个 IEnumerable <Variable>方法 Variables()。Evaluate()方法将返回公式的结果值，Variables()方法将返回公式中包含的变量。稍后将介绍 Variable 类。

由于二值逻辑门共享某些功能，我们创建一个抽象类，以分组这些功能，并创建一个更简洁、更有条理的继承设计。BinaryGate 类(如代码清单 1-2 所示)包含了所有二进制门所共享的相似之处。

代码清单 1-2 抽象类 BinaryGate

```
public abstract class BinaryGate : Formula
  {
      public Formula P { get; set; }
      public Formula Q { get; set; }

      public BinaryGate(Formula p, Formula q)
      {
          P = p;
          Q = q;
      }
      public override IEnumerable<Variable> Variables()
      {
```

```
            return P.Variables().Concat(Q.Variables());
        }
    }
```

第一个逻辑门是与门，如代码清单 1-3 所示。

代码清单 1-3　And 类

```
public class And: BinaryGate
    {
        public And(Formula p, Formula q): base(p, q)
        { }

        public override bool Evaluate()
        {
            return P.Evaluate() &&Q.Evaluate();
}
    }
```

And 类的实现非常简单。它接收两个传递给它的父构造函数的参数，而 Evaluate 方法简单地返回内置于 C#的逻辑 AND。Or、Not 和 Variable 类也与之非常相似，如代码清单 1-4 所示。

代码清单 1-4　Or、Not 和 Variable 类

```
public class Or : BinaryGate
    {
        public Or(Formula p, Formula q): base(p, q)
        { }

        public override bool Evaluate()
        {
            return P.Evaluate() || Q.Evaluate();
        }
    }

    public class Not : Formula
    {
        public Formula P { get; set; }

        public Not(Formula p)
        {
            P = p;
        }

        public override bool Evaluate()
        {
            return !P.Evaluate();
        }

        public override IEnumerable<Variable> Variables()
        {
            return new List<Variable>(P.Variables());
        }
    }
```

```
        public class Variable : Formula
        {
            public bool Value { get; set; }

            public Variable(bool value)
            {
               Value = value;
            }
            public override bool Evaluate()
            {
                return Value;
            }

            public override IEnumerable<Variable> Variables()
            {
                return new List<Variable>() { this };
    }
        }
```

注意，Variable 类是我们用于表示公式中的变量的类。它包含一个 Value 域，该域是赋给变量的值(true,false)，当调用 Variables()方法时，它返回一个 List <Variable>，其中只有一个元素，就是它本身。然后，我们看到的递归继承设计会在继承中向上移动该值，以在请求时输出 IEnumerable <Variable>，其中包含正确的 Variable 类型的对象。

接下来将尝试创建一个公式，并根据一组预定义输入，求得其输出，如代码清单 1-5 所示。

代码清单 1-5　创建公式$\neg p \vee q$并求值

```
var p = new Variable(false);
var q = new Variable(false);

var formula = new Or(new Not(p), q);

Console.WriteLine(formula.Evaluate());

p.Value = true;
Console.WriteLine(formula.Evaluate());

Console.Read();
```

执行以上代码，得到的结果如图 1-6 所示。

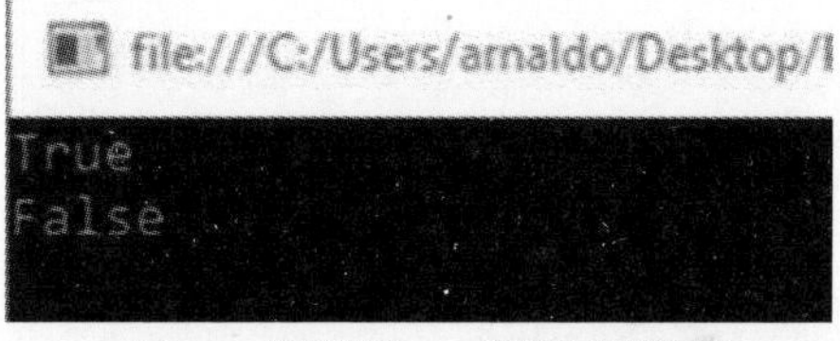

图 1-6　代码清单 1-5 代码的执行结果

因为所有的蕴涵关系都可以使用 OR 和 NOT 表达式(根据命题逻辑定律)转换为一个不包含蕴涵的公式，并且所有双重蕴涵都可以将其变换为蕴涵的合取，从而继续变换为不含蕴涵的形式，因此有了上文的逻辑门，就足以表达任何公式。

1.8 实际问题：将逻辑公式表达为二叉决策树

二叉决策树(Binary Decision Tree，BDT)是满足以下条件的带标记的二叉树。

- 叶子节点标有 0(假)或 1(真)。
- 非叶节点标有正整数。
- 所有标记为 i 的非叶节点都有两个子节点，均标记为 $i+1$。
- 所有通往左子树的分支都具有低值(0)，而所有通向右子树的分支都具有高值(1)。

■ **注意**

二叉决策树只是表示或编写公式真值表的另一种方式。

在图 1-7 中给出了一个二叉决策树，其中叶子节点以正方形表示，非叶节点以圆表示。

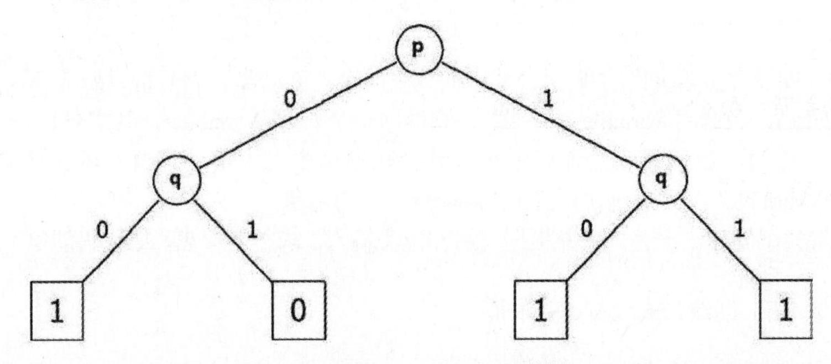

图 1-7 p ∨ ¬q 的二叉决策树

在 BDT 中，树的每一层都对应着一个变量，并且其两个分支对应于其可能的值(1,0)。从根到叶子节点的路径表示公式的所有变量的赋值。在叶子节点处找到的值表示公式的一个解释，即从根起为变量分配值的结果。

现在我们已经学习了一些与命题逻辑相关的主题，可以创建第一个 AI 数据结构了。接下来将展示，通过使用上一个实际问题中引入的 Formula 类，能够只用几行代码就构建一个二叉决策树。在该类中，包含了针对不同用途的三个构造函数，如代码清单 1-6 所示。

代码清单 1-6 BinaryDecisionTree 类的构造函数与属性

```
public class BinaryDecisionTree
     {
         private BinaryDecisionTreeLeftChild { get; set; }
         private BinaryDecisionTreeRightChild { get; set; }
         private int Value { get; set; }

         public BinaryDecisionTree()
         { }

         public BinaryDecisionTree(int value)
{
             Value = value;
         }
```

```
        public BinaryDecisionTree(int value, BinaryDecisionTreelft,
        BinaryDecisionTreergt)
        {
           Value = value;
LeftChild = lft;
RightChild = rgt;
}
   ...
}
```

二叉决策树是一个递归结构，因此，它的模板或类将包含两个 BinaryDecisionTree 类型的属性 LeftChild 和 RightChild。Value 属性是一个整数，用于标识由 Formula 类中的 Variables()方法给出的顺序提供的变量。该顺序相当于树的高度，即在第一层中，根节点的该值为 0，然后在层(高度)1 处，每个节点(全部表示同一个变量)的该值为 1，以此类推。

■ **注意**

在二叉决策树中，每一层代表公式中的一个变量。离开节点(变量)的左分支对应于该变量值为 0(假)的判断，而右分支表示该变量值为 1(真)。

如代码清单 1-7 中所示的静态方法负责构建二叉决策树。

代码清单 1-7　用于从 Formula 中构建二叉决策树的方法

```
public static BinaryDecisionTreeFromFormula(Formula f)
        {
           return TreeBuilder(f, f.Variables(), 0, "");
        }

        private static BinaryDecisionTreeTreeBuilder(Formula f,
        IEnumerable<Variable> variables, intvarIndex, string path)
        {
           if (!string.IsNullOrEmpty(path))
variables.ElementAt(varIndex - 1).Value = path[path.Length - 1]
!= '0';
           if (varIndex == variables.Count())
               return new BinaryDecisionTree(f.Evaluate() ?
               1 : 0);

           return new BinaryDecisionTree(varIndex,
           TreeBuilder(f, variables, varIndex + 1, path + "0"),
TreeBuilder(f, variables, varIndex + 1, path + "1"));
        }
```

公有(public)方法 FromFormula 使用一个辅助私有(private)方法，后者依赖递归创建树。

varIndex 变量定义树的高度，即表示树层级的变量的索引。

Path 将所有变量的取值存储为一个二进制字符串。例如，“010”表示这样一条路径：根变量 *r* 取值为假，然后其左子树变量 lft 取值为真，最后 lft 的右子树变量取值为假。当达到等于公式变量数的深度后，即可使用与目前构建的路径匹配的赋值，求取公式的值，并将最终结果保留在叶子节点中。

通过遍历决策树，可以由其变量的预定义值集(即从根节点到叶子节点的路径)得到公式的输出。此功能在决策过程中非常有用，因为树结构非常直观，易于说明和理解。决策树将在第4 章中深入讨论，现在需要知道的是，它们提供了一些优点和益处。这些优点中值得一提的一点是，它们在一个视图中创建了所有可能输出和后续决策的一个直观表示。由原始选择导致的各个后续决策也在树上得到描绘，因此我们可以看到任何一个决策的总体效果。当我们浏览树并做出选择时，将看到一条从一个节点到另一个节点的特定路径，以及现在所做出的决策可能产生的影响。

如前所述，本书将在下一节中介绍与范式相关的各种实际问题。我们将学习如何将常规状态的公式转换为否定范式(NNF)，并进一步转换为合取范式(CNF)。在操作公式时，这种转换会带来便利，特别是在开发类似 DPLL(Davis-Putnam-Logemann-Loveland)这样的逻辑相关算法时。

1.9 实际问题：将公式转换为否定范式(NNF)

在这个问题中，最终将研究一种将任何公式转换为其否定范式形式的算法。请记住，范式很有用，因为：

- 它们精简了逻辑运算符(蕴涵等)；
- 它们减少了句法结构(子公式的嵌套)；
- 并且可以利用它们寻求高效的数据结构。

NNF 变换算法由以下递归思想确定；设 F 是输入公式，则伪代码如下。

Function NNF(F):

If F is a variable or negated variable Then return F

If F is ¬(¬p) Then return NNF(p)

If F is p ∧ q Then return NNF(p) ∧ NNF(q)

If F is p ∨ q Then return NNF(p) ∨ NNF(q)

If F is ¬(p ∨ q) Then return NNF(¬p) ∧ NNF(¬q)

If F is ¬(p ∧ q) Then return NNF(¬p) ∨ NNF(¬q)

下面假设所有公式都是无蕴涵的，并利用 Formula 层次结构，以实现所描述的伪代码。

■ 注意

公式¬p∧q、p∨q、(p∧(¬q∨r))都是否定范式。另一方面，公式¬(q∨r)、¬(p∧q)不是否定范式，因为其中包含的否定式中包括了Or和And联结词。否定范式形式的公式，只能否定变量。

从修改抽象类 Formula 开始，如代码清单 1-8 所示。

代码清单 1-8 向抽象类 Formula 中加入抽象方法 ToNnf()

```
public abstract class Formula
    {
        public abstract bool Evaluate();
        public abstract IEnumerable<Variable> Variables();
public abstract Formula ToNnf();
}
```

And 类和 Or 类需要做稍许修改，加入一个对新增的抽象方法 ToNnf()的重写(如代码清单

1-9 所示)。

代码清单 1-9 带有重写的 ToNnf()方法的 And 类和 Or 类

```
public class And: BinaryGate
    {

        public And(Formula p, Formula q): base(p, q)
        { }

        public override bool Evaluate()
        {
           return P.Evaluate() &&Q.Evaluate();
        }
public override Formula ToNnf()
        {
return new And(P.ToNnf(), Q.ToNnf());
        }
}

    public class Or : BinaryGate
    {
        public Or(Formula p, Formula q): base(p, q)
        { }

        public override bool Evaluate()
        {
           return P.Evaluate() || Q.Evaluate();
        }

public override Formula ToNnf()
        {
return new Or(P.ToNnf(), Q.ToNnf());
        }
    }
```

Not 类中包含了 NNF 伪代码中的大多数步骤(if 语句)，其最终实现如代码清单 1-10 所示。

代码清单 1-10 带有重写的 Nnf()方法的 Not 类

```
public class Not : Formula
    {
        public Formula P { get; set; }

        public Not(Formula p)
        {
           P = p;
        }
        public override bool Evaluate()
        {
           return !P.Evaluate();
}

        public override IEnumerable<Variable> Variables()
        {
```

```
            return new List<Variable>(P.Variables());
        }

        Public override Formula ToNnf()
        {
    if (P is And)
                return new Or(new Not((P as And).P), new Not((P
                as And).Q));
            if (P is Or)
                return new And(new Not((P as Or).P), new Not((P
                as Or).Q));
        if (P is Not)
                return new Not((P as Not).P);
            return this;
        }
    }
```

最后，Variable类包含从其父类继承的Nnf()抽象方法的一个简单重写。整个类如代码清单1-11所示。

代码清单 1-11　带有重写的 Nnf()方法的 Variable 类

```
public class Variable : Formula
    {
        public bool Value { get; set; }

        public Variable(bool value)
        {
            Value = value;
        }

        public override bool Evaluate()
        {
            return Value;
        }

        public override IEnumerable<Variable> Variables()
        {
            return new List<Variable>() { this };
}

public override Formula ToNnf()
        {
            return this;
        }
    }
```

1.10　实际问题：将公式转换为合取范式(CNF)

合取范式(CNF)基本上是“对OR的AND”，即：以使用析取联结词连接的变量或否定变量构成的组，再通过合取联结词相互关联。例如，$(p\vee q)\wedge(r\vee\neg q)$。由于前文已详述的多种原因，有必要将一个公式转换为CNF形式。下文是CNF变换算法的伪代码。

Function CNF(F):

If F is a variable or negated variable Then return F

If F is p ∧ q Then return CNF(p) ∧ CNF(q)

If F is p ∨ q Then return DISTRIBUTE-CNF (CNF(p),CNF(q))

Function DISTRIBUTE-CNF(P, Q):

If P is R ∧ S Then return DISTRIBUTE-CNF (R, Q) ∧

DISTRIBUTE-CNF (R, Q)

If Q is T ∨ U Then return DISTRIBUTE-CNF (P, T) ∧

DISTRIBUTE-CNF (P, U)

return P ∨ Q

CNF 算法依赖于一个称为 DISTRIBUTE-CNF 的辅助方法，该方法使用命题逻辑的分配律分解公式，以使其更接近 CNF 的预期形式。

■ 注意

CNF算法假设输入公式已为NNF形式。所有的NNF公式都可以使用命题逻辑的分配律转换为等价的CNF公式。

和前文的 NNF 算法一样，我们将 CNF 算法插入到在之前的实际问题中一直在改进的 Formula 层次结构中。对 Formula 抽象类的必要修改如代码清单 1-12 所示。

代码清单 1-12　向 Formula 类中加入 ToCnf()和 DistributeCnf()方法

```
public abstract class Formula
{
        public abstract bool Evaluate();
        public abstract IEnumerable<Variable> Variables();
        public abstract Formula ToNnf();
        public abstract Formula ToCnf();

public Formula DistributeCnf(Formula p, Formula q)
        {
if (p is And)
return new And(DistributeCnf((p as And).P, q), DistributeCnf
((p as And).Q, q));
if(q is And)
                return new And(DistributeCnf(p, (q as And).P),
                DistributeCnf(p, (q as And).Q));

return new Or(p, q);
}
    }
```

向父类加入抽象方法后，即可向子类 And 和 Or 中加入相应的重写方法，如代码清单 1-13 以及稍后的代码清单 1-14 所示。

代码清单 1-13　带有重写的 ToCnf()方法的 And 类

```
public class And: BinaryGate
{

        public And(Formula p, Formula q): base(p, q)
        { }

        public override bool Evaluate()
        {
           return P.Evaluate() &&Q.Evaluate();
        }

        public override Formula ToNnf()
        {
           return new And(P.ToNnf(), Q.ToNnf());
        }

public override Formula ToCnf()
{
return new And(P.ToNnf(), Q.ToNnf());
}
    }
```

Or 和 And 类中的 ToCnf()方法的重写实现是从 CNF 函数的伪代码中提取的直接结果的表达，如代码清单 1-14 所示。

代码清单 1-14　带有重写的 ToCnf()方法的 Or 类

```
public class Or : BinaryGate
    {
        public Or(Formula p, Formula q): base(p, q)
        { }

        public override bool Evaluate()
        {
           return P.Evaluate() || Q.Evaluate();
        }

        public override Formula ToNnf()
        {
           return new Or(P.ToNnf(), Q.ToNnf());
}

public override Formula ToCnf()
{
return DistributeCnf(P.ToCnf(), Q.ToCnf());
}
    }
```

Not 和 Variable 类的 ToCnf()方法重写中，将简单地返回对自身的一个引用，如代码清单 1-15

所示。

代码清单 1-15　Not 和 Variable 类中重写的 ToCnf()方法

```
public override Formula ToCnf()
{
      return this;
}
```

请记住：CNF 算法期望输入一个 NNF 形式的公式；因此，在执行此算法之前，需要调用 ToNnf()方法，然后调用该方法创建的 Formula 对象的 ToCnf()方法。在下一章中，将开始深入研究 AI 和逻辑的一种应用，该应用直接与本书至此介绍的所有实际问题相关：自动定理证明。

1.11　本章小结

在本章中，首先分析了 AI 与逻辑之间的关系，然后介绍了一种基本的逻辑——命题逻辑。接下来，描述了包含用于表示公式(变量、逻辑联结词等)的层次结构的各种代码，并使用不同的方法完善了此层次结构。这些方法包括否定范式转换算法和合取范式转换算法(依赖于先前介绍的分配律)。此外，还描述了用于表示公式及其可能取值的评估的二叉决策树。

在下一章中，将开始研究一种非常重要的，扩展了命题逻辑的逻辑：一阶逻辑。同时，将深入探讨自动定理证明(Automated Theorem Proving，ATP)，并提出一种非常重要的方法来确定公式的可满足性，即 DPLL 算法：

```
(x)IsFriend(x, Arnaldo)(x)IsFriend(x, Arnaldo) (y)
IsWorkingWith(y, Arnaldo)
```

第2章

自动定理证明和一阶逻辑

循着第 1 章开启的思路，本章将以介绍一个与 AI 和逻辑有关的自动定理证明(Automated Theorem Proving)开始。

这是一种为数学家的研究工作提供辅助服务的 AI 技术，用于协助他们证明定理和推论。在本章中，还将花上一些篇幅来讨论一阶逻辑——这种逻辑通过允许或加入量词(全称量词和存在量词)扩展了命题逻辑，提供了一个更为完整的框架，以便于表示可能出现在日常生活中的不同类型逻辑场景。

同时，本书将通过插入子句以及 CNF 的 C#类，扩展第 1 章中介绍的 Formula 类架构，并描述一种非常重要的求解 SAT(可满足性)问题的方法：DPLL 算法。本书将以一些实际问题为例，帮助我们更好地理解后文描述的每一个概念。本章最后将介绍一个简单的清洁机器人，它使用了一些一阶逻辑的术语，并演示如何将这些工具应用于实际问题。

2.1 自动定理证明

自动定理证明器(Automated Theorem Prover，ATP)是一种计算机程序，它可以生成和检查数学定理，并寻求定理的真实性，即该定理的表述是否总是正确的。定理使用某些数学逻辑进行表述，例如命题逻辑、一阶逻辑等。在此仅考虑使用命题逻辑作为其表述语言的 ATP。可以设想一个 ATP 的工作流，如图 2-1 所示。

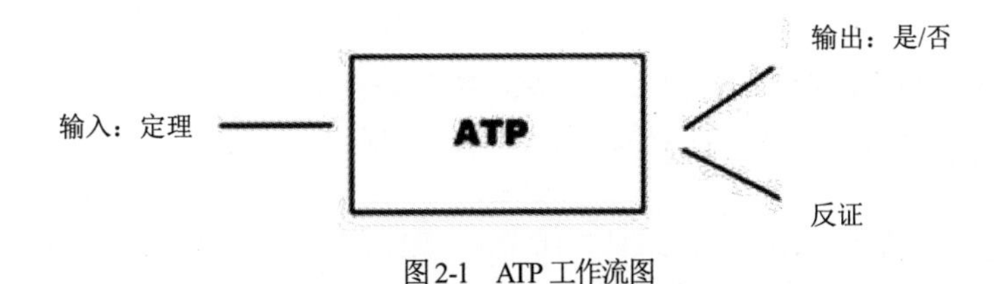

图 2-1 ATP 工作流图

ATP 最初是为数学计算而创造的，但近来因为它们关联了广泛的应用前景，引起了科学界的关注。ATP 的重要应用之一就是向数学定理数据库中加入智能，换言之，就是使用自动定理证明器在数学定理数据库中智能地查找等价定理。可以将 ATP 用于验证数据库中的一个定理在数学上是否与用户输入的另一个定理等价。对于此类应用场景，字符串匹配算法或类似技术还不够好用，因为用户描述定理的方式可能不同于定理在数据库中的存储方式，或者搜索的定理可能是现有定理的一个逻辑推论而非直接克隆。

定理证明器和形式化方法的另一项用途是硬件和软件设计的验证。硬件验证恰恰是一项极为重要的任务。例如，现代微处理器设计错误的商业成本可能高到必须进行设计验证。

软件验证同样至关重要，因为在该领域里错误的代价可能非常高昂。这类错误导致灾难性后果的例子包括“阿丽亚娜-5”火箭的坠毁(由一个简单的整数溢出问题引起，而该问题是可以通过正规的验证流程检测到的)，以及奔腾 II 处理器浮点单元的错误。

ATP 的经典应用当然就是它被创造出来的目的——作为一种帮助数学家进行研究的工具。可以说 ATP 是数学家最喜欢的自动化工具。

■ **注意**

有些逻辑比其他逻辑更强大，能够表达和证明更多的定理。命题逻辑通常是所有逻辑中最弱和最简单的。

定理证明器之间各有差异，取决于在证明搜索过程中所需人类指导的多少，以及用于表达被证定理的逻辑语言的复杂程度。自动化程度与逻辑语言复杂度之间的权衡是必须考虑的问题。

高度的自动化只有在语言受约束时才可能实现。而采用灵活的、高阶语言的证明，通常都需要人的指导，因此此类定理证明器被称作证明助手。

这种人工辅助可以由程序员预先给出提示，或是在证明过程中通过与 ATP 交互输入信息提供。

最简单的一类 ATP 是 SAT (SATisfiability，可满足性)求解器，它依赖命题逻辑作为定理语言。SAT 求解器非常有用，然而命题逻辑的表达能力却是有限的，而且布尔表达式可能变得非常庞大。此外，SAT 问题是第一个被证明在复杂性上具有 NP(Non-Polynomial，非多项式)完备的问题(参见 S.A.Cook 撰写的 *The Complexity of Theorem-proving Procedures*)。在寻找用于高效求解 SAT 的启发式算法方面，已经进行了大量的研究。

在纯数学中，“证明”在某种程度上是非正式的，它们还要接受同行的评审来“验证”，旨在使“证明”的原理得到直观、清晰的确信和传达，而“定理”的陈述则应当总是正确的。ATP 提供了形式化证明(如图 2-1 所示)，其输出可能为布尔值的“是”或 “否”(真/假)，或者(当输入定理的陈述为假时的)一个反例。

■ **注意**

采用模型校验的方法进行软硬件验证，与命题逻辑相结合效果良好。表达式是在对问题的状态机描述基础上得到的，并以二叉决策树的形式进行处理。

自动定理证明器(ATP)通常可以处理两类任务：一是检查定理的逻辑，二是自动生成证明。

在证明检查过程中，ATP 会接收形式化证明作为输入，形式化证明由一个公式列表(步骤)组成，每个步骤由一个公理或一条应用于前面步骤中公式的推理规则来证明。

公式	证明
F1	公理
F2	规则 X 和 F1
……	……
定理	

此类证明很容易进行机器检查，只需要确保每一条证明都是有效的或得到正确应用。

然而，证明的生成则要困难得多，需要生成一个公式列表，其中每个公式都有一个有效的证明，并保证最后一个公式就是待证明的定理。对于简单的问题，证明生成是非常有用的，例如类型推断(C#、Java)、Web 应用的安全性等。

现在，本书已经介绍了一种适用于小问题的 SAT 求解器——二叉决策树。但是，它的大小是指数级的，并且在最坏情况下为了检查可满足性，需要遍历整个树。因此，在本书以后的章节中，将进一步详细地讨论 SAT 问题，以及如何使用其他方法获得更好的结果。

■ **注意：**

在 1976 年，Kenneth Appel 和 Wolfgang Haken用一个程序证明了四色定理，该程序对数十亿个案例进行了规模巨大的案例分析。四色定理断言：只用四种颜色绘制世界地图、并保证不会有两个相邻的国家拥有相同颜色是可能的。

2.2 实际问题：C#中的 Clause 类和 Cnf 类

在本节中，将通过添加 Clause 和 Cnf 类，增强本章中一直在开发的逻辑框架。我们将在编码实现 DPLL 算法时使用这些类。该算法可能是确定逻辑公式可满足性的最巧妙算法，也是自动定理证明的基本工具。

在我们着手开发这个新的增强之前，先来粗略了解一些对于理解即将开发的类很有用处的定义。

字面量(literal)是指变量或变量的逻辑非(例如 p、¬p、q、¬q)。

子句(Clause)是一系列字面量的析取 $p_1 \vee p_2 \vee \ldots \vee p_m$，而每个 Cnf 都是一个子句集合。从现在起，我们将把一个子句表示为$\{ p_1, p_2, \ldots p_m \}$，其中每个 p_i $(i = 1, 2, \ldots ,m)$都是一个字面量。

拟构建的 Clause 类如代码清单 2-1 所示。

代码清单 2-1 Clause 类

```
public class Clause
     {
         public List<Formula> Literals { get; set; }

         public Clause()
         {
            Literals = new List<Formula>();
         }

         public bool Contains(Formula literal)
         {
if (!IsLiteral(literal))
                throw new ArgumentException("Specified formula
                is not a literal");

foreach (var formula in Literals)
              {
                 if (LiteralEquals(formula, literal))
                     return true;
```

```
            }

            return false;
        }
        public Clause RemoveLiteral(Formula literal)
        {
if (!IsLiteral(literal))
                throw new ArgumentException("Specified formula
                is not a literal");

var result = new Clause();

            for (var i = 0; i<Literals.Count; i++)
            {
                if (!LiteralEquals(literal, Literals[i]))
result.Literals.Add(Literals[i]);
            }

            return result;
        }

        public bool LiteralEquals(Formula p, Formula q)
        {
            if (p is Variable && q is Variable)
                return (p as Variable).Name == (q as
                Variable).Name;
            if (p is Not && q is Not)
                return LiteralEquals((p as Not).P, (q as Not).P);

            return false;
        }

    public bool IsLiteral(Formula p)
    {
            return p is Variable || (p is Not && (p as Not).P
            is Variable);
    }
}
```

Clause 类包含下列方法。

- public bool Contains(Formula literal)：判断给定的字面量是否属于该子句。
- public Clause RemoveLiteral(Formula literal)：返回一个新 Clause 类对象，其中不包含作为方法参数传递的那个字面量。
- public bool LiteralEquals(Formula p, Formula q)：判断字面量 p 和 q 是否相等。
- public bool IsLiteral(Formula p)：判断给定的公式是否为一个字面量。

表示合取范式的 Cnf 类如代码清单 2-2 所示。

代码清单 2-2　Cnf 类

```
public class Cnf
    {
        public List<Clause> Clauses { get; set; }
```

```
        public Cnf()
        {
           Clauses = new List<Clause>();
        }

        public Cnf(And and)
        {
           Clauses = new List<Clause>();
RemoveParenthesis(and);
        }
        public void SimplifyCnf()
        {
Clauses.RemoveAll(TautologyClauses);
        }

        private bool TautologyClauses(Clause clause)
        {
            for (var i = 0; i<clause.Literals.Count; i++)
            {
                for (var j = i + 1;
                j <clause.Literals.Count - 1; j++)
                {
                    // Checking that literal i and literal
                    // j are not of the same type; i.e., both
                    // variables or negated literals.
                    if (!(clause.Literals[i] is Variable
                    &&clause.Literals[j] is Variable) &&
                        !(clause.Literals[i] is Not &&clause.
                        Literals[j] is Not))
                    {
var not = clause.Literals[i] is Not ? clause.Literals[i] as
Not : clause.Literals[j] as Not;
var @var = clause.Literals[i] is Variable ? clause.Literals[i]
as Variable : clause.Literals[j] as Variable;
                        if (IsNegation(not, @var))
                            return true;
                    }
                }
            }

            return false;
        }
        private bool IsNegation(Not f1, Variable f2)
        {
           return (f1.P as Variable).Name == f2.Name;
        }

private void Join(IEnumerable<Clause> others)
        {
Clauses.AddRange(others);
        }

        private voidRemoveParenthesis(And and)
        {
var currentAnd = and;
```

```
            while (true)
            {
                // If P is OR or literal and Q is OR or literal.
                if ((currentAnd.P is Or || currentAnd.P is
                Variable || currentAnd.P is Not) &&
                    (currentAnd.Q is Or || currentAnd.Q is
                    Variable || currentAnd.Q is Not))
                {
Clauses.Add(new Clause { Literals = new List<Formula>(currentAnd.
P.Literals()) });
Clauses.Add(new Clause { Literals = new List<Formula>(currentAnd.
Q.Literals()) });
                    break;
                }
                // If P is AND and Q is OR or literal.
                if (currentAnd.P is And && (currentAnd.Q is Or ||
                currentAnd.Q is Variable || currentAnd.Q is Not))
                {
Clauses.Add(new Clause { Literals = new List<Formula>(currentAnd.
Q.Literals()) });
currentAnd = currentAnd.P as And;
                }
                // If P is OR or literal and Q is AND.
                if ((currentAnd.P is Or || currentAnd.P is
                Variable || currentAnd.P is Not) &&currentAnd.
                Q is And)
                {
Clauses.Add(new Clause { Literals = new List<Formula>(currentAnd.
P.Literals()) });
currentAnd = currentAnd.Q as And;
                }
                // If both P and Q are ANDs.
                if (currentAnd.P is And &&currentAnd.Q is And)
                {
RemoveParenthesis(currentAnd.P as And);
RemoveParenthesis(currentAnd.Q as And);
                    break;
                }
            }
        }
```

Cnf类包含下列方法。

- public void SimplifyCnf()：通过删除所有同时包含p和¬p的子句来简化公式，因为p∨¬p恒为真，从而使整个子句为真，也就没必要对其进行分析了。
- public bool TautologyClauses(Clause clause)：判断给定子句中是否同时包含p和¬p。
- private bool IsNegation(Not f1, Variable f2)：判断f1是否为变量f2的逻辑非。
- private void Join(IEnumerable<Clause> others)：将IEnumerable<Clause>类型的其他子句列表others附加到Cnf类的子句列表中。
- private voidRemoveParenthesis(And and)：将Cnf对象转化为一个子句列表。

RemoveParenthesis(And and)方法负责执行一个十分重要的任务。该方法将CNF公式从一系列联结的AND联结词的形式(如And(p_1, And(p_2, And(…))))，转换为一个子句的列表。

我们到目前为止一直在使用 Formula 类架构，它使我们不需要去实现逻辑公式的解析器，但也在清晰性上付出了一点代价。执行 RemoveParenthesis(And and)方法的目的就是，通过将表示 Cnf 类的 And 公式转换为子句列表来还原其清晰性。这种新的表示形式对于需要开发的任何与 CNF 相关的算法都会有帮助；而对于下文即将介绍的 DPLL 算法，它肯定是大有用处的。

■ **注意：**

如果想开发一个逻辑公式解析器，可以使用ANTLR(另一种语言识别工具)，它是一种非常有用的工具，可以在语法编写流程和解析器创建等方面为开发人员提供帮助。ANTLR以Java或C#类(.cs文件)的形式生成和输出解析器，以便于在以后的项目中包含它们，并任意使用。

RemoveParenthesis(And and)方法由一个包含若干条件的 while 循环组成。这些条件可能标志着循环的结束，每个条件各自与作为参数的 And 类中公式 P 和 Q 的类型的某种组合情况相匹配。这些组合情况如下：

- P 和 Q 都是 OR 类或字面量。
- P 是 OR 类或字面量，而 Q 是 And 类。
- P 是 And 类，而 Q 是 OR 类或字面量。
- P 和 Q 都是 And 类。

注意，在 RemoveParenthesis(And and)的函数体中存在若干个对 Literals()方法的调用。和之前编写 ToNnf()和 ToCnf()方法时类似，必须在整个 Formula 类架构中创建和插入该方法。我们将从顶层的 Formula 抽象类开始，如代码清单 2-3 所示。

代码清单 2-3　向 Formula 抽象类添加 Literals()抽象方法

```
public abstract class Formula
    {
        public abstract bool Evaluate();
        public abstract IEnumerable<Variable> Variables();
        public abstract Formula ToNnf();
        public abstract Formula ToCnf();
        public abstract IEnumerable<Formula> Literals();
...
}
```

现在需要将 Literals()方法的具体实现散布到整个类架构中。Literals()方法在其余类中的具体实现如代码清单 2-4 所示。

代码清单 2-4　向类架构的其余类中添加 Literals()方法

```
public abstract class BinaryGate : Formula
   {
...

public override IEnumerable<Formula> Literals()
      {
return P.Literals().Concat(Q.Literals());
}
   }
```

```
public class Not : Formula
{
...

public override IEnumerable<Formula> Literals()
        {
return P is Variable ? new List<Formula>() { this }:
P.Literals();
}
}

public class Variable : Formula
{
        ...

public override IEnumerable<Formula> Literals()
        {
                returnnew List<Formula>() { this };
            }
}
```

至此，我们已经在C#中构建了一个用于逻辑学的框架，接下来介绍一种最简单却又最高效、最巧妙的可满足性判定算法(DPLL算法)公式。

2.3 DPLL算法

DPLL (Davis-Putnam-Logemann-Loveland)算法是一种使用回溯法搜索满足CNF公式的赋值的决策流程。它是在1960年(由Davis, Putnam发表)和1962年(由Davis, Logemann, Loveland发表)的两篇文章中提出的，而直到今天，它仍然构成了最高效的SAT求解器的基础，甚至还被扩展到小块的更复杂逻辑问题中，如一阶逻辑。

SAT问题是第一个证明为NP完备的问题，所以找到对其进行求解的高效流程是十分重要的。此外，该问题在自动定理证明、规划、调度及其他众多人工智能领域也有应用，因而多年来引起了科学界的极大兴趣。

DPLL接收一个CNF公式作为输入，并尝试通过回溯法，同时应用一些特定规则以简化和降低当前公式的复杂性，得到一组可验证公式的赋值。可能的赋值集合将使用二叉树来表示，此二叉树与我们在第1章中介绍的二叉决策树十分类似。

算法的伪代码如下。

```
DPLL(cnf):
       TERMINATION-CONDITIONS(cnf)

cnf' = Rule_OneLiteral(cnf)

cnf'' = Rule_PureLiteral(cnf')
       // Splits the decision tree into branches p and ¬p
       splitted = Rule_Split(cnf'')
       return DPLL(splitted[p]) || DPLL(splitted[¬p])

TERMINATION-CONDITIONS(cnf):
       If cnf.Clauses is Empty:
```

```
        return True
    If cnf.Clauses contains Empty_Clause:
        return False
```

DPLL 所构建的树使用三条规则塑造：OneLiteral、PureLiteral 和 Split。前两条规则判定各个节点中包含的公式，而最后一条规则创建树的新分支。下面我们逐一介绍它们。

- OneLiteral(单字面量规则)：假设有一个单元子句(即仅包含单个字面量 p 的子句)，则将该子句连同所有包含 p 的子句删除，然后还要从CNF的所有子句中删除p的逻辑非(¬p)。如果要使某个公式为可满足的，则该字面量必须是 1，因为它决定了其子句的真值。
- PureLiteral(纯字面量规则)：假设有这样一个字面量 p，若它的逻辑非(即¬p)不属于 CNF 中的任何子句，则删除所有包含 p 的子句。此时可以将 p 赋值为 1，因为其逻辑非在 CNF 中不存在。
- Split(分裂规则)：在应用了纯字面量规则之后，可知当字面量 p 存在时其逻辑非¬p 也必然存在。因此，我们选定一个字面量 p，将集合划分为 Cp、C¬p 和 R。Cp 是所有包含字面量 p 的子句集合，而 C¬p 中的所有子句都包含¬p，R 则是既不含 p 也不含¬p 的子句集合。

  最终可以获得集合 Cp + R 与 C¬p + R。其中，Cp + R 是将所有 R 中的子句添加到 Cp 之后得到的；而 C¬p + R 是将所有 R 中的子句添加到 C¬p 之后得到的。在 DPLL 算法流程中，这两个集合将分别成为所生成树的左分支与右分支的新 CNF 根节点。

下面的伪代码是这些规则的一个示例，其中针对每种情况给出了一个初始 CNF 公式，然后逐个对其应用规则。

```
单字面量规则示例
CNF = {{p, q, ¬r},{p, ¬q}, {¬p}, {r}, {u}}
-设 L = ¬p，应用单字面量规则
CNF' = {{p, q, ¬r},{p, ¬q}, {r}, {u}}
-将¬L = p 从 Cnf'的子句中移除
CNF'' = {{q, ¬r},{¬q}, {r}, {u}}

纯字面量规则示例
CNF = {{p, q},{p, ¬q}, {r, q}, {r, ¬q}}
-设 L = p，应用纯字面量规则
CNF' = {{r, q}, {r, ¬q}}

分裂规则示例
CNF = {{p, ¬q, r},{¬p, q}, {¬r, q}, {¬r, ¬q}}
-设 L = p，应用分裂规则
CNF' = {{¬q, r}, {¬r, q}, {¬r, ¬q}}
CNF'' = {{q}, {¬r, q}, {¬r, ¬q}}
```

DPLL 算法及其辅助方法都将包含在 Cnf 类中。公共方法 Dpll()将依赖于一个辅助的私有方法 Dpll，该方法接收一个 Cnf 类的副本作为参数，如代码清单 2-5 所示。

代码清单 2-5　Dpll()方法及其辅助方法 Dpll(Cnf cnf)

```
public bool Dpll()
{
    return Dpll(new Cnf {Clauses = new
    List<Clause>(Clauses)});
```

```
        }

        private bool Dpll(Cnf cnf)
        {
            // The CNF with no clauses is assumed to be True
            if (cnf.Clauses.Count == 0)
                return true;

            // Rule One Literal: if there exists a clause with
            // a single literal
            // we assign it True and remove every clause
            // containing it.
var cnfAfterOneLit = OneLiteral(cnf);

            if (cnfAfterOneLit.Item2 == 0)
                return true;

            if (cnfAfterOneLit.Item2 < 0)
                return false;

cnf = cnfAfterOneLit.Item1;

            // Rule Pure Literal: if there exists a literal and
            // its negation does not exist in any clause of Cnf
var cnfPureLit = PureLiteralRule(cnf);

            // Rule Split: splitting occurs over a literal and
            // creates 2 branches of the tree
var split = Split(cnfPureLit);

            return Dpll(split.Item1) || Dpll(split.Item2);
        }
```

从代码清单 2-5 中可以看出，Dpll(Cnf cnf)方法与前面介绍的 Dpll 伪代码非常接近。首先，检查当前 Cnf 类中是否存在子句，如果有，则执行第一个简化规则，即单字面量规则。如代码清单 2-6 所示，OneLiteral(Cnf cnf)方法返回一个元组 Tuple<Cnf, int>，其中的结果 Cnf 类是执行简化后所获得的，而返回的整型值则可能是－1、0 或 1。如果该返回值为 0，说明 CNF 公式没有其他子句需要检查了，因此公式必然为真(可满足)；如果该返回值为－1，则说明在 CNF 中发现的是一个空子句，它必然为假(不满足)；最后，对于返回值为 1 的情况，由于未能发现关于 CNF 的可满足性的决定性结论，因而检查过程必须继续下去。

OneLiteral(Cnf cnf)方法调用的两个辅助方法的详细描述如下。

- Negate Literal(Formula literal)：接收一个假定为字面量的 Formula 类作为参数，并返回其逻辑非。在其他任何情况下返回 null。
- UnitClause(Cnf cnf)：查找单字面量子句并返回该字面量。若没有符合条件的子句，则返回 null。

以上规则的编码实现见代码清单 2-6。

代码清单 2-6 OneLiteral()规则及其辅助方法

```
private Tuple<Cnf, int>OneLiteral(Cnf cnf)
        {
var unitLiteral = UnitClause(cnf);
            if (unitLiteral == null)
                return new Tuple<Cnf, int>(cnf, 1);

var newCnf = new Cnf();
            while (unitLiteral != null)
            {
var clausesToRemove = new List<int>();
var i = 0;

                // 1st Loop - Finding clauses where the
                // unit literal is, these clauses will not be
                // considered in the new Cnf
foreach (var clause in cnf.Clauses)
                {
                    if (clause.Literals.Any(literal =>clause.
                    LiteralEquals(literal, unitLiteral)))
clausesToRemove.Add(i);
i++;
                }

                // New Cnf after removing every clause where
                // unit literal is
newCnf = new Cnf();

                // 2nd Loop - Leave clause that do not include
                // the unit literal
                for (var j = 0; j <cnf.Clauses.Count; j++)
                {
                    if (!clausesToRemove.Contains(j))
newCnf.Clauses.Add(cnf.Clauses[j]);
                }
                // No clauses, which implies SAT
                if (newCnf.Clauses.Count == 0)
                    return new Tuple<Cnf, int>(newCnf, 0);
                // Remove negation of unit literal from
                // remaining clauses
var unitNegated = NegateLiteral(unitLiteral);
var clausesNoLitNeg = new List<Clause>();

foreach (var clause in newCnf.Clauses)
                {
var newClause = new Clause();

                    // Leaving every literal except the unit
                    // literal negated
foreach (var literal in clause.Literals)
                        if (!clause.LiteralEquals(literal,
                        unitNegated))
newClause.Literals.Add(literal);
```

```
clausesNoLitNeg.Add(newClause);
                    }

newCnf.Clauses = new List<Clause>(clausesNoLitNeg);
                // Resetting variables for next stage
cnf = newCnf;
unitLiteral = UnitClause(cnf);
                // Empty clause found
                if (cnf.Clauses.Any(c =>c.Literals.Count == 0))
                    return new Tuple<Cnf, int>(newCnf, -1);
            }

            return new Tuple<Cnf, int>(newCnf, 1);
        }
        public Formula NegateLiteral(Formula literal)
        {
            if (literal is Variable)
                return new Not(literal);
            if (literal is Not)
                return (literal as Not).P;
            return null;
        }

        private Formula UnitClause(Cnf cnf)
        {
foreach (var clause in cnf.Clauses)
                if (clause.Literals.Count == 1)
                    return clause.Literals.First();
            return null;
        }
```

OneLiteral 方法由一个 while 循环组成，若当前 Cnf 类中不再含有单字面量子句或达到终止条件之一(CNF 中没有子句、找到空子句)时，循环结束。在这个 while 循环内部，第一个子循环存储每个子句中的单元子句的位置(包括当前的单元字面量)；第二个子循环则通过跳过那些已由第一个子循环记录位置的子句，构造一个新的 Cnf 类对象；while 循环中的第三个(也是最后一个)子循环与前两个类似，但该子循环是为了确保在执行前两个子循环后得到的新的 Cnf 类中的所有子句中，移除单元字面量的逻辑非。

纯字面量规则的实现代码如代码清单 2-7 所示，该规则通常在应用单字面量规则之后应用。

代码清单 2-7　PureLiteral()规则及其辅助方法

```
private Cnf PureLiteralRule(Cnf cnf)
        {
var pureLiterals = PureLiterals(cnf);
            if (pureLiterals.Count() == 0)
                return cnf;

var newCnf = new Cnf();
var clausesRemoved = new SortedSet<int>();

            // Checking what clauses contain pure literals
foreach (var pureLiteral in pureLiterals)
            {
```

```
                for (var i = 0; i<cnf.Clauses.Count; i++)
                {
                    if (cnf.Clauses[i].Contains(pureLiteral))
clausesRemoved.Add(i);
                }
            }

            // Creating the new set of clauses
            for (var i = 0; i<cnf.Clauses.Count; i++)
            {
                if (!clausesRemoved.Contains(i))
newCnf.Clauses.Add(cnf.Clauses[i]);
            }

            return newCnf;
        }

        private IEnumerable<Formula>PureLiterals(Cnf cnf)
        {
var result = new List<Formula>();
foreach (var clause in cnf.Clauses)
foreach (var literal in clause.Literals)
                {
                    if (PureLiteral(cnf, literal))
result.Add(literal);
                }

            return result;
        }

        private bool PureLiteral(Cnf cnf, Formula literal)
        {
var negation = NegateLiteral(literal);

foreach (var clause in cnf.Clauses)
            {
foreach (var l in clause.Literals)
                    if (clause.LiteralEquals(l, negation))
                        return false;
            }

            return true;
        }
```

PureLiteralRule 方法负责对单字面量规则所返回的新 Cnf 类执行纯字面量规则。该方法依赖于以下辅助方法。

- PureLiterals(Cnf cnf): 返回一个在 Cnf 类中找到的纯字面量的列表。
- PureLiteral(Cnf cnf, Formula literal): 判断给定的字面量是否为一个纯字面量；即当其逻辑非存在于 Cnf 类中时返回 false，否则返回 true。

PureLiteralRule()方法将查找Cnf类中的所有纯字面量并将它们从CNF公式的所有子句中删除，并返回一个由删除操作得到的结果子句构成的新 Cnf 类。

最后，Split()方法实现如代码清单 2-8 所示。

代码清单 2-8　Split()规则及其辅助方法

```
        private Tuple<Cnf, Cnf> Split(Cnf cnf)
        {
var literal = Heuristics.ChooseLiteral(cnf);
var tuple = SplittingOnLiteral(cnf, literal);

             return new Tuple<Cnf, Cnf>(RemoveLiteral(tuple.Item1,
             literal), RemoveLiteral(tuple.Item2,
             NegateLiteral(literal)));
        }

        private CnfRemoveLiteral(Cnf cnf, Formula literal)
        {
var result = new Cnf();

foreach (var clause in cnf.Clauses)
result.Clauses.Add(clause.RemoveLiteral(literal));

            return result;
        }

        private Tuple<Cnf, Cnf>SplittingOnLiteral(Cnf cnf,
        Formula literal)
        {
            // List of clauses containing literal
var @in = new List<Clause>();
            // List of clauses containing Not(literal)
var inNegated = new List<Clause>();
            // List of clauses not containing literal nor
            // Not(literal)
var @out = new List<Clause>();
var negated = NegateLiteral(literal);

foreach (var clause in cnf.Clauses)
            {
                if (clause.Contains(literal))
                    @in.Add(clause);
                else if (clause.Contains(negated))
inNegated.Add(clause);
                else
                    @out.Add(clause);
            }

var inCnf = new Cnf { Clauses = @in };
var outCnf = new Cnf { Clauses = @inNegated };
inCnf.Join(@out);
outCnf.Join(@out);

            return new Tuple<Cnf, Cnf>(inCnf, outCnf);
        }
```

该方法使用了以下辅助方法。

- RemoveLiteral(Cnf cnf, Formula literal): 返回一个新的 Cnf 类，其中各子句均不包含作为参数接收的那个字面量。
- SplittingOnLiteral(Cnf cnf, Formula literal): 返回一个元组，其中包含两个新 Cnf 类，这两个类是根据前文所述的分裂规则生成的。

在 Split()方法中，从一个名为 Heuristics 的类调用一个静态方法 ChooseLiteral()，该方法从 CNF 公式中输出其第一个字面量，并将其作为分支字面量。

启发式方法(heuristics)和元启发式方法(metaheuristics)是本书将在第 14 章中深入分析的话题。就现在而言，可将启发式方法看作一种从经验中总结出的流程，能够帮助我们将人类的经验性知识结合到特定问题的求解中去。

■ 注意：

在SplittingOnLiteral()方法内部，声明了@in、inNegated和@out变量，分别用于存储那些包含选定用于进行分裂或分支操作的字面量的子句、包含该字面量的逻辑非的子句，以及所有其他子句。之所以使用@前缀，是因为in和out都是C#语言的关键字。

在 DPLL 中，基于效率方面的原因，树的构造对于恰当选择用于分支的字面量(即用于分裂当前节点并创建树的新分支的字面量)是极为重要的。我们先暂时介绍现有的朴素、简单的分支方法，并在本书后面部分深入探讨选择与分支的更好途径。

2.4 实际问题：在命题逻辑中建模鸽巢原理

鸽巢原理，又称狄利克雷箱原理，是数学中一个简单而基本的概念。德国数学家狄利克雷(Peter Gustav Lejeune Dirichlet)在 19 世纪提出了该概念。狄利克雷是定义了我们今天所知的“函数”概念的科学家。

该原理指出：如果有 n 个鸽巢和 m 只鸽子，且 m > n(即鸽子数量大于鸽巢数量)，那么至少会有一个鸽巢包含两只鸽子。

为了在命题逻辑中阐述该原理，设想变量 p_ij，它表示鸽子 i 到鸽巢 j 的映射。下面将尝试建立一个 CNF 公式，对此问题进行建模，并找出其可满足性。

以下约束条件将确定生成的 CNF 公式的子句。

- p_i1 ∨ p_i2 ∨ ... ∨ p_in，对于每个 i≤m
- ¬p_ik ∨ ¬p_jk, 对于每个 i, j≤m 和 k≤n, i≠j

第一条规则保证每个子句(鸽巢)至少包含一个鸽子。第二个规则(或约束)应用于每一对特定的变量，保证在同一鸽巢中没有两只鸽子。在下面的实际问题中，将展示一个如何在我们的程序中验证鸽巢原理的例子。

2.5 实际问题：判断一个命题逻辑公式是否可满足

在这个实际问题中，将使用之前描述的类架构和 DPLL 算法，判断一个给定的命题逻辑公式是否可满足。为了更好地显示结果，我们将在 Variable 类中实现一个 Name 属性，并在 Not、And、Or、Variable 以及 Cnf 类中重写 ToString()方法(见代码清单 2-9)。

代码清单 2-9　在 Variable 类中实现 Name 属性，并为 Not、And、Or、Variable 以及 Cnf 类重写 ToString()方法

```
public class Variable : Formula
    {
        public bool Value { get; set; }
        public string Name { get; set; }

        ...
        public override string ToString()
        {
            return Name;
        }
    }

public class Not : Formula
    {
        ...
        public override string ToString()
        {
            return "!" + p;
        }
    }

public class Or : BinaryGate
    {
        ...
        public override string ToString()
        {
            return "(" + P + " | " + Q + ")";
        }
    }

public class And : BinaryGate
    {
        ...
        public override string ToString()
        {
            return "(" + P + " & " + Q + ")";
        }
    }

public class Cnf : BinaryGate
    {
        ...
        public override string ToString()
        {
                if (Clauses.Count > 0)
                {
                    var result = "";
                    foreach (var clausule in Clauses)
                  {
                     var c = "";
                     foreach (var literal in clausule.Literals)
```

```
                c += literal + ",";

            result += "(" + c + ")";
        }
        return result;
    }

    return "Empty CNF";
  }
}
```

下面，从尝试将这个公式输入到我们的程序中开始：

(p∨q)∧(p∨¬q)∧(¬p∨q)∧(¬p∨¬r)

我们将使用 And、Or、Variable 以及 Not 类来创建该公式，如代码清单 2-10 所示。

代码清单 2-10 创建公式(p∨q)∧(p∨¬q)∧(¬p∨q)∧(¬p∨¬r)并运用 DPLL 算法判断该公式是否可满足

```
var p = new Variable(true) { Name = "p" };
var q = new Variable(true) { Name = "q" };
var r = new Variable(true) { Name = "r" };

var f1 = new And(new Or(p, q), new Or(p, new Not(q)));
var f2 = new And(new Or(new Not(p), q), new Or(new Not(p), new Not(r)));
var formula = new And(f1, f2);
var nnf = formula.ToNnf();
Console.WriteLine("NNF: " + nnf);

nnf = nnf.ToCnf();
var cnf = new Cnf(nnf as And);
cnf.SimplifyCnf();

Console.WriteLine("CNF: " + cnf);
Console.WriteLine("SAT: " + cnf.Dpll());
```

执行此代码后得到的结果如图 2-2 所示。

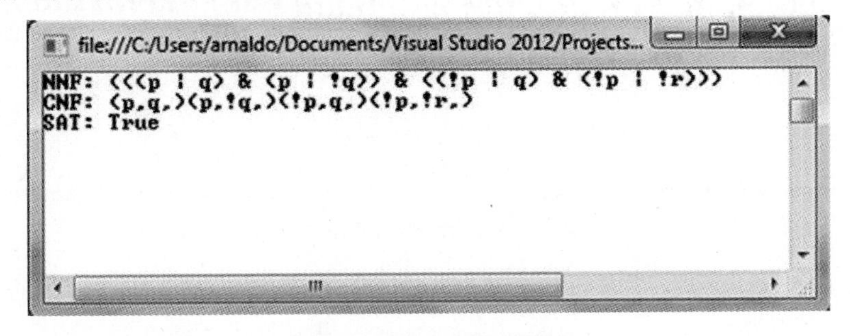

图 2-2 执行上述代码后的结果

接下来，尝试一个不同的公式(见代码清单 2-11，图 2-3)。

(p∨q∨¬r)∨(p∨q∨r)∧(p∨¬q)∧¬p

代码清单 2-11　创建公式(p∨q∨¬r)∨(p∨q∨r)∨(p∨¬q)∨¬p 并运用 DPLL 算法判断该公式是否可满足

```
var f1 = new Or(p, new Or(q, new Not(r)));
var f2 = new Or(p, new Or(q, r));
var f3 = new Or(p, new Not(q));
var formula = new And(f1, new And(f2, new And(f3, new Not(p))));
```

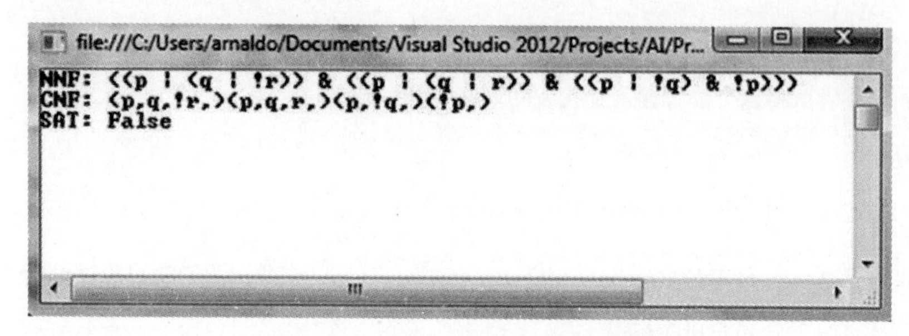

图 2-3　对上式执行 DPLL 算法后的结果

最后再使用一个公式，测试本章介绍的算法和 Formula 类架构(见代码清单 2-12，图 2-4)。

代码清单 2-12　创建公式(p∨q∨r)∧(p∨q∨¬r)∧(p∨¬q∨r)∧(p∨¬q∨¬r)∧(¬p∨q∨r)∧(¬p∨q∨¬r)∧(¬p∨¬q∨r)并运用 DPLL 算法发现该公式是否可满足

```
var f1 = new Or(p, new Or(q, r));
var f2 = new Or(p, new Or(q, new Not(r)));
var f3 = new Or(p, new Or(new Not(q), r));
var f4 = new Or(p, new Or(new Not(q), new Not(r)));
var f5 = new Or(new Not(p), new Or(q, r));
var f6 = new Or(new Not(p), new Or(q, new Not(r)));
var f7 = new Or(new Not(p), new Or(new Not(q), r));
var formula = new And(f1, new And(f2, new And(f3, new And(f4, new And(f5, new And(f6,
f7))))));
```

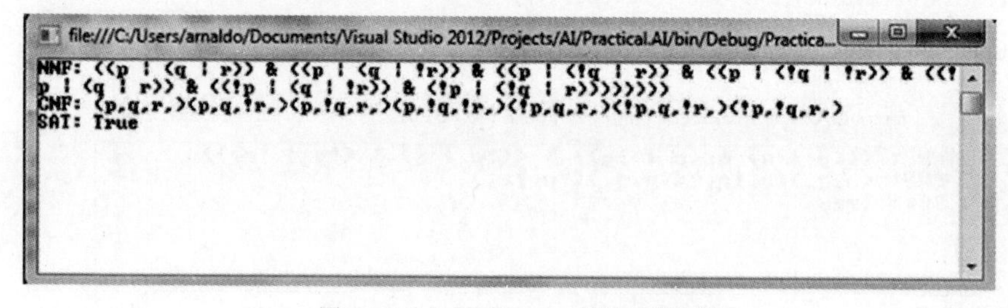

图 2-4　对上式执行 DPLL 算法后的结果

现在来回顾鸽巢原理：考虑 m = 3, n = 2 的情况。在我们的程序中对这种情况的编码如代码清单 2-13 所示。

代码清单 2-13　针对 m=3，n=2 的情况(m 为鸽子数，n 为鸽巢数)在我们的程序中对鸽巢原理的建模

```
// Pigeonhole Principle m = 3, n = 2
var p11 = new Variable(true) { Name = "p11" };
var p12 = new Variable(true) { Name = "p12" };

var p21 = new Variable(true) { Name = "p21" };
var p22 = new Variable(true) { Name = "p22" };

var p31 = new Variable(true) { Name = "p31" };
var p32 = new Variable(true) { Name = "p32" };

var f1 = new Or(p11, p12);
var f2 = new Or(p21, p22);
var f3 = new Or(p31, p32);

var f4 = new Or(new Not(p11), new Not(p21));
var f5 = new Or(new Not(p11), new Not(p31));
var f6 = new Or(new Not(p21), new Not(p31));

var f7 = new Or(new Not(p12), new Not(p22));
var f8 = new Or(new Not(p12), new Not(p32));
var f9 = new Or(new Not(p22), new Not(p32));

var formula = new And(f1, new And(f2, new And(f3, new And(f4,
new And(f5, new And(f6, new And(f7, new And(f8, f9))))))));
```

该情况下的结果不出所料是 False，因为我们无法在一个鸽巢中只安排一只鸽子。

在本书最近几节中，学习了命题逻辑以及与其相关的一些算法和方法，还分析了逻辑与人工智能的关系，描述了 ATP 的含义以及它的一些用途和优点。请谨记，ATP 是一个试图将数学家的工作自动化的领域，而 SAT 求解器在该领域中是一种非常有用的工具。在接下来的几节中，将开始研究一种比命题逻辑更复杂的逻辑，即一阶逻辑。它是命题逻辑的扩展，我们将一窥这种逻辑相比于更简单的命题逻辑具备的一些优点。

2.6　一阶逻辑

到目前为止，本书所研究的命题由一个主语(对象或个体)和一个谓词构成。

给定一组对象或主语，在这些对象之间定义的关系和属性称为谓词。

下面是一些谓词的例子：

1. $x > x$

2. $5 + y - x = 1$

3. $x > 2$

在考虑上述例子之后，我们可能会扪心自问：命题和谓词之间的区别何在？

在刚刚的谓词示例中，包含常数(1, 2, 5)、关系(>, =)以及函数(+, -)，它们都有固定的解释，但对于数值变量(x, y)则不然。这些变量所引入的关于其可能取值的不确定性，导致表达式在逻辑上不能被认为是命题。根据变量 x、y 可能的取值，上述表达式可以为真、也可以为假——从而，表达式在此时(变量确定取值后)才成为命题。

在逻辑中，表达式 1，2，3 称为 n 阶谓词，即具有 n 个变量的谓词。对于示例 1、2 和 3，可以称第一个表达式是一个一元谓词，而第二个表达式是一个二元谓词。一个属性是一个一元谓词，是一种与主语本身的特定关系，因此可以认为它是谓词的一种特殊情况。

■ **注意：**

谓词表示主体、对象和个体之间的关系。它们没有真值，即不像命题那样为真或者为假。

一阶逻辑(FOL)通过允许对逻辑陈述中的对象进行特定形式的推理，扩展了命题逻辑。

在命题逻辑中，有着可能为真也可能为假的代表事实或陈述的变量，如“第二次世界大战结束于 1952 年”或“星球大战是由乔治·卢卡斯导演的”。但是，不可能有代表汽车、铅笔或温度等事物的变量。在一阶逻辑中，变量指的是世界上的事物，如铅笔或温度，而我们可以对其进行量化，这使我们能用一个句子来表达命题逻辑中可能需要几个句子才能表达的含义。

总而言之，我们需要一阶逻辑的原因包括下面几条。

- 需要一种途径来说明个体或主体具有某种属性，或者某些个体以某种特定的方式相关联(例如，“Zofia 是单身”，或者“她嫁给了 Albert”，或者“Johnny 是 Ben 的狗”)。
- 需要一种途径来说明(某种类型的)所有主体都具有某种属性(例如，所有的鸟类都有翅膀，或者存在一个身高超过 7 英尺的人)。
- 需要一种途径来指代那些由其他实体在功能上决定的实体(例如，人的身高；物体的重量;两个数的和)。

命题逻辑提供的简化的表示方式，使得建模许多在我们日常生活中时常遇到的问题十分复杂。因此，必须借助于类似一阶逻辑这样更复杂的逻辑。

前面所述的诸项原因正是一阶逻辑语法的最初动机。其语法使得我们可以(使用形式化语言)生成类似于英语句子那样的公式，例如 IsDog(“Johnny”)(Jonny 是一条狗吗？)、Misses(“Katty”，“John”)(Katty 想念 John)，或者 ∀ x (IsDog(x) => ¬CanFly(x))(对于所有对象 x，如果 x 是狗，那么 x 不能飞)。

一阶逻辑的组成要素包括：命题逻辑的联结词；项——可以是常量(如 a、b、John、Lucas 等)、变量(如 x、y 等)，或是应用于其他项的函数(如 F、G、H 等)；命题常量(真、假)；谓词(如 IsDog、CanFly 等，用于表示单个对象的属性或者两个或更多对象之间的关系)；以及量词(如“所有”记作∀，“存在”记作∃，以及“有且仅有”记作∃!)。FOL 中最大的创新之处无疑是量词运算符的出现。

一阶逻辑中的公式可以是应用于一个或多个项的一个谓词，也可以是两个项的等式(例如：t1=t2；或 $\forall(v)F'(v)$，若 v 是一个变量而 F' 是一个函数，则 $\exists(v)F'(v)$)，或者是从命题逻辑连接词到其他公式的应用中所派生的任何产物。

下面是一些更详细的一阶逻辑语法：

```
constant ::= a | A | b | B | c | C | John | Block1 | Block2 | ...
variable ::= x | y | z | x1| x2 | block1 | ...
function::= f | g | h | weight | sum | mother-of | ...
term ::= constant | variable | function (term , ..., term)
predicate::= A | B | C |IsDog| Loves |IsBrother ...
binary connective ::=^ | ˇ | => | <=>
formula ::= predicate (term , ..., term) | (term = term) | ¬formula | ((formula) binary
```

```
connective (formula)) | ∀(variable) formula | ∃(variable) formula
```

在命题逻辑中，对公式的解释操作就是为其命题变量赋值。而在一阶逻辑中，由于谓词和量词的引入，催生了新的公式，此类公式的取值依赖于对某些域中(例如整数、实数、汽车、铅笔等任何能够想象得到的集合)的对象或对象全集所给出的解释——在此，"解释"的概念比命题逻辑中要更复杂一点。

■ 注意

公式的"解释"是一个域-值对pair(D, A)，其中D为一个域，而A是对各个常量、函数、谓词等项的一组赋值。

为了在一个域或一个对象集合 D 中定义一个公式的解释 I，必须考虑以下解释规则：

(1) 如果 c 是一个常量，那么 c 的域为 D。这种映射指明了名称(常量通常都是名称)是如何与域中的对象相关联的。设有一个常量 Jonny，则在狗的世界中，Jonny 的解释可能就是某只特定的狗。

(2) 如果 P 是一个谓词，那么 P 具有 $D \times D \times \ldots D$ 这样的域。即在 D 中存在一个从谓词到关系的映射。

(3) 如果 *f* 是一个函数，则 *f* 有定义域 D，且函数图像也在域 D 中。即 D 中存在一个从函数到函数的映射。

在域 D 中关于公式 f 给定一个解释 I，则 I 遵循以下取值规则。

(1) 如果 $P(v_1, v_2, \ldots, v_n)$是一个谓词，那么当$(v_1, v_2, \ldots, v_n)$ 为 D 中的一个关系时，P 为真，即$(v_1, v_2, \ldots, v_n) \in D \times D \times \ldots \times D$。这里不妨回忆一下：一个 *n* 元关系就是一个 *n* 元组的集合。

(2) 如果 F、F'是一阶逻辑公式，那么 F∧F'、F∨F'、F=>F'、F<=>F'、¬F 在域 D 中都具有相同的真值，因为它们在命题逻辑里会使用相同的运算符；即这些运算符在两种逻辑中拥有相同的真值表。

(3) 对于公式∀(v)F(v)，当 F(v)对于 v 在域 D 中的任何取值都为真时，该公式为真。

(4) 对于公式∃(v)F(v)，当 F(v)对于 v 在域 D 中的至少一个取值为真时，该公式为真。

现在来看一个例子，该例将阐明在 FOL 中进行解释和求值的原理。考虑如下在域 D 中对于公式的解释 I：

```
∃(x)IsFriend(x, Arnaldo)∧∃(y)IsWorkingWith(y, Arnaldo)

D = {John, Arnaldo, Mark, Louis, Duke, Sting, Jordan, Miles,
Lucas, Thomas, Chuck, Floyd, Hemingway}
Constants = {Arnaldo}
Predicates = {IsFriend, IsWorkingWith}
I(Arnaldo) = Arnaldo
I(IsFriend) = {(John, Arnaldo), (Mark, Louis), (Duke, Sting),
(Jordan, Miles)}
I(IsWorkingWith) = {(Lucas, Arnaldo), (Thomas, Chuck), (Floyd,
Hemingway)}
```

为判定以上解释的真值，有：

```
∃(x)IsFriend(x, Arnaldo)
```

∃(x)IsFriend(x, Arnaldo) 对于 x=John 为真，因为元组/关系(John, Arnaldo)属于 IsFriend，所

以∃(x)IsFriend(x, Arnaldo)也就为真。

```
∃(y)IsWorkingWith(y, Arnaldo)
```

∃(y)IsWorkingWith(y, Arnaldo)对于 y = Lucas 为真，因为元组/关系(Lucas, Arnaldo)属于IsWorkingWith，所以∃(y)IsWorkingWith(y, Arnaldo)也就为真。

由于∃(x)IsFriend(x, Arnaldo)和∃(y)IsWorkingWith(y, Arnaldo)两式都为真，所以它们的合取亦为真，因此该解释也就为真。

C#中的谓词

因为我们正在学习一阶逻辑及其最重要的组件(谓词、量词等)，有必要介绍一下在C#中可以利用谓词泛型代理 Predicate<T>，该数据结构允许我们可以验证一个类型 T 的对象是否满足给定的条件。例如，可以建立如下的 Dog 类(见代码清单 2-14)。

代码清单 2-14　Dog 类

```
public class Dog
  {
       public string Name { get; set; }
       public double Weight { get; set; }
       public Gender Sex { get; set; }

       public Dog(string name, double weight, Gender sex)
       {
           Name = name;
           Weight = weight;
           Sex = sex;
}
     }

    public enum Gender {
       Male, Female
     }
```

接下来，可以使用谓词筛选和获取满足特定属性的对象，如代码清单 2-15 所示。在其中，创建了一个 dogs 对象列表，然后调用 Find()方法(该方法接收一个谓词作为参数)来“找到”所有符合给定谓词的对象(即 dog)。

代码清单 2-15　在 C#中使用谓词来筛选和获取雄性且重量超过 22 磅的对象(本例中为 Dogs)

```
var johnny = new Dog("Johnny", 17.5, Gender.Male);
var jack = new Dog("Jack", 23.5, Gender.Male);
var jordan = new Dog("Jack", 21.2, Gender.Male);
var melissa = new Dog("Melissa", 19.7, Gender.Female);
var dogs = new List<Dog> { johnny, jack, jordan, melissa };
Predicate<Dog>maleFinder = (Dog d) => { return d.Sex == Gender.
Male; };
Predicate<Dog>heavyDogsFinder = (Dog d) => { return d.Weight>=
22; };
```

```
var maleDogs = dogs.Find(maleFinder);
var heavyDogs = dogs.Find(heavyDogsFinder);
```

现在，我们已经简单介绍了命题逻辑和一阶逻辑。在下一节中，将提出一个实际问题，以此展现一阶逻辑的一些实际应用。

2.7 实际问题：清洁机器人

在本节中，将看到许多之前描述过的概念(如函数、谓词等)应用于一个清洁机器人的创建中。这个清洁机器人的世界如图 2-5 所示。

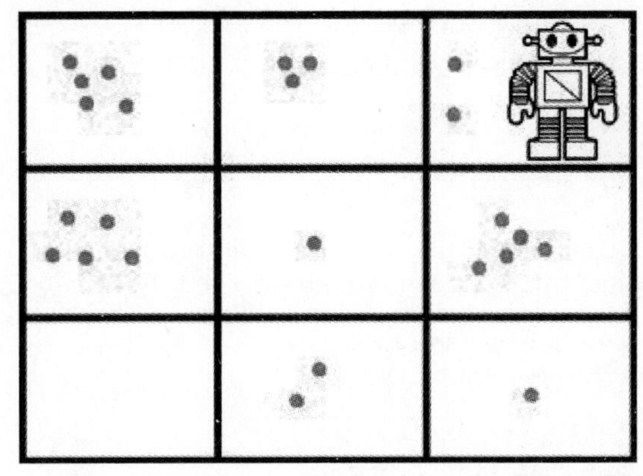

图 2-5 网格中的清洁机器人。污垢用圆点标记，并在网格上用整数进行逻辑表示。基于这个思路，左上角(也就是第一个)单元格的值为 5

这个清洁机器人试图清除一个 $n \times m$(n 行 m 列)网格中的污垢。网格中的每个单元格对应一个整数 d，d 表示该单元格中污垢的数量。当 $d=0$ 时，认为该单元格是干净的。

该机器人的功能特性如下。

- 它每次朝四个可能的方向(上、下、左、右)之一移动一步。
- 在一个单元格被完全清洁干净之前，它不会离开该单元格；而它在清洁时将逐个收拾污垢，也就是说，在一个脏的单元格上，该机器人将每次清理一个单元的污垢(使污垢数 - 1)，然后再继续其下一个决策阶段。
- 在所有污垢都被清理干净后，或者其任务已经超过给定时间(以毫秒计)时，机器人将停止运行。

清洁机器人将依赖于下面这些谓词和函数。

- IsDirty()谓词，用于判定机器人所处的单元格是否为脏。
- IsTerrainClean()谓词，用于判定该地域上的所有单元格是否都是干净的。
- MoveAvailable(int x, int y)谓词，用于判定在地域内朝(x, y)位置的一步移动是否为合法的。
- SelectMove()函数，随机选择一步移动。
- Clean()函数，简单地从当前单元格(也就是机器人此时所处的单元格)清理掉(- 1)一个污垢。
- Move(Direction m)函数，向方向 m 移动机器人。

- Print()函数，打印地域范围情况。
- Start(int milliseconds)函数，命令机器人开始清扫。该方法的代码将匹配先前描述的机器人行为。整型参数 milliseconds 表示该机器人进行清扫的最大时间，以毫秒为单位。

该机器人的代码实现于 C#类 CleaningRobot 中，如代码清单 2-16 所示。

代码清单 2-16　CleaningRobot 类

```
public class CleaningRobot
    {
        private readonlyint[,] _terrain;
        private static Stopwatch _stopwatch;
        public int X { get; set; }
        public int Y { get; set; }
        private static Random _random;

public CleaningRobot(int [,] terrain, int x, int y)
        {
            X = x;
            Y = y;
_terrain = new int[terrain.GetLength(0), terrain.GetLength(1)];
Array.Copy(terrain, _terrain, terrain.GetLength(0) * terrain.
GetLength(1));
            _stopwatch = new Stopwatch();
            _random = new Random();
        }

        public void Start(intmilliseconds)
        {
            _stopwatch.Start();

            do
            {
                if (IsDirty())
                    Clean();
                else
                    Move(SelectMove());

            } while (!IsTerrainClean() && !(_stopwatch.Elapsed
            Milliseconds>milliseconds));
        }
        // Function
        private Direction SelectMove()
        {
var list = new List<Direction> { Direction.Down, Direction.Up,
Direction.Right, Direction.Left };
            return list[_random.Next(0, list.Count)];
        }

        // Function
        public void Clean()
        {
            _terrain[X, Y] -= 1;
        }
```

```
        // Predicate
        public bool IsDirty()
        {
            return _terrain[X, Y] > 0;
        }

        // Function
        private void Move(Direction m)
        {
            switch (m)
            {
                case Direction.Up:
                    if (MoveAvailable(X - 1, Y))
                        X -= 1;
                        break;
                case Direction.Down:
                    if (MoveAvailable(X + 1, Y))
                        X += 1;
                        break;
                case Direction.Left:
                        if (MoveAvailable(X, Y - 1))
                            Y -= 1;
                        break;
                case Direction.Right:
                        if (MoveAvailable(X, Y + 1))
                            Y += 1;
                        break;
            }
        }

        // Predicate
        public bool MoveAvailable(int x, int y)
        {
            return x >= 0 && y >= 0 && x < _terrain.
            GetLength(0) && y < _terrain.GetLength(1);
        }

        // Predicate
        public bool IsTerrainClean()
        {
           // For all cells in terrain; cell equals 0
foreach (var c in _terrain)
                if (c > 0)
                    return false;
            return true;
        }

        public void Print()
        {
var col = _terrain.GetLength(1);
var i = 0;
var line = "";
Console.WriteLine("--------------");
foreach (var c in _terrain)
            {
```

```
                    line += string.Format(" {0} ", c);
i++;
                    if (col == i)
                    {
Console.WriteLine(line);
line = "";
i = 0;
                    }
                }
            }
        }

        public enumDirection
        {
            Up, Down, Left, Right
}
```

这个类的构造函数接收地域范围，以及表示机器人在地域上初始位置的两个整数 x、y 作为参数。

print()方法是出于测试目的而加入的。设有如代码清单 2-17 所示的地域范围，然后我们运行机器人——即对其调用 Start()方法。

代码清单 2-17　启动清洁机器人

```
var terrain = new [,]
                    {
                        {0, 0, 0},
                        {1, 1, 1},
                        {2, 2, 2}
};
var cleaningRobot = new CleaningRobot(terrain, 0, 0);
cleaningRobot.Print();
cleaningRobot.Start(50000);
cleaningRobot.Print();
```

该地域包含污垢的地方有第二行(每列 1 个)和第三行(每列两个)，当机器人根据前文所述的终止条件(所有污垢清理完毕或到达时限)之一，完成任务后，得到的结果如图 2-6 所示。

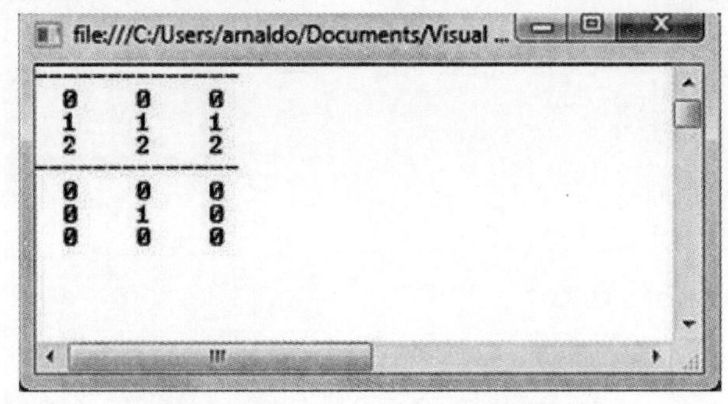

图 2-6　机器人清扫之前和之后的地域情况

正如在开发 DPLL 算法时那样，需要一个启发式算法来选择 Agent 的下一步操作。本书将在第 14 章讨论启发式算法和元启发式算法。

这个清洁机器人只是一个很朴素、很简单的 Agent(代理)。关于人工智能中 Agent 的话题将在第 3 章进行详述。目前，我们已经建立了必要的基础，能够开始深入 AI 中那些更复杂、更耐人寻味的主题与分支。无论如何，以后将要研究的话题都与逻辑相关，因为它是许多科学和知识领域的基础。

2.8 本章小结

在前面两章中，分析了 AI 与逻辑之间的关系。我们介绍了逻辑的两种基本类型：命题逻辑和一阶逻辑。我们学习了各种代码，包括一个用于表示公式(变量、逻辑联结词等)的类架构，并向该架构中完善补充了多种方法。

所给出的方法包括：否定范式转换算法、合取范式转换算法(依赖于之前介绍的分配律)，以及一种判定公式可满足性经典算法——DPLL 算法。此外，还介绍了用来表示公式及其可能的求值方法的二叉决策树，以及一个实际问题：一个使用一阶逻辑概念来实现简单智能的简易、朴素的清洁机器人。

第3章 Agent

本章开始介绍 AI 世界中一个非常重要的研究领域：Agent(代理)。当前，在计算机科学和AI 的众多分支学科中，Agent 都是一个热点研究领域。Agent 技术已用于从电子邮件过滤器这样相对较小的系统，到空中交通管制这样的复杂、大型系统中。

下面将介绍 Agent 这种基本的 AI 实体；我们将从了解一个可能的 Agent 定义开始(因为关于这个概念还没有统一的共识)。我们将研究各种 Agent 的属性和架构，并通过对一个实际问题的分析来帮助我们理解如何在 C#中开发 Agent。在本章和下一章中研究的实际问题将使本章所提出的概念具有坚实基础，而其中许多将与 AI 的经典问题相关。

本书会为许多从游戏玩家、AI 爱好者或与 AI 相关的程序员那里听到的词语给出定义和内涵，例如反应式(reactive)、主动式(proactive)、感知(perception)、动作(action)、意图(intention)或慎思(deliberation)等。读者可能已经知道的一些典型 Agent 例子包括机器人、基于 Web 的购物程序、交通控制系统、软件守护进程等。

注意

Agent俗称Bot，来源于单词Robot。它们可能拥有类似于科幻电影中表现的那种金属躯体，也可能只是安装在手机上的软件，例如Siri。Agent可以拥有人类的能力，例如语言能力和语音识别等，并能够自主地行动。

3.1 Agent 是什么

如前文所述，关于术语 Agent 的概念尚未形成统一共识。要记住——“逻辑”的概念也有同样的问题。

为了提供术语 Agent 的定义，我们将综合考虑各家之言，从所有不同定义中提取最为通用的特征，并为其附加一些自洽逻辑。

由于 Agent 是一个源自 AI 的术语，必须牢记：如同 AI 领域中的其他概念一样，Agent 概念也与创建一个人造实体相关，该实体能在特定的方法或环境下，模拟乃至(若有可能)改进一个人类任务集合的遂行过程。

也就是说，Agent 是这样一个实体(可以是人、也可以是计算机程序)——使用一系列传感器(用于感知热、压力等，某种程度上类似人类)，从而能够获取各种感知或输入(如温暖、高压等)，并可以根据感知到的环境、通过执行机构采取动作(如打开空调、向不同位置移动)。

对于人类而言，执行机构(actuator)可以是腿、手臂或嘴；而对于机器人而言，则可能是其机械臂、轮子或其他类似部件。

感知或输入是指 Agent 通过其传感器接收到的所有数据。

对于人类而言，传感器可以是眼睛、鼻子、耳朵，或任何我们实际拥有的，用于从现实世界和日常环境中提取信息的器官。而对于机器人而言，传感器可能是其摄像头、麦克风，或任何它们能用于从环境中获取输入的部件。在这两种情况下，接收到的输入都被转换成感知——即附加了一定逻辑的信息片段。举个例子：当人进入一个房间时，用自己的耳朵就能注意到房间里的音乐声太吵了。这一注意并接收到该感知的过程是何工作机理？——我们的耳朵感觉到房间里的嘈杂声，这些信息被传递到我们的大脑，大脑对其进行处理而产生一种被标记为“吵闹的音乐”的感知，于是我们就获知了。视情况，我们可能会根据这一感知做出行动——用我们的胳膊和手(即执行机构)来调低音乐的音量。同样的事情也会发生于非人类的 Agent，不过感知是发生在软件层面上，而动作则可能会使用一些机器人部件(如机械臂、轮子等)来执行。

从数学的角度来看，Agent 的定义可看成一个函数：它以感知集中的一系列元组或关系作为定义域，并拥有一个动作集(如图 3-1 所示)。也就是说：假设 F 是 Agent 的函数，P 为感知集，而 A 为动作集，则 F 可表示为 F: P* → A。现在本书已经给出 Agent 这一非常重要的术语的定义，接下来将定义所谓的智能 Agent。

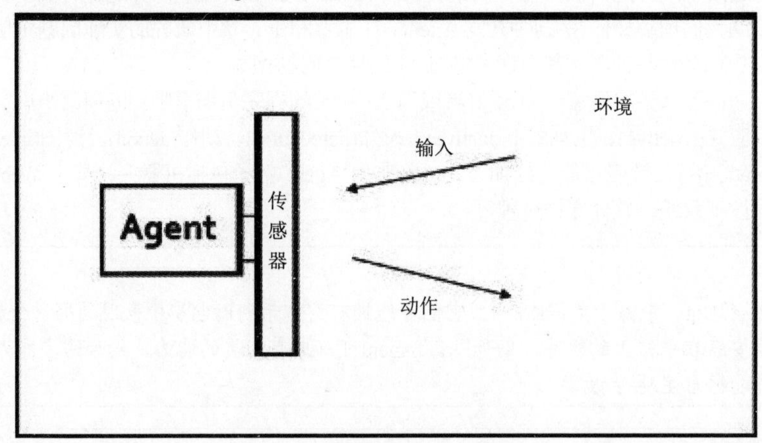

图 3-1　在其环境中的 Agent。该 Agent 使用其传感器组件从环境中接收输入，它处理这些输入并最终输出动作，而动作又能影响环境。只要该 Agent 保持活动，这就将是一个持续的交互过程

智能 Agent 是一种自主的 Agent，能够在考虑多个 Agent 属性(例如反应性、主动性和社会能力)的情况下执行其动作。普通 Agent 与智能 Agent 之间的主要区别在于“智能”和“自主”这两个定语——“自主”与预期其行为具有的独立性有关，而“智能”则与前面刚提到的属性有关。这些属性(及其他一些属性)将是接下来几节的重点。

■ **注意**

Agent不一定是智能Agent，因为对于简单的Agent(如运动探测器)而言，可能没有必要具备智能这种涉及一系列更加“人性化”或更“高级”的属性(如反应性、主动性和社会能力等)的特征。所以，为尽可能保证叙述的普适性，本书从更通用的Agent定义开始，然后讨论智能Agent的定义。

3.2 Agent 的属性

既然我们已经了解了 Agent 和智能 Agent 的概念，现在就来描述那些使得 Agent 具备智能的属性。

“自主性(autonomy)”是指 Agent 不需要人类或其他 Agent 直接干预即可行动、并控制其自身行为及内部状态的能力。

“反应性(reactivity)”是指 Agent 感知其环境并对接收到的感知做出及时(且必须有效的)响应，从而达成该 Agent 的给定目标的能力。

“主动性(proactiveness)”是指 Agent 表现出以目标为导向的行为、并通过创建能够引领 Agent 实现其给定目标的规划或类似策略，主动作为的能力。

“社交能力(social ability)”是指 Agent 在多 Agent 系统中与其他 Agent(可能是人类)进行交互以实现其给定目标的能力。由于该属性与多 Agent 环境相关，将在下一章中对其进行进一步讨论。

还有一个十分重要的属性是“理性(rationality)”。当一个 Agent 为实现其目标而行动、同时绝不会以阻碍其实现目标的方式来行动，就称它是理性的。

“纯反应式(purely reactive)”是指 Agent 决定其行动时完全不考虑其感知历史。它们的决策过程仅仅基于当前感知而不考虑其过往感知；也就是说，它们没有记忆或无视其记忆。数学上将一个纯反应式 Agent 的函数表述为 $F: \mathrm{P} \rightarrow \mathrm{A}$。可见，一个仅仅表现出反应性属性的 Agent 只需要当前感知即可做出行动。

■ 注意

Agent函数的一般形式是F: $\mathrm{P}^* \rightarrow \mathrm{A}$。其中P顶部的星号表示一种对应零个或多个感知的关系，即一组长度为n的元组($n \geqslant 0$)，该数字n(在函数关系确定后)将替换掉这个星号。对于纯反应式Agent而言，$n = 1$。

反应式 Agent 中的决策过程通过一个直接从状态到动作的映射实现。具备该属性的 Agent 不经推理过程即对环境做出反应。上一章描述的清洁机器人就是一个反应式 Agent 的例子，不妨回忆一下，其中有类似代码清单 3-1 所示的规则。

代码清单 3-1　第 2 章中的清洁机器人(一个反应式 Agent)的简单规则

```
if (IsDirty())
Clean();
       else
Move(SelectMove());
```

正是这些简单的规则使清洁机器人不经任何推理即对环境做出反应。其中 SelectMove()方法返回一个随机的移动来让 Agent 执行，因而该 Agent 不具备任何启发式或其他类型的目标导向分析或行为。和这个清洁机器人类似，所有反应式 Agent 都基本上是一系列硬连接的 if ... then 规则。

对我们而言，开发反应式 Agent 有哪些优势？

(1) 编写它们相当简单，能够得到简洁、易读的代码。

(2) 它们易于跟踪和理解。

(3) 它们提供了抵御故障的鲁棒性。

那么，纯反应式 Agent 又有哪些劣势或局限性呢？

(1) 由于它们基于“本地”信息(换言之，关于 Agent 当前状态的信息)做出决策，因而难以看出这样的决策如何考虑非本地信息，也就是说，它们“目光短浅”。

(2) 难以使它们从经验中学习，并随着时间的积累改善其表现。

(3) 对于那些必须包含大量行为(过多的情景->动作规则)的反应式 Agent 的编码会很困难。

(4) 它们没有任何主动的行为，它们不制订规划也不关心未来，而只关心当前或马上要执行的动作。

对环境做出反应其实相当简单，但我们常常需要 Agent 更进一步：我们需要它们代表我们行动并为我们工作。要完成这些任务，它们必须具有目标导向的行为——它们必须是主动的。

主动式 Agent 寻求创建和实现一系列次级目标，这些次级目标最终通往主要目标的实现。在其运作过程中，此类 Agent 应当能够预测需求、机会和问题，并主动作为去处理这些问题。它们还应当能够动态识别机会，例如可用资源、模式异常、协作可能性等。

一种常见的主动式 Agent 的例子是个人助手 Agent，如那些往往安装在个人数码设备上的 Agent。这种 Agent 能够在我们的手机上持续运行，对我们的位置和偏好保持跟踪、并根据这些偏好主动提出关于游览目的地的建议(例如本区域内举办的文化活动、供应我们嗜好食物的餐厅等)。

一般来说，我们希望 Agent 具备反应性，这是指及时对变化的环境做出响应，也就是响应短期目标。我们还希望 Agent 能够积极主动、并为达成长期目标而系统地工作。如何实现能够统筹平衡这两种属性(反应性和主动性)的 Agent，是一个开放的研究问题。

在本章中将分析一个实际问题，在分析中，将为第 2 章介绍的清洁机器人添加主动性特征。

Agent 的其他属性——尽管人们不将它们视为类似前文所述的几种属性的 Agent 基本属性，但仍然与 Agent 相关——如表 3-1 所示。

表 3-1 Agent 的其他属性

属性	描述
协调 (coordination)	该属性是指 Agent 能够与其他 Agent 一同在一个共享环境中执行某些活动。该属性回答了一个问题：如何在一组 Agent 中划分任务？协调存在于规划、工作流或其他管理工具中
合作性 (cooperation)	其含义是 Agent 能够与其他 Agent 合作以完成它们共同的目标(共享资源与结果、分布式解决问题)。它们会作为一个团队共享成功或失败
适应性 (adaptivity)	也被称为学习性，其含义是 Agent 是反应性、主动性的，能够从自身经验、环境以及与其他 Agent 的交互中进行学习
可迁移性 (mobility)	该属性是指 Agent 能够将自身从一个外壳转移到另一个外壳，并使用不同的平台
时间持续性 (temporal continuity)	其含义是 Agent 正在持续运行
个性 (personality)	该属性是指 Agent 具有定义完善的“个性”以及对“情绪”状态的感知

(续表)

属性	描述
可复用性 (reusability)	该属性是指后继的 Agent 实例可能需要保留 Agent 类的实例，以便信息复用，或检查和分析以前产生的信息
资源限制 (resource limitation)	其含义是 Agent 仅在拥有某些可由其支配的资源时，才能行动。这些资源可由 Agent 的行动以及委托更改
诚实性 (veracity)	其含义是 Agent 不会故意传达错误信息
友善性 (benevolence)	其含义是 Agent 将在这样一个假设下运行——它没有与其他 Agent 相互冲突的目标，并将始终试图完成要求它做的事情
知识层交流 (knowledge-level communication)	其含义是 Agent 能够使用类似人类的语言(如英语、西班牙语等)与人类或其他非人类的 Agent 交流

上文中已详解了一些重要的 Agent 属性，接下来将研究一些 Agent 可在其中进行交互的不同类型的环境。最后，本书还将介绍各种可用于实现 Agent 的 Agent 架构。

3.3 Agent 环境的类型

根据环境的类型，Agent 可能会需要或不需要某一组属性。因此，Agent 的决策过程会受到其运行环境所表现的特征的影响。本节将介绍的环境类型就是由这些特征构成。

在确定性环境中，Agent 所采取的每一个行动都有唯一一个可能结果，也就是说，执行一个动作之后的结果状态或感知是没有不确定性的(如图 3-2 所示)。

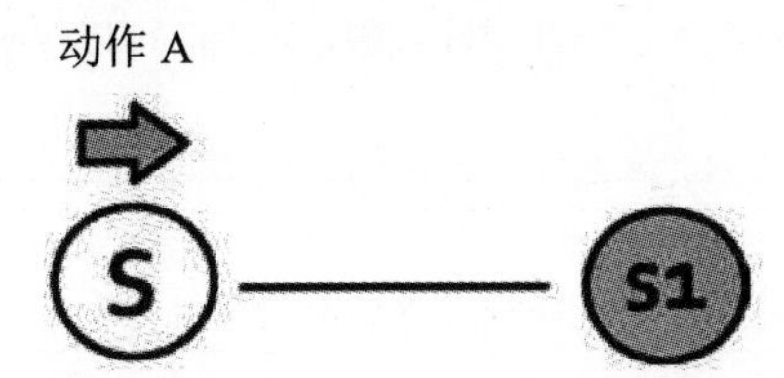

图 3-2 确定性环境；一个 Agent 处于状态 S，而在执行动作 A 之后只可能转移到状态(或感知)S1。每个状态都仅被链接到一个状态；即 Agent 执行的每个动作都只有唯一的可能结果

与之相对，非确定性环境指的是 Agent 在其中所执行的动作不具有唯一确定的状态——它可能是一个状态集而非单个状态。例如，执行动作 A 可能导致状态 S1、S2 或者 S3，这就是非确定性，如图 3-3 所示。非确定性环境是 Agent 设计中最复杂的环境。用骰子玩的棋盘类游戏通常是非确定性的，因为骰子的滚动可能将 Agent 带到任意状态，而带到哪种状态取决于骰子上显示的值。

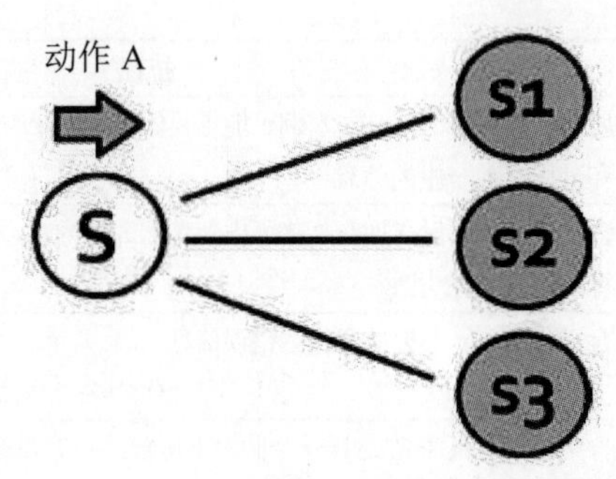

图 3-3　非确定性环境；一个 Agent 处于状态 S，而在执行动作 A 之后可能转移到状态 S1、S2 或 S3。每个状态连接到一个状态集，即 Agent 执行的每个动作会有多个可能结果

在静态(static)环境中，只有 Agent 执行的动作才会影响环境并导致其发生改变。而在动态(dynamic)环境中则有多个活动进程，其中许多都与 Agent 没有任何关联，但它们也会影响环境并改变环境。真实世界就是一个高度动态的环境。

离散(discrete)环境是一个其中的动作与感知数量固定、有限的环境。与之对应，连续(continuous)环境则是指其中的动作和感知的数量都不是一个确定的有限数量的环境。棋盘类游戏，如国际象棋、滑块拼图、黑白棋或西洋双陆棋，是离散环境的代表。而一个由真实城市构成的环境则属于一种连续环境——因为没有办法将 Agent 在这种环境中可能获取的感知限定到一个固定、有限的数量。

可达(accessible)环境是指 Agent 在其中能够获取关于环境状态的准确、完整且更新的信息。而不可达(inaccessible)环境则相反——Agent 在其中无法获取准确、完整且更新的信息。环境的可达程度越高，就越容易为其设计 Agent。

最后，情景性(episodic)环境是指在其中 Agent 的性能取决于一系列离散的情景，且 Agent 在不同情景下的性能之间没有关系。在此类环境中，Agent 可以仅根据当前情景来决定执行什么动作。

■ **注意**

最为复杂的环境类别，是不可达、非确定性、非情景性、动态且连续的环境。

3.4　有状态 Agent

前文中，本书已经研究了将感知或感知序列映射到动作的 Agent。由于 Agent(除反应式 Agent 外)能够从一组感知序列进行映射，因此它们是“知道”自己历史的。本节中将更进一步，考察那些在此基础上还能维护状态的 Agent。

Agent 的状态通过一个内部数据结构来维护，该内部数据结构用于在 Agent 运行时存储环境的相关信息。因此，决策过程就可以基于该数据结构中存储的信息。

Agent 函数也会随之稍有变化，以包含这一新特征。

$F\colon I \times P^* \rightarrow A$

其中 I 为 Agent 存储的内部环境状态集，P 为感知集，而 A 为动作集。

因此，对于无状态 Agent，其函数就为 F: P* → A。而对于有状态 Agent，则通过让 Agent 函数接收一个内部状态以及一个感知序列作为参数，加入对内部数据结构的必要考虑，即：

$$F(I, P_1, P_2 \ldots P_N) = A.$$

值得注意的是，如本节所定义的基于状态的 Agent，实际上比没有状态的 Agent 强大得多。在接下来的实际问题中，本书将通过对其添加状态来改进第 2 章中所描述的清洁机器人。

3.5 实际问题：将清洁机器人作为 Agent 建模并对其添加状态

在本实际问题中，将修改上一章描述的 CleaningRobot 类，以使其符合 Agent 范式(感知、动作等)，尤其是符合该 Agent 的函数。我们还将对这个 Agent 添加状态，其形式为 List<Tuple<int, int>>，它将存储已被访问和清扫的单元格。我们将展示加入这些状态的好处，并将其与无状态的 CleaningRobot 类进行比较。

将该类命名为 CleaningAgent，且它的构造函数十分类似于 CleaningRobot 的构造函数，如代码清单 3-2 所示。对于这个新类，会向其添加布尔型的 TaskFinished 域，它会指示 Agent 的任务何时完成；列表 List<Tuple<int, int>>__cellsVisited 用于确定已经访问过的单元格集合。

代码清单 3-2　Cleaning Agent 类的构造函数和域

```
public class CleaningAgent
    {
        private readonly int[,] _terrain;
        private static Stopwatch _stopwatch;
        public int X { get; set; }
        public int Y { get; set; }
        public bool TaskFinished { get; set; }
        // Internal data structure for keeping state
        private readonly List<Tuple<int, int>> __cellsVisited;
        private static Random _random;

        public CleaningAgent(int [,] terrain, int x, int y)
        {
            X = x;
            Y = y;
            _terrain = new int[terrain.GetLength(0), terrain.
            GetLength(1)];
            Array.Copy(terrain, _terrain, terrain.GetLength(0)
            * terrain.GetLength(1));
            _stopwatch = new Stopwatch();
            _cellsVisited= new List<Tuple<int, int>>();
            _random = new Random();
        }
}
```

此时，该 Agent 的工作循环就与 Agent 函数相关联了；也就是说，它基于从环境中获取的感知集来执行动作。当任务完成或达到最大执行时间(以毫秒计)时，循环结束，如代码清单 3-3 所示。

代码清单 3-3　符合 Agent 函数定义的 Agent 循环

```
public void Start(int miliseconds)
{
    _stopwatch.Start();

    do
    {
       AgentAction(Perceived());
    }
    while (!TaskFinished && !(_stopwatch.
    ElapsedMilliseconds > miliseconds));
}
```

Clean()、IsDirty()、MoveAvailable(int x, int y) 和 Print()方法与 CleaningRobot 类中的它们没有区别，如代码清单 3-4 所示。

代码清单 3-4　Clean()、IsDirty()、MoveAvailable(int x, int y)和 Print()方法，同在 CleaningRobot 类中一样

```
    public void Clean()
    {
       _terrain[X, Y] -= 1;
    }

    public bool IsDirty()
    {
       return _terrain[X, Y] > 0;
}

public bool MoveAvailable(int x, int y)
    {
        return x >= 0 && y >= 0 && x < _terrain.
        GetLength(0) && y < _terrain.GetLength(1);
    }

    public void Print()
    {
        var col = _terrain.GetLength(1);
        var i = 0;
        var line = "";
        Console.WriteLine("--------------");
        foreach (var c in _terrain)
        {
            line += string.Format(" {0} ", c);
            i++;
            if (col == i)
            {
               Console.WriteLine(line);
```

```
line = "";
                i = 0;
            }
        }
    }
```

感知集通过代码清单 3-5 所示的方法来获取。该方法返回一个感知列表，而感知由一个枚举类型(在 CleaningAgent 类外部声明)表示，此枚举定义在 CleaningAgent 所在环境中所有可能的感知，该枚举也可在代码清单 3-5 中看到。

代码清单 3-5　Percepts 枚举和 Perceived()方法，该方法返回一个 List<Percepts>列表，其中包含 Agent 从环境获得的所有感知

```
public enum Percepts
    {
        Dirty, Clean, Finished, MoveUp, MoveDown, MoveLeft,
        MoveRight
}

private List<Percepts> Perceived()
    {
            var result = new List<Percepts>();

            if (IsDirty())
               result.Add(Percepts.Dirty);
            else
               result.Add(Percepts.Clean);

            if (_cellsVisited.Count == _terrain.GetLength(0) *
            _terrain.GetLength(1))
               result.Add(Percepts.Finished);

            if (MoveAvailable(X - 1, Y))
               result.Add(Percepts.MoveUp);

            if (MoveAvailable(X + 1, Y))
               result.Add(Percepts.MoveDown);

            if (MoveAvailable(X, Y - 1))
               result.Add(Percepts.MoveLeft);

            if (MoveAvailable(X, Y + 1))
               result.Add(Percepts.MoveRight);

            return result;
        }
```

如前文所述，该 Agent 要维护其已访问单元格历史的相应状态。为此，实现了 UpdateState()方法，如代码清单 3-6 所示。

代码清单 3-6　更新 Agent 状态(即已访问单元格)的方法

```
private void UpdateState()
```

```
            {
                if (!_cellsVisited.Contains(new Tuple<int, int>(X, Y)))
                    _cellsVisited.Add(new Tuple<int, int>(X, Y));
            }
```

将上面这些代码整合在一起的方法是代码清单 3-7 所示的 AgentAction(List<Percepts>percepts)。在此方法中，将遍历从环境获取的所有感知并采取相应行动。例如，若当前单元格是干净的，就更新 Agent 的状态(即内部数据结构)，并将这个单元格添加到_cellsVisited 列表中去；而如果感知到当前单元格是脏的，就清扫它；以此类推，对其他各种情景或感知及其后果或动作，都按照这种方式处理。此外，代码清单 3-7 还展示了 RandomAction(List<Percepts> percepts)和 Move(Percepts p)方法。RandomAction(List<Percepts> percepts)方法选择一个将要执行的随机移动((MoveUp、MoveDown 等)感知， 而 Move(Percepts p)方法则执行(作为参数提供的)移动感知。

注意，该 Agent 在移动前总会检查其状态和感知(回想一下，I × P 就是有状态 Agent 的定义域)，并且总是试图向此前未曾访问过的邻接单元格移动。

代码清单 3-7　更新 Agent 状态(即已访问单元格)的方法

```
            public void AgentAction(List<Percepts> percepts)
            {
                if (percepts.Contains(Percepts.Clean))
                    UpdateState();
                if (percepts.Contains(Percepts.Dirty))
                    Clean();
                else if (percepts.Contains(Percepts.Finished))
                    TaskFinished = true;
                else if (percepts.Contains(Percepts.MoveUp) && !_
    cellsVisited.Contains(new Tuple<int, int>(X - 1, Y)))
                    Move(Percepts.MoveUp);
                else if (percepts.Contains(Percepts.MoveDown) &&
    !_cellsVisited.Contains(new Tuple<int, int>(X + 1, Y)))
                    Move(Percepts.MoveDown);
                else if (percepts.Contains(Percepts.MoveLeft) &&
    !_cellsVisited.Contains(new Tuple<int, int>(X, Y - 1)))
                    Move(Percepts.MoveLeft);
                else if (percepts.Contains(Percepts.MoveRight) &&
    !_cellsVisited.Contains(new Tuple<int, int>(X, Y + 1)))
                    Move(Percepts.MoveRight);
                else
                    RandomAction(percepts);
            }

            private void RandomAction(List<Percepts> percepts)
            {
               var p = percepts[_random.Next(1, percepts.Count)];
    Move(p);
    }
            private void Move(Percepts p)
            {
                switch (p)
                {
                    case Percepts.MoveUp:
                        X -= 1;
```

```
                break;
            case Percepts.MoveDown:
                X += 1;
                break;
            case Percepts.MoveLeft:
                Y -= 1;
                break;
            case Percepts.MoveRight:
                Y += 1;
                break;
        }
    }
```

与无状态清洁机器人相比，清洁 Agent 有哪些优势呢？为了回答这个问题，首先要注意，本书运用该清洁 Agent 的策略(通过保存已访问的单元格坐标来记录其环境历史)是非常直觉性的。设想一下：如果你需要在一个有超过 100 家商店的大城市中找到某种产品 X，要如何完成这样的任务？按照直觉，可以首先访问某家商店一次，然后在意识中记住你已经访问过这家商店并且目标产品不在那里，从而节省下需要再次访问它的时间。接下来，将从一家商店前往下一家商店，直到找到目标产品，并时刻记住：再去那些已访问过的商店是浪费时间。这基本上就是清洁 Agent 要做的事情，只有一种例外：已访问过的单元格可能必须重新访问若干次。因为 Agent 只能移动到邻接单元格，而在某些时间点，这些邻接单元格可能都已经访问过了。清洁 Agent 和清洁机器人之间的一个基本比较如图 3-4 所示。

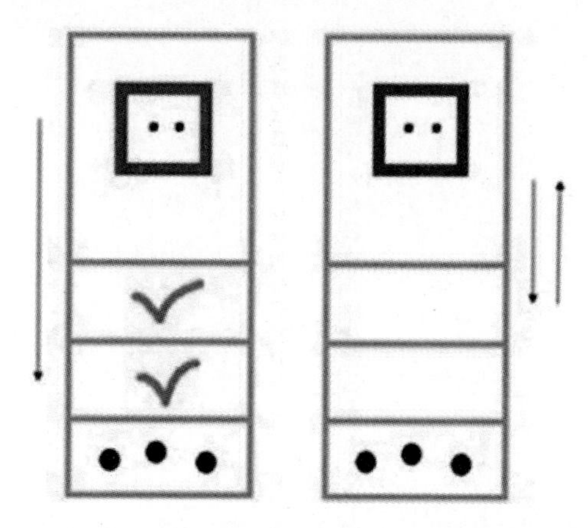

图 3-4　清洁 Agent(左上)搜索环境，保存已访问单元格的坐标；而清洁机器人(右上)不保存环境状态或其历史，也就是说，它只是简单地随机移动，可能导致它向上也可能向下、甚至原地转圈，因而要清洁最后一个单元格的污垢会消耗更多时间

在代码清单 3-8 中，我们设定了一个 1000×1(1000 行×1 列)单元格的环境，而只有最后一行存在污垢。

代码清单 3-8　1000×1 单元格

```
var terrain = new int[1000, 1];

 for (int i = 0; i < terrain.GetLength(0); i++)
```

```
    {
            for (int j = 0; j < terrain.GetLength(1); j++)
    {
                    if (i == terrain.GetLength(0) - 1)
                        terrain[i, j] = 1;
    }
      }
    var cleaningEntity = new CleaningRobot(terrain, 0, 0);
    cleaningEntity.Print();
    cleaningEntity.Start(200);
      cleaningEntity.Print();

    var cleaningEntity = new CleaningAgent(terrain, 0, 0);
    cleaningEntity.Print();
    cleaningEntity.Start(200);
      cleaningEntity.Print();
```

清洁 Agent 标记每个已访问的单元格，从而能更快速地移动到最后一个单元格并完成其任务。而另一方面，清洁机器人不保存环境状态，因此它不具备任何可能帮助它判定正确移动方向的内部结构，只能随机地向上或向下移动若干次，甚至会原地转圈。清洁 Agent 则具有一个保存了环境信息的数据结构，以帮助它应用一些逻辑并做出合理的决定——这是清洁机器人做不到的。代码清单 3-8 所示代码的运行结果就是，随机移动的机器人无法清理掉最后一个单元格上的污垢，而 Agent 则能在给定时间内做到(如图 3-5 所示)。

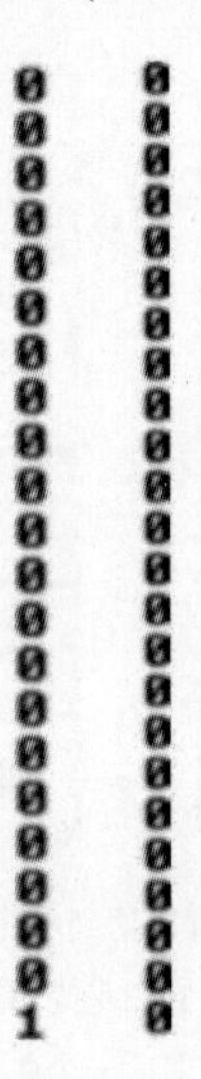

图 3-5　左边是执行 CleaningRobot 类所获取的结果，右边是执行 CleaningAgent 类所获取的结果。前者遗漏了最后一行的污垢，而后者能够将其清理掉

本章至此已经研究了 Agent 的属性和环境，并描述了一个实际问题，在该问题中可以看出，环境 Agent 明显优于上一章提出的清洁机器人。在接下来的几节中，将学习一些最流行的 Agent 架构。

3.6 Agent 的架构

Agent 架构表示预定义的设计，这些设计考虑了各种 Agent 属性(如前面研究过的那些)，以提供一种构建 Agent 的方案或蓝图。可以用一个类比来理解目前为止所提出的各种概念：其中，Agent 就像建筑，Agent 属性类似于建筑的属性(颜色、高度、所用材料等)，Agent 架构就相当于建筑的架构——即支撑建筑并定义其功能的基础设施；而 Agent 类型则相当于我们所说的建筑类型(商业建筑、政府建筑、军事建筑等)。作为 Agent 功能的基础，Agent 架构指明了 Agent 将如何工作。前文中，我们已经了解了 Agent 的抽象功能，而架构——作为定义功能的组件——将给我们提供一个实现其功能的模型。

3.6.1 反应式架构：包容架构

和有照明属性就有发光式(换言之，一个专注于提供最多光明的架构)架构同理，有反应式 Agent 就有基于反应式的架构，也就是优先专注于反应性的架构。这就是 Agent 反应式架构的含义。

在反应式架构(出现在反应式 Agent 中)里，每个行为都是从感知或环境状态到动作的一个映射。反应式架构的示意框图如图 3-6 所示。

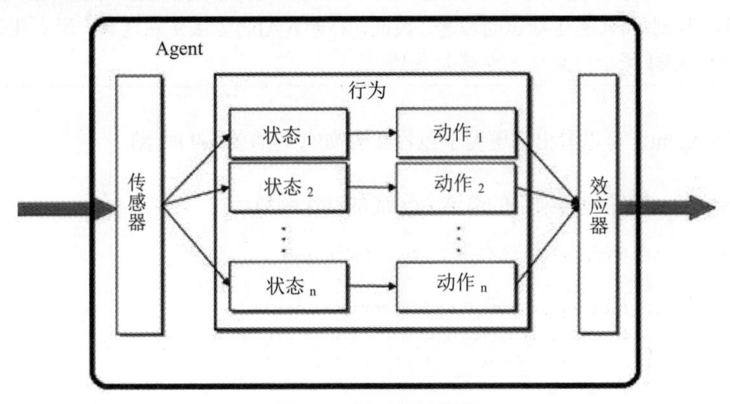

图 3-6　反应式架构框图

前面几节中开发的清洁 Agent 就是反应式架构的一个明确例子。在 3.2 节“Agent 的属性”中，已经说明了纯反应式 Agent 具有一些缺陷：此类架构没有任何学习能力；它通常是手工构建的，使其很难用于创建大型系统；它仅能用于其原始目的等。

最流行(也可以说最知名)的反应式架构之一，是由 Rodney Brooks 在 20 世纪 80 年代中期所开发的包容架构(subsumption architecture)。人们称此架构为一种基于行为的架构。该架构抛弃了基于逻辑的 Agent 理念(即完全依赖于逻辑，表示世界以及 Agent 的交互与关系)，而是试图建立一种区别于他那个时代传统 AI 技术的方法。

■ 注意

基于行为的Agent使用生物系统作为构建模块，并依赖于适应性。它们往往较其AI同类表现出更多的生物性特征——它们会重复动作、犯错误、展现坚韧性等——有点类似于蚂蚁。

---

(1) 智能行为不需要显式表示(例如符号式 AI 所提出的)即可生成。

(2) 智能行为不需要显式抽象推理(类似符号式 AI 所提出的)即可生成。

(3) 智能行为是特定复杂系统的一种自发属性。

包容架构具有以下基本特点：

(1) Agent 的决策过程通过一系列完成任务的行为(task-accomplishing behaviors)来执行，其中每个行为模块(behavior module)都可以视为一个独立的 Agent 功能。由于它是一种反应式架构，因此每个 Agent 功能都是一个从感知或状态到动作的映射。

(2) 行为模块旨在完成一个特定的任务，且每个行为会与其他行为“竞争”以行使对 Agent 的控制。

(3) 多个行为可以同时触发，这些行为提出的多个动作将根据一个包容层次体系(subsumption hierarchy)执行，在该层次体系中行为将分配到各层中。

(4) 该体系中较低层级能够约束较高层级，层级越低则优先级越高。

包容层次体系的原则是：较高层级将表示较抽象的行为。例如，设想我们的清洁机器人——若想要给予“清扫”行为以高优先权，则该行为将会被编码到具有更高优先级的低层级中。

■ **注意**

符号式AI有时称作老式AI或经典AI，它流行于 20 世纪 50 年代和 60 年代，基于通过符号(逻辑公式、图形、规则等)来表达知识的理念。因此，符号式AI的方法是在逻辑、形式化语言理论、离散数学的各个领域等学科基础上发展起来的。

回到清洁 Agent，可以看出它遵循了包容架构(如代码清单 3-9 所示)。

代码清单 3-9　遵循包容架构的清洁 Agent 的动作函数

```
public void AgentAction(List<Percepts> percepts)
{
            if (percepts.Contains(Percepts.Clean))
               UpdateState();
            if (percepts.Contains(Percepts.Dirty))
               Clean();
            else if (percepts.Contains(Percepts.Finished))
               TaskFinished = true;
            else if (percepts.Contains(Percepts.MoveUp) && !_
            cellsVisited.Contains(new Tuple<int, int>(X - 1, Y)))
               Move(Percepts.MoveUp);
            else if (percepts.Contains(Percepts.MoveDown) && !_
            cellsVisited.Contains(new Tuple<int, int>(X + 1, Y)))
               Move(Percepts.MoveDown);
            else if (percepts.Contains(Percepts.MoveLeft) && !_
            cellsVisited.Contains(new Tuple<int, int>(X, Y - 1)))
               Move(Percepts.MoveLeft);
            else if (percepts.Contains(Percepts.MoveRight) && !_
            cellsVisited.Contains(new Tuple<int, int>(X, Y + 1)))
               Move(Percepts.MoveRight);
            else
               RandomAction(percepts);
        }
```

清洁 Agent 对其所展现的行为建立了一个排序，该排序对应于图 3-7 所示的包容层次体系。

Dirty -> Clean 1
Finished -> Stop 2
MoveUp Available ^ NoVisited(Up) -> MoveUp 3
MoveDown Available ^ NoVisited(Down) -> MoveDown 4
MoveLeft Available ^ NoVisited(Left) -> MoveLeft 5
MoveRight Available ^ NoVisited(Right) -> MoveRight 6
Anything Else -> Move Randomly 7

图 3-7 清洁 Agent 的包容层次体系

清洁 Agent 中由包容层次体系建立的优先级顺序是 1、2、3、4、5、6、7，其中 7 是具有最高优先级的行为。

这个架构也继承了反应式架构的问题(没有学习能力、硬连接的规则等)。除此之外，对复杂系统的建模要求层次体系包含大量行为，这将导致基于该架构的模型过于庞大而难以实现。至此，本书已经描述了 Agent 属性和反应式架构，并介绍其中一个(也许是最著名的)例子——包容架构。在接下来的几节，本书将研究其他的 Agent 架构，例如 BDI(Belief Desire Intention，信念/愿望/意图)和混合架构。

3.6.2 慎思式架构：BDI 架构

在纯慎思式架构中，Agent 将遵循基于目标的行为，这些行为能够提前推理和规划。慎思式架构经常会通过逻辑、图形、离散数学等手段，包含某种对世界的符号化表示，而决策(例如要执行什么动作)一般是通过运用模式匹配和符号运算，进行逻辑推理而做出的。熟悉逻辑或函数式编程语言(例如 Prolog、Haskell 或者 FSharp)的读者可能更容易理解符号化(symbolic)的含义。慎思式架构通常面临两个要解决的问题：

(1) 将现实世界转译为它的一个能够高效适用 Agent 目的的恰当、精确的符号化版本。这个问题通常很耗时间，尤其是当环境动态性过强，不时发生变化的情况下。

(2) 符号化地表示关于现实世界的实体、关系、进程等方面的信息，以及如何用这些信息进行推理和决策。

问题 1 指导了人脸识别、语音识别、智能学习等方面的工作，而问题 2 则启发了知识表示、自动调度、自动推理、自动规划等方面的工作。尽管这些问题已产出了汗牛充栋的科学资料，大多数研究人员仍然接受了这样的现实：这些问题还远远未能解决。即使是看似微不足道的小问题——例如基本推理——也被发现意外地困难。导致这些情况的潜在问题似乎在于定理证明的难度(即使对于十分简单的逻辑)，以及符号计算的复杂性。回想一下：连一阶逻辑(FOL)都不是可判定(decidable)的，而附加在其之上的模态扩展(包括对于信念、愿望、时间等的表示)则往往是高度不可判定的。

■ 注意

术语“可判定(decidable)”或“可判定性(decidability)”与决策问题(即可定义为根据输入值，输出“是”(1)或“否”(2)的问题)有关。可满足性(SAT)问题是决策问题的一个特例。因此，当存在某种方法或算法，能够判定一个给定的随机选取的公式是否属于某个理论，就称这个理论(即公式集)是可判定的。

通用的慎思式架构如图 3-8 所示。

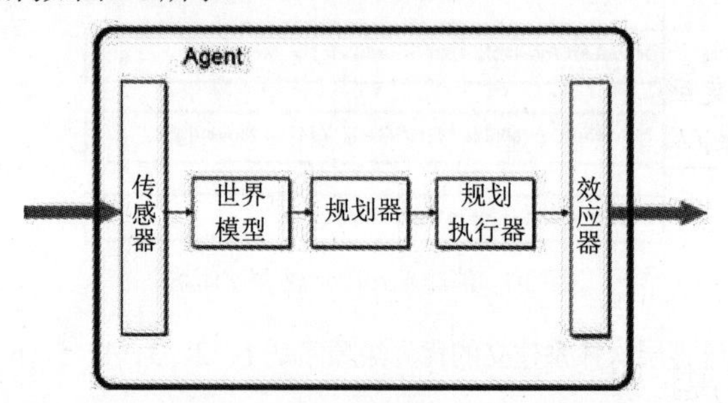

图 3-8　推敲式架构

多种类似 BDI 的慎思式架构均根植于理解实践推理的哲学传统，即寻求实现目标时，在每时每刻判定要执行哪个动作的过程。人类的实践推理由两种活动组成：

(1) 判定希望达成怎样的事态(慎思)。

(2) 判定如何达成这些事态(手段-目的推理或规划)。

从上述这些活动中我们可以得出结论：慎思输出意图，而手段-目的推理输出规划。

■ 注意

实践推理和理论推理之间是存在区别的：前者指向行动，而后者指向信念。

手段-目的推理是判定如何运用可行手段达成某个目的的过程——在人工智能领域中，这被称为规划。对于生成规划的 Agent 而言，通常要求对欲实现目标意图的表述、该 Agent 能执行的动作的表述，及其所在环境的表述(如图 3-9 所示)。

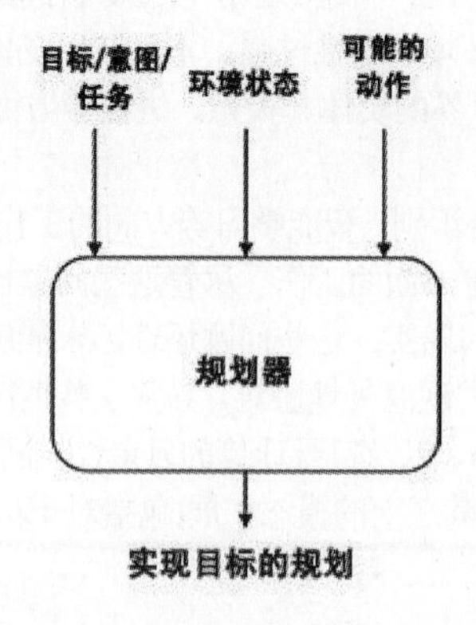

图 3-9　Agent 规划组件的输入和输出流

慎思是如何进行的？慎思过程的第一步称为“备选方案生成”，在这一步中 Agent 会生成一系列备选方案(目标、愿望)以供考虑。在第二步(称为“筛选”)中，Agent 则在可用选项中进行选择并承诺致力于其中一部分。选中的这些选项或备选方案就是 Agent 的意图。

慎思架构中的关键问题在于：“Agent 如何才能在其各个目标(或许目标间还会相互冲突)中思考出哪些是它所要追求的？”这个问题的答案由目标慎思策略提供——该策略是各种慎思式架构各自特有的，其中最流行的是由 Michael E. Bratman 在其著作 *Intentions, Plans and Practical Reason*(1987)中建立的 BDI 架构。

■ 注意

如果从与时间的交互角度考虑，反应式架构存在于当前(持续时间短)，而慎思式架构则思考过去以及未来的计划(及规划等)。

“信念/愿望/意图”(BDI)架构包含对 Agent 的信念、愿望和意图的显式表示。通常认为信念(Agent“想”的是什么)是 Agent 所拥有的关于其环境的信息；虽然也可以用“知识”的说法来代替“信念”，但本书倾向于使用更通用的术语“信念”，因为 Agent 所相信的信息可能是错误的。愿望(想要什么)是指那些 Agent 希望实现的事情，当然，我们也并不预期 Agent 能够对其所有愿望都做出行动。意图(正在做什么)指的是 Agent 正在致力于做的事情，这些事情基本上是筛选愿望的结果。BDI 架构如图 3-10 所示。

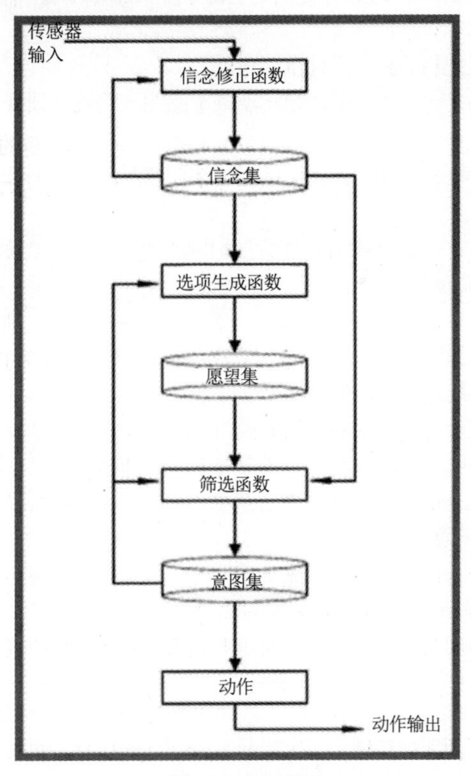

图 3-10　BDI 架构

信念通常用输出 True 或 False 值(例如，IsDirty(x,y))的谓词来描述，表示 Agent 内部拥有的关于世界的知识。

当愿望出现在信念库中(或被 Agent 手动移除)时，它就被满足了。与信念库一样，愿望库也会在 Agent 执行过程中更新。当愿望作为中间目标创建时，它们能够通过层次连接(子愿望/超愿望)关联起来(例如，要清理一片地域内的污垢，可以有两个子愿望或子目标：移动到每个脏的单元格，以及清扫污垢)。愿望具有一个优先级取值，该值会动态变化，并在必要时用于在愿望集中选取新的意图。

在 Agent 考虑完它的所有选项后，它就必须指派其中一些完成，以本清洁 Agent 为例，它将仅指派一个、也是它唯一的可用选项，而此后这就成为它的意图。意图最终导致行动，而 Agent 应当做出合理的尝试来实现其意图，为此它可能需要遵循一个行动序列(规划)。

被 Agent 选定的意图从被选中那时起，就会约束 Agent 的实践推理，只要对某个意图的指派还存在，Agent 就不会考虑与已启动意图相冲突的其他意图。意图可以被暂时搁置(例如，当需要实现子愿望时)，因而会存在一个意图栈——栈中最后一个即为当前意图，它也是唯一未被搁置的意图。

意图应当是持久的，换言之，必须投入一切可用资源去实现意图，且在意图无法在短期内实现的情况下不要立即放弃它们，因为那样的话将永远无法实现任何意图。另一方面，意图也不能持续太长时间，因为可能存在合乎逻辑的放弃理由。例如，可能会出现这样的情况：清洁 Agent 无事可做(不需要清扫)——这或许是因为它位于多 Agent 环境中，且其他 Agent 已经完成了清扫任务。

意图构成了与实践推理相关的一系列重要角色。

- 驱动规划的意图：一旦 Agent 决定实现某个意图，它就必须规划一个行动路线去完成该意图。
- 约束未来慎思的意图：一旦 Agent 指派了某个意图，就将不再考虑与选中意图相冲突的其他意图。
- 意图持久性：Agent 不会在没有任何合理原因的情况下放弃其意图，意图通常会一直持续，直到 Agent 认为它已成功实现意图，或认为它无法实现意图，又或者因为意图的目的已不复存在。
- 影响未来信念的意图：一旦 Agent 采纳特定意图，某些对未来的规划(在被选定意图能够实现的假设下)是必要且合乎逻辑的。

Agent 不时停下来重新考虑其意图是很重要的，因为某些意图可能已变得不合理或不可能实现。这一重考虑阶段意味着空间线和时间线上两方面的开销，并且提出了一个问题：

- 一个“大胆的” Agent 停留以重新考虑其意图的时间不够，所以它可能正在试图实现一个不再可能实现的意图。
- 一个“谨慎的” Agent 则会过于频繁地重新考虑其意图，使得它可能会在重考虑阶段花费太多资源而没有足够资源去实现其意图。

对事件驱动和目标导向两种行为模式之间的平衡或折中，是解决这一两难困境的方法。

■ 注意

实验表明，在变化不频繁的环境中，大胆的Agent比谨慎的Agent表现更好。而在其他场景中(环境频繁变化)，谨慎的Agent则比大胆的Agent表现更好。

BDI Agent 中的实践推理过程依赖于以下这些组件。下文中，假设 B 为信念集、D 为愿望集、而 I 为意图集：

- 一个当前信念集合，表示 Agent 拥有的关于其环境的信息。
- 一个信念修正函数(brf)，它接收感知和 Agent 的信念作为输入，并确定一个新的信念集：

```
brf: P x B -> B
```

- 一个选项生成函数(options)，它接收关于其环境的信念和意图(如果有的话)作为输入，并确定 Agent 的选项(愿望)：

```
options: B x I -> D
```

- 一个当前选项集合，表示 Agent 要遵循的可能的动作序列。
- 一个筛选函数(filter)，表示 Agent 的推敲过程，它使用信念、愿望和意图作为输入来确定 Agent 的意图：

```
filter: B x D x I -> I
```

- 一个当前意图集合，表示 Agent 的指派意图。
- 一个行动选择函数，它使用当前意图作为输入，以确定要执行的行动。

顺理成章地，BDI Agent 的状态在任何时候都是一个三元组(B，D，I)。如果不去深究细节，BDI Agent 的动作函数的形式看起来相当简单，如下文伪代码所示：

```
function AgentAction(P):
        B = brf(P, B)
        D = options(D, I)
        I = filter(B, D, I)
end
```

在下一章中，本书会提出一个实际问题：为火星漫游车开发一个采用 BDI 架构的 AI。研究该问题能帮助我们为本节中介绍的许多概念奠定坚实的基础。

3.6.3 混合架构

许多研究人员提出：在设计 Agent 时，纯慎思式 Agent 或纯反应式 Agent 都不是好的策略。在混合架构中，Agent 既拥有基于目标的组件；使其能够提前推理和规划，又拥有反应性组件，从而允许它们对环境情景立即做出反应。相比于慎思式或纯反应式 Agent 等备选方案，混合架构往往更受青睐。

通常，混合架构 Agent 由以下子系统或组件构成。

- 慎思性组件：包含了可以在某种程度上符号化的对于世界的表述，它就像在慎思式架构中那样建立规划并做出决策。
- 反应性组件：能够对特定情景做出反应而不需要复杂的推理(情景->结果规则)。

因此，混合 Agent 兼具反应性和主动性，而反应性组件一般会被赋予一些相对于慎思性组件的优先权。

反应性组件和推敲性组件共存的分离式及一定程度上分层化的结构，自然引向了层次架构的理念，这正代表了混合 Agent 的设计。在此类型架构里，Agent 的控制组件被分配到一个层次体系中，其中高层级负责处理较高抽象程度的信息。

通常，在一个层次化架构中拥有至少两个层级：一个负责处理反应性行为，一个负责处理主动性行为。在实践中，当然可以存在更多的层级。一般来说，可以划分出两类层次化架构。

- 水平分层：在水平分层的架构中，Agent 的各个层级都直连到传感器输入和动作输出。因此，每个层级都如同一个独立的 Agent，产生关于应执行什么动作的提议。
- 垂直分层：在垂直分层架构中，传感器输入和动作输出则分别在一个或多个方向上，经过各个层级进行处理。

水平分层和垂直分层在图 3-11 中进行了说明。

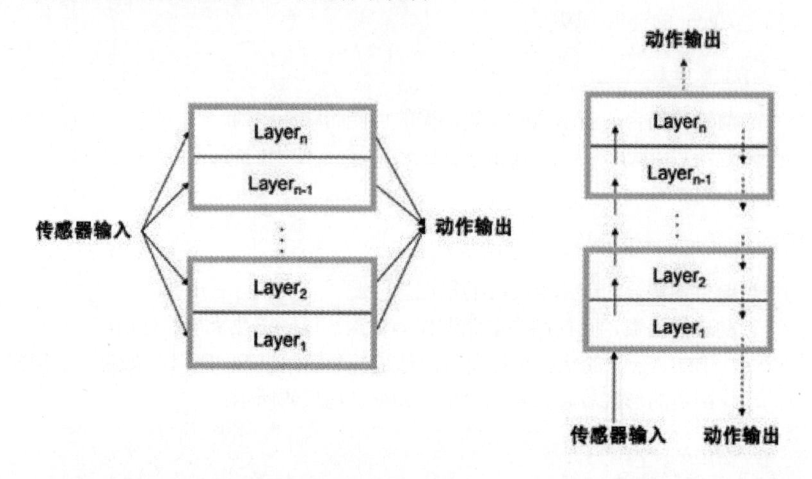

图 3-11　水平分层架构(左图)和垂直分层架构(右图)。注意，在垂直分层架构中每一层可能不只通过一次

水平分层架构在其概念设计上十分简单：表现出 n 种行为的 Agent 需要 n 个层级，每层对应一个行为。尽管有此优点，但每一层实际上都在与其他层竞争以提议某个动作，这一事实可能导致 Agent 表现出不连贯的行为。为了提供一致性，往往需要一个中介函数来充当“中间人”，在任何给定时刻决定哪一层来控制 Agent。

中介函数具有高度复杂性，因为它必须考虑所有层级之间的交互以最终输出动作。从设计者的角度看，创建这样的控制机制是极其困难的。在垂直分层架构中此类问题会减少，因为层级之间存在顺序——而最后一层就是输出要执行的动作的那层。垂直分层架构通常分为两种类型：“单行程”架构和“双行程”架构。在“单行程”架构中，Agent 的决策过程依次流经每一层，直到最后一层产生动作。而在“双行程”架构中，信息将向上流过架构(第一个行程)然后回头向下流动。双行程垂直分层架构同组织与企业的运行方式之间存在一些显著的相似之处：信息是朝最高层级向上流动的，而指令则向下流动。单行程和双行程垂直分层架构都降低了层级间交互的复杂度。由于 n 个层级之间存在 n–1 个边界，如果每一层能够提出 m 个动作，那么层级之间最多也只有 $m^2(n-1)$个交互需要考虑。显然，这个交互水平比水平分层架构所强加给我们的要简单得多。这种简单性也是有代价的，而代价就在于灵活性。为了使垂直分层架构做出决策，控制权必须在每个不同的层级间传递。垂直分层架构不是完美无缺的，任何一层中的故障都可能对 Agent 性能造成严重影响。在接下来的一节，将学习水平分层架构的一个特殊案例：旅行机(touring machine)。

3.6.4 旅行机

旅行机给出了一个由 3 个层级(模型层、规划层和反应层)组成的水平分层架构，如图 3-12 所示。

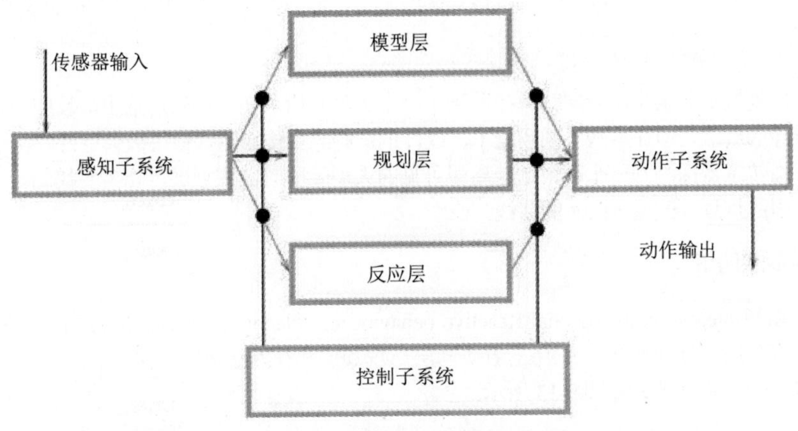

图 3-12 旅行机

反应层作为一个(类似于包容架构中的)情景-动作规则集，提供了对探测到的环境变化的即时响应。在下文的伪代码中，展示了一个自动车辆 Agent 的一条反应规则。该示例展示的是车辆的避障规则：

```
rule-1: obstacle-avoidance
if (in_front(vehicle, observer)
andspeed(observer) > 0
andseparation(vehicle, observer) <vehicleThreshHold)
then
change_orientation(vehicleAvoidanceAngle)
```

规则-1：避障如果((观察者在车前方) 且 (观察者速度 >0)且 (观察者与车的间距<车辆设定阈值))

则 转向(车辆避障角度)

规划层负责 Agent 的主动性行为，换言之，它负责 Agent 的长期行动目标。为了实施规划，该层维护了一个规划库。这些规划本质上是以层次化结构存在的，旅行机在运行时将对其进行细化以决定要如何行动。因此，为实现某个目标，规划层将试图在库中找到一个与 Agent 所寻求目标相匹配的规划。

■ **注意**

旅行机的首要基准测试场景之一就是自动车辆驾驶。

顾名思义，模型层表示世界及其中各种实体(包括 Agent)的模型。它预测 Agent 之间的冲突并生成新的目标以解决这些冲突。然后，新生成的目标将被向下发布到规划层，规划层则运用其规划库确定一个满足该目标的规划或规划集。

所有三层都与一个控制子系统相关联，由控制子系统决定哪一层具有对 Agent 的控制权。该子系统由一个控制规则集组成，它既能够约束层级之间的信息、也可以对层级的输出起作用，如下面阐述控制规则的伪代码所示：

```
censorRule_1:
if (entity(bigObstacle) in perceptions)
then
removeSensoryRecord(layerReact, entity(bigObstacle))
```

这个控制规则会阻止反应层获悉探测到了一个大型障碍。在大多数场景中，反应层是最适合处理避障的层级，但在某些不同场景下，或许把这种感知传递给其他层级会更好——假设这种情况：当传感器探测到一个在很远距离即可见的大型障碍时，规划层可能需要找到一个考虑了大型障碍的规划并改变 Agent 的路线。

3.6.5 InteRRaP

InteRRaP(Integration of Rational Reactive behavior and Planning，理性反应行为与规划集成)是一种垂直分层双行程架构，它由三层(协同层、规划层和行为层)组成，各层与旅行机中的同名层类似。InteRRaP 架构如图 3-13 所示。

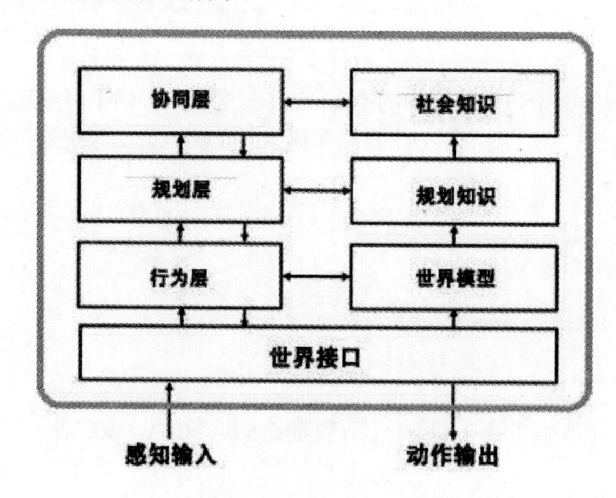

图 3-13 InteRRaP 架构

行为层(最低层)处理反应性行为，规划层(中间层)处理常规规划以实现 Agent 的目标，而协同层(最上层)处理多 Agent 环境中的社会性交互。每一层都关联了一个知识库，每个知识库都以某种便于其对应层级利用的方式来表示世界。

最高层(协同层)知识库表示环境中其他 Agent 的规划和动作集合，中间层(规划层)知识库表示 Agent 自身的规划和动作，而最低层(行为层)知识库表示环境的原始信息。

■ 注意

是否拥有知识库是InteRRaP和旅行机的区别所在。

InteRRap 和旅行机之间的主要区别在于它们与环境交互的方式。在旅行机中，每一层都连接到感知输入和动作输出，这就需要有一个控制子系统来处理层级间的冲突。而在 InteRRap 中，因为各层寻求完成一个共同目标，它们会彼此进行交互。

在 InteRRap 中存在两种主要的交互类型："自底向上激活"和"自顶向下执行"。第一类交互发生在较低层级由于本身不能处理当前情景，被迫将控制传递给更高层级时；而第二类交互发生在较高层级运用较低层级提供的支撑来实现其目标时。当反应层接收到感知输入时，典型的工作流将从底层开始，如果该层能够处理接收到的感知输入，它就会自己处理；否则它会把控制传递给规划层。如果规划层能够处理这一情景，它可能会利用自顶向下的方式来执行，否则就继续将控制向上转移到下一层。通过这种方式，控制权从最低层流到更高层(如果需要的话)，然后再向下返回。

3.7 本章小结

在本章中，介绍了 Agent 的概念，考察了与 Agent 关系最紧密的一些属性并研究了一个实际问题——将第 2 章的清洁机器人转化成清洁 Agent，此 Agent 遵循这样的 Agent 模型：动作函数接收一系列感知并输出动作。此外还向这个 Agent 添加了状态并将其与无状态 Agent 进行了比较。在本章最后，介绍了各种 Agent 架构：反应式、慎思式与混合架构。

在下一章中，本书将研究一个十分有趣的问题(火星漫游车)，它将展示 Agent 架构在真实场景中是如何实现的。

第4章

火星漫游车

延续上一章开始的学习路径(Agent)，本章专门介绍一个火星漫游车(简称火星车)AI，它基于一种混合架构，该架构包括一个用于即时决策的反应层，并使用 BDI(信念/愿望/意图)范式实现其慎思层。这个实际问题能够帮助读者加强对第 3 章中学到的知识(Agent 属性、状态、架构等)的掌握，并帮助理解如何将这些知识融会贯通，解决一个现实世界问题。

太空探索是一个引人入胜的话题，在全球拥有数百万拥趸，并且与人工智能领域结合良好。由于空间条件对人类来说非常严酷和危险，因此机器人的使用是频繁而且必要的。将人工智能用于参与太空探索的机器的想法是合乎逻辑的，并且近年来已经对其进行了许多研究。

本章中涉及的实际问题包括一个(Windows 窗体)可视化应用程序，显示一台火星漫游车在一个 $n \times m$(n 行 $\times$ m 列)的离散环境中任何时刻的执行情况。该应用程序使用被 Agent 视为障碍物的各种岩石，以及隐藏着水或水的残余物的位置模拟火星环境。该程序还将展示其规划过程(符合规划的行动顺序将以黄色表示)以及它如何管理信念、愿望和意图。基本上，火星漫游车的目标是科学研究，在本例中，就是在火星上寻找任何类型的水的痕迹这个重要任务，同时还要试图保持活跃并避开障碍物。

■ 注意

“勇气”号和“机遇”号是两台最广为人知的火星漫游车，它们都取得了令人难以置信的发现，并且大大超出了它们的预期寿命。“勇气”号于 2003 年 6 月发射，“机遇”号发射于 2003 年 7 月。“勇气”号一直活跃到 2010 年轮子陷入沙中时(寿命长达七年)，而在本书成文时，“机遇”号仍然保持活跃并且在火星上漫游。

4.1 火星漫游车简介

今天的火星是一颗荒凉、干燥的行星，从远处看，似乎很像我们的母星地球。然而，当接近火星轨道时，可以看到它的表面上有着可能是现已干涸的远古湖泊和峡谷的物体，这表明火星在三四百万年前除了水可能曾拥有生命。

太空生活很严酷；人类要在那里生存十分困难，它风险重重、危机四伏，并且即使到达一些最近的行星都可能需要许多年。因此为了促进对其他行星世界的研究，多个太空研究机构(美国国家航空航天局 NASA、加拿大航天局 CSA、欧洲航天局 ESA 等)都一直在设计机器人——

或通常称为漫游车(rover)——用于探索和研究行星。

火星漫游车是一种自动化的机动车辆，装载用于分析周围环境的摄像头，装载可以挖掘并分析感兴趣的岩石的研究仪器，装载发送图像和数据并接收命令的通信设备，装载为自身提供能量的太阳能电池板等设备(如图 4-1 所示)。火星车的任务是探索火星并收集重要数据，这些数据有望引出过去在该行星上存在水的结论——或者发现远古生命。

图 4-1　火星漫游车

火星车的移动速度十分缓慢，约为每秒 2 英寸(大约每小时 0.09 英里)。考虑到为了将火星车送到火星需要克服的巨大困难和高昂成本，工程师更喜欢谨慎驾驶，确保安全：没有人愿意看到价值 25 亿美元的火星车因为开得太快了而四轮朝天。另一点重要的是：大多数火星车每日接收来自地球团队的一组命令或指令，这些指令告诉火星车要去哪里或做什么。从这个意义上说，可以认为经典的火星车并没有我们想象的那么独立自主；它们当然具备一些自主行为能力，因为地球上的团队不在火星上，也无法看到它们的每一步动作。因此，火星车的人工智能负责决定何时岩石太大而不能翻越(障碍物)，或者岩石的颜色和纹理是否使其具备检查价值。可以认为火星车具备一定的自主性，并且能够很好地遵守命令，类似于人类士兵。火星车的任务可分为两个方面的工作：一方面，由地球上的工程师计划它们的日常行动、大尺度战略等；另一方面，由火星车自主执行这些动作，探索、收集数据，并将其发送回地球。

在本章中将演示如何为一个完全自主的火星车开发 AI，该火星车将考虑地形中的障碍物，并基于一个混合架构搜索水，该架构包括一种 BDI(信念/愿望/意图)慎思机制，使用统计数据和概率为自身注入新的信念，这些信念是由其状态(即过去的历史)所得出的结论。

■ **注意**

火星通常称为红色行星，因为它在夜空中呈现微红色。通常而言，由于其土壤中含有的铁，火星基本上是锈色的。当暴露于火星大气中的少量氧气时，铁会氧化，即生锈。那些“生锈的灰尘”也可能被吹向空中，将天空染成桃红色。

4.2 火星车的架构

首先，花一点时间研究一下我们将为这个火星车 AI 提出的混合架构(如图 4-2 所示)。

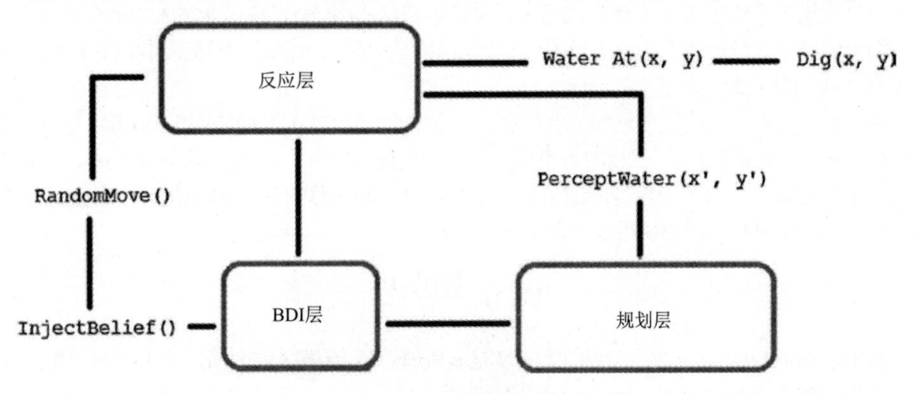

图 4-2 火星车的架构

该架构由三层组成(反应层、BDI 层和规划层)：不同的感知信息或事件(在图 4-2 中以较小的字体表示)可能导致某层的动作。例如，如果在火星车的当前位置有水，那么反应层将动作，并导致火星车立即挖掘该点。如果在附近区域存在与水有关的感知信息，也会触发反应层。火星车中包含一个名为 SenseRadius 的变量或域，用于确定围绕它的圆形地域并代表其视野；火星车能够感知到该圆中的一切。由于此处处理的是一个离散环境，因此该圆将是一个真实圆形的近似值；换言之，它将是圆的离散版本。

■ **注意**

火星车，如"勇气"号或"机遇"号(二者均由美国国家航空航天局制造)，配有鱼眼摄像机或广角摄像机，让它们能够获得前方地形的一个全景视图。火星车通过分析这些摄像机拍摄的照片，确定路径上的某块岩石是否太大而无法翻越等情况。

如果火星车具有一些初始信念并且没有重要的感知，则控制权将从反应层转移到 BDI 层，在该层中将从信念集启动一个过程，在该过程中更新信念集。我们今天拥有的信念明天就可能被证明是错误的。对于火星车而言，它认为地域中某个位置可能存在水的信念可能是不正确的，因此信念数据库必须随着新的感知到达而不断更新。在第二阶段中，将由信念生成愿望。对于火星车而言，其信念由可能存在水的位置构成，而其愿望则是按照曼哈顿距离(也称为块距离)作为度量排序的这些可能有水的位置。因此，前往最近的可能有水的位置将成为火星车的当前意图。

为了实现其当前意图，火星车使用其规划库(在规划层中)并选择适合所选意图的规划。由于在此示例中，仅考虑与可能有水的位置相关的意图，因此规划库中仅包含一种类型的规划：路径寻找。

路径寻找算法用于解决在两个给定点之间找到最短路径的问题，这些算法不仅考虑网格/地形上的障碍物，还考虑了每条可能路径的代价。其中的一些代表性算法有广度优先搜索(Breadth First Search，BFS)、Djistkra 算法和 A*搜索。对于本火星车，我们开发了 BFS，它们效率最低，但也最简单。其他算法通过使用启发式、动态编程等方法，避免考虑代价高昂的路径，有着更好的表现。

在火星车探索其所有信念之后，它就会四处漫游(随机移动)直到其动作达到一定数量。此时将通过使用一个维护火星车状态或过去历史的数据结构(字典)，将信念注入火星车和一个应用了简单的概率和统计概念的慎思过程。该数据结构是火星车访问过的单元及其访问频率(火星车访问过单元的次数)的集合。

在该慎思过程中，火星车已知的地形被划分为四个相等(或近似相等)的扇区(可以划分为 2^n 个扇区以进一步提高精度)，然后对各个扇区以及该扇区中的各个(位置，访问频率)对，计算其相对频率，并将每个扇区中获得的结果分别相加，得到四个总的相对频率值(每个扇区一个)作为最终结果。相对频率(RF)使用以下公式进行计算：

$$RF(c)=\frac{freq(c)}{N}$$

其中，freq(c)表示访问单元 c 的次数，N 是 c 所属的集合(扇区)中的元素总数。对于扇区 S，其总的相对频率(Total Relative Frequency，TRF)为：

$$TRF(S)=\sum_{i=0}^{N}RF(c_i)$$

最后，火星车将选择在相对频率最低的扇区的一个角“注入”该位置有水的信念，该位置应当是过去访问次数最少的一个。可以认为，这种方法大致上是一种启发式方法；也就是说，我们对这个问题具备特定的知识，并通过嵌入这些知识，试图令火星车在任务中做出更好的表现。本章介绍的启发式方法及其相关内容是十分简单的，因为当前的重点目的是说明如何创建一个混合 Agent 架构，因此不将启发式方法作为本章的核心。在此有必要简单一提，这种总是选择所选扇区的角落注入信念的策略，或称启发式算法，可以得到大幅度改进，其改进途径与大幅度改进扇区划分和选择过程的途径相同。

现在我们已经大概了解了火星车的架构，以及它在每一步中如何实际做出决策，接下来介绍它的代码。

4.3 火星车的程序代码

火星车 AI 的 Mars Rover 程序编写在一个 C#类中，其中包含以下域、属性和构造函数(见代码清单 4-1)。

代码清单 4-1　Mars Rover 的域、变量和构造函数

```
public class MarsRover
    {
        public Mars Mars { get; set; }
        public List<Belief> Beliefs { get; set; }
        public Queue<Desire> Desires { get; set; }
        public Stack<Intention> Intentions { get; set; }
        public List<Plan> PlanLibrary { get; set; }
        public int X { get; set; }
        public int Y { get; set; }
        public int SenseRadius { get; set; }
```

```
        public double RunningOverThreshold { get; set; }
        // Identifies the last part of the terrain seen by the
        // Rover
        public List<Tuple<int, int>> CurrentTerrain { get; set; }
        public Plan CurrentPlan { get; set; }
        public List<Tuple<int, int>> WaterFound { get; set; }
        private double[,] _terrain;
        private static Random _random;
        private Dictionary<Tuple<int, int>, int> _perceivedCells;
        private int _wanderTimes;
private const int WanderThreshold = 10;

        public MarsRover(Mars mars, double [,] terrain, int
        x, int y, IEnumerable<Belief> initialBeliefs, double
        runningOver, int senseRadious)
{
            Mars = mars;
            X = x;
            Y = y;
_terrain = new double[terrain.GetLength(0), terrain.GetLength(1)];
            Array.Copy(terrain, _terrain, terrain.GetLength(0)
            * terrain.GetLength(1));
            Beliefs = new List<Belief>(initialBeliefs);
            Desires = new Queue<Desire>();
            Intentions = new Stack<Intention>();
            PlanLibrary = new List<Plan>
                              {
                                   new Plan(TypesPlan.
                                   PathFinding, this),
                              };
            WaterFound = new List<Tuple<int, int>>();
            RunningOverThreshold = runningOver;
            SenseRadius = senseRadious;
            CurrentTerrain = new List<Tuple<int, int>>();
            _random = new Random();
            _perceivedCells = new Dictionary<Tuple<int,
            int>, int>();
  }
}
```

MarsRover 类中包含以下域和变量。

- Mars：使用面向对象方法表示的火星世界或环境。Agent 使用此对象查询火星实际地域上的(可能)有水位置和障碍物。
- X、Y：均为整型变量，用于表示火星车在网格/火星地域中的当前位置。
- _terrain：表示火星世界或地域的矩阵，是火星车在着陆并可以通过感知手段更新之前初始状态下的设想。它类似工程师赋予火星车的一个对火星的先入为主的认识；这是他们给出的地图，其中可能存在错误，所以必须更新。
- Beliefs：表示火星车所具有的信念的列表；它们可能来自工程师在火星车降落在火星上之前编写的一组初始信念，例如 WaterAt(2,3)等，也可能是火星车自己后来通过某些慎思逻辑过程注入的信念。

- Desires：表示火星车拥有的愿望集合的队列；愿望源于信念，并结合当前的意图(如果有)进行更新。对于火星车而言，愿望由可能有水的位置构成，并且总是按照接近程度排序或划分优先级。
- Intentions：存储火星车意图的栈结构；栈顶部的那个数据代表当前的意图，也就是那个计划已在执行中的意图。
- PlanLibrary：表示一个由其所采用的意图决定的，火星车可以执行的规划的列表。
- WaterFound：在火星上找到的有水位置(若有)的列表。
- RunningOverThreshold：双精度值，表示将地域中的岩石判定为流动站障碍物的阈值。
- SenseRadius：整型值，表示火星车的视野；即以火星车当前位置为圆心，用于判定其对周围“视野”范围的圆半径。
- CurrentTerrain：表示火星车的当前视野内的地形；即由半径为 SenseRadius 的那个圆定义的区域。火星车移动时更新此数据结构。
- CurrentPlan：表示火星车正在执行的当前规划。
- _random：用于(在火星车四处漫游时)获取随机值的变量。
- _perceivedCells：存储一个位置单元被火星车访问次数的数据结构。火星车的统计－概率组件使用该数据，用于决定当火星车已经漫游了足够长时间后，在何处注入有水的信念。
- _wanderTimes：表示火星车四处漫游次数的整型值。
- WanderThreshold：整型值，用于确定火星车在“漫游”阶段可以执行的动作数量上限。在火星车执行 WanderThreshold 数量的动作后，就将停止漫游并自动注入信念。

Mars 对象(代表火星世界)使用代码清单 4-2 中的类作为蓝图。

代码清单 4-2　Mars 类

```
public class Mars
{
    private readonly double[,] _terrain;

    public Mars(double[,] terrain)
    {
        _terrain = new double[terrain.GetLength(0),
        terrain.GetLength(1)];
        Array.Copy(terrain, _terrain, terrain.GetLength(0)
        * terrain.GetLength(1));
    }

    public double TerrainAt(int x, int y)
    {
       return _terrain[x, y];
    }

    public bool WaterAt(int x, int y)
    {
       return _terrain[x, y] < 0;
    }
}
```

Mars 类十分简单，它包含一个描述地形(高程)的矩阵和两个火星车用于查询某个给定位置环境状况的方法。该地形矩阵代表真实的火星地形。火星车中也包含了一个对火星环境的表示，但它是基于工程师预置的地图等信息的表示，它不会准确地吻合实际地形。因此，火星车必须处理该对象，以确保其火星环境数据是准确的；如果不准确，则更新它。

为了处理信念、愿望和意图，将它们全部编写成类。Intention 类继承自 Desire 类(见代码清单 4-3)。

代码清单 4-3 Belief、Desire 和 Intention 类

```
public class Belief
    {
        public TypesBelief Name { get; set; }
        public dynamic Predicate;
    public Belief(TypesBelief name, dynamic predicate)
    {
        Name = name;
        Predicate = predicate;
    }

    public override string ToString()
    {
        var result = "";
        var coord = Predicate as List<Tuple<int, int>>;

        foreach (var c in coord)
            result += Name + " (" + c.Item1 + "," + c.Item2
            + ")" + "\n";

        return result;
    }
}

public class Desire
{
    public TypesDesire Name { get; set; }
    public dynamic Predicate;
    public List<Desire> SubDesires { get; set; }

    public Desire() { SubDesires = new List<Desire>(); }

    public Desire(TypesDesire name)
    {
        Name = name;
        SubDesires = new List<Desire>();
    }

    public Desire(TypesDesire name, dynamic predicate)
    {
        Name = name;
        Predicate = predicate;
        SubDesires = new List<Desire>();
    }

    public Desire(TypesDesire name, IEnumerable<Desire>
```

```
subDesires)
    {
        Name = name;
        SubDesires = new List<Desire>(subDesires);
    }

    public Desire(TypesDesire name, params Desire[]
    subDesires)
    {
        Name = name;
        SubDesires = new List<Desire>(subDesires);
    }

    public List<Desire> GetSubDesires()
    {
        if (SubDesires.Count == 0)
            return new List<Desire>() { this };

        var result = new List<Desire>();

        foreach (var desire in SubDesires)
            result.AddRange(desire.GetSubDesires());

        return result;
    }

    public override string ToString()
    {
       return Name.ToString() + "\n";
    }
}

public class Intention: Desire
{
    public static Intention FromDesire(Desire desire)
    {
        var result = new Intention
                        {
                            Name = desire.Name,
                            SubDesires = new List<Desire>
                            (desire.SubDesires),
                            Predicate = desire.Predicate
                        };

        return result;
    }
}
```

通常将信念编码为谓词，因而在此加入一个动态(可能为任何类型的)Predicate 属性，用于表示它们。对于本例而言，火星车将使用一个 List <Tuple <int，int >>作为谓词，表示存在水的位置的信念。要修改该类，使其适配承载不同类型的谓词，只需要更改覆盖 ToString ()方法。

Desires 类中不仅包括谓词，还包括子愿望(subdesires)。GetSubDesires()方法负责从愿望树中获取叶子愿望。某个给定的愿望可能拥有必须在满足愿望本体之前先行满足的子愿望，而这些叶子愿望或初级愿望是 Agent 必须在任何其他愿望之前首先执行的(因为其他愿望依赖于叶子愿望，或者是实现叶子愿望后的结果)。

最后，意图继承自愿望。请记住：意图是愿望的一个子集，我们可能有许多愿望，但在某个时间点上，并非所有这些愿望都要切实可行；因此，意图是我们决定在某些时候付诸实现的那些愿望。为了将愿望转换为意图，在类中加入了 FromDesire()方法。

为了定义一个信念、愿望、感知、动作的有限集合且便于使用，声明了以下(见代码清单 4-4)枚举类型。

代码清单 4-4　信念、愿望、感知、动作的枚举类型

```
public enum TypePercept
{
    WaterSpot, Obstacle, MoveUp, MoveDown, MoveLeft, MoveRight
}

public enum TypesBelief
{
    PotentialWaterSpots, ObstaclesOnTerrain
}

public enum TypesDesire
{
    FindWater, GotoLocation, Dig
}

public enum TypesPlan
{
    PathFinding
}

public enum TypesAction
{
    MoveUp, MoveDown, MoveLeft, MoveRight, Dig,
    None
}
```

为了大幅度改进对感知和规划的处理，向程序中加入 Percept 类和 Plan 类，如代码清单 4-5 所示。

代码清单 4-5　Percept 类和 Plan 类

```
public class Percept
    {
        public TypePercept Type { get; set; }
        public Tuple<int, int> Position { get; set; }

public Percept(Tuple<int, int> position, TypePercept percept)
        {
            Position = position;
Type = percept;
        }
    }
```

```
public class Plan
    {
        public TypesPlan Name { get; set; }
        public List<Tuple<int, int>> Path { get; set; }
        private MarsRover _rover;

        public Plan(TypesPlan name, MarsRover rover)
        {
            Name = name;
            Path = new List<Tuple<int, int>>();
            _rover = rover;
        }
        public TypesAction NextAction()
        {
            if (Path.Count == 0)
                return TypesAction.None;

            var next = Path.First();
            Path.RemoveAt(0);

            if (_rover.X > next.Item1)
                 return TypesAction.MoveUp;
            if (_rover.X < next.Item1)
                 return TypesAction.MoveDown;
            if (_rover.Y < next.Item2)
                 return TypesAction.MoveRight;
            if(_rover.Y > next.Item2)
                 return TypesAction.MoveLeft;

            return TypesAction.None;
        }

        public void BuildPlan(Tuple<int, int> source,
        Tuple<int, int> dest)
        {
            switch (Name)
            {
                case TypesPlan.PathFinding:
                    Path = PathFinding(source.Item1,
                    source.Item2, dest.Item1, dest.Item2).
                    Item2;
                    break;
            }
        }

        private Tuple<Tuple<int, int>, List<Tuple<int, int>>>
        PathFinding(int x1, int y1, int x2, int y2)
        {
            var queue = new Queue<Tuple<Tuple<int, int>,
            List<Tuple<int, int>>>>();
            queue.Enqueue(new Tuple<Tuple<int, int>,
            List<Tuple<int, int>>>(new Tuple<int, int>(x1, y1),
            new List<Tuple<int, int>>()));
            var hashSetVisitedCells = new HashSet<Tuple
```

```
<int, int>>();

while(queue.Count > 0)
{
    var currentCell = queue.Dequeue();
    var currentPath = currentCell.Item2;
    hashSetVisitedCells.Add(currentCell.Item1);
    var x = currentCell.Item1.Item1;
    var y = currentCell.Item1.Item2;

    if (x == x2 && y == y2)
        return currentCell;

    // Up
    if (_rover.MoveAvailable(x - 1, y) &&
    !hashSetVisitedCells.Contains(new Tuple<int,
    int>(x - 1, y)))
    {
        var pathUp = new List<Tuple<int,
        int>>(currentPath);
        pathUp.Add(new Tuple<int, int>(x - 1, y));
        queue.Enqueue(new Tuple<Tuple<int, int>,
        List<Tuple<int, int>>>(new Tuple<int,
        int>(x - 1, y), pathUp));
    }

    // Down
    if (_rover.MoveAvailable(x + 1, y) &&
    !hashSetVisitedCells.Contains(new Tuple<int,
    int>(x + 1, y)))
    {
        var pathDown = new List<Tuple<int,
        int>>(currentPath);
        pathDown.Add(new Tuple<int, int>(x + 1, y));
        queue.Enqueue(new Tuple<Tuple<int, int>,
        List<Tuple<int, int>>>(new Tuple<int,
        int>(x + 1, y), pathDown));
    }
    // Left
    if (_rover.MoveAvailable(x, y - 1) &&
    !hashSetVisitedCells.Contains(new Tuple<int,
    int>(x, y - 1)))
    {
        var pathLeft = new List<Tuple<int,
        int>>(currentPath);
        pathLeft.Add(new Tuple<int, int>(x, y - 1));
        queue.Enqueue(new Tuple<Tuple<int, int>,
        List<Tuple<int, int>>>(new Tuple<int,
        int>(x, y - 1), pathLeft));
    }
    // Right
    if (_rover.MoveAvailable(x, y + 1) &&
    !hashSetVisitedCells.Contains(new Tuple<int,
    int>(x, y + 1)))
    {
```

```
                    var pathRight = new List<Tuple<int,
                    int>>(currentPath);
                    pathRight.Add(new Tuple<int, int>(x, y + 1));
                    queue.Enqueue(new Tuple<Tuple<int, int>,
                    List<Tuple<int, int>>>(new Tuple<int,
                    int>(x, y + 1), pathRight));
                }
            }

            return null;
        }

        public bool FulFill()
        {
            return Path.Count == 0;
        }
    }
```

Percept 类非常简单，使用它只是为了更容易地确定感知发生的位置。通过使用该类，可以保存感知位置。另一方面，Plan 类则要更复杂一些。

Plan 类包含一个属性 List <Tuple <int，int >> Path，该数据结构定义了 Agent 在执行规划时创建的 Path 对象；对于本例而言，就是一个寻路规划。使用 BuildPlan()方法可以构建不同类型的规划。设计该方法的目的是用于充当一种规划选择机制。NextAction()方法通过返回并删除当前规划中的下一个执行的动作，更新 Path 属性。最后，PathFinding()方法实现广度优先搜索(BFS)算法，用于寻找从地域中给定起点到给定目的地或位置的最优路线。在后续的章节中，将进一步介绍这种算法；现在可将该算法视为一种可用于不同图论相关任务的基本算法，并记住它的基本思路：从起点开始，寻找从起点到目的地的路径的新步骤，并按等级排序(如图 4-3 所示)。为达到该目的，该算法使用一个队列，排序当前正在检查的单元的所有未访问邻接单元。

FulFill()方法用于判定一个规划何时彻底执行完成。

D	5	4	3	4
5	4	3	2	3
4	3	2	1	2
3	2	1	S	1
4	3	2	1	2

图 4-3　BFS 能够按照等级寻找路径；其中 S 是起点，D 是目的地，
单元的编号用于确定在搜索中的优先级，即等级 1、2 等

前面已经熟悉了火星车程序使用的所有类，接下来将开始深入讲解它的 AI 代码。

请回忆第 3 章中 Agent 实现的方法：火星车程序中包含了一个 GetPercepts()方法(如代码清单 4-6 所示)，用于提供一个链表，其中存储由 Agent 于当前时刻在其视野范围内所感知的信息。

代码清单 4-6　GetPercepts()方法

```
public List<Percept> GetPercepts()
        {
            var result = new List<Percept>();

            if (MoveAvailable(X - 1, Y))
                result.Add(new Percept(new Tuple<int,int>
                (X - 1, Y), TypePercept.MoveUp));

            if (MoveAvailable(X + 1, Y))
                result.Add(new Percept(new Tuple<int, int>
                (X + 1, Y), TypePercept.MoveDown));

            if (MoveAvailable(X, Y - 1))
                result.Add(new Percept(new Tuple<int, int>
                (X, Y - 1), TypePercept.MoveLeft));

            if (MoveAvailable(X, Y + 1))
                result.Add(new Percept(new Tuple<int,
                int>(X, Y + 1), TypePercept.MoveRight));

            result.AddRange(LookAround());

            return result;
        }
```

GetPercepts()方法中使用了 MoveAvailable()方法和 LookAround()方法，这两种方法如代码清单 4-7 所示。

代码清单 4-7　MoveAvailable()方法和 LookAround()方法

```
        public bool MoveAvailable(int x, int y)
        {
            return x >= 0 && y >= 0 && x < _terrain.
            GetLength(0) && y < _terrain.GetLength(1)
            && _terrain[x, y] < RunningOverThreshold;
        }

private IEnumerable<Percept> LookAround()
        {
           return GetCurrentTerrain();
        }
```

由于希望按照尽可能通用的方式编写火星车的“环顾四周”程序(不同的人可能对何谓“环顾四周”有不同的理解)，此功能的最终实现由方法 GetCurrentTerrain()给出，如代码清单 4-8 所示。

代码清单 4-8　GetCurrentTerrain()方法

```
public IEnumerable<Percept> GetCurrentTerrain()
        {
            var R = SenseRadius;
            CurrentTerrain.Clear();
```

```
        var result = new List<Percept>();

        for (var i = X - R > 0 ? X - R : 0; i <= X + R; i++)
        {
            for (var j = Y; Math.Pow((j - Y), 2) + Math.
            Pow((i - X), 2) <= Math.Pow(R, 2); j--)
            {
                if (j < 0 || i >= _terrain.GetLength(0))
                break;
                // In the circle
                result.AddRange(CheckTerrain(Mars.
                TerrainAt(i, j), new Tuple<int, int>(i,
                j)));
                CurrentTerrain.Add(new Tuple<int, int>(i, j));
                UpdatePerceivedCellsDicc(new Tuple<int,
                int>(i, j));
            }
            for (var j = Y + 1; (j - Y) * (j - Y) + (i - X)
            * (i - X) <= R * R; j++)
            {
                if (j >= _terrain.GetLength(1) || i >=
                _terrain.GetLength(0)) break;
                // In the circle
                result.AddRange(CheckTerrain(Mars.
                TerrainAt(i, j), new Tuple<int, int>(i, j)));
                CurrentTerrain.Add(new Tuple<int, int>(i, j));
                UpdatePerceivedCellsDicc(new Tuple<int,
                int>(i, j));
            }
        }

        return result;
    }
```

代码清单 4-8 中的方法包括几个依赖于圆周曲线方程的循环：

$$(x-h)^2+(y-k)^2=r^2$$

其中(h，k)表示圆心坐标，对于本例是 Agent 所在的位置；r 表示圆的半径，在本例中是 SenseRadius。火星车可以使用这些循环，跟踪距离其当前位置 SenseRadius 处的各个单元。在这些循环中，将调用 UpdatePerceivedCellsDicc()方法和 CheckTerrain()方法(见代码清单 4-9)。第一个方法的功能只是更新用于统计-概率组件中的已访问单元字典，以向流动站注入新的信念。

第二个方法检查地域中的某个给定单元是否为一个障碍物或有水位置。该方法也通过更新与所感知的坐标对应的数据，更新火星车初始具备的内部_terrain 数据结构，并进行持续维护。

代码清单 4-9 UpdatePerceivedCellsDicc()方法和 CheckTerrain()方法

```
    private void UpdatePerceivedCellsDicc(Tuple<int,
    int> position)
    {
        if (!_perceivedCells.ContainsKey(position))
            _perceivedCells.Add(position, 0);
        _perceivedCells[position]++;
    }
```

```
        private IEnumerable<Percept> CheckTerrain
        (double cell, Tuple<int, int> position)
{
            var result = new List<Percept>();

            if (cell > RunningOverThreshold)
                result.Add(new Percept(position,
                TypePercept.Obstacle));
            else if (cell < 0)
                result.Add(new Percept(position,
                TypePercept.WaterSpot));
            // Update the rover's internal terrain
            _terrain[position.Item1, position.Item2] = cell;

            return result;
        }
```

Action()方法负责生成火星车要执行的下一步动作，如代码清单 4-10 中所示。

代码清单 4-10 Action()方法

```
public TypesAction Action(List<Percept> percepts)
{
    // Reactive Layer
    if (Mars.WaterAt(X, Y) && !WaterFound.Contains
    (new Tuple<int, int>(X, Y)))
        return TypesAction.Dig;

    var waterPercepts = percepts.FindAll(p =>
    p.Type == TypePercept.WaterSpot);

    if (waterPercepts.Count > 0)
    {
        foreach (var waterPercept in waterPercepts)
        {
            var belief = Beliefs.FirstOrDefault(b =>
            b.Name == TypesBelief.PotentialWaterSpots);
            List<Tuple<int, int>> pred;
            if (belief != null)
                pred = belief.Predicate as List<Tuple
                <int, int>>;
            else
            {
                pred = new List<Tuple<int, int>>
                {waterPercept.Position};
                Beliefs.Add(new Belief(TypesBelief.
                PotentialWaterSpots, pred));
            }
            if (!WaterFound.Contains
            (waterPercept.Position))
                pred.Add(waterPercept.Position);
            else
            {
                pred.RemoveAll(
```

```
                         t => t.Item1 == waterPercept.
                         Position.Item1 && t.Item2 ==
                         waterPercept.Position.Item2);
                    if (pred.Count == 0)
                         Beliefs.RemoveAll(b => (b.Predicate as
                         List<Tuple<int, int>>).Count == 0);
               }
          }

          if (waterPercepts.Any(p => !WaterFound.
          Contains(p.Position)))
               CurrentPlan = null;
     }

     if (Beliefs.Count == 0)
     {
          if (_wanderTimes == WanderThreshold)
          {
_wanderTimes = 0;
               InjectBelief();
          }
_wanderTimes++;
          return RandomMove(percepts);
     }
     if (CurrentPlan == null || CurrentPlan.FullFill())
     {
          // Deliberative Layer
          Brf(percepts);
          Options();
          Filter();
     }

     return CurrentPlan.NextAction();
}
```

该方法中结合了 Agent 的反应层和慎思层。前面的几行对应于反应层，其中考虑了需要一个 Fimmediate 响应的不同场景：

(1) 火星车的当前位置有水，且之前没有发现过该地点。

(2) 有一个在火星车的周围(由半径为 SenseRadius 的圆定义)区域中存在可能有水位置的感知。对于这种情况，且通过检查确认该可能有水的位置之前并未被发现过，则向火星车添加一个有水信念。

(3) 如果先前未找到步骤(2)中感知的有水位置，则删除当前规划，然后建立一个将新信念纳入考虑的新规划。

(4) 如果火星车没有信念，它将执行随机动作(见代码清单 4-11)，即漫游。在这种“四处漫游”达到一定数量的动作数(在本例中为 10)，则注入一个信念。

前 4 个步骤构成了该 Agent 的反应层，由 Brf()、Options()和 Filter()方法组成的方法的最后一部分则体现了慎思层(BDI 架构)。InjectBelief()方法也是该慎思层的一部分，因为它涉及一个“慎思”过程，Agent 在该过程中决定其下一步行动。

代码清单 4-11 RandomMove()方法

```
private TypesAction RandomMove(List<Percept> percepts)
        {
            var moves = percepts.FindAll(p => p.Type.
            ToString().Contains("Move"));
            var selectedMove = moves[_random.Next(0, moves.Count)];

            switch (selectedMove.Type)
            {
                case TypePercept.MoveUp:
                    return TypesAction.MoveUp;
                case TypePercept.MoveDown:
                    return TypesAction.MoveDown;
                case TypePercept.MoveRight:
                    return TypesAction.MoveRight;
                case TypePercept.MoveLeft:
                    return TypesAction.MoveLeft;
            }

            return TypesAction.None;
        }
```

火星车的统计-概率组件，以及它用于根据其过去历史注入信念的组件，由 InjectBelief()方法体现，该方法及其辅助方法如代码清单 4-12 所示。

代码清单 4-12 InjectBelief()、SetRelativeFreq()和 RelativeFreq()方法

```
private void InjectBelief()
        {
            var halfC = _terrain.GetLength(1) / 2;
            var halfR = _terrain.GetLength(0) / 2;

            var firstSector = _perceivedCells.Where(k => k.Key.
            Item1 < halfR && k.Key.Item2 < halfC).ToList();
            var secondSector = _perceivedCells.Where(k => k.Key.
            Item1 < halfR && k.Key.Item2 >= halfC).ToList();

            var thirdSector = _perceivedCells.Where(k => k.Key.
            Item1 >= halfR && k.Key.Item2 < halfC).ToList();
            var fourthSector = _perceivedCells.Where(k => k.Key.
            Item1 >= halfR && k.Key.Item2 >= halfC).ToList();

            var freq1stSector = SetRelativeFreq(firstSector);
            var freq2ndSector = SetRelativeFreq(secondSector);
            var freq3rdSector = SetRelativeFreq(thirdSector);
            var freq4thSector = SetRelativeFreq(fourthSector);

            var min = Math.Min(freq1stSector, Math.
            Min(freq2ndSector, Math.Min(freq3rdSector,
            freq4thSector)));

            if (min == freq1stSector)
                Beliefs.Add(new Belief(TypesBelief.
```

```
            PotentialWaterSpots, new List<Tuple<int, int>>
            { new Tuple<int, int>(0, 0) }));
        else if (min == freq2ndSector)
            Beliefs.Add(new Belief(TypesBelief.Potential
            WaterSpots, new List<Tuple<int, int>> { new
            Tuple<int, int>(0, _terrain.GetLength(1) - 1) }));
        else if (min == freq3rdSector)
            Beliefs.Add(new Belief(TypesBelief.Potential
            WaterSpots, new List<Tuple<int, int>> { new
            Tuple<int, int>(_terrain.GetLength(0) - 1, 0)
            }));
        else
            Beliefs.Add(new Belief(TypesBelief.Potential
            WaterSpots, new List<Tuple<int, int>> { new
            Tuple<int, int>(_terrain.GetLength(0) - 1,
            _terrain.GetLength(1) - 1) }));
}

private double SetRelativeFreq(List<KeyValuePair<Tuple
<int, int>, int>> cells)
{
    var result = 0.0;

    foreach (var cell in cells)
        result += RelativeFrequency(cell.Value,
        cells.Count);

    return result;
}

private double RelativeFrequency(int absFreq, int n)
{
    return (double) absFreq/n;
}
```

在SetRelativeFreq()方法中，计算给定扇区的每个单元的相对频率，然后求和，以获得该组单元的总频率。请注意，在本例中，我们决定将地域划分为四个相等的扇区，不过就像在QuadTree(四叉树)中一样，读者也可以按照自己认为的必要数量或必要的细节级别，决定将其划分为多少个扇区。甚至可以依据火星车的SenseRadius及其漫游时间考量，决定地域划分的扇区数目。这些值都是相关的，其中大多数都是在火星车附带的启发式算法中权衡的。对于本例而言——并且为了保证给出的示例代码的简单性——本书选择为火星车附加一种确实堪称简陋的启发式方法。例如，在不同情况下，总是在选定扇区的一角注入一个有水信念可能是一种糟糕的做法，因为它不会每次都运作良好。因此，扇区选择和扇区内单元选择机制需要更加通用，以使火星车在多种环境中都能获得良好表现。请谨记，这里介绍的启发式方法可以大大改进，从而改善火星车的性能。

■ **注意**

QuadTree是一种树数据结构，其中每个内部节点恰好有四个子节点。通常它们用于通过递归地将一个二维空间或区域细分为四个象限或区域，对其进行划分。

最后，从信念修正函数开始，研究慎思层及其所有方法(见代码清单 4-13)。

代码清单 4-13 Brf()方法

```
public void Brf(List<Percept> percepts)
{
    var newBeliefs = new List<Belief>();

    foreach (var b in Beliefs)
    {
        switch (b.Name)
        {
            case TypesBelief.PotentialWaterSpots:
                var waterSpots = new List<Tuple<int,
                int>>(b.Predicate);
                waterSpots = UpdateBelief(TypesBelief.
                PotentialWaterSpots, waterSpots);
                if (waterSpots.Count > 0)
                    newBeliefs.Add(new Belief(TypesBelief.
                    PotentialWaterSpots, waterSpots));
                break;
            case TypesBelief.ObstaclesOnTerrain:
                var obstacleSpots = new List<Tuple<int,
                int>>(b.Predicate);
                obstacleSpots = UpdateBelief
                (TypesBelief.ObstaclesOnTerrain,
                obstacleSpots);
                if (obstacleSpots.Count > 0)
                    newBeliefs.Add(new Belief
                    (TypesBelief.ObstaclesOnTerrain,
                    obstacleSpots));
                break;
        }
    }

    Beliefs = new List<Belief>(newBeliefs);
}
```

在 Brf()方法中，检查每个信念(可能的有水位置，可能的障碍位置)并更新它们，创建一组新的信念。UpdateBelief()方法如代码清单 4-14 所示。

代码清单 4-14 UpdateBelief()方法

```
private List<Tuple<int, int>> UpdateBelief(TypesBelief belief,
IEnumerable<Tuple<int, int>> beliefPos)
        {
            var result = new List<Tuple<int, int>>();

            foreach (var spot in beliefPos)
            {
                if (CurrentTerrain.Contains(new Tuple<int,
                int>(spot.Item1, spot.Item2)))
                {
                    switch (belief)
```

```
                {
                    case TypesBelief.PotentialWaterSpots:
                        if (_terrain[spot.Item1, spot.
                        Item2] >= 0)
                            continue;
                        break;
                    case TypesBelief.ObstaclesOnTerrain:
                        if (_terrain[spot.Item1, spot.
                        Item2] < RunningOverThreshold)
                            continue;
                        break;
                }
            }
            result.Add(spot);
        }

        return result;
    }
```

在UpdateBelief()方法中，将各个信念与当前感知到的地形相比对。如果有一个错误的信念，例如，认为或相信会在位置(x，y)找到水，但恰巧火星车刚经过该位置，而没有任何发现——则该信念必须删除。

负责产生愿望的Options()方法如代码清单4-15所示。

代码清单4-15　Options()方法

```
public void Options()
{
    Desires.Clear();

    foreach (var b in Beliefs)
    {
        if (b.Name == TypesBelief.PotentialWaterSpots)
        {
            var waterPos = b.Predicate as List<Tuple
            <int, int>>;
            waterPos.Sort(delegate(Tuple<int, int>
            tupleA, Tuple<int, int> tupleB)
                            {
                                var distA = Manhattan
                                Distance(tupleA,
                                new Tuple<int,
                                int>(X, Y));
                                var distB = Manhattan
                                Distance(tupleB,
                                new Tuple<int,
                                int>(X, Y));
                                if (distA < distB)
                                    return 1;
                                if (distA > distB)
                                    return -1;
                                return 0;
```

```
                    });
                foreach (var wPos in waterPos)
                    Desires.Enqueue(new Desire
                    (TypesDesire.FindWater, new Desire
                    (TypesDesire.GotoLocation, new Desire
                    (TypesDesire.Dig, wPos))));
}
            }
        }
```

在此只考虑一种类型的愿望——在特定地点寻找水的愿望。因此，以信念集合为基础，生成愿望并使用距离(代码清单 4-16)作为邻近度的度量，按照邻近度对愿望进行排序。

代码清单 4-16　曼哈顿距离

```
        public int ManhattanDistance(Tuple<int, int> x, Tuple<int,
        int> y)
        {
return Math.Abs(x.Item1 - y.Item1) + Math.Abs(x.Item2 - y.Item2);
        }
```

使用愿望集合，将新意图推入 Filter()方法中的 Intentions 集合。如果没有正在执行的关于当前意图的规划，则使用 ChoosePlan()方法选择一个，如代码清单 4-17 所示。

代码清单 4-17　Filter()方法和 ChoosePlan()方法

```
        private void Filter()
{
            Intentions.Clear();

             foreach (var desire in Desires)
            {
                if (desire.SubDesires.Count > 0)
                {
                    var primaryDesires = desire.
                    GetSubDesires();
                    primaryDesires.Reverse();
                    foreach (var d in primaryDesires)
                        Intentions.Push(Intention.
                        FromDesire(d));
                }
                else
                    Intentions.Push(Intention.
                    FromDesire(desire));
            }

            if (Intentions.Any() && !ExistsPlan())
                ChoosePlan();
        }

        private void ChoosePlan()
        {
            var primaryIntention = Intentions.Pop();
            var location = primaryIntention.Predicate as
```

```
            Tuple<int, int>;
        switch (primaryIntention.Name)
        {
            case TypesDesire.Dig:
                CurrentPlan = PlanLibrary.First(p =>
                p.Name == TypesPlan.PathFinding);
                CurrentPlan.BuildPlan(new Tuple<int,
                int>(X, Y), location);
                break;
        }
    }
```

最后，ExistsPlan()方法确定是否存在执行中的规划，而 ExecuteAction()方法则执行 Agent 选择的动作(见代码清单 4-18)。后者还负责使用找到了水的位置更新 WaterFound 数据结构。

代码清单 4-18　ExistsPlan()方法和 ExecuteAction()方法

```
        public bool ExistsPlan()
        {
            return CurrentPlan != null && CurrentPlan.Path.
            Count > 0;
        }

public void ExecuteAction(TypesAction action, List<Percept>
percepts)
        {
            switch (action)
            {
                case TypesAction.MoveUp:
                    X -= 1;
                    break;
                case TypesAction.MoveDown:
                    X += 1;
                    break;
                case TypesAction.MoveLeft:
                    Y -= 1;
                    break;
                case TypesAction.MoveRight:
                    Y += 1;
                    break;
                case TypesAction.Dig:
                    WaterFound.Add(new Tuple<int, int>(X, Y));
                    break;
            }
        }
```

在下一节中，将在一个我们创建的 Windows 窗体应用程序中执行火星车程序，观察它的实际运作，试验并检验其 AI 在一个测试世界中的表现。

4.4　Mars Rover 可视化应用程序

本章开头曾经提到，我们创建了一个 Windows 窗体应用程序，用于测试火星车，观察它在火星世界中如何处理隐藏的水位置和障碍物。这个例子不仅有助于理解如何构建 MarsRover 类和 Mars 类，还将演示本章中介绍的 AI 在不同场景中如何执行其决策过程。Windows 窗体应用程序的完整细节(见代码清单 4-19)超出了本书的范围，这里只是简单地给出该程序的一个片段，以向读者展示书中图片是如何生成的。读者若需要进一步了解，可以参考本书附带的源代码。

代码清单 4-19　Windows 窗体可视化应用程序代码片段

```
public partial class MarsWorld : Form
    {
        private MarsRover _marsRover;
        private Mars _mars;
        private int _n;
        private int _m;

        public MarsWorld(MarsRover rover, Mars mars, int n, int m)
        {
            InitializeComponent();
            _marsRover = rover;
            _mars = mars;
            _n = n;
            _m = m;
        }

        private void TerrainPaint(object sender, PaintEventArgs e)
        {
            var pen = new Pen(Color.Wheat);
            var waterColor = new SolidBrush(Color.Aqua);
            var rockColor = new SolidBrush(Color.Chocolate);
            var cellWidth = terrain.Width/_n;
            var cellHeight = terrain.Height/_m;

            for (var i = 0; i < _n; i++)
                e.Graphics.DrawLine(pen, new Point(i *
                cellWidth, 0), new Point(i * cellWidth, i *
                cellWidth + terrain.Height));

            for (var i = 0; i < _m; i++)
                e.Graphics.DrawLine(pen, new Point(0, i *
                cellHeight), new Point(i * cellHeight +
                terrain.Width, i * cellHeight));
        if (_marsRover.ExistsPlan())
        {
            foreach (var cell in _marsRover.CurrentPlan.Path)
            {
                e.Graphics.FillRectangle(new SolidBrush
                (Color.Yellow), cell.Item2 * cellWidth,
                cell.Item1 * cellHeight,
                cellWidth, cellHeight);
            }
        }

        for (var i = 0; i < _n; i++)
        {
            for (var j = 0; j < _m; j++)
```

```
                {
                    if (_mars.TerrainAt(i, j) > _marsRover.
                    RunningOverThreshold)
                        e.Graphics.DrawImage(new
                        Bitmap("obstacle-transparency.png"),
                        j*cellWidth, i*cellHeight,
                        cellWidth, cellHeight);
                    if (_mars.WaterAt(i, j))
                        e.Graphics.DrawImage(new Bitmap("water-transparency.
                        png"), j * cellWidth,
                        i * cellHeight, cellWidth, cellHeight);

                    // Draw every belief in white
                    foreach (var belief in _marsRover.Beliefs)
                    {
                        var pred = belief.Predicate as
                        List<Tuple<int, int>>;
                        if (pred != null && !pred.Contains(new
                        Tuple<int, int>(i, j)))
                            continue;
                    if (belief.Name == TypesBelief.
                    ObstaclesOnTerrain)
                    {
                        e.Graphics.DrawImage(new
                        Bitmap("obstacle-transparency.
                        png"), j * cellWidth, i *
                        cellHeight, cellWidth, cellHeight);
                        e.Graphics.DrawRectangle(new
                        Pen(Color.Gold, 6), j * cellWidth, i
                        * cellHeight, cellWidth, cellHeight);
                    }
                    if (belief.Name == TypesBelief.
                    PotentialWaterSpots)
                    {
                        e.Graphics.DrawImage(new
                        Bitmap("water-transparency.png"),
                        j * cellWidth, i * cellHeight,
                        cellWidth, cellHeight);
                        e.Graphics.DrawRectangle(new
                        Pen(Color.Gold, 6), j * cellWidth, i
                        * cellHeight, cellWidth, cellHeight);
                    }
                }

            }
        }

        e.Graphics.DrawImage(new Bitmap("rovertransparency.
        png"), _marsRover.Y * cellWidth,
        _marsRover.X * cellHeight, cellWidth, cellHeight);
    var sightColor = Color.FromArgb(80, Color.Lavender);
    _marsRover.GetCurrentTerrain();

            foreach (var cell in _marsRover.CurrentTerrain)
                e.Graphics.FillRectangle(new SolidBrush
```

```
        (sightColor), cell.Item2 * cellWidth, cell.
        Item1 * cellHeight, cellWidth, cellHeight);
}

private void TimerAgentTick(object sender, EventArgs e)
{
    var percepts = _marsRover.GetPercepts();
    agentState.Text = "State: Thinking ...";
    agentState.Refresh();
    var action = _marsRover.Action(percepts);
    _marsRover.ExecuteAction(action, percepts);

    var beliefs = UpdateText(beliefsList, _marsRover.
    Beliefs);
    var desires = UpdateText(beliefsList, _marsRover.
    Desires);
    var intentions = UpdateText(beliefsList,
    _marsRover.Intentions);

    if (beliefs != beliefsList.Text)
        beliefsList.Text = beliefs;
    if (desires != desiresList.Text)
        desiresList.Text = desires;
    if (intentions != intentionsList.Text)
        intentionsList.Text = intentions;
    foreach (var wSpot in _marsRover.WaterFound)
    {
        if (!waterFoundList.Items.Contains(wSpot))
            waterFoundList.Items.Add(wSpot);
    }
    Refresh();
}

private string UpdateText(RichTextBox list, IEnumerable
<object> elems)
{
    var result = "";

    foreach (var elem in elems)
       result += elem;

    return result;
}

private void PauseBtnClick(object sender, EventArgs e)
{
    if (timerAgent.Enabled)
    {
        timerAgent.Stop();
        pauseBtn.Text = "Play";
    }
    else
    {
        timerAgent.Start();
        pauseBtn.Text = "Pause";
```

```
            }
        }
    }
```

从这段代码中可以看出，该演示应用程序包含一个网格控件，其中加入了一组播放/暂停按钮，并使用一个计时器来控制火星车动作，且每秒执行一次。

为了构建火星车和世界，需要定义一组初始信念，即一套火星车内置初始地形数据和一套真实的火星地形数据(见代码清单 4-20)。

代码清单 4-20　设置火星车和世界数据

```
var water = new List<Tuple<int, int>>
            {
                new Tuple<int, int> (1, 2),
                new Tuple<int, int> (3, 5),
            };

            var obstacles = new List<Tuple<int, int>>
            {
                new Tuple<int, int> (2, 2),
                new Tuple<int, int> (4, 5),
            };

            var beliefs = new List<Belief> {
                new Belief(TypesBelief.PotentialWaterSpots, water),
                new Belief(TypesBelief.ObstaclesOnTerrain,
                obstacles),
            };

            var marsTerrain = new [,]
                               {
                                   {0, 0, 0, 0, 0, 0, 0, 0, 0, 0},
                                   {0, 0, 0, 0, 0, 0, 0, 0, 0, 0},
                                   {0, 0, 0, 0, 0, 0, 0, 0, 0, 0},
                                   {0, 0, 0.8, -1, 0, 0, 0, 0, 0, 0},
                                   {0, 0, 0.8, 0, 0, 0, 0, 0, 0, 0},
                                   {0, 0, 0, 0, 0, 0, 0, 0, 0, 0},
                                   {0, 0, 0, 0, 0, 0, 0, 0, 0, 0},
                                   {0, 0, 0, 0, 0, 0, 0, 0, 0, 0},
                                   {0, 0, 0, 0, 0, 0.8, 0, 0, 0, 0},
                                   {0, 0, 0, 0, 0, 0, 0, 0, 0, 0}
            };

var roverTerrain = new [,]
                               {
                                   {0, 0, 0, 0, 0, 0, 0, 0, 0, 0},
                                   {0, 0, 0, 0, 0, 0, 0, 0, 0, 0},
                                   {0, 0, 0, 0, 0, 0, 0, 0, 0, 0},
                                   {0, 0, 0.8, 0, 0, 0, 0, 0, 0, 0},
                                   {0, 0, 0.8, 0, 0, 0, 0, 0, 0, 0},
                                   {0, 0, 0, 0, 0, 0, 0, 0, 0, 0},
                                   {0, 0, 0, 0, 0, 0, 0, 0, 0, 0},
                                   {0, 0, 0, 0, 0, 0, 0, 0, 0, 0},
                                   {0, 0, 0, 0, 0, 0.8, 0, 0, 0, 0},
```

```
                        {0, 0, 0, 0, 0, 0, 0, 0, 0, 0}
        };

        var mars = new Mars(marsTerrain);
        var rover = new MarsRover(mars, roverTerrain, 7, 8,
        beliefs, 0.75, 2);

        Application.EnableVisualStyles();
        Application.SetCompatibleTextRenderingDefault(false);
        Application.Run(new MarsWorld(rover, mars, 10, 10));
```

运行应用程序后，将显示如图 4-4 所示的 GUI。在该程序中，很容易区分水位置(水滴图像)与障碍物位置(岩石图像)。

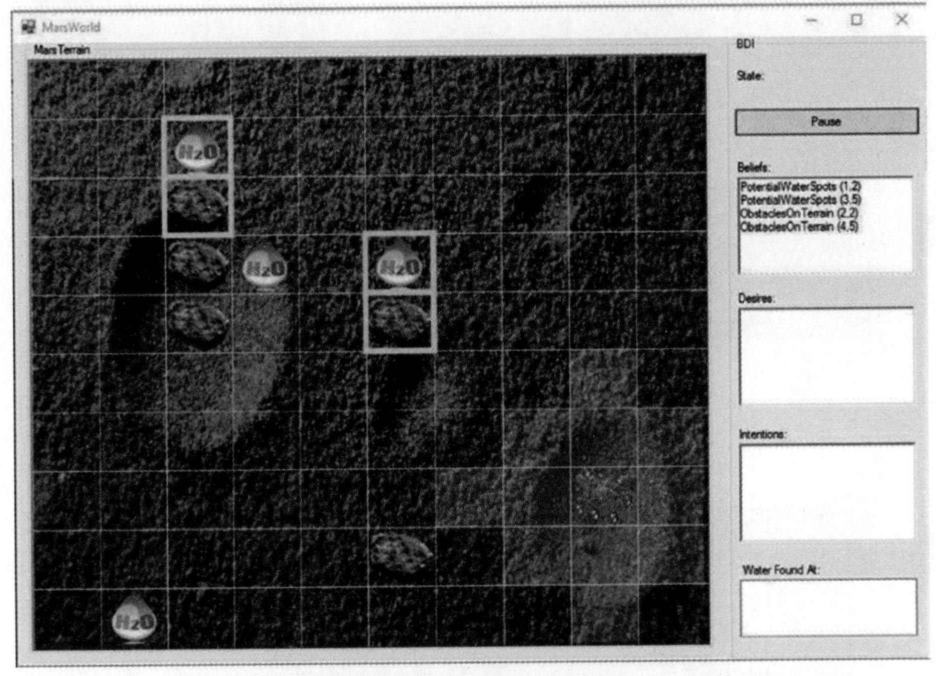

图 4-4　Windows 窗体应用程序，展示了火星车，其 SenseRadius，对有水位置和障碍物的信念使用外圈黄色正方形标记，实际水和障碍物位置则没有黄色正方形外圈

注意始终围绕在火星车周围的浅色单元，它们是在任何给定时刻，火星车可以“看到”(感知)的单元，由 SenseRadius 参数(在初始设置代码中定义为“曼哈顿距离”值 2)和半径精确为 SenseRadius 的“离散”圆定义，其圆心是火星车的当前位置。

在应用程序的右侧有一个面板，其中包含各种信息部分，例如 Beliefs、Desires、Intentions、WaterFoundAt。所有这些信息都是 Windows 窗体控件，并最终使用上一节中给出的 ToString()方法的重写。

火星车 Agent 登场献技的时候到了，让我们观察程序运行后有何效果(见图 4-5)。

请注意，为了更便于理解火星车的行进目标和原因，Agent 的规划(动作序列)，即路径查找算法返回的路径用黄色表示。对本例而言，火星车正在追寻最接近的有水位置的信念。在它到达该处后(如图 4-6 所示)，它会发现该信念是错误的，所追寻的位置没有水，因为在与该有水位置信念位置相邻的单元中没有障碍物。好消息是，在探索该区域时，火星车在附近(在其感应圈内)感知到一个可能有水的位置，所以它将冒险去那里进一步探索。

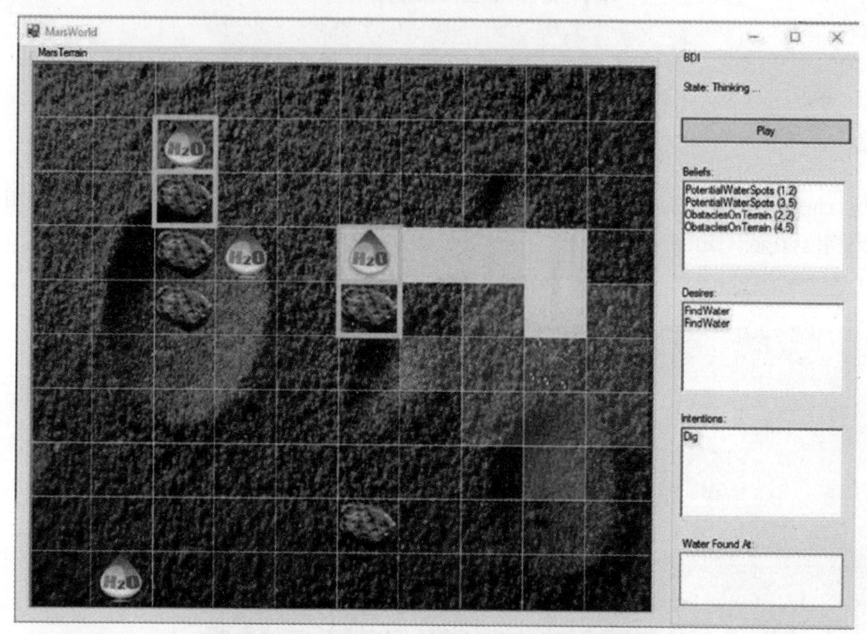

图 4-5　火星车创建了一个前往位置(3, 5)，离它最近的可能有水位置的规划，即创建了一个规划或一组动作序列(用黄色单元表示)，以前往该处并进行挖掘

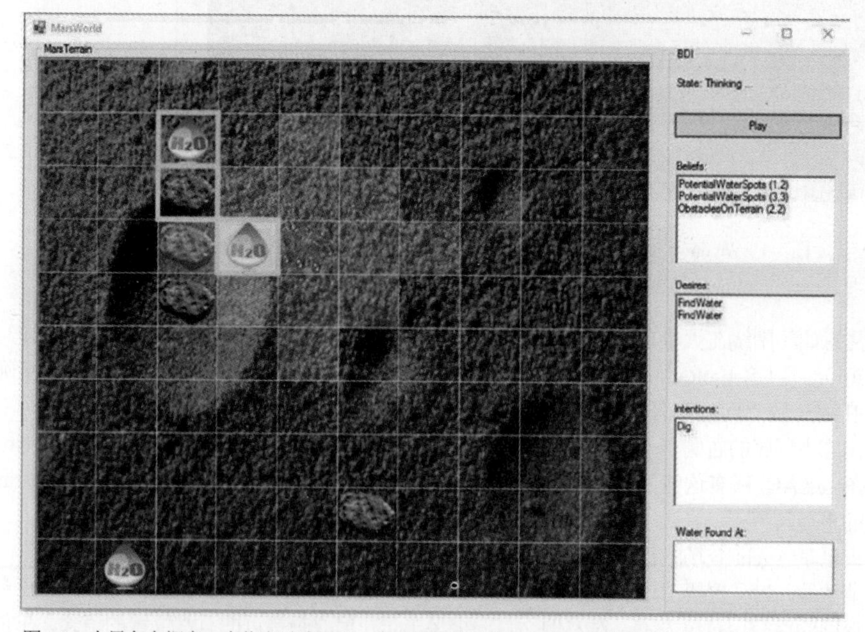

图 4-6　火星车在探索一个信念时感知到一个可能有水位置，并在火星上找到第一处确实有水的位置

上面 Agent 寻找的位置是一个确实有水的位置，因此 WaterFound 数据结构更新，火星车在火星上找到了水！之后，它继续追寻下一个信念(如图 4-7 所示)：位于位置(1,2)处的水。

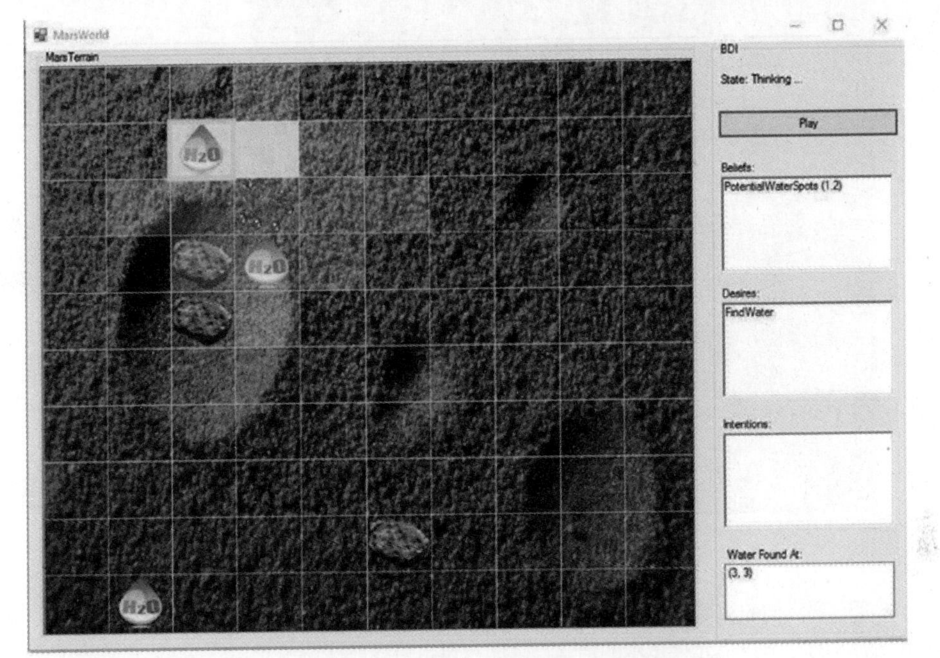

图 4-7　火星车丢弃了一个水位置信念和一个障碍位置信念

又一次，在接近第二个水位置信念(进入其感知或感知半径)时，Agent 丢弃该信念以及另一个障碍物位置信念，因此需要更新信念集。

现在火星车的信念集已经耗尽，接下来它会四处漫游(漫游动作以 10 次为限，该次数硬编码在程序代码中，如图 4-8 所示)，直到统计-概率慎思组件被激活，并向火星车注入从逻辑结论中得出的新信念。对本例而言——也即模拟人类的思维，因为我们本就是试图模仿人类在这种情况下的行动——我们会认为在尚未探索的地区会更有可能找到水，或者说有高得多的概率。在第 14 章中将介绍，这种思想称为多样化，并且在诸如遗传算法、禁忌搜索等元启发式算法中非常常见。

采用同样方式，可以建立一个多样化阶段，用于探索访问次数较少或未探索的地区，也可以建立一个强化阶段，以更好地探索以前找到过水的地区，即有希望的地区。对本例而言，强化阶段可能意味着让漫游车在地图的某些部分中四处漫游。

在后面的章节中将介绍，对于搜索相关问题，在强化和多样化阶段之间找到平衡(有时称为探索-利用权衡)是至关重要的，因为在日常生活中遇到的大多数问题都是搜索问题，或者是最终可以归结为搜索问题的优化问题，因为优化问题实际上是在所有可能解的空间中，搜索最佳的解。这样，许多问题就可以约简为单纯搜索问题，这是一项复杂的任务，通常需要智慧的头脑。

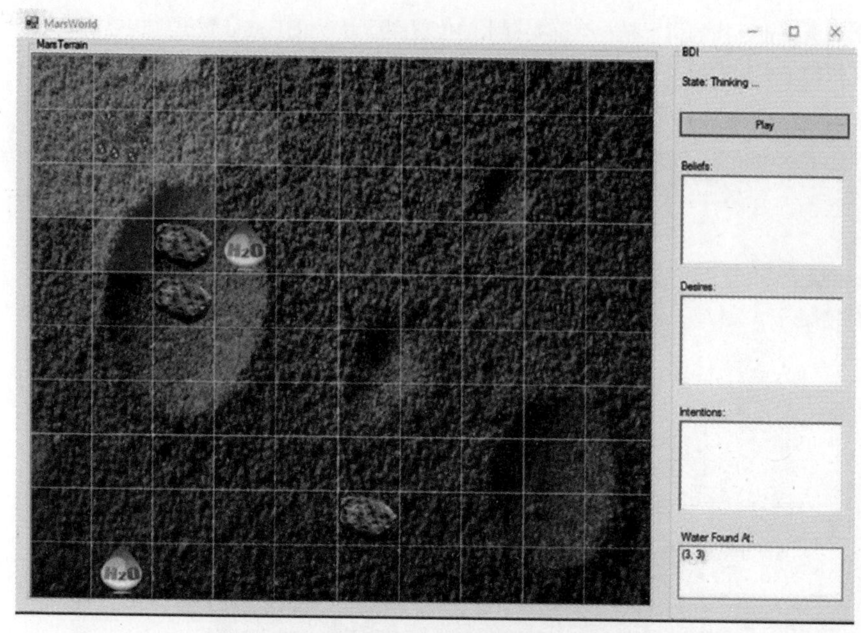

图 4-8　火星车信念集耗尽后四处漫游

下面回到我们的火星车示例，在图 4-9 中，火星车完成了其漫游阶段，并向自身注入一个在第三扇区的左下角单元存在水的信念，因此它设定路线前往该单元。

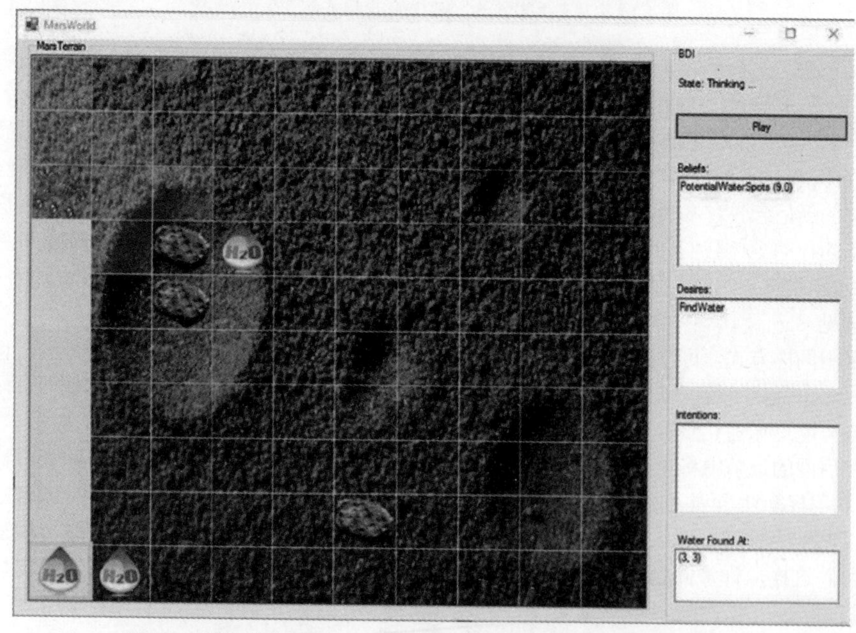

图 4-9　火星车向自身注入一个位于第三扇区左下角的可能有水位置的信念

该信念的注入使得火星车能够找到注入的水位置信念附近的一个实际有水位置。这样，通过将搜索多样化到未探索区域，我们发现了一个实际的有水位置(如图 4-10 所示)。这个过程再次重复；火星车四处漫游(随机移动)，最终注入新的信念，并移动到该位置(图 4-11)。

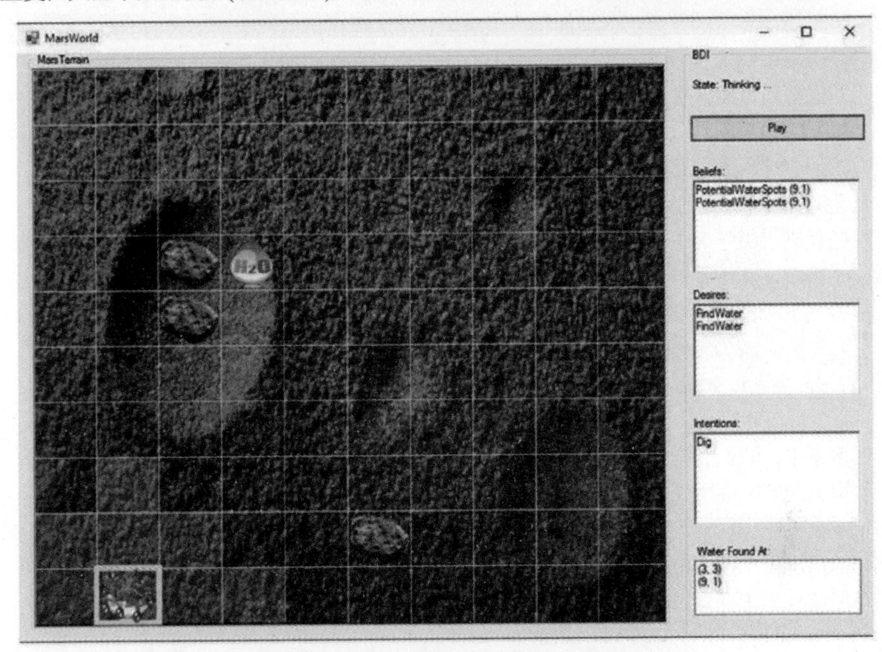

图 4-10　火星车遵循注入的信念行动，并在此过程中找到一个实际的有水位置

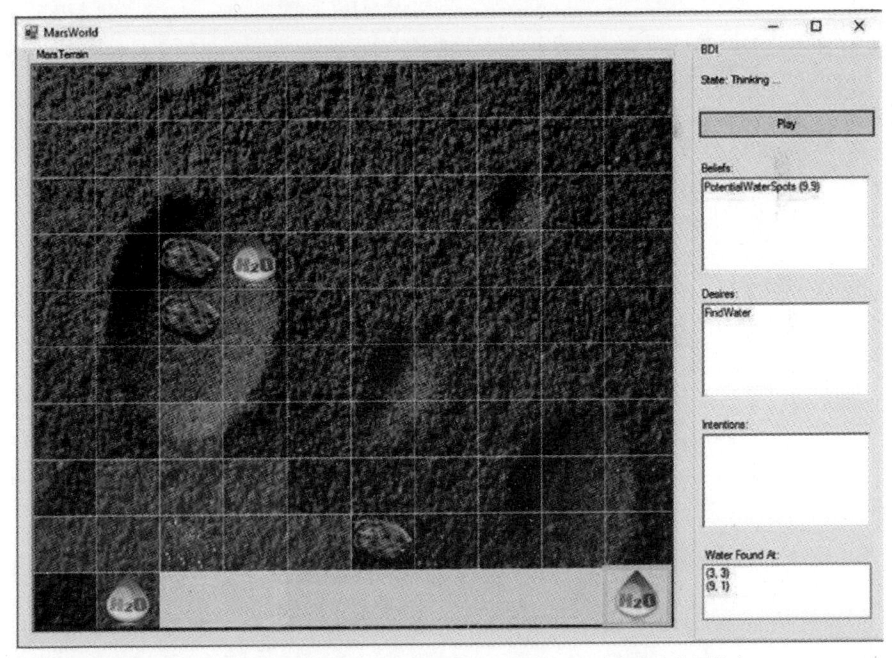

图 4-11　火星车重复该过程，四处漫游，然后注入一个新的水位置信念

本章介绍的火星车的多种功能均可改进，以提高其性能。例如，可以调整 WanderThreshold，因为火星车在火星上花费的时间越来越多，希望延长它在某个区域停留的时间。该决策可能取决于火星车所在扇区的正方形区域面积。该决策总是选择在访问较少的扇区的一角处注入水位置信念，也可以修改为令其取决于与火星车的历史或状态相关的各种条件。该选择也可以随机进行，即选择所选扇区中的一个随机单元注入有水位置信念；或者，也可以选择该扇区中访问最少的单元。地形的划分方式也可能发生变化：可以使用存储在数据库中的一组划分模式，以其他方式划分地形(并不总是使用 2^n 个细分)，并让火星车有机会探索不同形状的不同区域。可能性是无穷无尽的，读者可以使用本章提供的代码，创造出自己的完美火星车。

现在我们已经学习了一个完整的 Agent 及其架构的实际问题，接下来可以更进一步，探索多 Agent 系统，其中各种 Agent 共存并且可能相互协作或竞争，以实现它们的某些共同目标。该内容将是下一章的主要焦点。

4.5 本章小结

在本章中，我们介绍了使用混合架构设计火星车 AI 的实际问题，该架构由一个反应层和一个实现 BDI 范例的慎思层组成。Mars Rover 示例包括一个(Windows 窗体)可视化应用程序，它演示了火星车如何对不同场景做出反应，如何通过路径寻找算法进行规划，以及它如何对直接感知的情况做出及时响应。在 Agent 中，还提供了一个统计-概率组件，作为慎思组件，使得火星车能够探索未探索过或很少被访问的地域。

第5章

多 Agent 系统

到目前为止，本书已经将 Agent 作为与环境交互的单个实体进行了研究；而在现实生活中，当多个代理协作以实现一个共同的目标时，许多问题可以更快更高效地得到解决。

回顾一下第 2 章和第 3 章中的清洁 Agent，此 Agent 所处理的问题是清理整个地域。毫无疑问，如果有多个清洁 Agent 在该地域上进行相互通信与协作——从而在更短时间内完成在单个 Agent 情况下会耗费更多时间与资源的任务——将会大大加速这项任务的完成。

目前，多 Agent 系统(Multi-Agent Systems，MAS)在计算机游戏、军事防御系统、空中交通管制、运输、地理信息系统(GIS)、物流、医疗诊断等实际应用领域得到了广泛应用。MAS 的其他用途还包括移动技术，在其中被用于实现自动化的动态负载均衡和高度的可扩展性。

本章将研究多 Agent 系统，在该类系统中多个 Agent 将合作、协调、通信或竞争以实现特定目标。MAS 属于分布式系统和 AI 技术相结合形成的“分布式人工智能”技术领域。本书介绍多 Agent 系统的内容包括 3 章，在其中最后一章中，将提出一个实际问题——多个清洁 Agent 将协作来清扫一个房间。

■ **注意**

多Agent系统代表分布式计算系统。与任何分布式系统一样，它们是由若干相互作用的计算实体组成。但是，与传统分布式系统不同，多Agent系统的构成实体是具有智能的，并且相互之间具有智能交互的能力。

5.1 多 Agent 系统是什么

正如本书前面提到的“逻辑”和“Agent”这些术语一样，对于“多 Agent 系统”的定义尚无统一共识。这里将提供一个我们认为合乎逻辑的、代表我们个人意见的定义，该定义综合考虑了其他科学文献中 MAS 的定义。

“多 Agent 系统(MAS)”是一个 Agent 集合 S，其中的 Agent 通过两种方式相互作用：一种是以竞争的方式寻求实现由 Agent 所属子集 S′(S′属于 S 的一部分)所定义的目标；另一种是通过协作的方式以期实现由 S 所定义的共同目标。此外，S 中的每个 Agent 都为实现其各自目标而行动的情况也可能出现，这种情况就称作“独立”MAS。

在表 5-1 中可以看到本书第一个(也是十分常见的)MAS 实例，该 MAS 应用于空中交通管制。在这个场景中，Agent Controller 1 (A1)直接与飞行员打交道，同时与 Agent Controller 2 (A2)协作来为飞行员找到供着陆的可用跑道。这两个 Agent 之间的完整对话见表 5-1。

表 5-1　空中交通管制场景中的 MAS 示例

飞行员	Agent Controller 1 (A1)	Agent Controller 2 (A2)
对 A1：我能着陆吗		
	对 A2：有可用跑道吗	
		对 A1：跑道 P 可用
	对飞行员：跑道 P 就绪	
对 A1：好的		
	对 A2：跑道 P 现已占用	

现在已经介绍了我们对术语 MAS 的定义，下面将继续介绍其他相关概念。

“联盟(coalition)”是指 Agent 集合的子集；对于篮球、棒球或足球比赛这样的 MAS 系统来说，总会存在两个联盟——即相互竞争的两支团队。

“策略(strategy)”是接收当前环境状态并输出联盟所要执行的动作的函数。团队 A 的策略通常取决于当前环境下团队 B 中各个 Agent 所执行的动作。

“平台”，也称作“多 Agent 基础设施”，是描述 Agent 架构、多 Agent 组织，及其关系或依赖关系的框架、基础或支撑。它使得 Agent 不需要考虑平台的属性(集中式与否、嵌入 Agent 与否)就能交互。它通常还根据系统需要为 Agent 提供一系列服务(Agent 定位等)，其目的在于增强 MAS 的活动和组织。平台被认为是 Agent 的工具。

“Agent 架构”描述了构成单个 Agent 的层级或模块，以及它们之间的关系和交互。例如，Agent(在 MAS 语境中)通常拥有一个通信模块来增强与用户和其他 Agent 的通信。正如我们从第 3 章和第 4 章所知，有些类型的 Agent 还拥有规划层。一般情况下，到达通信模块的传入消息将通过某种连接影响规划层，而规划层将传出消息交给通信层处理。

“多 Agent 组织”描述了多个 Agent 被组织起来以形成 MAS 的方式。Agent 之间的关系、交互，及其在组织中的特定角色构成了多 Agent 组织。Agent 架构并非多 Agent 组织的一部分，尽管它们之间的关联很常见。

如果一个 Agent 对于组成 MAS 的其他所有 Agent 都是“自治”的，也就是说，如果它不受任何其他 Agent 的控制或支配，则称该 Agent 在这个 MAS 中是自治的。

如果一个 MAS 是独立的，且各 Agent 的目标互不相关，则称该 MAS 是“离散”的。也就是说，离散 MAS 不涉及合作，因为每个 Agent 都将各行其是，以达成其各自目标。

“模块性”是 MAS 的优势之一，有时，一个复杂问题的求解会被细分为原始问题的多个较简单子问题，而每个 Agent 可以专门解决这些特定类型问题的其中一个，从而实现可重用性。试想一个处理城市灾难(例如地震)的 MAS：该 MAS 将由不同的 Agent(警察、消防员等)组成，每个 Agent 将致力于单项任务，而所有这些 Agent 的全局任务则是建立秩序和拯救生命。

通过 MAS 求解问题可以提高效率：当多个并发、并行的 Agent 同时工作以求解问题时，往往会更快获得该问题的解决方案。

MAS 还提升了可靠性，因为会有多个 Agent 来处理单项任务，如果其中一个 Agent

失败，还能由其他 Agent 继续其工作(通过在余下的 Agent 中进行分配)。

MAS 所提供的最后一项重要优势在于灵活性：我们可以根据需要添加或删除 MAS 中的 Agent，而具有互补技能的不同 Agent 可以形成联盟来共同工作、解决问题。

在接下来的几节中，本书将探索分布式 AI 领域的一些关键概念(特别是关于 MAS 的)：通信、合作、商议与协调。本书还将深入研究前面介绍过的一些概念。

■ 注意

平台能够提供的服务之一是Agent定位；换言之，利用该服务，MAS环境中的某个Agent或第三方能够定位另一个Agent。

5.2 多 Agent 组织

本章前面已提供了术语“多 Agent 组织”的定义。本节将详细介绍一些能够找到的最为常见的多 Agent 组织。

- 层次组织：该类组织中，Agent 只能遵循层次结构进行通信。由于这种限制，Agent 定位机制没有存在的必要，而是利用一组“通信服务器”作为中间人，接收和发送 Agent 之间的所有消息。这些通信服务器通常处于层次结构的较高层级。因此，较低层级往往依赖于较高层级。在这种类型的组织里，通信确实被减少了。
- 扁平组织或民主组织：该类组织中，Agent 能够直接与其他 Agent 通信。这种类型的组织没有固定的结构，但如果 Agent 为求解一些特定任务而认为有需要的话，也可以形成其自己的结构。此外，此类型组织假定不存在某个 Agent 对另一个 Agent 的控制。Agent 的位置必须作为基础设施或平台的一部分来提供，否则系统必须关闭。换言之，每个 Agent 都必须每时每刻知悉其他 Agent。此类型组织可能导致通信上的开销。
- 包容组织：该类组织中，Agent(指被其他 Agent 包含的)可以是其他 Agent(容器)的组件。此类型组织类似于层次模型，只是在这种情况下被包含的 Agent 会将所有控制权都交给其容器 Agent。与层次组织一样，此类型组织的通信开销较低。
- 模块化组织：在该组织中，MAS 是由各种模块构成的，且每个模块都可以视作独立的 MAS。将系统划分为模块时，一般考虑地理位置的相邻性，或同一模块内 Agent 和服务之间的海量交互需求等尺度。模块性提高了任务的执行效率并减少了通信开销。

这些组织类型的混合，以及从一种样式到另一种样式的动态变化是可能的。从前文已详细介绍过的多 Agent 组织中很容易看出：通信在定义 Agent 架构和功能方面扮演着至关重要的角色。本书接下来的几节将对这个重要主题的一些关键方面进行阐述。

■ 注意

近年来，相继提出了大量各种各样的Agent架构。而对于MAS架构来说，这一数量将会大大减少，因为要并入MAS中的Agent必须配备必要组件(通信组件、协调组件等)，以使其能正确地与其他Agent交互。

5.3 通信

MAS 中的 Agent 必须协调其行动来解决问题。在此场景下，协调是通过通信手段实现的，通信在为 Agent 提供交互、促进协调及信息共享与合作方面扮演着至关重要的角色。

上一节讨论了 MAS 组织，以及 Agent 所处组织的类型会如何影响其通信。现在将介绍该主题的一些细节方面。

Agent 之间所建立的通信链接可分为以下几类。

- 点对点：Agent 相互间直接通信。
- 广播/多播：Agent 能够向 Agent 集合的某个子集发送信息。如果这个子集等于 Agent 集合，那么该 Agent 就是在广播，否则它就是在多播。
- 媒介：Agent 之间的通信由第三方(通信服务器，见图 5-1)进行中介。

图 5-1 Agent1 与 Agent2 通过作为中间人的通信服务器进行通信

根据消息从一个 Agent 传递到另一个 Agent 所经媒介的性质，可将通信分为以下几类。

- 直接路由：消息将直接发送到另一个 Agent，无任何信号损失。
- 信号传播路由：Agent 发送信号，其强度随着距离的增加而降低。
- 公共通知路由：使用黑板系统。

黑板系统和直接消息传递是建立 Agent 通信的两种选择。

黑板系统(见图 5-2)表示供所有 Agent 存放其数据、信息和知识的公有、共享空间。每个 Agent 都能在任意给定时间从黑板上读和写，在这个集中式的系统里不存在 Agent 之间的直接通信。黑板还充当调度器，负责处理 Agent 的请求、常见问题的数据、解决方案的当前状态、每个 Agent 的当前任务等。由于黑板系统由共享资源构成，因此必须了解在该模型中可能出现的所有并发问题(各 Agent 试图访问相同信息，Agent 使用由其他 Agent 写入的不完整、未更新的数据等)。

在另一种变体(消息传递)中，信息由一个 Agent(发送方)传递到另一个 Agent(接收方)。Agent 之间的通信比分布式系统中的通信具有更多内涵，因此，将其称为“交互”而不是“通信”将更为恰当。在通信时所执行的不仅仅是具备特定语法和给定协议的消息交换(如分布式系统中那样)。所以，针对 MAS 有一种更为精细的、基于言语行为理论的通信类型，言语行为理论是描述用于建立 Agent 通信的消息传递可选方案的最好方式。

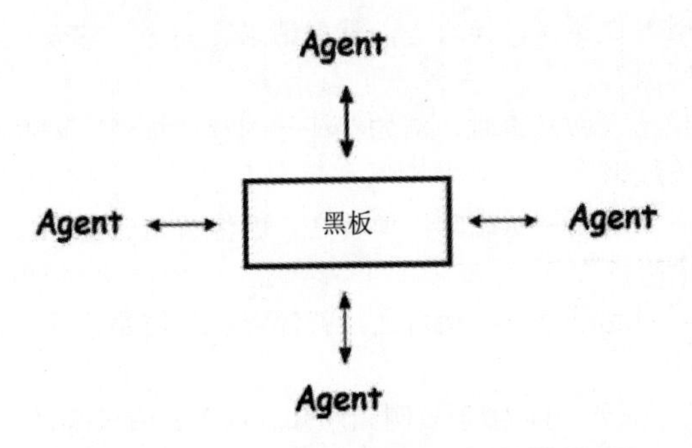

图 5-2　黑板系统是一个集中式的公有空间，供所有 Agent 存放和分享信息

5.3.1　言语行为理论

言语行为理论(Speech Act Theory)，又称交际行为理论(Communicative Act Theory)的起源可以追溯到 John Austin 的著作 *How to Do Things with Words*。MAS 中的大部分通信处理都受到该理论的启发。该理论背后的主要观点是：应当把通信视为一种行为形式。此外，Austin 注意到：有些话语就像是物理的动作，看上去改变了世界的状态。这样的例子可以是宣战，或者就如“我宣布你们结为夫妻”。

Austin 指出，所有的通信都能够通过使用恰当行为动词的陈述性形式来表达。因此，像“爵士音乐会将于 10 月 10 日举行”这样一个简单的信息类短语，可被视为“我通知您爵士音乐会将于 10 月 10 日举行”。指示——例如“给我那瓶朗姆酒”，可被视为“我请求(要求)你给我那瓶朗姆酒”。承诺——例如“我会给你 100 美元买家具”，可被视为“我承诺我会给你 100 美元买家具”。

我们所说的一切话语都是为了满足某些目标意图。关于话语如何用来实现意图的学说，就是言语行为理论，通过使用不同类型的言语行为，Agent 能够有效地进行交互。

■ **注意**

交际行为理论属于语用理论，此类理论试图解释人们在日常生活中如何使用语言以实现他们的目标和意图。

这里给出了一些言语行为构件的例子：

- 通知其他 Agent 某些数据。
- 询问其他 Agent 的状态或现况。
- 回答问题。
- 请求其他 Agent 行动。
- 承诺做某事。
- 提议交易。
- 确认提议和请求。

Searle(1969)将言语行为分为以下几类。

- 代表：当进行通知、断言、声称、描述时，例如“今天多云”。

- 指示：试图让听者做某事，换言之，就像请求、命令、建议、禁止，例如“给我拿过来那瓶朗姆酒”。
- 承诺：当承诺说话者做某事时，例如保证、同意、提议、威胁、邀请，例如“我保证会给你端茶过来”。
- 表达：当说话者表达精神状态时，换言之，就像祝贺、感谢、道歉，例如“我很遗憾你没能考上哈佛”。
- 声明：当说话者引起事态时，换言之，就像宣布、结婚、逮捕，例如“我宣布你们结为夫妻”。

言语行为有两个组成部分：行为动词(例如通知、宣布、请求等)和命题内容(例如“这瓶子是开着的”)。言语行为的构建涉及将行为动词与命题内容结合起来。请看下面的例子：

```
行为动词=通知
内容=“瓶子是开着的”
言语行为=“瓶子是开着的”
行为动词=请求
内容=“瓶子是开着的”
言语行为=“请打开瓶子”
行为动词=查询
内容=“瓶子是开着的”
言语行为=“瓶子是开着的吗？”
行为动词=拒绝
内容=“瓶子是开着的”
言语行为=“我拒绝打开瓶子”
行为动词=同意
内容=“瓶子是开着的”
言语行为=“我同意打开瓶子”
```

像我们为了实现工作中同事间的交流，往往要发明一套行话一样，一个包含不同 Agent 的 MAS 可能会在不同的机器、不同的操作系统下运行，这就必须要有一种 Agent 通信语言以实现标准格式下的消息交换。

5.3.2 Agent 通信语言(ACL)

Agent 通信语言出现于 20 世纪 80 年代。初始时，它们依赖于创建它们的项目，以及使用此语言的 Agent 的内部表示，那时还没有标准语言。

大约在同一时间出现了较其前辈更为通用的知识查询与操作语言(Knowledge Query and Manipulation Language)，通常称为 KQML。它是由 DAPRA 的“知识共享研究组”创建的，被认为是对知识表示技术(特别是本体)研究的补充。

KQML 由两部分组成：语言本身充当“外部”语言，而知识交换格式(Knowledge Interchange Format，KIF)则充当“内部”语言；前者描述了行为词，而后者描述了命题内容(主要基于一阶谓词演算)。KQML 表示的是依赖于知识库构造的知识，也就是说，它不采用一种专用的内部表示，而是假定每个 Agent 都维护一个根据知识断言来描述的知识库。KQML 提出了多种行为词，例如“询问”和“告知”。KQML 的思想是：每个行为词可以根据其对通信 Agent 的知识库的影响而被赋予语义。此外，Agent 只有在它信任所发送的内容时——换言之，如果它认为该内容属于其知识库——才会发送 tell 行为词。接收到关于某内容的 tell 行为词的 Agent 则会把该内容插入其知识库中——换言之，它将开始信任其被告知的内容。

■ **注意**

本体是对域(概念、属性、约束、个体等)的显式描述。它定义了一个词汇表，用于在计算机Agent或人类之间共享对信息结构的理解。在“块”的世界里，块代表概念，而OnTop代表关系。

KQML 的优点在于：用于理解消息内容的所有信息都包含在通信本身中，其通用语法如图 5-3 所示。注意，它类似于 Lisp 编程语言：

```
(KQML-performative
:sender <word>
:receiver <word>
:language <word>
:ontology <word>
:content <expression>
...
)
```

图 5-3 KQML 消息的基本结构

在 AgentX 和 AgentY 之间的 KQML 的一个对话示例如下文代码所示：

```
(stream-about
:sender AgentX
:receiver AgentY
:language KIF
:ontology CleaningTerrains
    :query
:reply-for query_from_AgentY
:content cell_i cell_j
)

(query
:sender AgentX
:receiver AgentY
:content(> (dirt cell_i) (0))
)

(tell
:sender AgentX
:receiver AgentY
:content(= (cell_j) (1))
)

(eos
:sender AgentX
:receiver AgentY
:query
```

```
:reply-for query_from_AgentY
)
```

在这个 KQML 消息的小片段中，AgentX 询问 AgentY 在单元格 i 处是否有污垢；它还答复了一个先前从 AgentY 接收到的查询，并告诉 AgentY 单元格 j 有 1 个污垢。“eos”代表“信号结束”(End of Signal)。注意，content 域的值是由 language 标签所定义的语言编写的，在本例中是 KIF。

■ 注意

KIF——一种特殊的逻辑语言——已被提出作为描述专家系统、数据库、智能Agent等事物的标准。可以说，KIF是用于翻译其他语言的媒介。尽管KQML常常作为内容语言与KIF相结合，但它也能够与其他语言(例如Prolog、Lisp、Scheme等)结合使用。

1996 年，智能物理 Agent 基金会(Foundation for Intelligent Physical Agents，FIPA)——一个独立的非营利组织，现在是 IEEE 计算机学会的一部分——开始为基于 Agent 的应用制定若干规范；其中一个规范是针对与该组织同名的 ACL 的，即 FIPA-ACL。

FIPA 的基本结构与 KQML 的非常类似，如图 5-4 所示。

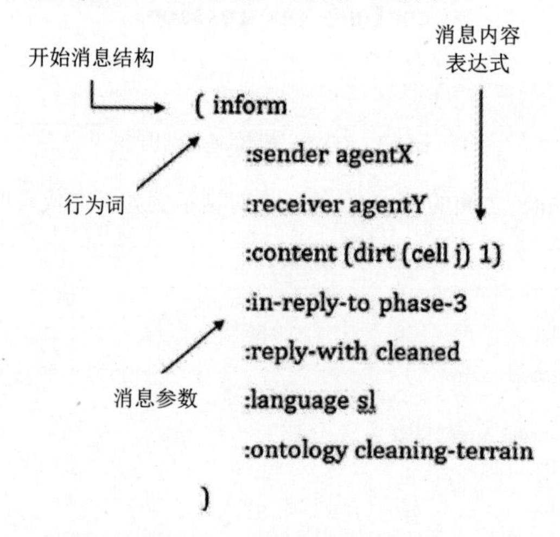

图 5-4 FIPA 消息的组成

FIPA 语言规范认可的参数如下：

- :sender——消息的发送者；
- :receiver——消息的接收者；
- :content——消息的内容；
- :reply-with——消息的标识符；
- :reply-by——回复消息的截止期限；
- :in-reply-to——被回复消息的标识符；
- :language——编写内容所用的语言；
- :ontology——用于表示域的本体；
- :protocol——要遵循的通信协议；

- :conversation-id——会话标识符。

表 5-2 详细介绍了一些 FIPA 行为词及其创建目的。

表 5-2　一些 FIPA 行为词

行为词	传递信息	请求信息	协商	执行动作	错误处理
accept-proposal(接收提议)			×		
agree(同意)				×	
cancel(取消)		×		×	
cfp(请求提议)			×		
confirm(确认)	×				
disconfirm(不予确认)	×				×
failure(失败)					
inform(通知)	×				
inform-if(条件通知)	×				
inform-ref(引用通知)	×				
not-understood(不理解)					×
propose(提议)			×		
query-if(条件查询)		×			
query-ref(引用查询)		×			
refuse(拒绝)				×	
reject-proposal(驳回提议)			×		
request(请求)				×	
request-when(条件请求)				×	
request-whenever(始终请求)				×	
subscribe(订阅)		×			

Inform(通知)和 Request(请求)代表两个基本的行为词，而其他行为词都是根据它们来定义的。它们的意义由两部分组成：一是声明要使言语行为成功则必须为真的前提条件列表，二是理性效应——即消息发送方希望达成的目标。

在 FIPA 的 inform 行为词中，content(内容)是一个声明，且 sender(发送方)通知 receiver(接收方)给定的命题为真。发送方声明如下内容：

- 某些命题为真。
- 接收消息的 Agent 也必须相信该命题为真。
- 接收方对命题的真实性一无所知。

下面展示了一个 FIPA 的 inform 行为词示例。

```
(inform
:sender(agent-identifier :x)
:receiver(agent-identifier :y)
:content dirt( cell_i, 0 )
      :language Prolog
)
```

另一方面，request 行为词中的 content 则包含一个动作，在此情况下，发送方请求接收方执行某些动作。发送方声明如下内容：

- 将要执行的动作。
- 接收方能够执行该动作。
- 不相信接收方已经打算执行该动作。

本节分析了 MAS 设计中一个极为关键的主题：通信。尽管通信是所有 MAS 的一个基本方面，但除此还有其他相关组件，其中之一就是协调。Agent 应当通过协调来避免这样的问题(当它有可能发生时)——两个 Agent 同时执行相同动作(比如两者都试图在同一时间穿过同一扇门)。协调将是下一节关注的重点。

5.4 协调与合作

Agent 作为 MAS 的一部分存在，并在其他 Agent 共同所在的环境中执行其决策。为避免混乱并保证在该环境下的理性行为，需要 Agent 进行协调以通过简洁、合乎逻辑的方式达成其目标。评估 MAS 有两个主要的评判点：一致性和协调性。

“一致性”是指在某些评价标准(解决方案质量、资源应用效率、逻辑决策等)下 MAS 的表现好坏。MAS 的一个常见问题在于其怎样在缺乏显式全局控制时保持整体一致性。在此情况下，Agent 必须能够自行确定与其他 Agent 共享的目标；它们还必须确定共同任务，避免不必要的冲突并收集知识。在此场景中，Agent 之间具备某种形式的组织是很有用的。

“协调性”是指 Agent 通过同步的手段避免非理性活动(可能涉及两个或更多 Agent)的能力。它意味着在规划和执行某个 Agent 动作时，对于其他 Agent 动作的考虑。它也是实现 MAS 一致行为的手段并可能意味着合作。当 MAS 中的 Agent 进行合作时，它们为实现共同的目标而工作。而当它们进行竞争时则拥有相反的目标。在这两种情况下，协调都是不可或缺的，因为 Agent 在竞争、请求给定资源或提供服务时都必须考虑其他 Agent 的动作。协调的例子包括：确保 Agent 动作同步、为其他 Agent 提供适当信息，以及避免冗余的问题求解。

“合作”是非对抗 Agent 间的协调。通常，要成功地合作，每个 Agent 必须维护其他 Agent 的模型，同时开发未来交互的模型，这就意味着社交能力。

MAS 中的 Agent 要共同工作，就必须能共享任务和信息。若一个 MAS 中的 Agent 是由不同的人设计的，那么最终形成的 MAS 有可能具有源自不同 Agent 的各种不同目标。相对地，如果我们负责设计整个系统，那么就可以让 Agent 在任何我们认为必要的时候互相帮助——我们的最大利益也将是它们的最大利益。在这个合作模型中，可以说 Agent 是“友善”的，因为它们在团结协作以达成共同目标。友善的 MAS——或者说其中全部 Agent 都是友善 Agent 的那些 MAS——极大简化了系统的设计任务。

当 Agent 代表个体、组织、公司等利益时，则称它们是“利己”的。除了 MAS 中其他 Agent 的目标以外，这些 Agent 还会有自己的目标集，并将为实现其目标而行动，甚至不惜以牺牲其他 Agent 的利益为代价。这可能会导致 Agent 之间的冲突。

■ **注意**

利己Agent使MAS的设计任务严重复杂化。对于具有利己Agent的MAS，通常必须引入智能行为机制，例如基于博弈论或基于规则算法的机制。

图 5-5 展示了一个关于实现协调的一些可能途径的树状图。

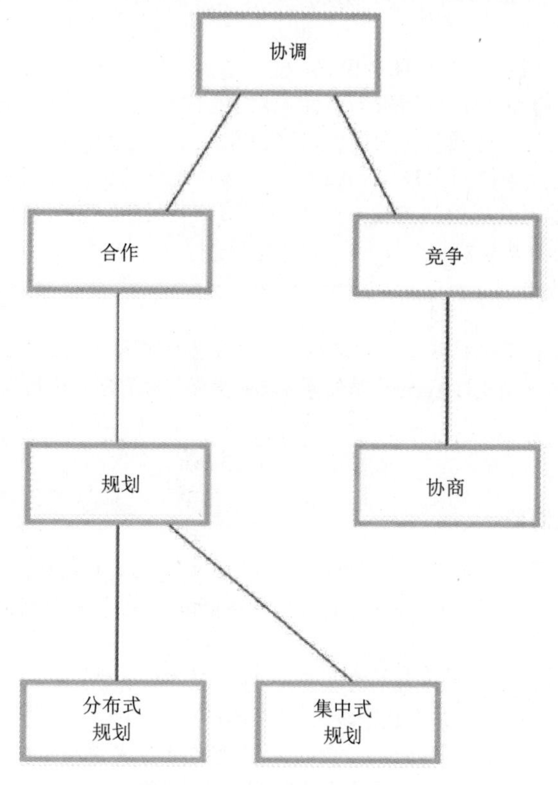

图 5-5　Agent 协调的可能途径分类

MAS 中一种基本的合作策略是分解任务并在 Agent 之间进行分发。这种分治方法能够可靠地降低全局任务复杂度。因为通过将全局任务划分成更小的子任务，可以在更短时间内、使用更少资源获得全局解决方案。总的来说，任务共享可分为三个阶段：

- 问题分解
- 子问题求解
- 解决方案合成

在问题分解阶段，全局问题将被分解为一系列子问题，通常是通过递归或分层过程实现。决定如何进行划分是一种设计上的选择，具体做法取决于问题本身。决定由谁进行问题分解，以及如何进行问题分解，则可以指定一个 Agent 作为任务分发者并交给它去负责。在一个集中式的设计中，该 Agent 可能仅仅专用于在其他 Agent 之间分配任务；相对地，该 Agent 也可能作为子问题求解团队的成员，像任意其他团队成员 Agent 一样行动，只不过它还具有工作组织者这样一个特殊属性。

在问题分解阶段提供了对全局问题的划分之后，每个 Agent 就会致力于其被指派的子问题。在这个过程期间，Agent 可能需要分享一些信息，并向其他 Agent 通报更新它们的当前状况。最后，在解决方案合成阶段，所有子问题的解决方案都将被(递归地或者分层地)合并起来。

在该合作模型中，可以识别出两种在 MAS 执行期间最可能发生的主要活动：任务共享和结果共享。在任务共享中，将向 Agent 分发任务的组件；而在结果共享中，则将分发部分或完整的结果。

可使用订阅/通告或发布者/订阅者模式，实现结果共享：在此模式中，一个对象(订阅者)订阅另一个对象(通知者)，以请求当事件 evt 发生时的通告。一旦 evt 发生，通知者就会将该事件的发生通告给订阅者，它们将以这种方式主动交换信息。

目前还有些问题尚未得到回答：向 Agent 分派或匹配任务的过程是怎样的？如何将已求解的各部分子问题组合成解决方案？为了回答第一个问题，本书将介绍一种称为合同网(Contract Net)的任务共享协议。

■ **注意**

一些常用的任务共享机制包括：市场机制——任务将通过泛化协议或双向选择分配给 Agent；多Agent规划——由规划Agent承担任务分配的责任；以及合同网协议——同样是各种任务共享机制之一。

5.4.1 使用合同网协商

合同网机制是 Agent 之间任务共享的交互机制。它遵循实体(政府、企业等)用于规范商品和服务交换的模型。合同网机制针对寻找合适的 Agent 处理任务这一问题提供了解决方案。

希望完成任务的 Agent 被称为“管理者”，能够完成任务的候选 Agent 被称为“承包者”。合同网流程可以总结为如下几个阶段(如图 5-6)。

(1) 公告：管理者发布任务公告，其中包括要完成任务的说明。该说明必须包含任务的描述、所有约束(截止期限等)，以及元任务信息(投标必须在截止期限前提交、到期时间等)。公告是广播的。

(2) 投标：Agent 接收与管理者公告对应的广播，并自行决定是否要对任务投标。在此过程中，它们必须考虑各种因素，例如遂行任务的能力和满足所有约束的能力。如果它们最终决定投标，就会提交投标书。

(3) 颁授：管理者必须在投标中进行选择并确定一个 Agent 将合同颁授给它。此过程的结果会被传达给每个提交投标的 Agent。

(4) 推进：投标获胜者或成功的承包者将推进该任务。

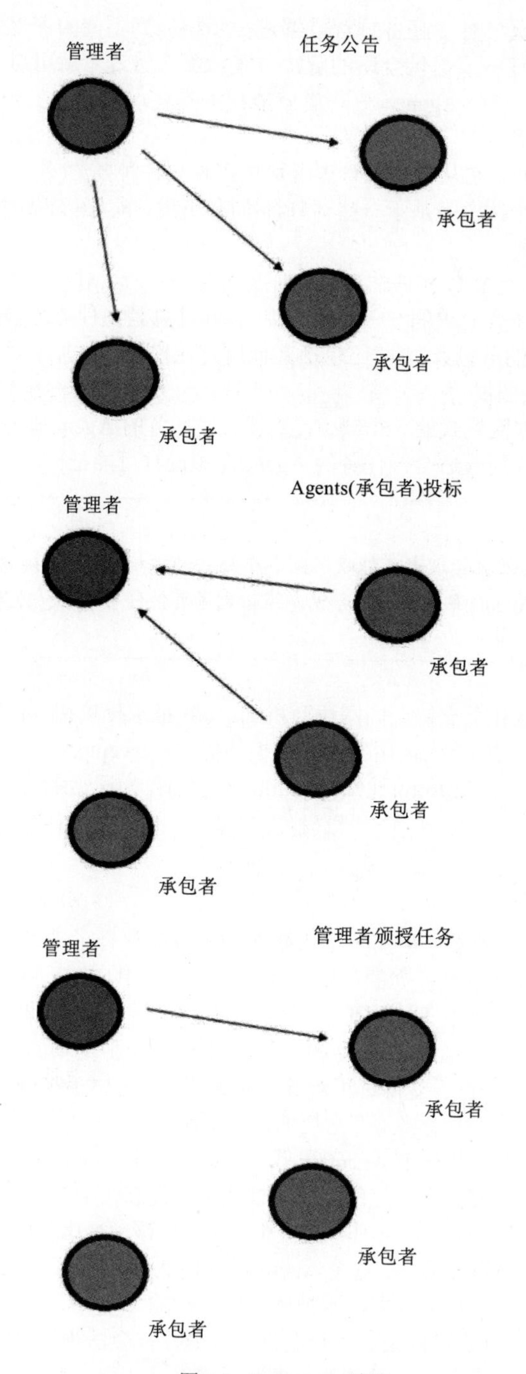

图 5-6　Contract Net 流程

一般来说，任何 Agent 都可以充当管理者，且任何 Agent 也都能通过回复任务公告而充当承包者。由于这种灵活性，任务分解能够进一步拓展到不同的深度级别。此外，如果一个承包者无法完成任务或提供合适的解决方案，那么管理者就可以寻找其他候选承包者，且只要在 MAS 中存在 Agent，管理者就能根据其要求，寻找在某时间点可用于执行某个任务的候选承包者。

从承包者的视角来看，它从不同的管理者那里接收到各种要约(公告)，并决定哪个是其认为最佳的要约。这个决定是基于一些评判标准(邻近度、奖励等)做出的，然后它就会向对应的管理者发送投标。

从管理者视角来看，它接收和评估对每个任务公告的投标。对于一个给定任务的任何投标——只要被认为是符合要求的——都将被接受，并且总是在任务公告到期之前。随后，管理者会通知获胜中标的承包者(可能还包括其他所有在投标时附加了“颁授通知”声明的候选者)，该任务已经颁授。

也许有人认为，合同网模式的一个缺点是：被颁授任务的 Agent 不一定是该任务的最佳或最合适的 Agent，因为最适合该任务的 Agent 在颁授时可能正忙。

■ 注意

有几个原因能解释为什么管理者可能收不到某个公告的投标：可能在接收公告时所有Agent都正忙；候选的承包者(Agent)将公告的任务优先级排到了其他任务之后；没有承包者有能力处理公告的任务。

FIPA-ACL 规范在设计上支持合同网协商机制：cfp(征求提议)行为词用于宣告任务；propose(提议)和 refuse(拒绝)行为词用于提出或拒绝提议；accept(接受)和 reject(驳回)行为词用于接受或回绝提议；而 inform(通知)和 failure(失败)行为词则用于传达任务的完成及其相应结果。

5.4.2 社会规范与社会

经典 AI 技术一直致力于使用冯·诺依曼架构来设计整合了推理与控制逻辑的单个 Agent。然而，Agent 并非总是孤立的，它们存在于环境当中，在那里它们可能发现其他 Agent，并且需要某些类型的交互，以便以最优方式完成其任务。因此，将这些 Agent 视为一个由众所周知的规则来管理其行为和动作的社会是合乎逻辑的。社会性在合作型 MAS 中至关重要，其目标在于支持真正对等分布式的灵活范式——该范式是近来的应用所要求的，并且 Agent 在其中能够发挥它们的最大贡献。

MAS 中的“社会承诺”是一个 Agent 和另一个或另一组 Agent 之间创建的一种义务，它约束前者的行为去遵循某种给定的预设承诺或规则。设想一个 MAS：其中的 Agent 必须在一个二维空间中保持在同一条工作线上，但 AgentX 移动得比其他 Agent 更快，因而总是倾向于前出而把团队甩在后面；这个 Agent 对其他 Agent 的社会承诺就可能是“始终保持在同一条线上，不移动到前方去，不把别人甩在后面”。

为了为 MAS 建立规则，可以设计“社会规范”或“社会法规”来管理 Agent 的行为(如图 5-7)。社会法规是一套约束，其中约束的形式是一个(S, A)对，声明 Agent 处于状态 S 时不能执行动作 A。

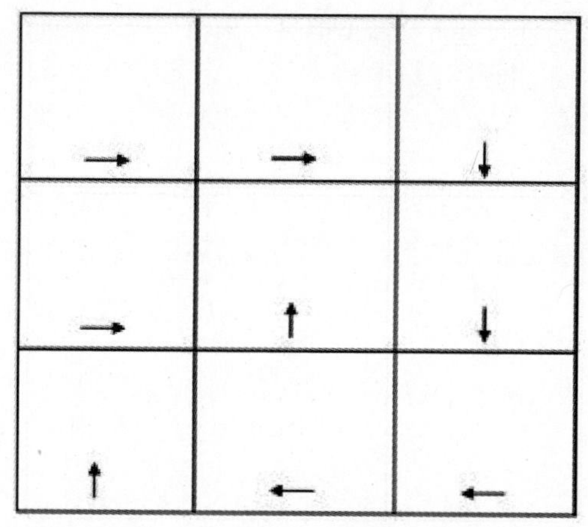

图 5-7 社会法规决定了 Agent 在这个 3×3 网格中的移动。该法规防止了碰撞

“焦点状态”集是希望 Agent 能够访问的状态集合，因此，从任何焦点状态出发都必须存在一条通往其余焦点状态的路径。“有用”法规是指不阻止 Agent 从一个状态迁移到另一个状态的法规。图 5-5 中的法规就是一条有用法规。

现在，我们已经建立了关于 MAS 术语、概念和思想的基础，在下一章中，本书将介绍一个完整的实际应用，它是由多 Agent 通信软件构成的，该软件允许各种 Agent 在双边(服务端和客户端)程序中使用 WCF 发布者/订阅者模式交换消息。该通信程序将在第 7 章中用于创建一个完整的多 Agent 系统实例，在该系统中，一组清洁机器人将通过通信、协调与合作来清扫一个 n×m 房间中的污物。

5.5 本章小结

本章介绍了多 Agent 系统领域，提出了各种定义和概念，它们有助于正确了解必要的 MAS 技术以钻研与该主题相关的科学文献。本书研究了多 Agent 组织、Agent 通信及其子领域(言语行为理论和 Agent 通信语言)；并通过详细介绍 Agent 间的协调与合作这一重要主题，对本章进行了总结。下一章将提出一个非常有趣的实际问题，其中将有 N 个 Agent 在一个发布者/订阅者模式下创建的 WCF 应用中交换消息。

第6章

基于 WCF 的多 Agent 系统通信

前一章介绍了多 Agent 系统(MAS)的基础知识，并了解了诸如 MAS 平台、协调、合作以及通信等概念。本章将描述一个应用，它使用 Windows 通信基础库(Windows Communication Foundation，WCF)创建一个 Agent 网络，其中的 Agent 能够交互并传递消息。该应用将采取发布者/订阅者设计模式来构建 MAS 中各 Agent 都要具备的通信组件。本书将在下一章中再次使用本章所描述的应用，并将其改装为由清洁 Agent 所组成的 MAS 中各个 Agent 的通信模块，这些 Agent 的任务是清扫一个房间的污垢。

WCF 作为一个开发工具包诞生于 2006 年，并最终成为.NET Framework 的一部分。它是一个用于开发互联系统的应用编程接口(API)，在互联系统中，组织内部系统或因特网上的系统之间任何通信的安全性与可靠性都能够实现并提供。WCF 的设计目的在于为分布式计算、广泛互操作性和对面向服务的直接支持提供可管理的方法。WCF 代表微软的一种平台替代方案，该平台收集了一系列定义不同协议、服务交互、类型转换、编组等内容的行业标准。它给开发者提供了每个网络应用都可能需要用到的基本预设工具，并且其首个发布版本包含了许多用于创建服务的有用工具(托管、服务实例管理、异步调用、可靠性、事务管理、离线队列调用、安全性等)。

采用 WCF 作为运行时所构建的应用将允许使用公共语言运行时(Common Language Runtime，CLR)类型作为服务，并允许使用其他服务作为 CLR 类型。诸如服务、契约、绑定、端点以及其他概念，将在本章中开发 MAS 通信范例时对它们进行解释。

■ **注意**

WCF是一个用于在Windows系统上开发和部署服务的框架。运用WCF可以构建面向服务的应用(Service-Oriented Application，SOA)。WCF取代了旧的ASMX Web服务技术。

6.1 服务

服务是一种功能组件，用户可通过网络(可以是因特网或本地内部网络)访问它。计算器就完全可以是一个提供给网络中不同客户的服务，这样客户们能够连接到该服务并请求任意给定数字间的任意操作。在面向服务的应用(SOA)中聚合服务的方式，与开发面向对象应用中聚合对象的方式是相同的；服务将成为此类应用中的基础实体。

服务可使用任意预先商定的通信协议进行通信，并且能够使用任何语言、平台、版本控制或者框架，而不用就其达成任何协议。因此，可以说服务依赖于其应用的通信协议，但在其他所有方面均是独立的。

服务的客户端是使用服务功能的那部分。在计算器服务的例子中，客户是请求计算器求解数学表达式的程序。客户可以是任何类型的程序，从控制台应用到 Windows 窗体、ASP.NET MVC 站点、WPF 程序或者其他服务。在 WCF 中，客户永远不会直接与服务交互，即使在本地服务中也不会。相反，客户总会使用代理(Proxy)来转发对服务的调用。代理将充当中间人，除一些与代理业务相关的方法外还提供和服务相同的操作。

■ 注意

从函数作为基础实体的应用，到对象作为基础实体的应用(面向对象编程)，存在一个演变过程。这个演变过程此后又经历了面向组件的应用(组件-对象模型，COM)，最后发展到其最新阶段，面向服务的应用(SOA)。

WCF 最常使用简单对象访问协议(Simple Object Access Protocol，SOAP)消息进行通信。SOAP 是一种数据交换协议。它可视为一系列能被调用、发布和发现的组件。这些消息独立于传输协议；并且与 Web Services 相比，WCF 服务能够基于各种传输协议(而不仅是 HTTP)进行通信。WCF 客户端能够与非 WCF 服务进行互操作，且 WCF 服务也能够与非 WCF 客户端交互。

6.2 契约

我们在日常生活中，特别是在与商业相关的事务中，经常处理契约以确保各关系方在各个关键点上达成一致。在 WCF 中，契约是描述服务功能的标准方式，是服务消费者和提供者正确关联的途径。在 SOA 应用中，拥有一个妥善定义的契约，能够使其消费者很好地了解如何使用该服务——即使它们也许并不知道服务是如何实现的。

WCF 定义了多种类型的契约，如下所示。

- 服务契约、操作契约：用于表示服务并描述客户端可在该服务上执行的操作。
- 数据契约：用于表示服务端和客户端之间交换数据的协议。WCF 为内置类型(例如 int 和 string)定义了隐式契约，并提供了为自定义类型定义显式数据契约的选项。
- 错误契约：用于定义服务所引发的错误——通过将自定义异常类型与特定服务操作关联，描述服务如何处理错误并将其传达给客户端。
- 消息契约：服务使用该契约与消息直接交互，变更其格式或者操作服务消息以修改其他特性(例如 SOAP 头部等)。

在 WCF 中有多种不同的方法或模式来定义契约，可将其概括为“单向”模式、“请求-响应”模式或“双工”模式。这些都是消息交换模式。

- 单向模式：当一个操作没有返回值，且客户端应用对于调用的成功或失败不感兴趣时，则可以将这个“触发后不管”的调用称为单向的。在客户端发出调用后，WCF 将生成一个请求消息，但不会有任何回复消息返回给客户端。因此，单向操作不会返回值，而且任何由服务端抛出的异常都不会返回到客户端。

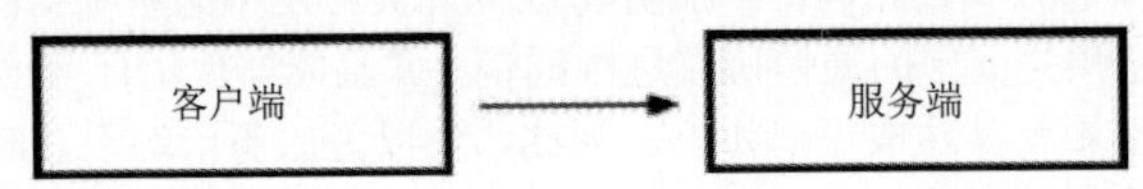

- 请求-响应模式：在该模式中，一次服务操作调用由一条客户端发送的消息和一条来自服务端的预期回复组成。使用此模式的操作具有一个输入参数和一个相关的返回值。该模式下客户端总是双方之间通信的发起者。

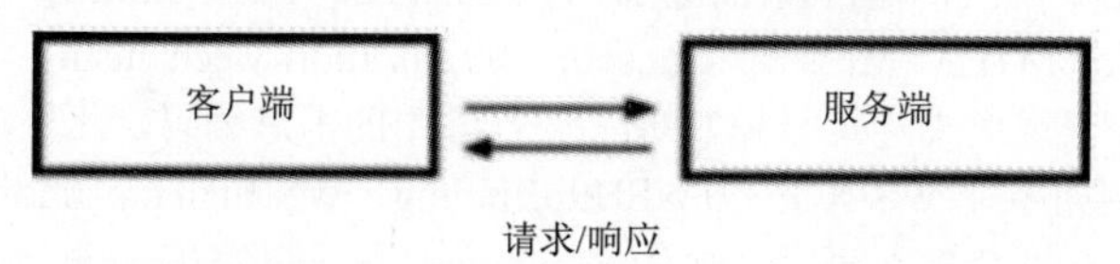

请求/响应

- 双工模式：这种交换模式允许客户端发送任意数量的消息并以任何顺序接收。这就像一个对话，其中所说的每个词都被视作一条消息。该模式下服务端和客户端任意一方都能发起通信。

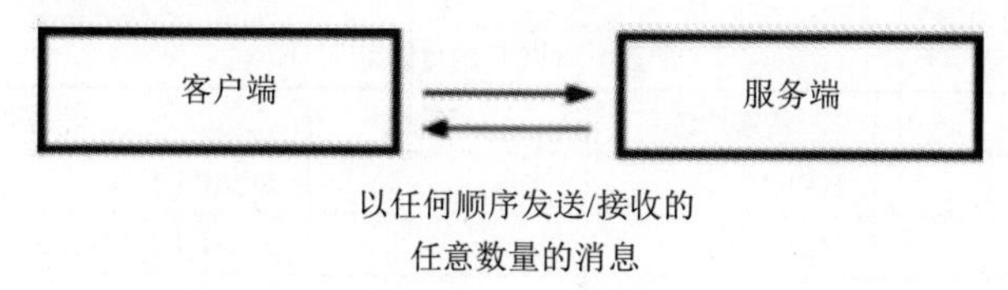

以任何顺序发送/接收的
任意数量的消息

为了在 WCF 中实现服务，通常需要经历以下步骤。

(1) 定义服务契约。服务契约指定了服务的签名、服务交换的数据以及契约要求的其他数据。下面的代码展示了非常经典的“Hello World”程序的服务版本：

```
[ServiceContract]
                    interface IHelloWorld
{
[OperationContract(IsOneWay = true)]
                            void HelloMessage();
}
```

(2) 通过继承服务契约定义(预定接口)实现契约，并创建实现契约的类。

```
public class Hello: IHelloWorld
{
         public void HelloMessage()
         {
               Console.WriteLine("Hello World");
         }
}
```

(3) 通过指定端点信息和其他行为信息来配置服务。本书将在下一节介绍关于这方面的更多内容。

(4) 在 IIS 或应用程序中承载服务，其中应用程序可以是控制台应用程序、Windows 窗体、WPF、ASP.NET 等。

(5) 创建客户端应用程序，该应用程序可以是控制台应用程序、Windows 窗体、WPF、ASP.NET 等。

请注意，在 IHelloWorld 服务契约上所声明的那些不具有 OperationContract 特性的方法，将不被认为是 WCF 方法；换言之，它们无法在 WCF 应用上调用。非 WCF 方法同 WCF 方法可以混合使用，其目的在于某些潜意识处理——但也仅限于这个目的。

6.3 绑定

WCF 允许使用不同的传输协议(例如 HTTP、HTTPS、TCP、MSMQ 等)发送消息，并使用文本、二进制或 MTOM(Message Transport Optimization Mechanism，消息传输优化机制)等不同的 XML 表现形式，其中 MTOM 是 WCF 中的消息编码。此外，还可以采用一套 SOAP 协议，例如多种 WS-X 规范(WSHttpBinding、WSDualHttpBinding 等)，来改进特定的消息交互。在安全性、可靠消息传递与事务方面可以实施改进。一些通信上的概念(传输、消息编码和协议)对于理解网络上在运行时所发生的事情至关重要。

在 WCF 中，绑定是由 System.ServiceModel.Channels.Binding 类表示的，并且所有绑定类都必须从该基类派生。WCF 所提供的一些内置绑定如表 6-1 所示。

表 6-1 WCF 内置绑定

绑定类	传输协议	消息编码	消息版本
BasicHttpBinding	HTTP	文本	SOAP 1.1
WSHttpBinding	HTTP	文本	SOAP 1.2 WS-Addressing 1.0
WSDualHttpBinding	HTTP	文本	SOAP 1.2 WS-Addressing 1.0
NetTcpBinding	TCP	二进制	SOAP 1.2
NetPeerTcpBinding	P2P	二进制	SOAP 1.2
NetMsmqBinding	MSMQ	二进制	SOAP 1.2
CustomBinding	自定义	自定义	自定义

像 BasicHttpBinding 和 WSHttpBinding 这样的绑定，是为互操作性必不可少的应用场景而创建的。因此，两者都使用 HTTP 作为传输协议，并采用简单的文本进行消息编码。另一方面，具有 Net 前缀的绑定则是为了在两端(服务端与客户端)同.NET 框架一起运行而优化的。因此，这些绑定并非为互操作性而设计，且它们在 Windows 环境下表现更佳。绑定是被称作“端点”的 WCF 应用组件的一部分，端点将是下一节的主题。

■ 注意

在.NET Framework 4.5 中，NetPeerTcpBinding绑定已被标记为过时的，将来可能会消失。

6.4 端点

WCF 服务通过服务端点来公布，服务端点为客户提供访问点，以使用由 WCF 服务提供的功能。服务端点由所谓“服务 ABC”组成：“A”代表“地址”，它定义了服务的位置(例如 http://localhost:9090/mas/)；“B”代表“绑定”，它定义了如何与服务通信；“C”代表“契约”，它定义了服务能做什么。因此，端点可视作一个元组<A,B,C>：地址、绑定和契约。

在服务端和客户端应用中都必须定义端点，这可以通过编程或 app.config 文件来实现，如下示例所示(见代码清单 6-1)。

代码清单 6-1　在 app.config 文件中定义两个端点

```
<service name = "HelloWorld">
<endpoint
      address = "net.tcp://localhost:8001/service/"
      binding = "netTcpBinding"
      contract = "IHelloWorld"
  />
<endpoint
      address = "http://localhost:8002/otherService/"
      binding = "wsHttpBinding"
      contract = "IHelloWorld"
  />
</service>
```

对于在 WCF 中定义端点，编程方式与配置 app.config 文件的方式没有显著技术差异。最终，.NET 都将解析 app.config 文件并以编程方式执行其定义的配置。现在已经了解了 WCF 的基础知识，下面将学习 WCF 所支持的发布者/订阅者模式，这是各种 Agent 在通信时都会运用的模式。

6.5　发布者/订阅者模式

实时应用是指那些提供特定事件的即时馈送或更新(篮球赛、棒球赛等)的应用程序，这些事件发生在提供馈送之前的很短时间之内。向客户端提供更新信息有两种途径：推送与拉取，实时应用实现其中之一。

为了理解这些机制的工作方式，不妨设想一个场景，其中我们想要更新棒球比赛的结果。我们本身是某个网络的一部分，而该网络由一个拥有更新信息(即时更新)的服务器和若干其他计算机组成。假设即时馈送信息是通过 HTTP 在浏览器中获得的：考虑采用拉取机制的情况，计算机将会持续发送更新请求并从服务器拉取新信息(如果有的话)。这基本上就像时不时询问服务器“你有什么新消息给我吗？”另一方面，若遵循推送机制，则客户端将告诉服务器“为我随时更新比赛的最新比分”，而每当有更新可用时，服务器就会将其自动地向客户端“推送”。发布者/订阅者模型遵循后一种方法，即推送机制，其中服务器扮演发布者角色，而客户端扮演订阅者角色，并且它要求在两者之间建立一个双工服务。

“双工”服务由两个契约组成，一个在服务端而另一个在客户端。在服务端实现的契约将被订阅者(客户)用于订阅特定的数据馈送，而客户端实现的契约则被服务器用于在有新数据需要“推送”时进行调用。在客户端实现的契约又被称为回调契约。在接下来的几节中将学习关于发布者/订阅者模式、回调契约和双工服务的更多内容——本书将研究一个实际问题，该问题会把所有这些内容整合为一个完整的功能示例。

6.6　实际问题：利用 WCF 在多个 Agent 之间通信

本节中将会创建一个 WCF 应用，其中多个 Agent 将致力于共享消息列表，且每个 Agent 都会知悉当前消息列表；换言之，每个 Agent 都拥有实际列表的一个保持更新的副本。该场景中的服务将充当消息代理，从给定 Agent 将新消息发送到所有其他 Agent。这是一个明显遵循发布者/订阅者模式的应用，其架构如图 6-1 所示。

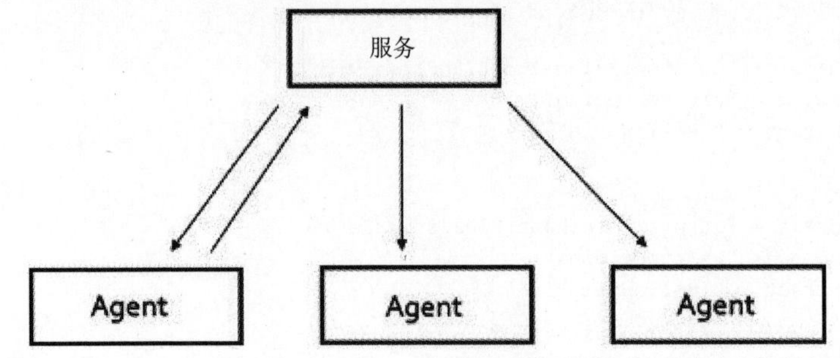

图 6-1　其中一个 Agent 向列表添加消息，而服务器则将更新的列表传达给其他所有 Agent

让我们从该应用实现过程开始，首先需要定义服务契约。由于要创建的是一个双工应用，服务契约定义需要搭配一个回调契约。回调契约指定了服务可以在客户端调用的操作。要在 Visual Studio 中创建 WCF 服务，应转到 Solution Explorer(解决方案资源管理器)并右击想作为项目容器的文件夹，选择“Add New Item(添加新项)”，然后查找“WCF Service”选项(如图 6-2 所示)。

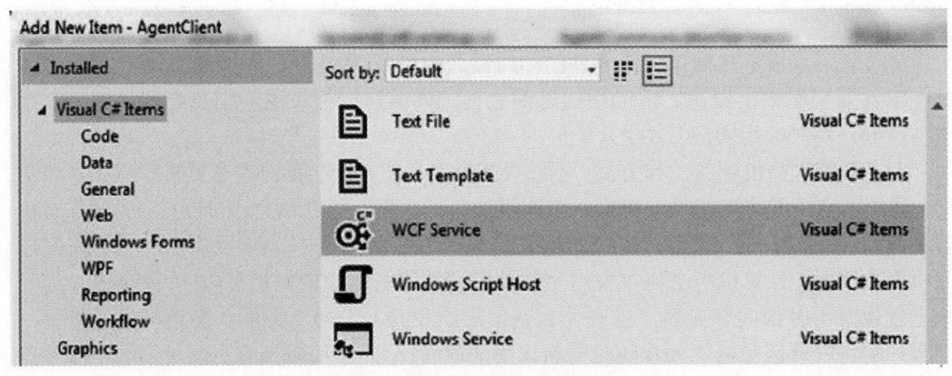

图 6-2　向项目中添加 WCF 服务

在添加了服务后，就会看到项目中增加了两个文件——一个类(契约实现)和一个接口(服务契约)。还能看到新增的对名称空间 System.ServiceModel 和 System.ServiceModel.Description 的引用，这两个名称空间包含了 ServiceHost 类等绑定类。

■ 注意

双工服务上的操作一般都被标记为OneWay = true，以防止死锁。当不同单元都在等待其他单元来完成操作而导致谁也不执行操作时，则发生了死锁。

服务契约和回调契约的实现代码如代码清单 6-2 所示。

代码清单 6-2　服务契约和回调契约

```
[ServiceContract(CallbackContract = typeof(IAgentCommunication
```

```
Callback))]
    public interface IAgentCommunicationService
    {
        [OperationContract(IsOneWay = true)]
        void Subscribe();

        [OperationContract(IsOneWay = true)]
        void Send(string from, string to, string message);
}

public interface IAgentCommunicationCallback
{
        [OperationContract(IsOneWay = true)]
        void SendUpdatedList(List<string> messages);
}
```

注意，前面的代码中，通过明确告知服务契约它的回调契约是 IAgentCommunication-Callback，定义了一个关系。这样，我们告知服务端在每当有新的更新可用时，使用回调契约来通知客户端(通知将通过在回调时调用 SendUpdateList()方法来实现)。服务契约包含两个操作：Subscribe()，该操作使得 Agent 订阅服务；以及 Send()，该操作向消息列表发送新消息。回调契约拥有一个名为 SendUpdatedList()的操作，它用于向所有 Agent 发送最新的消息列表。

■ 注意

IAgentCommunicationService和IAgentCommunicationCallback中的所有操作都返回void，因为这是属性设置IsOneWay = true的要求。单向操作将会被阻塞，直到出站数据被写入网络连接。

现在我们已经掌握了服务和回调所建立的操作协议，下面研究它们的具体实现。服务的实现如代码清单 6-3 所示。

代码清单 6-3　服务的实现

```
[ServiceBehavior(InstanceContextMode = InstanceContextMode.
Single, ConcurrencyMode = ConcurrencyMode.Multiple)]
    public class AgentCommunicationService :
    IAgentCommunicationService
    {
        private static List<IAgentCommunicationCallback> _callback
        Channels = new List<IAgentCommunicationCallback>();
        private static List<string> _messages = new List<string>();
        private static readonly object _sycnRoot = new object();

        public void Subscribe()
        {
            try
            {
                var callbackChannel =
                    OperationContext.Current.GetCallbackChannel
                    <IAgentCommunicationCallback>();

                lock (_sycnRoot)
```

```
            {
              if (!_callbackChannels.Contains(callbackChannel))
                {
                    _callbackChannels.Add(callbackChannel);
                    Console.WriteLine("Added Callback
                    Channel: {0}", callbackChannel.GetHash
                    Code());
                    callbackChannel.SendUpdatedList(_messages);
                }
            }
        }
        catch
        {
        }
    }

    public void Send(string from, string to, string message)
    {
        lock (_sycnRoot)
        {
            _messages.Add(message);

            Console.WriteLine("-- Message List --");
            _messages.ForEach(listItem => Console.
            WriteLine(listItem));
            Console.WriteLine("------------------");

            for (int i = _callbackChannels.Count - 1;
            i >= 0; i--)
            {
                if (((ICommunicationObject)_callback
                Channels[i]).State != CommunicationState.
                Opened)
                {
                Console.WriteLine("Detected Non-Open
                Callback Channel: {0}", _callback
                Channels[i].GetHashCode());
                _callbackChannels.RemoveAt(i);
                continue;
            }

            try
            {
                _callbackChannels[i].SendUpdatedList
                (_messages);
                Console.WriteLine("Pushed Updated List
                on Callback Channel: {0}", _callback
                Channels[i].GetHashCode());
            }
            catch (Exception ex)
            {
                Console.WriteLine("Service threw
                exception while communicating on
                Callback Channel: {0}", _callback
                Channels[i].GetHashCode());
```

```
                        Console.WriteLine("Exception Type:
                        {0} Description: {1}", ex.GetType(),
                        ex.Message);
                        _callbackChannels.RemoveAt(i);
                    }
                }
            }
        }
    }
```

注意，AgentCommunicationService 类具有 InstanceContextMode = InstanceContextMode.Single 和 ConcurrencyMode = ConcurrencyMode.Multiple 属性，这些属性是由 ServiceBehavior 类定义的── 顾名思义，该类允许为服务定义各种行为。第一个属性将 AgentCommunicationService 类设置为单例(Singleton)类，也就是说：所有服务调用都将被同一个服务实例所处理，且所有 Agent 都将引用相同的消息与客户端回调通道列表，因为这些域被声明为静态的。第二个属性则允许并发以提供多线程服务，从而使各个调用得以并行处理。服务对象的同步将使用 C#中的 SyncRoot 模式和 lock 语句来处理。

■ **注意**

锁定公共对象并不是一种好的做法。公共对象可能被任何人锁定，从而造成意外的死锁。因此，当锁定暴露于外界对象时应当谨慎。SyncRoot模式通过使用私有内部对象执行锁定以确保不发生上述情况。

---

lock 语句充当的是对象的“钥匙”：设想一个人要进入一个房间并从房间主人那里获取一把钥匙，而当他正在房间里的时候其他人不能进入。在离开时他会把钥匙还给房主，这样下一个排队的人就能获得钥匙并进入房间了。这种防止多个线程同时访问和修改数据的代码称为“线程安全级(thread-safe)”代码。

Subscriber()方法(操作)获取客户端回调通道并检查其是否已被加入回调通道列表，如果还没有被添加，则将其添加进去。如果客户端此前还没有访问过服务，该方法将向客户端发送 latestMessage 列表。

在 Send()方法中，必须确保每次只有一个线程获取列表的访问权，这就是 lock 语句出现的缘由。一旦添加了消息，就要遍历各个回调通道，通过调用其余 Agent(客户端)的 SendUpdatedList()方法将新消息添加事件通知给它们。这个迭代过程是后向执行的，因为我们需要删除任何可能已经改变其状态以关闭或抛出异常的通道。

如前所述，需要创建一个 Proxy 类来与服务交互。为创建一个双向代理，需要设计一个继承自 DuplexClientBase<T>的类，然后创建服务契约(如代码清单 6-4 所示)。

代码清单 6-4　代理类的实现

```
public class AgentCommunicationServiceClient : DuplexClientBase
<IAgentCommunicationService>, IAgentCommunicationService
    {
        public AgentCommunicationServiceClient(Instance
        Context callbackInstance, WSDualHttpBinding binding,
        EndpointAddress endpointAddress)
```

```
            : base(callbackInstance, binding, endpointAddress)
{ }

        public void Subscribe()
        {
            Channel.Subscribe();
        }

        public void Send(string from, string to, string message)
        {
            Channel.Send(from, to, message);
        }
    }
```

如代码清单 6-4 所示，代理类的实现相当简单——只是将每个调用转发到父类 DuplexClientBase<IAgentCommunicationService>所提供的 Channel 属性(IAgentCommunicationService 类型)。在 Send 方法中包含了参数 from(string 类型)和 to(string 类型)。下一章中将使用这些参数过滤来自 Agent 与发往 Agent 的消息。

回调契约类的具体实现如代码清单 6-5 所示。

代码清单 6-5　回调契约的实现

```
[CallbackBehavior(UseSynchronizationContext = false)]
    public class AgentCommunicationCallback : IAgent
    CommunicationCallback
    {
public event EventHandler<UpdatedListEventArgs>
ServiceCallbackEvent;
privateSynchronizationContext _syncContext = AsyncOperation
Manager.SynchronizationContext;

    public void SendUpdatedList(List<string> items)
    {
        _syncContext.Post(new SendOrPostCallback(OnService
        CallbackEvent), new UpdatedListEventArgs(items));
    }

    private void OnServiceCallbackEvent(object state)
    {
        EventHandler<UpdatedListEventArgs> handler =
        ServiceCallbackEvent;
        var e = state as UpdatedListEventArgs;

        if (handler != null)
        {
            handler(this, e);
        }
    }
}
```

请记住，回调契约是用于处理那些从服务契约接收到的“推送更新”的契约。默认情况下，回调契约会同步当前同步上下文中的所有调用。如果客户端是 Windows 窗体应用，此行为将导致代码在用户界面线程中执行——而这不是好做法。

为了将操作线程中获取的结果传达给 UI 线程，将使用 AsyncOperationManager 类，该类是.NET 为并发管理而集成的一个类。该类包含 SynchronizationContext 属性，这个属性返回调用它的线程的同步上下文。总之，使用这些类的目的是在 UI 线程和操作线程之间共享数据。

■ 注意

同步上下文提供了一种将工作单元以队列形式排列到特定上下文的方法。它允许工作线程向UI同步上下文分派消息。只有UI同步上下文才允许操作UI控件，因此，如果试图从另一个上下文更新UI，就会造成非法操作，从而导致抛出一个异常。

本书将使用 SynchronizationContext 类的 Post 方法来异步地将消息排队到 UI 同步上下文。Post 方法有两个参数：一个名为 SendOrPostCallback 的委托，表示需要在消息派发给 UI 同步上下文后所执行的回调方法；以及一个提交给委托的对象。通过传入在回调类中实现的 OnServiceCallbackEvent 方法，即可创建 SendOrPostCallback 委托。此外，还创建了一个 UpdatedListEventArgs 类(如代码清单 6-6 所示)的实例，并在其构造函数中提交新的消息列表。该委托和事件参数类的实例将被用作 Post 方法的参数。通过这种方式，事件调用方法在从工作线程编组到 UI 线程时就能够获取事件参数。然后，ServiceCallbackEvent 的订阅者(例如 Windows 窗体、控制台应用程序等客户端)就能在事件触发时处理事件了。

把 UseSynchronizationContext 属性设置为 false，将允许回调操作分布到不同线程中。

代码清单 6-6　作为事件参数用于在客户端应用(Windows 窗体)上更新消息列表的类

```
public class UpdatedListEventArgs : EventArgs
    {
        public List<string> MessageList { get; set; }

        public UpdatedListEventArgs(List<string> messages)
        {
           MessageList = messages;
        }
    }
```

现在本书已经介绍了所有契约的具体实现，下面将展示充当服务宿主的应用程序(见代码清单 6-7)。

代码清单 6-7　挂载于一个控制台应用中的服务

```
static void Main(string[] args)
       {
           // Step 1 Create a URI to serve as the base address.
           var baseAddress = new Uri("http://localhost:9090/");
           // Step 2 Create a ServiceHost instance.
           var selfHost = new ServiceHost(typeof(Agent
           CommunicationService), baseAddress);

           try
           {
```

```
            // Step 3 Add a service endpoint.
            selfHost.AddServiceEndpoint(typeof(IAgent
            CommunicationService),
                new WSDualHttpBinding(WSDualHttpSecurity
                Mode.None), "AgentCommunicationService");

            // Step 4 Enable Metadata Exchange and Add MEX
            // endpoint.
            var smb = new ServiceMetadataBehavior {
            HttpGetEnabled = true };
            selfHost.Description.Behaviors.Add(smb);
            selfHost.AddServiceEndpoint(ServiceMetadata
            Behavior.MexContractName,
                MetadataExchangeBindings.
                CreateMexHttpBinding(), baseAddress + "mex");

            // Step 5 Start the service.
            selfHost.Open();
            Console.WriteLine("The service is ready.");
            Console.WriteLine("Listening at: {0}",
            baseAddress);
            Console.WriteLine("Press <ENTER> to terminate
            service.");
            Console.WriteLine();
            Console.ReadLine();

            // Close the ServiceHostBase to shut down the
            // service.
            selfHost.Close();
        }
        catch (CommunicationException ce)
        {
            Console.WriteLine("An exception occurred: {0}",
            ce.Message);
            selfHost.Abort();
        }
    }
```

创建服务的步骤清楚地列举在代码清单 6-7 中。本例中将服务挂载于一个控制台应用程序。注意，这里没有使用或编辑 app.config 文件；相反，所有绑定、地址以及契约都是编程实现的。

■ **注意**

支持双工服务的WCF绑定包括WSDualHttp Binding、NetTcpBinding和NetNamedPipe-Binding。

客户端应用程序是一个 Windows 窗体应用程序，其代码如代码清单 6-8 所示。

代码清单 6-8　客户端应用程序

```
public partial class AgentClient : Form
    {
```

```
private const string ServiceEndpointUri = "http://
localhost:9090/AgentCommunicationService";
public AgentCommunicationServiceClient Proxy { get; set; }

public AgentClient()
{
    InitializeComponent();
    InitializeClient();
}

private void InitializeClient()
{
    if (Proxy != null)
    {
        try
        {
           Proxy.Close();
        }
        catch
        {
           Proxy.Abort();
        }
    }

    var callback = new AgentCommunicationCallback();
    callback.ServiceCallbackEvent +=
    HandleServiceCallbackEvent;

    var instanceContext = new InstanceContext(callback);
    var dualHttpBinding = new WSDualHttpBinding(WSDual
    HttpSecurityMode.None);
    var endpointAddress = new EndpointAddress(Service
    EndpointUri);
    Proxy = new AgentCommunicationServiceClient(instance
    Context, dualHttpBinding, endpointAddress);
    Proxy.Open();
    Proxy.Subscribe();
}

private void HandleServiceCallbackEvent(object sender,
UpdatedListEventArgs e)
{
    List<string> list = e.MessageList;

    if (list != null && list.Count > 0)
        messageList.DataSource = list;
}

private void SendBtnClick(object sender, EventArgs e)
```

```
        {
            Proxy.Send("", "", wordBox.Text.Trim());
            wordBox.Clear();
        }
    }
```

正如预期那样，客户端应用程序(如图 6-3)包含一个 AgentCommunicationServiceClient 类型的字段，它表示客户端用于订阅服务并与之通信的代理。HandleServiceCallbackEvent 是在新消息被加入列表时所触发的事件，这与刚刚描述过的回调契约和 OnServiceCallbackEvent 事件直接相关。SendBtnClick 事件则在单击客户端 UI 的 Send 按钮并发送新消息时被触发。

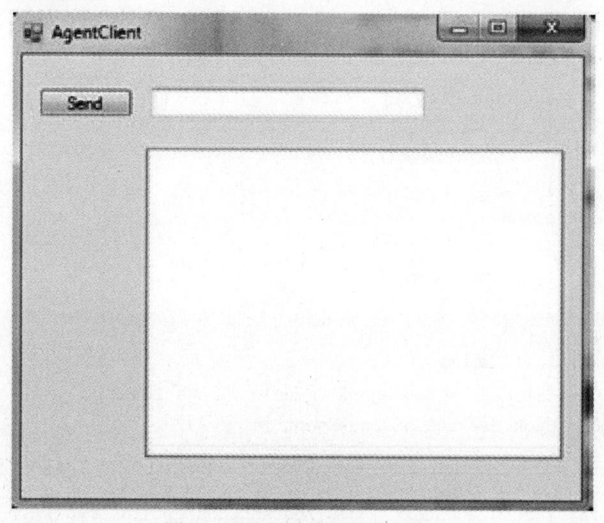

图 6-3　Windows 窗体的客户端 UI

现在各部分已经整合齐备，下面就来测试这个应用，看看不同 Agent 是如何通信和接收消息的。

首先，运行挂载服务的控制台应用程序。

■ **注意**

启动服务应用程序通常需要管理员权限。如果在运行应用程序中遇到任何问题，请尝试以管理员身份运行它。

接下来，运行任意数量的客户端。本例中只要运行三个客户端就可以了。这里所描述的场景如图 6-4 所示。

现在我们可以使用该应用程序，从任意客户端发送消息，结果是一个包含所有消息的共享列表，如图 6-5 所示。

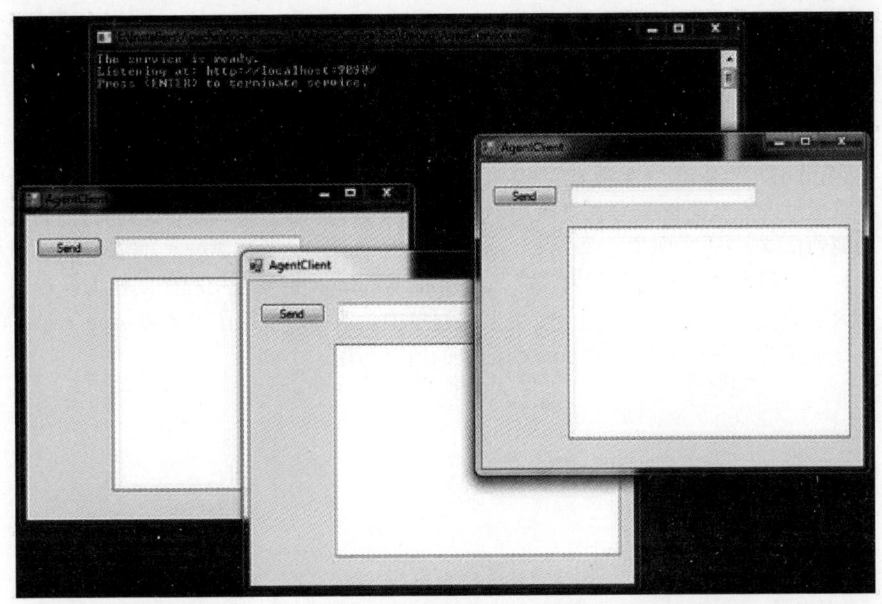

图 6-4　运行服务和三个客户端

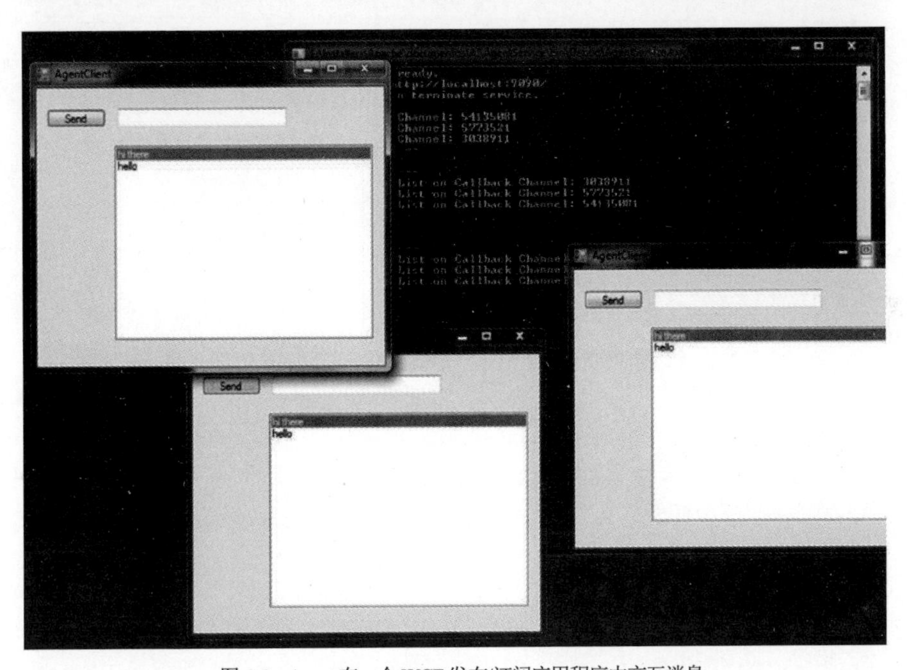

图 6-5　Agent 在一个 WCF 发布/订阅应用程序中交互消息

下一章中将略微修改前面几节介绍的 WCF 通信应用，以使其适应清洁 Agent 示例中的多 Agent 系统。在清洁 Agent 的 MAS 程序中，客户将是通过充当消息代理(发布者)的 WCF 服务进行通信的 Agent。第 5 章中考察的那些概念，例如合作、协调、Contract Net 以及社会法规，将在下一章引用的示例中再次涉及，并将通过 C#类和方法以实用的方式来实现。

6.7 本章小结

本章解释了 WCF 的一些基础知识(服务、契约、地址、绑定和端点)，以及网络应用的一种常用模式——发布者/订阅者模型。然后，介绍并描述了双工服务及其若干特性(例如回调契约)。本书还实现了一个 WCF 程序，该程序模拟了多个 Agent 的通信，使用承载于控制台应用程序上的服务作为消息代理，而 Windows 窗体应用程序则作为客户端。第 7 章将把这个应用程序插入到一个更大的程序中：该程序模拟了一个多 Agent 系统的流程，该系统的任务是清除一个 $n \times m$ 房间里的所有污垢。

第 7 章

清洁 Agent：一个多 Agent 系统问题

本书在第 5 章和第 6 章研究了多 Agent 系统(MAS)和多 Agent 通信，介绍了 Agent 平台、Agent 架构、协调、合作、社会法规以及其他许多概念，还详细介绍了一个实际问题——利用 Windows Communication Foundation(WCF)创建了一个多 Agent 通信模块。

本章将分析一个完整的实际问题，把所有相关组件整合到一起，来开发一个 MAS 系统：该系统中将有 n 个清洁 Agent 处理一项任务——清扫一个 $n \times m$ 房间的污垢。该问题能够涵盖此前研究过的许多概念与定义，并利用第 6 章中创建的 WCF 通信模块，作为该系统中各 Agent 都要集成的 MAS 通信模块。

清洁问题是一个很好的基准或场景，使读者能够理解：如何运用 MAS(相较于仅使用单个 Agent)在短得多的时间内，使用更少的资源来解决任务(例如清洁任务)。

■ **注意：**

清洁问题中，各个机器人都将使用WCF作为其通信模块的核心，并使用Windows窗体来显示接收到的消息。

7.1 程序结构

该应用程序的结构如图 7-1 所示。程序由 Communication(通信)、GUI(图形用户接口)、Negotiation(协商)、Planning(规划)和 Platform(平台)模块组成。本章中将不分析 Communication 模块和 Planning 模块(除了关于通信语言的 FipaAcl C#类之外)，因为在之前已介绍过它们。如需要进一步参考，请下载本书附带的源代码。

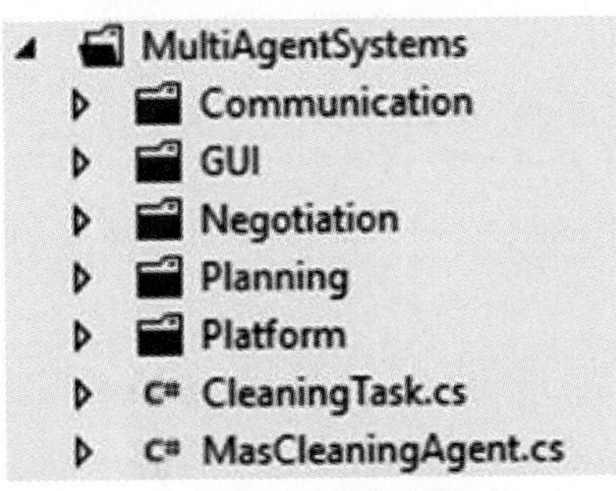

图 7-1 程序结构

GUI 模块包含两个 Windows 窗体应用程序——一个用于图形化展现房间与其中各个 Agent 以及它们间的交互，另一个用作 Agent 的消息板。

Negotiation 模块包含合同网(Contract Net)任务共享方法的一个实现，方法中的每个阶段都会作为 ContractNet 类中的一个静态 C#方法来实现。

Platform 模块包含 Agent 平台及其若干功能(基于字典的 Agent 定位、用于任务共享的 Decide Roles 服务、对管理者和承包者的引用等)的实现。Platform 模块将作为其他类的支撑。

在 Communication 模块中包含 ACL(Agent Communication Language，Agent 通信语言)模块，它包括一个内含少量行为词的 FIPA-ACL 小型简化版本。

■ **注意：**

为简化该MAS示例中的规划任务，在此将假设房间的列数量(M)总是可以被MAS中Agent的数量(S)整除，即M % S ＝ 0。这使得我们能够方便地为每个Agent分配M / S个列进行清扫。

7.2 清洁任务

为表示和编码清洁任务，本书创建了如代码清单 7-1 所示的类。

代码清单 7-1 CleaningTask 类

```
public class CleaningTask
{
        public int Count { get; set; }
        public int M { get; set; }
        public List<Tuple<int, int>> SubDivide { get; set; }
        public IEnumerable<string> SubTasks { get; set; }

public CleaningTask(int m, int agents)
{
   M = m;
   Count = agents;
   SubDivide = new List<Tuple<int, int>>();
   Divide();
   SubTasks = BuildTasks();
}

// <summary>
// For the division we assume that M % Count = 0, i.e.
// the number of columns is always divisible by the
// number of agents.
// </summary>
private void Divide()
{
    var div = M / Count;

    for (var i = 0; i < M; i += div)
      SubDivide.Add(new Tuple<int, int>(i, i + div - 1));
}
```

```
    private IEnumerable<string> BuildTasks()
    {
        var result = new string[SubDivide.Count];

        for (var i = 0; i < SubDivide.Count; i++)
            result[i] = "clean(" + SubDivide[i].Item1 + ","
            + SubDivide[i].Item2 + ")";

        return result;
    }
}
```

该类包含以下域或属性。

- Count：整型，表示参与清洁任务的 Agent 数量。
- M：整型，表示房间的列数。
- SubDivide：List<Tuple<int, int>>类型，表示基于 Agent 数量和列数量所做出的均衡列划分。
- SubTasks：IEnumerable<string>类型，表示为完成全局任务(清扫整个房间)而需要执行的任务集合。其中每个任务都由迷你 FipaAcl 类所使用的自创建的一种内部语言定义。

另一方面，CleaningTask 类公开以下方法。

- Divide()：将清扫房间任务划分为更小的子任务。每个子任务由待清扫的连续列的一个子集构成。它在 SubDivide 属性中存储了一系列元组，每个元组定义了一个待清扫的列范围，例如(0,2)表示清扫从第 0 列到第 2 列的子任务。
- BuildTasks()：返回一个 IEnumerable<string>，其中包含以自创建语言表示的各个子任务，该自创建语言利用通信模块来传输信息，且使用 FIPA 作为 ACL。

为了保证应用程序的良好模块化水平，CleaningTask 类将仅处理与清洁事务有关的操作。在下一节将研究清洁 Agent 平台。

7.3 清洁 Agent 平台

清洁 Agent 平台由 CleaningAgentPlatform 类表示，其程序代码见代码清单 7-2。

代码清单 7-2 CleaningAgentPlatform 类

```
public class CleaningAgentPlatform
{
        public Dictionary<Guid, MasCleaningAgent> Directory {
        get; set; }
        public IEnumerable<MasCleaningAgent> Agents { get; set; }
        public IEnumerable<MasCleaningAgent> Contractors { get;
        set; }
        public MasCleaningAgent Manager { get; set; }
        public CleaningTask Task { get; set; }

        public CleaningAgentPlatform(IEnumerable<MasCleaning
        Agent> agents, CleaningTask task)
        {
            Agents = new List<MasCleaningAgent>(agents);
```

```
            Directory = new Dictionary<Guid, MasCleaningAgent>();
            Task = task;

            foreach (var cleaningAgent in Agents)
            {
                Directory.Add(cleaningAgent.Id, cleaningAgent);
                cleaningAgent.Platform = this;
            }

            DecideRoles();

        }

        public void DecideRoles()
        {
            // Manager Role
            Manager = Agents.First(a => a.CleanedCells.Count ==
            Agents.Max(p => p.CleanedCells.Count));
            Manager.Role = ContractRole.Manager;
            // Contract Roles
            Contractors = new List<MasCleaningAgent>(Agents.
            Where(a => a.Id != Manager.Id));
            foreach (var cleaningAgent in Contractors)
               cleaningAgent.Role = ContractRole.Contractor;
            (Contractors as List<MasCleaningAgent>).Add(Manager);
        }
    }
```

该类包含以下属性或域。

- Directory：字典类型，以键-值对形式包含 Agent 的 ID 和对该 Agent 的引用。
- Agents：IEnumerable 类型，包含了 Agent 集合。
- Contractors：IEnumerable 类型，包含了合同网中的承包者集合。
- Manager：对合同网中管理者的引用。
- Task：要执行的清洁任务。

该类包含两个函数：构造函数和 DecideRoles()方法。在构造函数中将初始化各属性，然后将各 Agent 添加到目录中，并引用 Agent 的 Platform 属性，将属性值指向该平台。DecideRoles()方法决定选择哪个 Agent 作为管理者，而其余 Agent 则作为承包者。在本例中，遴选管理者的准则是：选择清扫单元格最多的 Agent，这相当于“挑选最有经验的、干活最多的 Agent”。

■ **注意：**

本例中，我们把管理者也加入到承包者列表中，因为我们希望管理者不仅指导操作，而且要参与其中，像其他承包者那样清扫房间。

7.4 合同网

合同网任务共享机制由 ContractNet 类表示，每个 Agent 所承担的角色则定义在 ContractRole 枚举中，两者都在代码清单 7-3 中进行了描述。

代码清单 7-3 ContractNet 类

```
public class ContractNet
{
        public static IEnumerable<string>
        Announcement(CleaningTask cleaningTask,
        MasCleaningAgent manager, IEnumerable<MasCleaningAgent>
        contractors, FipaAcl language)
        {
            var tasks = cleaningTask.SubTasks;

            foreach (var contractor in contractors)
            {
                foreach (var task in tasks)
                    language.Message(Performative.Cfp,
                    manager.Id.ToString(),
                    contractor.Id.ToString(), task);
            }
                return tasks;
            }

            public static void Bidding(IEnumerable<string> tasks,
            IEnumerable<MasCleaningAgent> contractors)
            {
                foreach (var contractor in contractors)
                 contractor.Bid(tasks);
            }

            public static void Awarding(List<string> messages,
            MasCleaningAgent manager, IEnumerable<MasCleaningAgent>
            contractors, CleaningTask task, FipaAcl language)
            {
                var agentsAssigned = new
                List<Tuple<MasCleaningAgent, Tuple<int, int>>>();
                var messagesToDict = messages.ConvertAll(FipaAcl.
                MessagesToDict);

                // Processing bids
                foreach (var colRange in task.SubDivide)
                {
                    var firstCol = colRange.Item1;
                    var secondCol = colRange.Item2;
                    // Bids for first column
                    var bidsFirstCol = new List<KeyValuePair
                    <MasCleaningAgent, List<Tuple<double,
                    Tuple<int, int>>>>>();
// Bids for second column
var bidsSecondCol = new List<KeyValuePair<MasCleaningAgent,
                List<Tuple<double, Tuple<int, int>>>>>();
                foreach (var contractor in contractors)
                {
// Skip agents that have been already assigned
                    if (agentsAssigned.Exists(tuple => tuple.
                    Item1.Id == contractor.Id))
                        continue;
```

```
                    var c = contractor;
// Get messages from current contractor
                    var messagesFromContractor = messagesToDict.
                    FindAll(m => m.ContainsKey("from") &&
                    m["from"] == c.Id.ToString());

                    var bids = FipaAcl.GetContent(messagesFrom
                    Contractor);
// Bids to first column in the range column
var bidsContractorFirstCol = bids.FindAll(b => b.Item2.Item2 ==
                          firstCol);
// Bids to second column in the range column
var bidsContractorSecondCol = bids.FindAll(b => b.Item2.Item2
                          == secondCol);

                    if (bidsContractorFirstCol.Count > 0)
                    {
                       bidsFirstCol.Add(
                          new KeyValuePair<MasCleaningAgent,
                          List<Tuple<double, Tuple<int,
                          int>>>>(contractor,
                                 bidsContractorFirstCol));
                    }
                    if (bidsContractorSecondCol.Count > 0)
                    {
                          bidsSecondCol.Add(
                             new KeyValuePair<MasCleaningAgent,
                             List<Tuple<double, Tuple<int,
                             int>>>>(contractor,
                                   bidsContractorSecondCol));
                       }
                    }

                    // Sorts to have at the beginning of the list
                    // the best bidders (closest agents)
                    bidsFirstCol.Sort(Comparison);
                    bidsSecondCol.Sort(Comparison);

                    var closestAgentFirst = bidsFirstCol.
                    FirstOrDefault();
                    var closestAgentSecond = bidsSecondCol.
                    FirstOrDefault();

                    // Sorts again to find closest end
                    if (closestAgentFirst.Value != null)
                        closestAgentFirst.Value.Sort(Comparison);

                    if (closestAgentSecond.Value != null)
                        closestAgentSecond.Value.Sort(Comparison);

                    // Assigns agent to column range
                    if (closestAgentFirst.Value != null &&
                    closestAgentSecond.Value != null)
                    {
```

```
                    if (closestAgentFirst.Value.First().Item1 >=
                    closestAgentSecond.Value.First().Item1)
                      agentsAssigned.Add(new
                      Tuple<MasCleaningAgent, Tuple<int,
                      int>>(closestAgentSecond.Key,
                      closestAgentSecond.Value.First().Item2));
                else
                    agentsAssigned.Add(new
                    Tuple<MasCleaningAgent, Tuple<int,
                    int>>(closestAgentFirst.Key,
                    closestAgentFirst.Value.First().Item2));
            }
            else if (closestAgentFirst.Value == null)
                agentsAssigned.Add(new
                Tuple<MasCleaningAgent, Tuple<int,
                int>>(closestAgentSecond.Key,
                closestAgentSecond.Value.First().Item2));
            else
                agentsAssigned.Add(new
                Tuple<MasCleaningAgent, Tuple<int,
                int>>(closestAgentFirst.Key,
                closestAgentFirst.Value.First().Item2));
        }
                    // Transmits the accepted proposal for
                    // each agent.
        foreach (var assignment in agentsAssigned)
                language.Message(Performative.Accept, manager.
                Id.ToString(),
                    assignment.Item1.Id.ToString(), "clean(" +
                    assignment.Item2.Item1 + "," + assignment.
                    Item2.Item2 + ")");
}

private static int Comparison(Tuple<double, Tuple<int,
int>> tupleA, Tuple<double, Tuple<int, int>> tupleB)
{
        if (tupleA.Item1 > tupleB.Item1)
            return 1;
         if (tupleA.Item1 < tupleB.Item1)
             return -1;
         return 0;
  }

  private static int Comparison(KeyValuePair<MasCleaning
  Agent, List<Tuple<double, Tuple<int, int>>>>
  bidsAgentA, KeyValuePair<MasCleaningAgent,
  List<Tuple<double, Tuple<int, int>>>> bidsAgentB)
  {
          if (bidsAgentA.Value.Min(p => p.Item1) >
          bidsAgentB.Value.Min(p => p.Item1))
             return 1;
          if (bidsAgentA.Value.Min(p => p.Item1) <
          bidsAgentB.Value.Min(p => p.Item1))
              return -1;
```

```
            return 0;
        }
    }

    public enum ContractRole
    {
        Contractor, Manager, None
    }
```

这个类包含下列静态方法。

- Announcement()：从管理者向各个承包者发送一条消息，公告需要完成的每个任务。
- Bidding()：每个 Agent 都被要求对需要完成的任务集进行投标。相对地，Agent 端的投标是由 MasCleaningAgent 类的 Bid()方法执行的。
- Awarding():该方法执行任务共享机制的最终阶段。为了将一定范围内的若干个列 x – x'颁授给一个承包者(Agent)，它会计算各 Agent 到列区域四个顶点——也就是第一列的单元格(x,0)和(x, $n-1$)，以及最后一列的单元格(x',0)和(x', $n-1$)——的距离，然后将这个列区域颁授给距四个顶点中任意一个最近(基于最小块距离或称曼哈顿距离)的 Agent。Agent 的投标中包含一个定义了最近顶点的元组<int, int>和一个表示到该顶点距离的双精度值。
- Comparison()：两个同名方法都用于对元素列表进行排序，排序依据是表示到列的距离的双精度值。

每个方法都是作为类的一个服务创建的，换言之，就是作为一种静态方法，静态方法不需要调用类的实例。

7.5 FIPA-ACL

为了在 Agent 之间沟通与清洁任务相关的问题，本书创建了一种迷你语言来处理这些类型的命令。这种迷你语言类似于 FIPA 语言，并包含一种内部语言(该内部语言仅包括一个 clean(x, y)语句，用于告知 Agent 清扫从 x 到 y 的所有列)。FipaAcl 类和 Performative 枚举都在代码清单 7-4 中进行了阐释。

代码清单 7-4 FipaACL 类

```
public class FipaAcl
{
    public AgentCommunicationServiceClient Communication {
    get; set; }

    public FipaAcl(AgentCommunicationServiceClient
    communication)
    {
        Communication = communication;
    }

    public void Message(Performative p, string senderId,
    string receiverId, string content)
    {
```

```
        switch (p)
        {
            case Performative.Accept:
                ThreadPool.QueueUserWorkItem(delegate {
                Communication.Send(senderId, receiverId,
                "accept[content:" + content + ";]"); });
                break;
            case Performative.Cfp:
                ThreadPool.QueueUserWorkItem(delegate {
                Communication.Send(senderId, receiverId,
                "cfp[content:" + content + ";]"); });
                break;
            case Performative.Proposal:
                ThreadPool.QueueUserWorkItem(delegate {
                Communication.Send(senderId, receiverId,
                "proposal[from:" + senderId + ";content:" +
                content + "]"); });
                break;
    }
}

public static string GetPerformative(string task)
{
    return task.Substring(0, task.IndexOf('['));
}

public static string GetInnerMessage(string task)
{
    return task.Substring(task.IndexOf('[') + 1,
    task.LastIndexOf(')') - task.IndexOf('['] - 1);
}

public static Dictionary<string, string>
MessageToDict(string innerMessage)
{
    var result = new Dictionary<string, string>();
    var items = innerMessage.Split(';');
    var contentItems = new List<string>();

    foreach (var item in items)
       if (!string.IsNullOrEmpty(item))
          contentItems.AddRange(item.Split(':'));

    for (int i = 0; i < contentItems.Count; i += 2)
       result.Add(contentItems[i], contentItems[i + 1]);

    return result;
}
    public static Dictionary<string, string>
    MessagesToDict(string message)
    {
       return MessageToDict(GetInnerMessage(message));
    }

    public static List<Tuple<double, Tuple<int, int>>>
```

```
    GetContent(List<Dictionary<string, string>>
    messagesFromContractor)
    {
      var result = new List<Tuple<double, Tuple<int,
      int>>>();

      foreach (var msg in messagesFromContractor)
{
    var content = msg["content"];
    var values = content.Split(',');
    result.Add(new Tuple<double, Tuple<int,
    int>>(double.Parse(values[0]),
        new Tuple<int, int>(int.Parse(values[1]),
        int.Parse(values[2]))));
}

    return result;
  }
}

public enum Performative
{
   Accept, Cfp, Inform, Proposal
}
```

注意，所有的 Agent 通信都是使用 ThreadPool 类的 QueueUserWorkItem 方法执行的。启动新线程是一种非常耗费资源的操作，因此这里使用 threadpool 工具以重用线程减少开销。通过这种方式，能够利用从线程池提取出来的不同线程将方法排队执行。

FipaACL 类包括一个 AgentCommunicationServiceClient 通信属性(前面曾提到过：AgentCommunicationServiceClient 是在客户端与服务端之间建立通信的代理)，用于向其他 Agent 传递消息。FipaACL 类包含下列方法。

- Message()：根据行为词的类型，使用作为参数提供的 senderId、receiverId 和 content 字符串创建并发送新消息。
- GetPerformative()：获取作为参数提供的消息行为词，例如：对于消息 cfp[content: clean(0,2)]，其行为词是 cfp。
- GetInnerMessage ()：获取内部消息，例如：若整条消息为 cfp[from: 2312; content: clean(0,2)]，则 from: 2312; content: clean(0,2)表示内部消息。
- MessageToDict()：如果内部消息以参数形式提供，该方法会将该内部消息转换为一个字典。例如：对于内部消息 from: 2312; content: clean(0,2)，转换后所得到的字典将是{ 'from': 2312, 'content': 'clean(0,2)' }。
- MessagesToDict()：获取作为参数提交的消息中的内部消息，并返回 MessageToDict()方法生成的字典。
- GetContent()：获取内部消息的内容标签中包含的值集合。它假定每条消息对应于一个承包者的投标，因此它将包含三个元素：一个距离值(双精度类型)和一对匹配列范围的整型值，如对于 2.0,1,1 将添加元组<2.0,<0,2>>。

本章展示的 MAS 清洁系统示例中使用 FipaAcl 类的组件仅有 ContractNet 类和 MasCleaningAgent 类，后者将是下一节的主题。

7.6 MAS 清洁 Agent

本清洁 MAS 示例中的 Agent 是 MasCleaningAgent 类的对象，该类包含的属性、域和构造函数如代码清单 7-5 中所示。

代码清单 7-5 MasCleaningAgent 类，包括其域、属性和构造函数

```
public class MasCleaningAgent
    {
        public Guid Id { get; set; }
        public int X { get; set; }
        public int Y { get; set; }
        public bool TaskFinished { get; set; }
        public Timer ReactionTime { get; set; }
        public FipaAcl Language { get; set; }
        public CleaningAgentPlatform Platform { get; set; }
        public List<Tuple<int, int>> CleanedCells;
        public ContractRole Role { get; set; }
        public Color Color;
        public bool AwaitingBids { get; set; }
        public bool AwaitingTaskAssignment { get; set; }
        public bool AnnouncementMade { get; set; }
        public bool TaskDistributed { get; set; }
        public Plan Plan { get; set; }
        public bool InCleaningArea { get; set; }
        public List<Tuple<int, int>> AreaTobeCleaned;
        private readonly int[,] _room;
        private readonly Form _gui;
        private Messaging _messageBoardWin;
        private readonly List<Tuple<double, Tuple<int,
        int>>> _wishList;

        public MasCleaningAgent(Guid id, int[,] room, Form gui,
        int x, int y, Color color)
        {
Id = id;
 X = x;
Y = y;
 _room = room;
CleanedCells = new List<Tuple<int, int>>();
Role = ContractRole.None;
_wishList = new List<Tuple<double, Tuple<int, int>>>();
Color = color;
 _gui = gui;
Run();
        }
}
```

该类公开下列属性和域。

- Id：表示 Agent 的唯一标识符。
- X：整型，表示房间中 Agent 的 x 坐标。
- Y：整型，表示房间中 Agent 的 y 坐标。

- TaskFinished：布尔值，指示任务是否已完成。
- ReactionTime：定时器，定义 Agent 的反应时间，即 Agent 执行动作的频率。
- Language：由 FipaAcl 类表示的迷你 Fipa 语言，用于解析和传输消息。
- Platform：Agent 平台，用于提供各种服务(如 Agent 定位)来确定每个 Agent 的角色(管理者或承包者)。它由 CleaningAgentPlatform 类表示。
- CleanedCells：元组<int, int>的列表，指示地域中已经被 Agent 清扫过的单元格。
- Role：Agent 担当的角色(承包者、管理者、无角色)。
- Color：Agent 在房间(即表示房间的 Windows 窗体图片框)中的颜色。
- AwaitingBids：布尔值，指示 Agent 是否在等待投标(对于管理者角色)。
- AwaitingTaskAssignment：布尔值，指示 Agent 是否在等待任务分配(对于承包者角色)。
- AnnouncementMade：布尔值，指示公告是否已发布(对于管理者角色)。
- TaskDistributed：布尔值，指示任务是否已分发(对于管理者角色)。
- Plan：Plan 类的实例，用于执行路径寻找算法。这是在第 4 章“火星漫游车”中介绍的 Plan 类。
- InCleaningArea：布尔值，指示 Agent 是否位于执行合同网任务共享机制之后由管理者分配的区域中。
- AreaTobeCleaned：Agent 必须清扫的单元格列表。
- _room：对表示需要清扫房间的整数矩阵的引用。任何单元格中，大于 0 的值表示污垢，0 值则表明单元格是干净的。
- _gui：对表示房间的 Windows 窗体对象的引用。
- _messageBoardWin：对表示消息板的 Windows 窗体的引用。Agent 接收到的所有消息都会展示在消息板上。
- _wishList：Tuple<double, Tuple<int, int>>元组列表，表示 Agent 的愿望清单或投标清单(对于承包者角色)。其中第二项表示房间的一个单元格，而第一项表示到该单元格的距离。这个域用于在投标过程中寻找最近的列顶点。

构造函数中初始化了各种域和属性，并最终调用 Run()方法(见代码清单 7-6)，该方法将完成所有设置以启动 Agent 运行。

代码清单 7-6　Run()方法启用计时器并将 Tick 事件连接到 ReactionTimeOnTick()方法，以此来启动 Agent

```
private void Run()
        {
_messageBoardWin = new Messaging (Id.ToString())
                                                {
                                                  StartPosition =
                                                  FormStartPosition.
                                                  WindowsDefaultLocation,
                                                  BackColor = Color,
                                                  Size = new Size
                                                  (300, 300),
                                                  Text = Id.ToString(),
                                                  Enabled = true
                                                };
```

```
        Language = new FipaAcl(_messageBoardWin.Proxy);
        _messageBoardWin.Show();

        ReactionTime = new Timer { Enabled = true,
        Interval = 1000 };
        ReactionTime.Tick += ReactionTimeOnTick;
}
```

Run()方法中将_messageBoardWin 变量初始化为 Messaging 类(将包含 Agent 所接收的所有消息的窗体类)的实例；还初始化了 Language 属性(通过传入一个由代理在 Messaging 类中创建的参数)；最后，Agent 的定时器被启用并被绑定到 ReactionTimeOnTick()方法(见代码清单 7-7)。该方法每秒钟执行一次，它将触发 Agent 执行动作。

代码清单 7-7　ReactionTimeOnTick()方法的执行

```
private void ReactionTimeOnTick(object sender, EventArgs
eventArgs)
{
        // There's no area assigned for cleaning
        if (AreaTobeCleaned == null)
        {
            if (Role == ContractRole.Manager &&
            AnnouncementMade && !TaskDistributed)
            {
                ContractNet.Awarding(_messageBoardWin.
                Messages, Platform.Manager, Platform.
                Contractors, Platform.Task, Language);
                TaskDistributed = true;
            }
            if (Role == ContractRole.Manager &&
            !AnnouncementMade)
            {
                ContractNet.Announcement(Platform.Task,
                Platform.Manager, Platform.Contractors,
                                            Language);
                AnnouncementMade = true;
                Thread.Sleep(2000);
            }
            if (Role == ContractRole.Contractor &&
            AwaitingTaskAssignment || Role == ContractRole.
            Manager && TaskDistributed)
            {
                AreaTobeCleaned = SetSocialLaw
                (_messageBoardWin.Messages);
            }
            if (Role == ContractRole.Contractor &&
            !AwaitingTaskAssignment)
            {
                Thread.Sleep(2000);
                ContractNet.Bidding(_messageBoardWin.
                Messages, Platform.Contractors);
                AwaitingTaskAssignment = true;
            }
        }
```

```
            else
            {
                if (!InCleaningArea)
                {
                    if (Plan == null)
                    {
                        Plan = new Plan(TypesPlan.PathFinding,
                        this);
                        Plan.BuildPlan(new Tuple<int, int>(X, Y),
                        AreaTobeCleaned.First());
                    }
                    else if (Plan.Path.Count == 0)
                         InCleaningArea = true;
                  }
                  Action(Perceived());
                }
                _gui.Refresh();
    }
```

注意，这里将线程休眠了 2000 毫秒，以等待其他 Agent 完成特定操作。这个时间可能需要随着 Agent 集合的基数增长而增加。

ReactionTimeOnTick()方法使用的逻辑取决于两个场景：Agent 分配到了清扫区域，或者没有分配到清扫区域。如果没有分配到清扫区域，就说明 Agent 之间未达成任务共享，因而必须启动合同网机制。未为 Agent 定义清扫区域的不同场景如下所示。

- 如果 Agent 是管理者并已经发布了公告，而且任务尚未分配，那么 Agent 必须进入颁授阶段。
- 如果 Agent 是管理者并且还没有发布任何公告，则 Agent 必须进入公告阶段。
- 如果 Agent 是承包者且已经分配到任务，或者 Agent 是一个管理者，且任务已经分配完毕，则应当通过制定社会法规来给 Agent 分配一个要清扫的区域，该社会法规马上就会详细介绍。
- 如果 Agent 是承包者并正在等待任务分配，则 Agent 必须进入投标阶段。

Agent 投标过程所遵循的逻辑如代码清单 7-8 所示。

代码清单 7-8　Agent 的投标方法

```
public void Bid(IEnumerable<string> tasks)
    {
        var n = _room.GetLength(0);
        _wishList.Clear();
        foreach (var task in tasks)
        {
          var innerMessage = FipaAcl.GetInnerMessage(task);
          var messageDict = FipaAcl.
          MessageToDict(innerMessage);
          var content = messageDict["content"];
          var subtask = content.Substring(0, content.
          IndexOf('('));
          var cols = new string[2];

          switch (subtask)
          {
```

```
            case "clean":
                var temp = content.Substring(content.
                IndexOf('(') + 1, content.Length -
                content.IndexOf('(') - 2);
                cols = temp.Split(',');
                break;
        }

        var colRange = new Tuple<int, int>(int.
        Parse(cols[0]), int.Parse(cols[1]));

        for (var i = colRange.Item1; i < colRange.
        Item2; i++)
        {
            // Distance to extreme points for each column
            var end1 = new Tuple<int, int>(0, i);
            var end2 = new Tuple<int, int>(n - 1, i);

            var dist1 = ManhattanDistance(end1, new
            Tuple<int, int>(X, Y));
            var dist2 = ManhattanDistance(end2, new
            Tuple<int, int>(X, Y));

            _wishList.Add(new Tuple<double, Tuple<int,
            int>>(dist1, end1));
            _wishList.Add(new Tuple<double, Tuple<int,
            int>>(dist2, end2));
        }
    }

    _wishList.Sort(Comparison);

     foreach (var bid in _wishList)
     Language.Message(Performative.Proposal,
     Id.ToString(), Platform.Manager.Id.ToString(),
     bid.Item1 + "," + bid.Item2.Item1 + "," + bid.
     Item2.Item2);
}
```

Bid()方法接收任务列表作为输入，解析列表中包含的各条任务消息，然后基于每条任务消息中详细给出的列范围，找到距四个可能的列顶点的距离。最终，该方法会对到所有可能列顶点距离的列表_wishList 进行排序，并将它们按照由小到大的顺序发送给管理者。

当被分配到清扫区域时，Agent 必须设计一个规划(基于第 4 章中的路径查找技术)以到达其清扫区域。一旦进入其清扫区域，Agent 就将遵循代码清单 7-9 中所示方法定义的社会法规行动。

代码清单 7-9　SetSocialLaw()方法

```
private List<Tuple<int, int>> SetSocialLaw(List<string> messages)
{
        if (!messages.Exists(m => FipaAcl.
        GetPerformative(m) == "accept"))
```

```
                return null;

            var informMsg = messages.First(m => FipaAcl.
            GetPerformative(m) == "accept");
    var content = FipaAcl.MessageToDict(FipaAcl.
    GetInnerMessage(informMsg));
            var directive = content["content"];
    var temp = directive.Substring(directive.IndexOf('(') + 1,
    directive.Length - directive.IndexOf('(') - 2);
    var pos = temp.Split(',');
    var posTuple = new Tuple<int, int>(int.Parse(pos[0]), int.
    Parse(pos[1]));
    var colsTuple = new Tuple<int, int>(posTuple.Item2, posTuple.
    Item2 + _room.GetLength(1) / Platform.Directory.Count - 1);

            var result = new List<Tuple<int, int>>();
            var startRow = _room.GetLength(0) - 1;
            var dx = -1;

            // Generate path to clean
            for (var col = colsTuple.Item1; col <= colsTuple.
            Item2; col++)
            {
                startRow = startRow == _room.GetLength(0) - 1 ?
                0 : _room.GetLength(0) - 1;
                dx = dx == -1 ? 1 : -1;
                for (var row = startRow; row < _room.GetLength(0)
                && row >= 0; row+=dx)
                    result.Add(new Tuple<int, int>(row, col));
            }
            return result;
    }
```

当 Agent 位于其清扫区域内时，为有序、统一地执行其清洁任务，SetSocialLaw()方法将定义 Agent 在它们清扫过程期间遵循的路径，这个社会法规如图 7-2 所示。

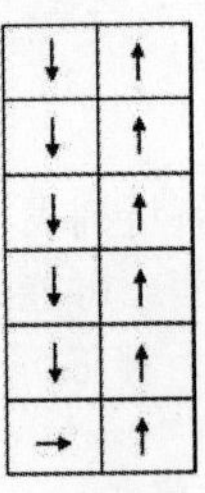

图 7-2　Agent 遵循的社会法规

如果存在一个(用于前往指派的清扫区域的)活动的规划，Agent 就会执行该规划中的一步移动并将这步移动从规划路径中删除。根据接收到的感知(干净或脏)，Agent 将选择更新其状态或清扫这个脏的单元格。如果待清扫区域仍包含一些未访问过的单元格，Agent 就会移动到那些单元格。如果待清扫区域不再有其他单元格，就可认为任务已经完成。这个过程是由 Action()方法执行的，如代码清单 7-10 所示。

代码清单 7-10 Action()方法

```
public void Action(List<Tuple<TypesPercept, Tuple<int, int>>>
percepts)
        {
            if (Plan.Path.Count > 0)
            {
                var nextAction = Plan.NextAction();
                var percept = percepts.Find(p => p.Item1 ==
                nextAction);
                Move(percept.Item1);
                return;
            }

            if (percepts.Exists(p => p.Item1 == TypesPercept.
                Clean))
                UpdateState();
            if (percepts.Exists(p => p.Item1 == TypesPercept.
            Dirty))
            {
                Clean();
                return;
            }

            if (AreaTobeCleaned.Count > 0)
            {
                var nextCell = AreaTobeCleaned.First();
                AreaTobeCleaned.RemoveAt(0);
                Move(GetMove(nextCell));
            }
            else
            {
                if (!TaskFinished)
                {
                    TaskFinished = true;
                    MessageBox.Show("Task Finished");
                }
            }
        }
```

MasCleaningAgent 类的其他方法，例如 Clean()、IsDirty()、Move()、GetMove()、UpdateState()、ManhattanDistance()、MoveAvailable()和 Perceived()，都与第 2 章中示例代码所定义的同名方法高度相似，因此本章将不再包括这些方法的代码。如果需要进一步参考，请参阅本书附带的源代码。

7.7 GUI

如前文所述，该项目中将包括两个 Windows 窗体应用——一个用于显示 Agent 所接收消息的列表，另一个用于图形化展示房间。消息板的 Messaging 类将充当客户端，它将上一章介绍的代码整合到客户端的 Windows 窗体应用中。本例中的服务由控制台应用程序调用，类似于第 6 章中详细介绍的方式。尽管 Room 只是一个 Windows 窗体代码，这里还是将其展示在代码清单 7-11 中以供参考。

代码清单 7-11 Room 类

```
public partial class Room : Form
{
    public List<MasCleaningAgent> CleaningAgents;
    private int _n;
    private int _m;
    private int[,] _room;

    public Room(int n, int m, int[,] room)
    {
        _n = n;
        _m = m;
        _room = room;
        CleaningAgents = new List<MasCleaningAgent>();
        InitializeComponent();
    }

    private void RoomPicturePaint(object sender,
    PaintEventArgs e)
    {
        var pen = new Pen(Color.Wheat);
        var cellWidth = roomPicture.Width / _m;
        var cellHeight = roomPicture.Height / _n;

        // Draw room grid
        for (var i = 0; i < _m; i++)
            e.Graphics.DrawLine(pen, new Point
            (i * cellWidth, 0), new Point(i * cellWidth,
            i * cellWidth + roomPicture.Height));
        for (var i = 0; i < _n; i++)
            e.Graphics.DrawLine(pen, new Point(0, i *
            cellHeight), new Point(i * cellHeight +
            roomPicture.Width, i * cellHeight));

        // Draw agents
        for (var i = 0; i < CleaningAgents.Count; i++)
            e.Graphics.FillEllipse(new SolidBrush
            (CleaningAgents[i].Color), CleaningAgents[i].Y
            * cellWidth, CleaningAgents[i].X * cellHeight,
            cellWidth, cellHeight);

        // Draw Dirt
        for (var i = 0; i < _n; i++)
        {
            for (var j = 0; j < _m; j++)
                if (_room[i, j] > 0)
                    e.Graphics.DrawImage(new Bitmap("rocktransparency.
                    png"), j * cellWidth, i *
                    cellHeight, cellWidth, cellHeight);
        }
    }
```

```
    private void RoomPictureResize(object sender, EventArgs e)
    {
        Refresh();
    }
}
```

Room 类中实现了 PictureBox 的 Paint 事件和 PictureResize 事件，使所有元素(污垢和 Agent)都得到了图形化呈现。Agent 被绘制成椭圆，其颜色是由 Agent 的 Color 属性定义的，而污垢则被绘制成图像。当 Agent 清扫脏的单元格时，污垢将会消失(其图像不再绘制)；而当没有任何单元格包含污垢图像时，全局任务就会结束。

7.8 运行应用程序

现在已经完成了整合前面三章所有主题的 MAS 程序的构建，下面来运行它，查看完整的应用程序，以及 Agent 是如何合作、协调从而切实得以将一个 $n \times m$ 的房间清扫干净。记住，这里假设列数量可以被 Agent 数量整除以简化规划过程。读者可以很容易地更改这个策略，将其转换成更通用的策略——允许其为任意数量的 Agent 规划清洁任务。

这里将 WCF 服务嵌入到控制台应用程序中，并在控制台应用程序中声明了所有 Agent、平台和房间 GUI(见代码清单 7-12)。

代码清单 7-12 在控制台应用程序项目中设置并启动应用

```
var room = new [,]
                    {
                        {0, 0, 0, 0, 0, 0, 0, 0, 0, 0},
                        {0, 0, 0, 0, 0, 0, 0, 0, 0, 0},
                        {0, 0, 0, 0, 0, 0, 1, 0, 0, 0},
                        {0, 0, 0, 0, 0, 0, 0, 0, 0, 0},
                        {2, 0, 0, 1, 0, 0, 0, 0, 0, 0},
                        {0, 0, 0, 0, 0, 0, 0, 0, 0, 1},
                        {0, 0, 0, 0, 0, 0, 0, 0, 0, 0},
                        {0, 0, 0, 0, 0, 0, 0, 1, 0, 0},
                        {0, 0, 0, 0, 0, 0, 0, 0, 0, 0},
                        {0, 0, 0, 0, 0, 0, 0, 0, 0, 0}
                    };
            Application.EnableVisualStyles();
            Application.SetCompatibleTextRenderingDefault(false);

            const int N = 10;
            const int M = 10;
            var roomGui = new Room(N, M, room);

            // Starts the WCF service.
            InitCommunicationService();

var clAgent1 = new MasCleaningAgent(Guid.NewGuid(), room,
                roomGui, 0, 0, Color.Teal);
            var clAgent2 = new MasCleaningAgent(Guid.NewGuid(),
            room, roomGui, 1, 1, Color.Yellow);
            var clAgent3 = new MasCleaningAgent(Guid.NewGuid(),
            room, roomGui, 0, 0, Color.Tomato);
```

```
            var clAgent4 = new MasCleaningAgent(Guid.NewGuid(),
            room, roomGui, 1, 1, Color.LightSkyBlue);
            var clAgent5 = new MasCleaningAgent(Guid.NewGuid(),
            room, roomGui, 1, 1, Color.Black);
    roomGui.CleaningAgents = new List<MasCleaningAgent> { clAgent1,
    clAgent2, clAgent3, clAgent4, clAgent5 };
            var platform = new CleaningAgentPlatform(roomGui.
            CleaningAgents, new CleaningTask(M, roomGui.
            CleaningAgents.Count));

    Application.Run(roomGui);
```

InitCommunicationService()方法包含与第6章详述过的Agent服务中完全相同的代码。其运行结果如图7-3所示，其中MAS应用是通过让所有Agent在合同网机制下交换消息来启动的。

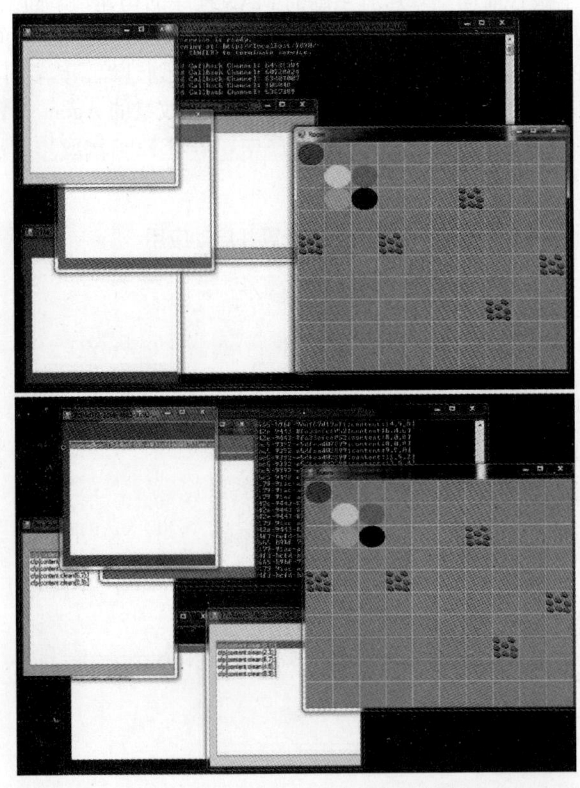

图7-3　Agent在Contract Net机制下交换消息，接收到的消息被显示于它们的消息板窗口中

在达成协议，且各个Agent都了解其指定的清扫区域后，则清洁进程就会按照前文描述的社会法规启动。当Agent完成它们的子任务时，将显示一个带有“Task Finished(任务完成)”消息的消息框(见图7-4)。每个Agent线程在清扫房间中的每一个污垢单元时将会休眠一段特定时长，以此来模拟现实生活中的清洁过程。

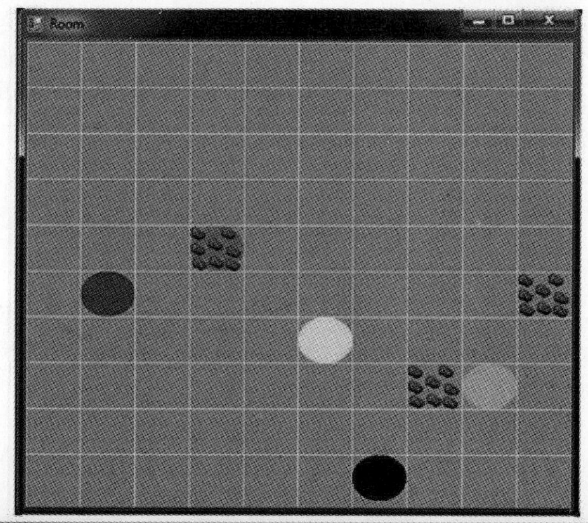

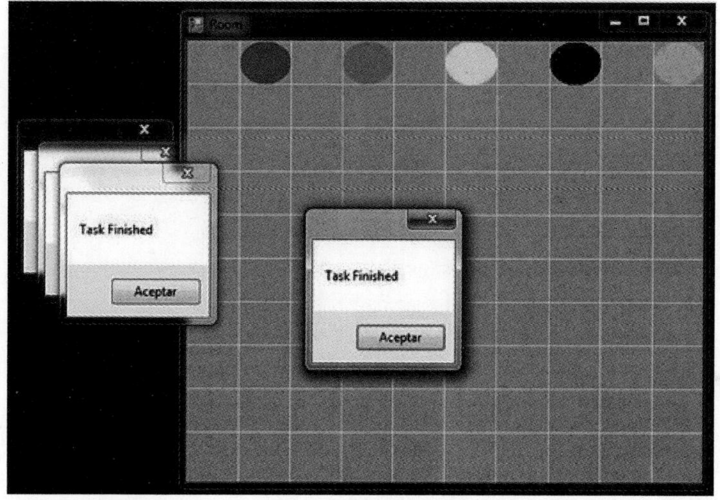

图 7-4 Agent 在清扫被指定的区域，并在它们完成其区域的清扫时显示“Task Finished(任务完成)”消息

至此，本章的清洁 Agent MAS 应用介绍进入尾声。在这个特定的例子中，一个 10×10 的房间被 5 个 Agent 成功地清扫干净——通过将清扫整个房间的全局任务分配到清扫各个局部区域的子任务中，而这些局部区域是由列范围定义的。此外，通过 WCF 服务的通信造就了协调与合作策略。如第 4 章中火星漫游车程序那样，读者可以在实验性应用程序中使用这个示例，或者用新的策略或方法改进它。本书中开发的清洁 MAS 能够充当解决其他问题的基础或支撑应用——当各种 Agent 交互和协作时，这些问题需要更高效的解决方案。

7.9 本章小结

第 7 章在此为本书的“Agent”主题画上了句号，最后的实际问题不仅涵盖了第 5 章和第 6 章中的许多研究点，也超出了那些章节的详细程度，成为目前为止最透彻、最精确的一章。回顾这个清洁 Agent 应用程序，会注意到诸如逻辑、一阶逻辑和 Agent 这些主题都作为多 Agent 程序不可或缺的组件整合了进来。在第 8 章中，本书将开始介绍一个与概率和统计深度关联的领域，一个非常有趣的主题——仿真。

第8章

仿　　真

建模是人类思维的基本工具之一，它赋予了我们创建世界或其中某部分的抽象版本的能力。这些抽象版本可以作为对态势、对象等的一种简化、便捷的表示形式，并用于找到给定问题的解决方案。建模涉及想象力和创造力，它是我们以智能方式沟通、概括和表达意义或模式的能力的基础。

通常认为，建模是一种对世界做出决策和预测的方式，在创建模型之前必须很好地理解和定义模型的目的。模型通常可分类为：用于解释或描述世界的描述性模型；用于为问题制定最佳解决方案，并且与优化领域相关的规范性模型。第一类模型的例子有地图、使用计算机图形创建的 3D 对象或电子游戏等。后一种类型的模型与数学密切相关，特别是与优化有关；在此类模型中，我们为问题定义了一组约束和一个待优化的目标函数。

所有模型都有三个基本特性，如下所示。

- 参照物：模型需要代表某种事物，要么来自真实世界，要么来自想象中的世界；例如，建筑、城市等。
- 目的：模型具有与其参照物相关的逻辑意图；例如，研究、分析。
- 成本-效益：使用模型比参照物更有效；例如，蓝图与真实建筑、地图与真实城市。

通常认为仿真是其目的是理解、规划、预测和操纵的建模活动。可以将它大致定义为一种建模的行为学或现象学方法，也就是说，仿真是对其参照物的主动模拟行为。

■ 注意：

建模是人类思维中最重要的过程之一。在建模时，我们尝试创建现实的抽象版本，从而大幅度简化它，以帮助我们解决某个问题。地图就是模型的例子(例如Google地图)，它们代表世界的抽象版本。

8.1　仿真是什么

人们对仿真(simulation)一词的含义没有达成普遍共识，然而有一个共识是，仿真是一种模仿性、动态的建模类型，用于建模出于某种原因必须研究或理解的现象。

在使用计算机程序实现仿真时，可以获得高度的灵活性；在编程语言环境中，意味着原则上能够使用在任何其他环境中难以匹敌的方式，来完善、维护、演化和扩展计算机仿真。诸如 C#之类的现代编程语言便于模块化数据和程序代码的开发，允许人们使用现有的代码片段或模块构建新的仿真。

计算机仿真通常可分为分析法和离散事件法，分析法涉及数学分析和可从分析角度理解或逼近的问题。例如，如果欲建模的现实问题可以通过一组微分方程精确地描述(如在某个表面上的热量流动)，则可以使用这些方程的解析解来生成仿真所需的时间相关行为。分析法仿真的数学简洁性，使其在许多情况下显得艰涩而难以理解；由于将现实问题约简为抽象的数学关系，所需的理解可能会变得模糊不清。并且，还已知有解析解，但是没有计算这些解的可行方法的情况。尽管如此，分析法仿真在许多情况下是必不可少的，特别是在处理涉及大量相对较小且相对相似的实体的复杂物理现象时，其中实体的个体相互作用相对简单，而其总体相互作用遵循“大数定律”；换言之，可以对它们作统计处理。在这种情况下，分析模型通常表示至少一种完全理解的形式。

■ **注意：**

存在一大类问题，对这些问题的认识程度不足以进行分析处理，即不存在形式化的数学解。此类问题通过离散事件仿真(Discrete-Event Simulation，DES)进行建模和仿真。

若有一个由多个实体组成的系统，并且能够孤立地理解各个实体以及它们间的成对交互关系，但是不能理解整个系统的行为和关系，则可以利用仿真将成对的交互关系编码，然后运行仿真，试图估计整个系统的关系或行为。这些仿真方法中的一种称为离散事件仿真(DES)。

8.2 离散事件仿真

时间在离散事件仿真中是必不可少的，并且仿真过程可以视为一系列的离散事件，实体在这些事件中进行交互。时间通过固定时段或仿真时钟方式，以离散形式推进。

DES通常是对某些类型的棘手问题进行建模的最后一种选择。它的强大在于它能够揭示整个系统的交互模式，这些模式无法以其他方式获知。往往可以枚举和描述实体及其属性、关系和即时交互的集合，而不需要知道这些交互的结果。如果将这些知识编码到DES仿真中，并观察所得模型的行为，那么就可以更好地理解系统及其实体之间的相互作用。这通常是开发DES的主要目的。

在开发离散事件仿真时，有六个需要考虑的要素。

- 对象表示系统元素，它具有属性，与事件相关，消耗资源，并随时间推移进入和离开队列。在机场仿真(下文即将研究)中，对象是飞机。在医疗保健系统中，对象可能是患者或器官。在仓库系统中，对象是库存产品。对象应该彼此交互或与系统交互，并且可以在仿真期间的任何时间创建。
- 属性是各个对象所专有的特征(大小、起飞时间、着陆时间、性别、价格等)，属性以某种方式存储，有助于确定对仿真过程中可能出现的各种场景的响应。这些值可以修改。
- 事件是系统中可能发生的事情，通常与对象相关，诸如飞机着陆、产品到达仓库、特定疾病的出现等。事件能够以任何顺序发生并再次发生。
- 资源是为对象提供服务的元素(例如，机场的跑道、仓库中的存储隔间和诊所中的医生)，资源是有限的。当某个资源已被占用而某个对象又需要它时，该对象必须排队并等待资源可用。在本章的实际问题中将遇到这样的场景。

- 队列是组织对象以等待某些当前被占用的资源释放的方式，队列可能有一个最大容量，并且可能有不同的调用方法：先进先出(FIFO)、后进先出(LIFO)，或基于某些标准或优先级(疾病进展、燃料消耗等)。
- 时间(如前所述并在现实生活中发生)在仿真中是必不可少的。为了测量时间，在仿真开始时启动一个时钟，可用于跟踪特定时间段(出发或到达时间、运输时间、某些症状所花费的时间等)。这种跟踪是至关重要的，因为它可以让你掌握下一个事件何时发生。

离散事件仿真(DES)与概率论和统计学密切相关，因为它们的建模对象是现实场景，其中发生了随机和概率事件；DES 必须依赖概率分布、随机变量以及其他统计和概率工具，用于事件生成。

8.3 概率分布

离散随机变量是一个取值个数有限或个数无限的随机变量；换言之，该变量的值可以列出为一个有限或无限序列，例如 1,2,3……等。离散随机变量的概率分布是形式任意的图表、表格或公式，其中为变量的每个可能取值分配了一个概率。所有概率值的总和必须为 1，并且每个概率值都必须在 0 和 1 之间。例如，当我们掷出一个骰子(所有面朝上的可能性相同)时，表示可能结果的离散随机变量 X 将具有概率分布 $X(1)= 1/6$，$X(2)= 1/6$，……，$X(6)= 1/6$。所有面朝上都是同等可能的，因此该随机变量每个值分配的概率都是 1/6。

参数 μ 表示其相应分布中的均值(数学期望值)，均值表示随机变量的平均值，换言之，它是求和式 E = [(每个可能结果)×(该结果的概率)]，其中 E 为均值。以骰子为例，平均值是 $E = 1/6 + 2/6 + 3/6 + 4/6 + 5/6 + 6/6 = 3.5$。请注意，结果 3.5 实际上是骰子可能取的所有值的中值，它是骰子滚动很多次时的数学期望值。

参数 σ^2 表示分布的方差，方差表示随机变量的可能值的离散程度，它总是非负的。小方差(接近 0)表示取值彼此接近，同时也接近均值；大的方差表明随机变量取值与均值之间的差异很大。

泊松分布是一种离散分布，表示每个时间单位中事件发生次数的概率(如图 8-1 所示)。它通常适用于在事件本身发生的概率很小且发生事件的机会(即样本)数量很大的情况。书中的印刷错误数、到达机场的飞机数、到达交通信号灯处的汽车数，以及在某个给定年龄组群体中每年的死亡人数都是泊松分布应用的例子。

指数分布表示一个泊松过程中事件之间的间隔时间(如图 8-2 所示)。例如，如果你正在处理一个描述在某一时间段内抵达机场的飞机数量的泊松过程，那么你可能会对一个随机变量感兴趣，该变量指示在第一架飞机到达之前经过了多长时间。指数分布可以用于此目的，也可以应用于物理过程，例如，表示粒子的寿命，其中 λ 参数指示粒子的衰变速率。

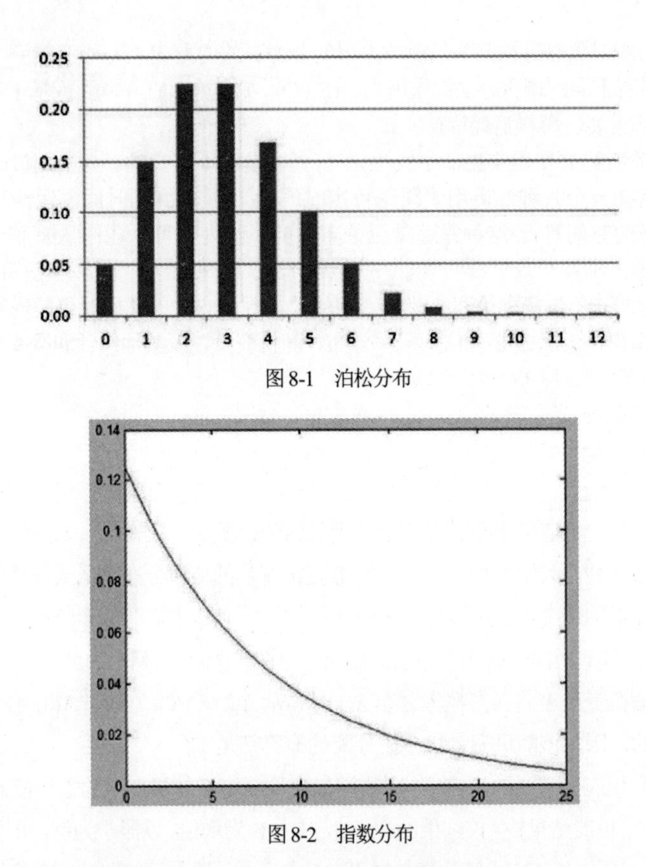

图 8-1 泊松分布

图 8-2 指数分布

正态分布描述了一个收敛于中心值，没有左右偏移的概率分布，如图 8-3 所示。正态分布是对称的并且具有钟形概率密度曲线，该曲线具有位于均值处的单个峰值。分布中 50%的概率位于均值的左侧，50%位于均值的右侧。标准差表示钟形曲线的延展区或“带宽”，标准差越小，数据越集中。必须将均值和标准差都定义为正态分布的参数。许多自然现象高度吻合正态分布：血压、人的身高、测量误差等。

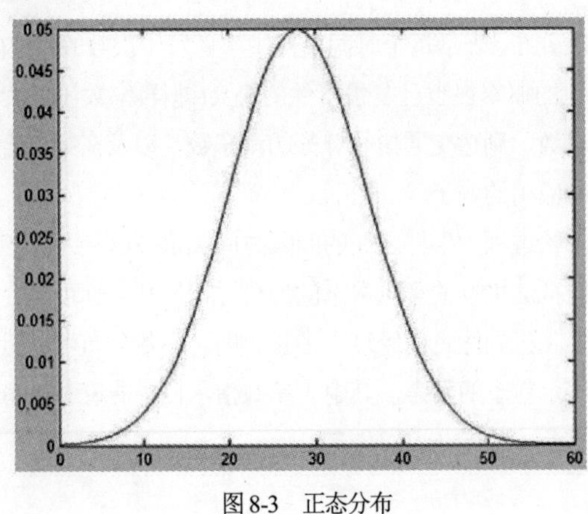

图 8-3 正态分布

上文中描述了何谓离散事件仿真、它的组件，以及一些最重要的可以应用于此类仿真中的基于时间的事件生成方法的概率分布。在下一节中，将开始研究一个实际问题，我们将在机场仿真示例中看到如何将所有部分组合在一起。

8.4 实际问题：机场仿真

设想现在希望仿真一个五跑道机场的运营情况，其模型是：运送一定数量乘客的飞机到达，在机场耗费一定时间加油，最终在一段时间后离开，该段时长取决于多个因素，其中包括飞机可能出现故障的概率。这就是将在本章中实现的机场仿真。下文代码中的IDistribution、Poisson和Continuous类(接口)是MathNet.Numerics包的一部分。

两架飞机到达机场之间的时间间隔分布服从一个泊松函数，其中λ参数由表8-1指定。

表8-1 不同时段的飞机到达机场的情况

时间	λ
06:00~14:00	7分钟
14:00~22:00	10分钟
22:00~06:00	20分钟

当飞机抵达机场时，它会从所有可用的跑道中，采用均匀分布方式任意选择一条可用的跑道降落。如果没有可用的跑道，飞机将加入一个要求获准降落的飞机队列中。在飞机最终降落后，它将使用一段时间处理其货物，该时间长度服从指数函数分布，分布参数值取决于乘坐该飞机旅行的乘客数量，如表8-2所示。

表8-2 飞机行李处理时间，取决于乘客人数

乘客人数	λ
0~150	50分钟
150~300	60分钟
300~450	75分钟

当飞机正在处理货物时，将其视为占据了跑道。飞机可能有0.15的概率出现故障，在这种情况下，故障修复用时将服从参数λ=80分钟的指数分布。

下面从代码清单8-1所示的Airplane类开始，分析机场仿真代码。

代码清单8-1 Airplane类

```
public class Airplane
  {
      public Guid Id { get; set; }
      public intPassengersCount{ get; set; }
      public double TimeToTakeOff{ get; set; }
      public intRunwayOccupied{ get; set; }
      public bool BrokenDown{ get; set; }

      public Airplane(int passengers)
```

```
        {
            Id = Guid.NewGuid();
    PassengersCount = passengers;
    RunwayOccupied = -1;
        }
    }
```

Airplane 类包含的属性如下所示。

- Id：它在构造函数中被初始化，并将唯一标识每架飞机。
- PassengersCount：定义飞机上的乘客数量。
- TimeToTakeOff：定义飞机从跑道起飞的预期时间(以分钟为单位)。
- RunwayOccupied：确定飞机是否占据机场的一条跑道，如果是，则此属性与其正占用的跑道索引相匹配。当该值小于 0 时，表示飞机不占用任何跑道。
- BrokenDown：如果飞机发生故障，则该值为 True，否则为 False。

在代码清单 8-2 中，可以看到 AirportEvent<T>抽象类，它将作为其他三个表示 AirportSimulation 中发生的不同事件的类的父类。这样做的目的是利用 C#的继承机制，精简所有可以逻辑精简或包含在单个父类中的代码行，从而缩短代码。

代码清单 8-2　AirportEvent<T>抽象类

```
public abstract class AirportEvent<T> where T: IComparable
{
        protected double[] Parameters;
        protected List<Tuple<T, T>> Frames;
        public double[] DistributionValues;
        public List<IDistribution> Distributions;
        protected AirportEvent(params double[] lambdas)
        {
            Distributions = new List<IDistribution>();
DistributionValues = new double[lambdas.Length];
            Frames = new List<Tuple<T, T>>();
            Parameters = lambdas;
        }

        public virtual void SetDistributionValues(Distribution
        Type type)
        {
foreach (var lambda in Parameters)
            {
                switch (type)
                {
                    case DistributionType.Poisson:
Distributions.Add(new Poisson(lambda));
                        break;
                    case DistributionType.Exponential:
Distributions.Add(new Exponential(lambda));
                        break;
            }
        }
        // Sampling distributions
        for (vari = 0; i<Frames.Count; i++)
DistributionValues[i] = type == DistributionType.Poisson
```

```
                                        ? ((Poisson)
                                        Distributions[i]).Sample()
                                        : (1 - ((Exponential)
                                        Distributions[i]).
                                        Sample()) *
                                        Parameters[i];
        }
            public virtual double GetEvtFrequency(T elem)
            {
                for (vari = 0; i<Frames.Count; i++)
                {
                    if (elem.CompareTo(Frames[i].Item1) >= 0
                    &&elem.CompareTo(Frames[i].Item2) < 0)
                        return DistributionValues[i];
                }
                return -1;
              }
            }
            public enumDistributionType
            {
               Exponential, Poisson
             }
```

■ 注意:

在AirportEvent<T>类中，通过使用where关键字，要求T参数的类型为IComparable。我们需要这个先决条件，以便能够以最通用的方式比较它们。

AirportEvent<T>类包括的属性如下所示。

- Parameters：存储要在不同分布中使用的λ参数的双精度数组。
- Frames：一个类型为 T 的元组列表，定义事件的时间段或数值区间，对应于表 8-1 和表 8-2 中所示的概率分布和参数。此列表的基数必须与 Parameters 数组的基数以及下文两个属性的基数相匹配。
- DistributionValues：双精度数组，其索引 i 处存储的是使用参数 i 从 Parameters 数组计算出的(第 i 种事件)的概率分布值。
- Distributions：要使用的分布列表。在计算概率分布时，基于参数λ进行，并将计算得到的值存储在 DistributionValues 数组中。

除了以上属性，该类中还包括的方法如下所示。

- SetDistributionValues()：依据方法参数给出的分布类型，它将新分布添加到 Distributions 列表中，并使用 Parameters 指定的参数对这些分布进行采样，将各个采样值保留在 DistributionValues 数组中。
- GetEvtFrequency()：此方法接收一个 IComparable 泛型 T 作为参数，并将其与时间段或数字区间进行比较，以确定参数属于哪个区间，从而确定其对应的分布值。例如，如果区间是(0, 100)，(100, 200)，(200, 250)且 T = 110，则 T 将落入第二个区间并匹配第二组(索引值为 1)分布值。

此外，该类中还有一个 DistributionType 枚举，表示将在此示例程序中考虑的两种类型的分布(泊松分布和指数分布)。

AirplaneEvtArrival(代码清单 8-3)类继承自 AirportEvent<T>；在本例中，T 类型为 TimeSpan。该类表示飞机抵达机场的事件。

代码清单 8-3 AirplaneEvtArrival<TimeSpan>类

```
public class AirplaneEvtArrival :AirportEvent<TimeSpan>
    {
        public AirplaneEvtArrival(params double[] lambdas) :
        base(lambdas)
        {
Frames = new List<Tuple<TimeSpan, TimeSpan>>
                                            {
                                                new Tuple<TimeSpan,
                                                TimeSpan>(new TimeSpan(0, 6, 0,
                                                0), new TimeSpan(0, 14, 0, 0)),
                                                new Tuple<TimeSpan,
                                                TimeSpan>(new TimeSpan(0, 14, 0,
                                                0), new TimeSpan(0, 22, 0, 0)),
                                                new Tuple<TimeSpan,
                                                TimeSpan>(new TimeSpan(0, 22, 0,
                                                0), new TimeSpan(0, 6, 0, 0))
                                            };
        }
    }
```

该类仅包含一个构造函数，函数中将 Frames 列表定义为一个元组的集合，其中每个元组详细确定一个时间范围。

类似地，AirplaneEvtProcessCargo 类(见代码清单 8-4)也继承自 AirportEvent<int>，在其构造函数中定义了一个 Frames 列表，列表中包含一个指示乘客数区间的整型元组。这些区间最终匹配某个值(以分钟为单位)，即处理该区间数量的乘客所需的时间(请回顾表 8-2)。

代码清单 8-4 AirplaneEvtProcessCargo<int>类

```
public class AirplaneEvtProcessCargo :AirportEvent<int>
    {
        public AirplaneEvtProcessCargo(params double[] lambdas)
        : base(lambdas)
        {
            Frames = new List<Tuple<int, int>>
                                {
                                    new Tuple<int, int>(0, 150),
                                    new Tuple<int, int>(150, 300),
                                    new Tuple<int, int>(300, 450)
                                };
    }

    public double SampleAt(int elem)
    {
            for (var i = 0; i<Frames.Count; i++)
            {
                if (elem.CompareTo(Frames[i].Item1) >=0&&elem.
                CompareTo(Frames[i].Item2) < 0)
return (1 - ((Exponential) Distributions[i]).Sample()) *
```

```
Parameters[i];
            }

            return -1;
        }
    }
```

该类还包含一个SampleAt()方法，该方法基于Frames列表中对类设定的区间，返回作为参数提供的元素对应的概率分布值。

在代码清单8-5中，可以看到AirplaneEvtBreakdown类，它继承自AirportEvent<TimeSpan>，它的代码非常简单，仅仅是调用其父类的构造函数。

代码清单8-5 AirplaneEvtBreakdown<TimeSpan>类

```
public class AirplaneEvtBreakdown :AirportEvent<TimeSpan>
    {
public AirplaneEvtBreakdown(params double[] lambdas): base(lambdas)
{
}
    }
```

最后，Simulation类包括各种属性、域和构造函数，如代码清单8-6所示。

代码清单8-6 Simulation类的构造函数、域和属性

```
public class Simulation
    {
        public TimeSpanMaxTime{ get; set; }
        private TimeSpan _currentTime;
        private readonlyAirplaneEvtArrival _arrivalDistribution;
        private readonlyAirplaneEvtProcessCargo
        _processCargoDistribution;
        private readonlyAirplaneEvtBreakdown _airplaneBreakdown;
        private readonly bool [] _runways;
        private readonlyint _planeArrivalInterval;
        private readonly Queue<Airplane> _waitingToLand;
        private readonly List<Airplane> _airplanes;
        private List<Airplane> _airplanesOnLand;
        private static readonly Random Random = new Random();
        public Simulation(TimeSpanstartTime, TimeSpanmaxTime,
        IEnumerable<Airplane> airplanes)
    {
MaxTime = maxTime;
         _runways = new bool[5];
         _arrivalDistribution = new AirplaneEvtArrival(7, 10, 20);
         _processCargoDistribution = new
         AirplaneEvtProcessCargo(50, 60, 75);
         _airplaneBreakdown = new AirplaneEvtBreakdown(80);
         _waitingToLand = new Queue<Airplane>();
         _airplanes = new List<Airplane>(airplanes);
         _airplanesOnLand = new List<Airplane>();
         _currentTime = startTime;
         // For 1st day set distribution values.
         _arrivalDistribution.SetDistributionValues
```

```
            (DistributionType.Poisson);
            _processCargoDistribution.SetDistributionValues
            (DistributionType.Exponential);
            _airplaneBreakdown.SetDistributionValues(Distribution
            Type.Exponential);
            _planeArrivalInterval = (int) _arrivalDistribution.
            GetEvtFrequency(startTime);
        }
    }
```

Simulation 类的属性和域如下所示。

- MaxTime：仿真将持续的最长时间。
- _currentTime：仿真中的当前时间。
- _arrivalDistribution：描述飞机到达事件的对象。
- _processCargoDistribution：描述飞机处理货物事件的对象。
- _airplaneBreakdown：描述飞机故障事件的对象。
- _runways：机场跑道的集合。
- _planeArrivalInterval：飞机抵达机场的间隔。此值由_arrivalDistribution 求得。
- _waitingToLand：空中等待可用跑道着陆的飞机队列。
- _airplanes：到达机场的飞机列表。
- _airplanesOnLand：已经降落在机场的飞机列表。
- Random：随机变量。

Simulation 类的构造函数接收仿真的开始时间和结束时间，以及计划在机场降落的飞机列表作为参数。在构造函数内部，根据表 8-1 和表 8-2 中描述的值初始化域和属性。

在 Execute()方法中(如代码清单 8-7 所示)，执行仿真，一切操作都发生在一个外部 while 循环中，该循环一直运行直到仿真的当前时间超过允许的最大时间。

在这个外部 while 循环内部，首先尝试为已在排队着陆的飞机提供着陆许可。紧接着，调用 TryToLand()方法，该方法试图为某些飞机执行着陆。然后，处理飞机到达事件，首先检查是否还有飞机等待着陆，以及以分钟为单位的当前时间，除以飞机到达机场的预期时间间隔时，余数是否为零；这相当于说，当前分钟数属于由先前计算的到达时间间隔的值定义的余数类。

最后，我们循环遍历地面上的每架飞机，检查那些必须在当前时刻离开的飞机，或者计算飞机发生故障的可能性。此外还在任意给定时刻更新飞机列表和地面的飞机列表，以及被占用的跑道列表。为了结束本仿真周期并开始下一个仿真周期，令当前时间的分钟数加 1。

代码清单 8-7　Execute()方法

```
public void Execute()
        {
            while (_currentTime<MaxTime)
            {
Console.WriteLine(_currentTime);

                // Process airplanes on queue for landing
foreach (var airplane in _waitingToLand)
                {
                    if (!TryToLand(airplane))
                        break;
```

```
                }

                // Plane arrival event
                if (_currentTime.Minutes % _planeArrivalInterval
                == 0 && _airplanes.Count> 0)
                {
var newPlane = _airplanes.First();
                    _airplanes.RemoveAt(0);
Console.WriteLine("Plane {0} arriving ...", newPlane.Id);

                  if (TryToLand(newPlane))
                      _airplanesOnLand.Add(newPlane);
                }
                // For updating list of airplanes on the ground
var newAirplanesOnLand = new List<Airplane>();
                // Update airplane status for this minute
foreach (var airplane in _airplanesOnLand)
                {
airplane.TimeToTakeOff--;
                        if (airplane.TimeToTakeOff<= 0)
                        {
                            _runways[airplane.RunwayOccupied] = false;
airplane.RunwayOccupied = -1;
Console.WriteLine("Plane {0} took off", airplane.Id);
                        }
                        else
newAirplanesOnLand.Add(airplane);

                        // Odds of having a breakdown
                        if (Random.NextDouble() < 0.15 &&
                        !airplane.BrokenDown)
                        {
airplane.BrokenDown = true;
airplane.TimeToTakeOff += _airplaneBreakdown.
DistributionValues.First();
Console.WriteLine("Plane {0} broke down, take off time is now
{1} mins", airplane.Id, Math.Round(airplane.TimeToTakeOff, 2));
                         }
                    }

                    _airplanesOnLand = new List<Airplane>(newAirplanes
                    OnLand);
                    // Add a minute
                    _currentTime = _currentTime.Add(new TimeSpan
                    (0, 0, 1, 0));
            }
        }
```

在代码清单 8-8 中，可以看到 RunwayAvailable()方法和 TryToLand()方法。RunwayAvailable()方法非常简单，用于判断是否有可用的跑道，若有，则返回可用跑道的索引。TryToLand()方法则试图通过首先检查是否有可用的跑道，为飞机提供着陆许可。若有可用跑道，则更新相应的列表和属性，并设置飞机在机场消耗的时间，即它的起飞时间。如果没有可用的跑道，则将飞机加入队列等待最终着陆。

代码清单 8-8 RunwayAvailable()方法和 TryToLand()方法

```
        public int RunwayAvailable()
        {
            return _runways.ToList().IndexOf(false);
        }

        public bool TryToLand(Airplane newPlane)
        {
var runwayIndex = RunwayAvailable();
            if (runwayIndex>= 0)
            {
                _runways[runwayIndex] = true;
newPlane.RunwayOccupied = runwayIndex;
newPlane.TimeToTakeOff = _processCargoDistribution.
SampleAt(newPlane.PassengersCount);
Console.WriteLine("Plane {0} landed successfully", newPlane.Id);
Console.WriteLine("Plane {0} time for take off {1} mins",
newPlane.Id, Math.Round(newPlane.TimeToTakeOff, 2));
                return true;
            }

            _waitingToLand.Enqueue(newPlane);
            return false;
        }
    }
```

要初始化和测试仿真，可以使用代码清单 8-9 中所示的代码，该代码对应于一个 C#控制台应用程序。

代码清单 8-9 初始化仿真

```
var airplanes = new List<Airplane>
                                {
                                    new Airplane(100),
                                    new Airplane(300),
                                    new Airplane(50),
                                    new Airplane(250),
                                    new Airplane(150),
                                    new Airplane(200),
                                    new Airplane(120)
                                };

var sim = new Simulation.Airport.Simulation(new TimeSpan(0, 13,
0, 0), new TimeSpan(0, 15, 0, 0), airplanes);
sim.Execute();
```

在执行仿真后，即可看到模拟中发生的各种事件，例如时间、飞机到达、飞机起飞、飞机故障等。这些信息都将显示在控制台应用程序中，如图 8-4 所示。

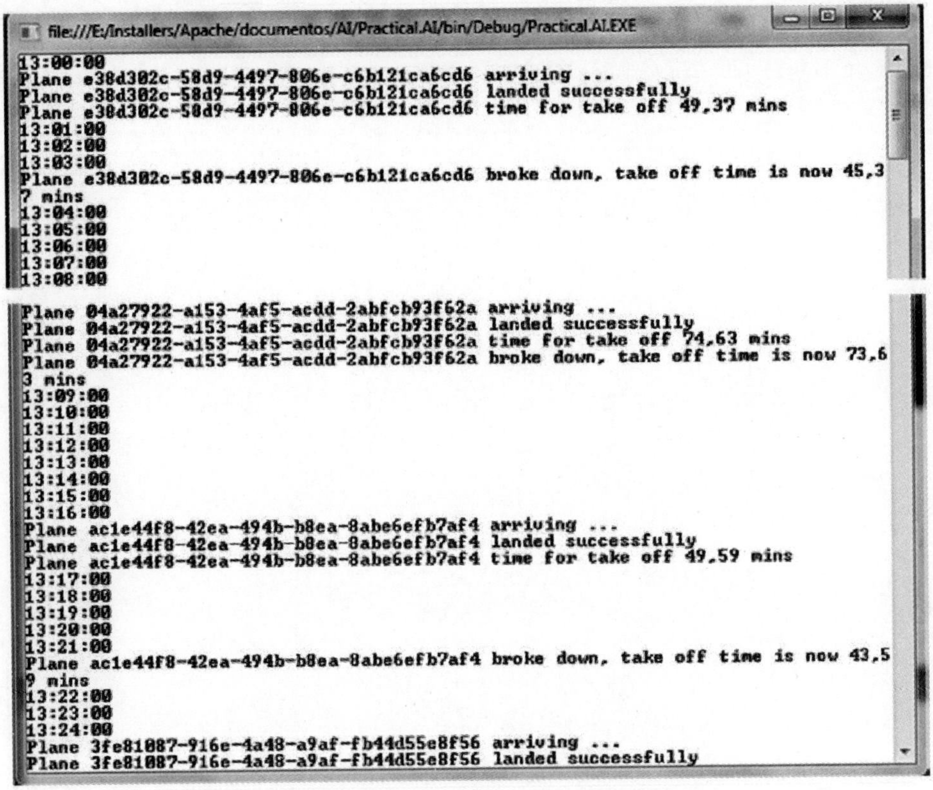

```
file:///E:/Installers/Apache/documentos/AI/Practical.AI/bin/Debug/Practical.AI.EXE
13:00:00
Plane e38d302c-58d9-4497-806e-c6b121ca6cd6 arriving ...
Plane e38d302c-58d9-4497-806e-c6b121ca6cd6 landed successfully
Plane e38d302c-58d9-4497-806e-c6b121ca6cd6 time for take off 49,37 mins
13:01:00
13:02:00
13:03:00
Plane e38d302c-58d9-4497-806e-c6b121ca6cd6 broke down, take off time is now 45,3
7 mins
13:04:00
13:05:00
13:06:00
13:07:00
13:08:00

Plane 04a27922-a153-4af5-acdd-2abfcb93f62a arriving ...
Plane 04a27922-a153-4af5-acdd-2abfcb93f62a landed successfully
Plane 04a27922-a153-4af5-acdd-2abfcb93f62a time for take off 74,63 mins
Plane 04a27922-a153-4af5-acdd-2abfcb93f62a broke down, take off time is now 73,6
3 mins
13:09:00
13:10:00
13:11:00
13:12:00
13:13:00
13:14:00
13:15:00
13:16:00
Plane ac1e44f8-42ea-494b-b8ea-8abe6efb7af4 arriving ...
Plane ac1e44f8-42ea-494b-b8ea-8abe6efb7af4 landed successfully
Plane ac1e44f8-42ea-494b-b8ea-8abe6efb7af4 time for take off 49,59 mins
13:17:00
13:18:00
13:19:00
13:20:00
13:21:00
Plane ac1e44f8-42ea-494b-b8ea-8abe6efb7af4 broke down, take off time is now 43,5
9 mins
13:22:00
13:23:00
13:24:00
Plane 3fe81087-916e-4a48-a9af-fb44d55e8f56 arriving ...
Plane 3fe81087-916e-4a48-a9af-fb44d55e8f56 landed successfully
```

图 8-4 显示仿真中发生的离散事件的控制台应用程序

在我们的机场仿真中，考虑了诸如到达、离开和故障等事件。同样，对读者的建议是尝试扩展该仿真并考虑加入新事件，或者调整参数，以使它们适合更真实的场景。

8.5 本章小结

在本章中，介绍了建模和仿真的概念。我们首先介绍了离散事件仿真(DES)，并且还讲解了它的组件(事件、队列等)。然后，研究了各种概率分布及其与仿真应用的关系。最后，本书提供了一个完整的示例，在示例中，仿真了一个机场一定时间内的运作，并且展示了如何将各个模块组合起来，创建一个考虑几种事件(到达、离开、故障)，仿真机场工作时间的程序。在下一章中，将深入学习广阔而有趣的监督学习领域。

第9章

支持向量机

在本章中，将开始研究监督学习(supervised learning)，它是机器学习的一个分支，其算法类似于我们在学校中的学习方式——在学校中，我们从经验中学习，或从教授在课堂或培训中介绍的大量示例中学习。

许多监督学习算法由两个阶段组成：训练阶段，该阶段向学习者提供一个训练数据集，其中每个数据包括一个向量及其正确分类；预测阶段，此时学习者已经习得了对应于训练数据的函数，本阶段中应使用该函数预测新输入数据的正确分类或值。例如，训练数据集可以定义如下：

```
{ { (2, 3), 1}, { (1, 1), -1}, { (3, 3), 1} }
```

请注意，每个(x,y)数据对都附有一个分类或类别，在本例中为1或-1。

训练数据通常表示为一个(***v***，c)数据对，其中 ***v*** 是表示对象各种属性的 *n* 维向量(通常称为特征向量)，c是该对象与所处理问题相关的分类或标签。对象可以是任何事物，从人、花、化合物到城市、州，以及可以想象到的或可以归类的任何事物。向量可以表示该对象的各种属性，例如位置、高度、重量、强度、性别、人口、含氧量等。

一般而言，监督学习中分类算法的学习过程遵循以下几条步骤(下文很快将介绍“分类”一词在该语境中的含义)。

- 训练：根据输入的训练数据，推导出函数 $f(x)$。该函数描述了数据的结构，并试图根据从训练数据中学习的结构，对新输入数据进行分类。
- 预测：假设已接收新数据 x，则将其分类为 $f(x)$；即使用学习函数 f 对新输入数据进行分类。

监督学习试图解决的两个最重要的问题是分类(classification)和回归(regression)。

在第一类问题中，将输入数据映射到预定义的一定数量的离散类别中。这样，就通过使用某个类标记传入数据，对其进行了分类。在这种情况下，可称监督学习算法为一个分类器(classifier)。在后一类问题中，不对对象进行分类，而是提供某个变量从属于某个类的概率的估计。在这类问题中，感兴趣的是找到一个贴切的、能够代表数据集的关系。在一种称为线性回归的回归类型中，该关系可以通过一条能够最好地逼近该数据集的直线来体现。求解此类问题的一种方法称为回归器(regressor)。

■ **注意：**

在分类算法中，输出变量采用离散的分类值。在回归算法中，输出变量采用连续的实际值。回归算法可以预测某个给定日子的温度，分类算法只会告诉我们那一天热不热。

在图9-1中，以图形化的形式说明了分类器和回归器之间的区别。分类器b)能够将空间划分为各种子空间或类(图9-1中给出了两个类)，而回归器a)只是试图找到最接近于手头数据集形状的结构(图9-1中的直线)。因为该数据集具有线性结构，所以线性回归器对其是一个良好的逼近器(approximator)。

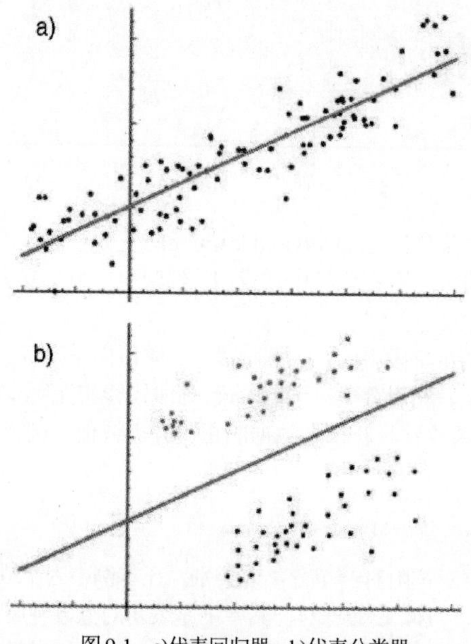

图9-1　a)代表回归器，b)代表分类器

在本章中，将研究支持向量机算法，此类算法应用于数据分类，因此被视为分类器。本章的目的是介绍支持向量机算法，并提供此类算法的完整C#代码，且附带一个Windows窗体可视化应用程序，以(图形化显示方式)验证获得的结果，同时作为测试和分类的工具。在开发支持向量机时，将使用两种方法。其中一种方法使用一个优化库，以求得支持向量机试图解决的优化问题的解；第二种方法使用Platt的序列最小优化(Sequential Minimal Optimization，SMO)算法，求解同一类型的问题。下文很快将介绍支持向量机能够提供何种用于预测新传入数据的类别的要素。

■ **注意：**

统计学习理论是机器学习的一个分支，处理基于数据找到预测函数的问题。统计学习理论已经成功应用于计算机视觉、语音识别、文本分类、模式识别、生物信息学等领域。

9.1　支持向量机是什么

支持向量机(Support Vector Machine，SVM)是一种通常应用于分类问题的优化技术。它常被称为分类器，但也被适配用于其他优化问题，如回归；因此，可以断言SVM既可以是分类器，也可以是回归器。SVM算法由Vladimir Vapnik在20世纪60年代引入，并且高度依赖于统计学习理论和数学优化技术。事实上，SVM的训练阶段可归结于求解一个优化问题，该问题最终提供一组权重和值(偏差)，使得我们能够对新输入数据进行分类。

正如机器学习的许多领域，SVM 是一种从数据中学习其结构的技术。在二元分类情形(仅分为两个类)中，SVM 算法的目的是找到一个超平面(hyperplane)，该超平面相对于每个类边界上的向量给出最宽的边距。

n 维空间的超平面是该空间的 $n-1$ 维子空间。例如，当 $n=1$ 时，空间是一条线，因此它的超平面是点；当 $n=2$ 时，空间是通常的二维坐标空间，因此它的超平面是线；当 $n=3$ 时，空间是三维空间，因此它的超平面是二维平面，以此类推。图 9-1 b)展示了一个二维空间，橙色线(斜线)代表该空间中的超平面。

■ **注意：**

SVM用于文本分类任务，例如种类分配、垃圾邮件检测和情感分析。它还常用于解决图像识别难题，在基于表象的识别和基于颜色的分类中表现特别好。SVM还在手写数字识别的许多领域(例如邮政自动化服务)发挥着至关重要的作用。

读者也可能已经注意到，这个超平面将蓝点与红点分开；可称它是一个分类超平面，因为它将空间分成两类。如图 9-2 所示，对于一个给定的分类问题，可能存在多个分类超平面。

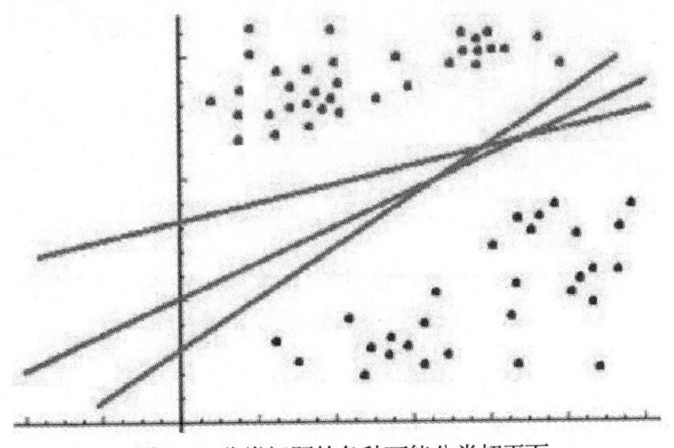

图 9-2　分类问题的各种可能分类超平面

对于即将传入的数据，并非每个超平面都具有相同的功效。直观地说，我们希望存在一个分类超平面，它能够在两个类之间留出最大的边距，这样可以使要预测的新数据得到正确分类的概率更高。

超平面与来自任一组数据点(蓝点或红点)中的最近点之间的距离被称为边距(margin)(如图 9-3 所示)。支持向量机的目标是选择出一个分类超平面，该超平面和任一分类的训练集中的任意点之间的边距最大。如前所述，这样能够有更高的概率正确分类新传入的数据，从这个意义上可以断言，支持向量机的目标是搜索用于分类数据的最佳超平面。

为了找到训练数据集的最佳超平面，需要找到在两个类之间提供最大可能边距的分类超平面。因此，SVM 的训练阶段包括一个优化问题(更确切地说，二次规划问题)，其目标是使得 2 × M 最大。换言之，边距乘以 2 将决定通过支持向量的集合的超平面所定义的“街道”的最大宽度(如图 9-4 所示)。定义该边距的向量称为支持向量。

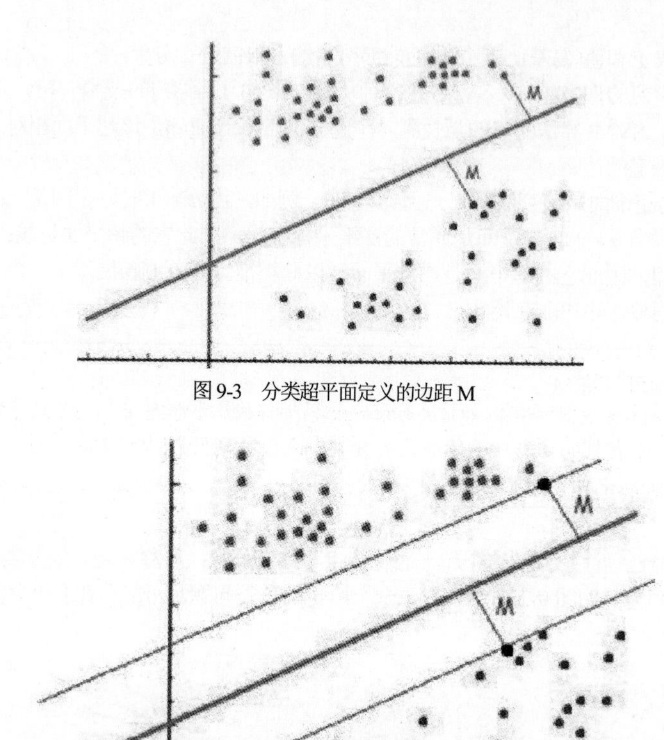

图 9-3　分类超平面定义的边距 M

图 9-4　支持向量以黑点(两个大黑点)表示

为了得到 M 的公式，首先要记住，在二维空间中，一条直线(二维空间中的超平面)的公式是 $Ax + By + C = 0$。该表达式可以进一步泛化，推导出任意超平面的通用表达式为公式 $\boldsymbol{w}x + b = 0$。其中 $\boldsymbol{w}$ 是一个向量，称为权重向量；b(对应于直线方程中的 C)是一个实数值，称为偏差(bias)或截距(intercept)。b 值确定了超平面相对空间原点的位移。因此，当 $b = 0$ 时，意味着超平面穿过原点(0，0，…0)；$\boldsymbol{w}$ 是超平面的法向量，定义了超平面的方向。

现在我们有了超平面公式，可以通过求取从支持向量(在图 9-4 中支持向量被标记为大黑点)到超平面的距离得到 M 值。回想一下，在二维空间中，从点(x′，y′)到直线的距离由下式给出：

$$M = \frac{|Ax' + By' + C|}{\sqrt{A^2 + B^2}}$$

一般来说，在 n 维空间中，M 的公式可以推导如下：

$$M = \frac{|\boldsymbol{w}x + b|}{\|\boldsymbol{w}\|}$$

其中$\|\boldsymbol{w}\|$是权重向量 $\boldsymbol{w}$ 的范数。回想一下，对于向量 $\boldsymbol{v} = (v_1, v_2 \ldots v_n)$，其范数定义如下：

$$\|\boldsymbol{v}\| = {v_1}^2 + {v_2}^2 + \ldots + {v_n}^2$$

通过缩放调整 $\boldsymbol{w}$ 和 b 值，可以以无限多种方式表示任意一个超平面。这种归一化或缩放方式类似于我们有时使用百分比的缩放方式。我们将不再以 85%表示一个百分数，而是使用[0,1]范围内的数值表示它，并建立一个从 85%到等效的 0.85 间的直接映射。在本例中，我们有分类超平面以及另外两个与该分类超平面平行，且穿过每个类的支持向量的超平面。通过归一化，这些超平面可以表达如下：

$$\boldsymbol{w}\mathrm{x}+\mathrm{b}=1$$

$$\boldsymbol{w}\mathrm{x}+\mathrm{b}=-1$$

这种表示法称为标准超平面(canonical hyperplane)。在这种表示法下，假设对值进行归一化，并且考虑到事实上我们的目标是求取从分类超平面中的某个点到由支持向量组成的任意超平面之间的距离，则可以将 M 的公式变换为如下形式：

$$\mathrm{M}=\frac{|\boldsymbol{w}\mathrm{x}+\mathrm{b}|}{\|\boldsymbol{w}\|}=\frac{1}{\|\boldsymbol{w}\|}$$

因此，需要被最大化的总边距为 $2\times\mathrm{M}=2/\|\boldsymbol{w}\|$。请注意，最大化此值相当于最小化以下值：

$$\frac{\|\boldsymbol{w}\|^2}{2}$$

现在，我们知道了需要最小化前面的函数，以便找到一个(权重向量，偏差)数据对，它能够最大化分类超平面和两个类之间的边距。接下来需要定义这种优化的约束条件集。

现在已有一个描述穿过支持向量的超平面的方程。由于支持向量定义了空间中每个类的边界，这些超平面即确定了约束条件，其原因是需要使所有数据点要么位于这些超平面的一侧，要么位于另一侧(如图 9-5 所示)。因此，最终获得以下约束：

$$\boldsymbol{w}\mathrm{x}+\mathrm{b}\geqslant 1$$

$$\boldsymbol{w}\mathrm{x}+\mathrm{b}\leqslant -1$$

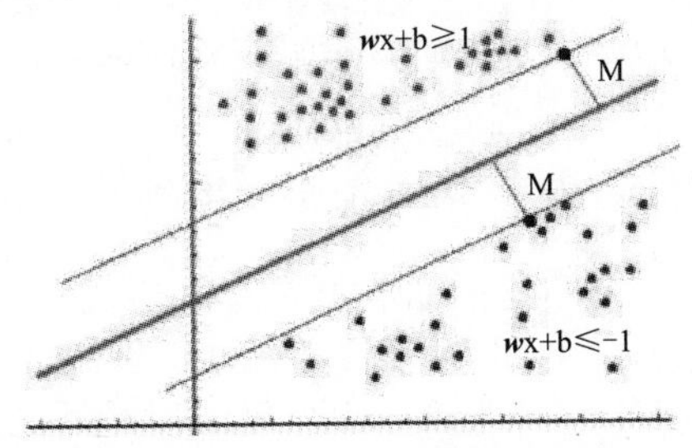

图 9-5　斜线上方的点满足方程 $\boldsymbol{w}\mathrm{x}+\mathrm{b}\geqslant 1$，斜线下方的点满足方程 $\boldsymbol{w}\mathrm{x}+\mathrm{b}\leqslant -1$

第一个公式适用于数据点 x 的分类，即 $\mathrm{y_i}=1$ 时的情况；而第二个公式适用于 $\mathrm{y_i}=-1$ 时的情况。注意，对于每个数据点 x，在数据集训练中都有相应的分类。

前面的两类约束可以合并为一个：

$$\mathrm{y_i}(\boldsymbol{w}\mathrm{x_i}+\mathrm{b})\geqslant 1$$

最终，SVM 求解的优化问题可化为公式：

$$\min_{\boldsymbol{w},\mathrm{b}}\frac{\|\boldsymbol{w}\|^2}{2}$$

且：

$$\mathrm{y_i}(\boldsymbol{w}\mathrm{x_i}+\mathrm{b})\geqslant 1$$

此时需要记住，刚才提出的优化问题对应于线性 SVM 分类器；换言之，假定训练数据集是线性可分的。因而 SVM 分类器函数将形如：

$$\mathrm{sign}(\boldsymbol{w}\mathrm{x}+\mathrm{b})$$

$$\mathrm{sign}(\mathrm{x})=\begin{cases}-1 & \text{if } \mathrm{x}<0\\ 0 & \text{if } \mathrm{x}=0\\ 1 & \text{if } \mathrm{x}>0\end{cases}$$

注意，如果 $\boldsymbol{w}\mathrm{x}+\mathrm{b}\geqslant 1$，则数据点 x 属于类 1；否则，x 属于类-1。可见，只需要将 $\boldsymbol{w}$、b 作为最佳分类超平面的权重向量和偏差，即可对新输入数据进行分类。

尽管目前已经得到了一个优化问题的公式，其解确实能够最终找到一个具有最大边距的分类超平面，但该公式往往由于另一个便于计算和自优化的公式的出现而不受重视。这个新公式基于拉格朗日乘数和沃尔夫对偶问题等价性(Wolfe dual-problem equivalence)。

对偶性(duality)在优化理论中起着关键作用，许多优化问题具有称为对偶(dual)的相关优化问题。该替代公式具有与原始问题解相关的一组解。尤其是，对于很多问题而言，易于根据对偶解计算出原始解。此外，在本章中讨论的问题的特定情形中，对偶公式提供了更易于处理的约束，这些约束也非常适合于一些核函数(后面将很快介绍它们)。

类似本章中的约束优化问题，可以通过拉格朗日方法求解。该方法能够求得在一组约束集下、具有多个变量的函数的最大值或最小值。它通过添加 $n+k$ 个变量将约束问题简化为无约束问题，其中 k 是原始问题的约束数目。这些新变量称为拉格朗日乘数(Lagrange multiplier)。通过使用这种变换，生成的问题将包括比原始问题中的方程更容易求解的方程式。

具有约束 $\mathrm{g_i}(x)=0(\mathrm{i}=1\ldots\mathrm{m})$ 的函数 $f(x)$ 的拉格朗日公式如下：

$$L(x,a)=f(x)+\sum_{i=1}^{m}\mathrm{a_i g_i}(x)$$

请注意，新公式没有约束，约束已被封装在现在式中唯一的函数 $L(x,\alpha)$ 中。在该公式中，α_i 表示拉格朗日乘数。将原始问题的目标函数和约束代入 $L(\boldsymbol{w}，b，\alpha)$ 中：

$$L(\boldsymbol{w},b,a)=\frac{\|\boldsymbol{w}\|^2}{2}-\sum_{i=1}^{m}\mathrm{a_i}(\mathrm{y_i}(\boldsymbol{w}x_\mathrm{i}+b)-1)$$

上述表达式使用了广义拉格朗日(generalized Lagrangian)形式，它不仅包含等式约束，还包括不等式 $\mathrm{g_i}(x)\leqslant 0$ 或等价的 $-\mathrm{g_i}(x)\geqslant 0$。引入拉格朗日乘数后，只需要求解该问题的对偶形式。具体来说，我们将求解问题的沃尔夫对偶形式。为此，通过求解下面的方程式，来获得 L 关于 $\boldsymbol{w}$、b 的最小值，其中 $\nabla_x L(\boldsymbol{w},b,a)$ 表示 L 关于 x 的梯度：

$$\nabla_{\boldsymbol{w}} L(\boldsymbol{w},b,a)=0$$

$$\nabla_b L(\boldsymbol{w},b,a)=0$$

将 L 对 $\boldsymbol{w}$ 求导，得到以下结果：

$$\nabla_{\boldsymbol{w}} L(\boldsymbol{w},b,a)=\boldsymbol{w}-\sum_{i=1}^{m}a_\mathrm{i}\mathrm{y_i}x_\mathrm{i}=0$$

由此可得下式：

$$w=\sum_{i=1}^{m}\alpha_i y_i x_i$$

至于 L 相对于 b 的梯度，结果如下：

$$\nabla_b L(w,b,a)=\sum_{i=1}^{m}a_i y_i=0$$

代入获得的 w 新公式，并考虑 $\sum_{i=1}^{m}\alpha_i y_i=0$，可以将 $L(w,b,\alpha)$调整为：

$$L(w,b,a)=\sum_{i=1}^{m}a_i-\frac{1}{2}\sum_{i,j=1}^{m}y_i y_j a_i a_j x_i x_j$$

请注意，由于 x_i、x_j 是向量，因此 $x_i x_j$ 表示它们的内积。这样，最终得到了对偶问题(事实上因为前文提到的优点，此类问题也是大多数 SVM 库和包解决的优化问题)的表达式。完整的优化问题如下：

$$\max_a L(w,b,a)=\sum_{i=1}^{m}a_i-\frac{1}{2}\sum_{i,j=1}^{m}y_i y_j a_i a_j x_i x_j$$

$$s.t\quad \sum_{i=1}^{m}a_i y_i=0$$

$$a_i\geqslant 0\quad i=1,\ldots m$$

在下一节中，将介绍一个实际问题，即使用 C#中的优化库解决上述对偶问题。这样的实际问题将有助于理解本章介绍的一些概念和思路。

■ 注意：

函数 f 的梯度通常用函数名前加 ∇ 符号表示(即 ∇f)。它是由函数 f 关于每个变量的导数组成的向量，它指示了给定点处 f 递增速度最快的方向。例如，假设 f 是为空间中的每个点映射一个给定压力值的函数，则梯度将指示任意点(x，y，z)处压力改变最快的方向。

9.2 实际问题：利用 C# 实现线性 SVM

为了开发线性 SVM，创建一个名为 LinearSvmClassifier 的类，该类具有以下域或属性(见代码清单 9-1)。

代码清单 9-1 线性 SVM 的属性和域

```
public class LinearSvmClassifier
{
      public List<TrainingSample>TrainingSamples{ get; set; }
      public double[] Weights;
      public double Bias;
      public List<Tuple<double, double>>SetA{ get; set; }
```

```
        public List<Tuple<double, double>>SetB{ get; set; }
        public List<Tuple<double, double>> Hyperplane
        { get; set; }
        private readonlydouble[] _alphas;
    public intModelToUse = 1;
    public LinearSvmClassifier(IEnumerable<TrainingSample>training
    Samples)
        {
    TrainingSamples = new List<TrainingSample>(trainingSamples);
            Weights = new double[TrainingSamples.First().
            Features.Length];
    SetA = new List<Tuple<double, double>>();
    SetB = new List<Tuple<double, double>>();
            Hyperplane = new List<Tuple<double, double>>();
            _alphas = new double[TrainingSamples.Count];
        }
    }

    public class TrainingSample
    {
        public int Classification { get; set; }
        public double[] Features { get; set; }

        public TrainingSample(double [] features, int
        classification)
        {
            Features = new double[features.Length];
    Array.Copy(features, Features, features.Length);
            Classification = classification;
        }
    }
```

各个属性或域的描述如下所示。

- TrainingSamples：TrainingSample 对象的列表，每个对象代表一个数据点及其所属分类。代码清单 9-1 中所示的 TrainingSample 类仅包含一个双精度的 Features(特征)数组和一个整型的 Classification(分类)变量。
- Weights：双精度数组，代表 SVM 模型中的权重。
- Bias：双精度值，代表 SVM 模型中的偏差或截距。
- SetA：Tuple<double, double>类型的列表，代表训练数据中满足 $wx + b \geqslant 1$ 的点。它仅用于预测阶段。
- SetB：Tuple<double, double>类型的列表，代表训练数据中满足 $wx + b \leqslant -1$ 的点。它仅用于预测阶段。
- Hyperplane：Tuple<double, double>类型的列表，代表训练数据中满足 $wx + b = 0$ 的点，即位于超平面中的点。它仅用于预测阶段。
- _alphas：双精度数组，代表 SVM 对偶问题中的向量 α (alpha)。
- ModelToUse：确定 SVM 训练阶段使用的训练方法。

在其中编码实现了对偶优化问题的 Training()方法如代码清单 9-2 所示。其中使用了 Accord.NET 库作为求解 SVM 模型的优化工具。可以通过 Web 页面或使用 Visual Studio 提供的 Nuget Package Manager 工具从 Nuget 下载 Accord.NET。

代码清单 9-2　Training()方法，其中使用 Accord.NET 建模对偶优化问题

```
public void Training()
{
var coefficients = new Dictionary<Tuple<int, int>, double>();
ModelToUse = 1;

            for (var i = 0;i<TrainingSamples.Count;i++)
            {
                for (var j = 0;j <TrainingSamples.Count;j++)
coefficients.Add(new Tuple<int, int>(i, j),
                 -1 * TrainingSamples[i].
Classification * TrainingSamples[j].Classification *
rainingSamples[i].Features.Dot(TrainingSamples[j].Features));
            }

var q = new double[TrainingSamples.Count, TrainingSamples.Count];
q.SetInitValue(coefficients);

           // This variable contains (1, 1, ..., 1)
var d = Enumerable.Repeat(1.0, TrainingSamples.Count).ToArray();
var objective = new QuadraticObjectiveFunction(q, d);

          // sum(ai * yi) = 0
var constraints = new List<LinearConstraint>
                                 {
                                   new LinearConstraint(d)
                                        {
VariablesAtIndices=Enumerable.Range(0, TrainingSamples.Count).
ToArray(),
ShouldBe = ConstraintType.EqualTo,
                                              Value = 0,
 CombinedAs = TrainingSamples.Select(t=>t.Classification).
 ToArray().ToDouble()
                                        }
                                 };
// 0 <= ai
          for (var i = 0; i<TrainingSamples.Count; i++)
          {
constraints.Add(new LinearConstraint(1)
                                   {
VariablesAtIndices = new[] { i },
ShouldBe = ConstraintType.GreaterThanOrEqualTo, Value = 0
                              });
                              )
            }

var solver = new GoldfarbIdnani(objective, constraints);

            if (solver.Maximize())
            {
var solution = solver.Solution;
UpdateWeightVector(solution);
UpdateBias();
            }
```

```
        else
Console.WriteLine("Error ...");
}
```

为了求解该优化问题，将利用约束-优化问题求解器 GoldfarbIdnani，该求解器和许多其他求解工具都可以在 Accord.NET 库中找到。在 GoldfarbIdnani 类的构造函数中存在指定目标函数和约束的多种不同方式。在本例中，选择将目标指定为一个 QuadracticObjectiveFunction 类，将约束集指定为 LinearConstraint 类的一个实例。QuadracticObjectiveFunction 代表目标函数，通过指定目标函数的黑塞(Hessian)矩阵和线性项的向量来声明。从代码清单 9-2 中可以看出，Training()方法首先将一组值存储到 Dictionary<Tuple <int, int>, double>中，其中第一项(Tuple <int *i*，int *j*>)代表变量 *i*、*j*，即系数在黑塞矩阵中的位置。

■ **提示：**

具有n个变量的函数f的黑塞矩阵$\boldsymbol{H}$是一个$n \times n$矩阵，其中包含f对于n个变量中的各个变量的二阶偏导数。当且仅当$\boldsymbol{H}$是正半定矩阵时，我们可以说f是“凸的”；即它的所有特征值都是正的。

目标函数关于变量 α_i 的黑塞矩阵具有以下形式：

$$-1 * \left[y_i y_j x_i x_j \right]_{mxm}$$

该矩阵是负半定的，这表明问题是“凹的”，而不是“凸的”。如果 $\boldsymbol{H}$ 是正半定的，则问题是凸的，这意味着能够收敛到局部最小值的任何优化器都将收敛到全局最小值，因为对于凸问题来说，两组最小值是一致的。而且，收敛过程可以在多项式时间内完成，并且可以利用问题的二次结构；因此，它的收敛速度实际上会很快。相反，如果矩阵 $\boldsymbol{H}$ 至少具有一个负特征值，则问题是非凸的。当矩阵 $\boldsymbol{H}$ 至少具有一个负特征值时，则认为该问题是一个 NP 困难问题。

利用 Accord.NET 对象和属性，在 Training()方法中可以很容易地定义线性约束集，这些对象和属性均能顾名思义；唯一可能引起一些疑惑的属性是 LinearConstraint 对象的 CombineAs 属性。CombineAs 属性允许我们指定 VariablesAtIndices 属性中声明的变量的伴随标量系数，在本例中为 $\alpha_i y_i$。

代码清单 9-3 中所示的 UpdateWeightVector()方法和 UpdateBias()方法，分别根据前面描述的公式更新权重向量和偏差。

代码清单 9-3　更新分类超平面权重和偏差的方法

```
private void UpdateWeightVector(double [] alphas)
        {
var len = TrainingSamples.First().Features.Length;

            for (var i = 0; i<len; i++)
            {
                for (var j = 0; j <TrainingSamples.Count; j++)
                    Weights[i] += TrainingSamples[j].
                    Classification*alphas[j]*
TrainingSamples[j].Features[i];
            }
```

```
    }

        private void UpdateBias()
        {
    var x = TrainingSamples.First().Features;
                Bias = 1;

                for (var i = 0; i<x.Length; i++)
                    Bias -= Weights[i] * x[i];
    }
```

在 Training()方法中使用的方法还有最后一个必须解释的：SetInitValue()方法，它属于一个扩展类，创建它是为了简化代码，并避免在代码中出现不必要的循环和思路，这些循环和思路不涉及实际使用它们的方法的核心功能。该扩展类及其方法如代码清单 9-4 所示。

代码清单 9-4　具有扩展方法的类

```
    public static class ArrayDoubleExtended
    {
        public static void SetInitValue(this double[,] q,
        Dictionary<Tuple<int, int>, double> coefficients,
        double epsilon = 0.000001)
        {
            for (var i = 0; i<q.GetLength(0); i++)
            {
                for (var j = 0; j <q.GetLength(1); j++)
                {
q[i, j] = coefficients[new Tuple<int, int>(i, j)];
                    if (i == j)
q[i, j] -= epsilon;
                }
            }
        }

        public static IEnumerable<int>GetIndicesFromValues(this
        double [] toCompare, params double [] values)
        {
var result = new List<int>();

                for (var i = 0; i<toCompare.Length; i++)
                    if (values.Contains(toCompare[i]))
result.Add(i);
            return result;
        }

        public static IEnumerable<double>RoundValues(this
        double [] list, int decimals)
        {
    var result = new double[list.Length];

        for (vari = 0; i<list.Length; i++)
            result[i] = Math.Round(list[i], decimals);

        return result;
        }
  }
```

SetInitValue()方法利用前面解释的系数字典的值填充黑塞矩阵的值。请注意，epsilon 值会稍微减小 ***H*** 矩阵主对角线中的每个值，这是必要的，因为函数不是凸的。因此我们需要稍微改变这些值，目标是将其变为正半定矩阵。稍后必须考虑这种“扭曲”操作所带来的数值误差。如果 ***H*** 矩阵不满足这个条件(即矩阵不是正半定的)，GoldfarbIdnani 求解器将无法求出解。

GetIndicesFromValues()方法保存两个数组中均包含的值的索引，RoundValues()按指定的小数位数舍入数组中的值。最后，Predict()方法如代码清单 9-5 所示。

代码清单 9-5　Predict()方法

```
public void Predict(IEnumerable<double[]>elems)
{
varroundWeights = Weights.RoundValues(2).ToArray();
varroundBias = new [] {Bias}.RoundValues(2).ToArray();
foreach (var e in elems)
            {
var @class = Math.Sign(e.Dot(roundWeights) + ModelToUse *
roundBias.First());
              if (@class >= 1)
SetA.Add(new Tuple<double, double>(e[0], e[1]));
              else if (@class <= -1)
SetB.Add(new Tuple<double, double>(e[0], e[1]));
              else
Hyperplane.Add(new Tuple<double, double>(e[0], e[1]));
            }
}
```

在 Predict()方法中，首先对权重值和偏差值进行舍入，然后对于每个元素或新数据点，通过使用已知的超平面方程($\boldsymbol{w}x + b$)得到它的分类值。如果它的分类值大于等于 1，则将其添加到 SetA 中；如果分类值小于等于-1，则将其添加到 SetB 中；否则它必然满足 $\boldsymbol{w}x + b = 0$，因此它属于分类超平面。

为了测试该超平面方程，并查看它分隔或分类数据点的效果如何，创建一个 Windows 窗体应用程序，它使用 OxyPlot 库绘制图形。可以通过 Nuget 的 Web 页面或使用 Visual Studio 附带的 Nuget Package Manager 工具获取 OxyPlot。该 Windows 窗体应用程序的 SvmGui 类如代码清单 9-6 所示。

代码清单 9-6　Windows 窗体应用程序的 SvmGui 类，利用它绘制所获得的结果

```
public partial class SvmGui : Form
    {
      private readonlyMainViewModel _plot;
      public SvmGui(double [] weights, double bias, int
      model, IEnumerable<Tuple<double, double>>setA,
      IEnumerable<Tuple<double, double>>setB,
      IEnumerable<Tuple<double, double>> hyperplane = null)
      {
InitializeComponent();

          _plot = new MainViewModel(weights, bias, model,
          setA, setB, hyperplane);
var view = new OxyPlot.WindowsForms.PlotView
                        {
```

```
                                    Width = Width,
                                    Height = Height,
                                    Parent = this,
BackColor = Color.WhiteSmoke,
                                    Model = _plot.Model
                                };
        }
}
```

可以看到，该类非常简单；只需要创建一个 PlotModel(绘图模型)，该工作由 MainViewModel 类以及一个显示该模型的 PlotView 完成。MainViewModel 类如代码清单 9-7 所示。

代码清单 9-7 MainViewModel 类，在其中创建绘图模型

```
public class MainViewModel
   {
      public PlotModel Model { get; set; }
      public MainViewModel(double[] weights, double
      bias, int model, IEnumerable<Tuple<double,
      double>>setA, IEnumerable<Tuple<double, double>>setB,
      IEnumerable<Tuple<double, double>> hyperplane = null)
      {
          Model = new PlotModel{ Title = "SVM by SMO" };
var scatterPointsA = setA.Select(e => new ScatterPoint(e.Item1,
e.Item2)).ToList();
var scatterPointsB = setB.Select(e => new ScatterPoint(e.Item1,
e.Item2)).ToList();
var h = new List<ScatterPoint>();

          if (hyperplane != null)
               h = hyperplane.Select(e => new ScatterPoint
               (e.Item1, e.Item2)).ToList(); ;

var scatterSeriesA = new ScatterSeries
                                     {
MarkerFill = OxyColor.FromRgb(255, 0, 0),
ItemsSource = scatterPointsA,
                                     };
var scatterSeriesB = new ScatterSeries
                                     {
MarkerFill = OxyColor.FromRgb(0, 0, 255),
ItemsSource = scatterPointsB
                                     };

var scatterSeriesH = new ScatterSeries
                                     {
MarkerFill = OxyColor.FromRgb(0, 255, 255),
ItemsSource = h
                                     };
Model.Series.Add(scatterSeriesA);
Model.Series.Add(scatterSeriesB);
Model.Series.Add(scatterSeriesH);
Model.Series.Add(GetFunction(weights, bias, model));
        }
```

```
            public FunctionSeriesGetFunction(double [] w, double b,
            int model)
            {
    const int n = 10;
    var series = new FunctionSeries();

                for (var x = 0.0; x < n; x += 0.01)
    {
    for (var y = 0.0; y < n; y += 0.01)
    {
                    //adding the points based x,y
    var funVal = GetValue(x, y, w, b, model);

                    if (Math.Abs(funVal) <= 0.001)
    series.Points.Add(new DataPoint(x, y));
                    }
                }
                return series;
            }

            public double GetValue(double x, double y, double [] w,
            double b, int model)
            {
                w = w.RoundValues(5).ToArray();
                b = new [] {b}.RoundValues(5).ToArray().First();
                return w[0] * x + w[1] * y + model * b;
            }
    }
```

该类的构造函数接收所有必要的值(权重、偏差等)，并创建不同的散点序列(scatter-point series)：一个用于满足 $\boldsymbol{w}\mathrm{x}+\mathrm{b} \geqslant 1$ 的点，另一个用于满足 $\boldsymbol{w}\mathrm{x}+\mathrm{b} \leqslant -1$ 的点，最后一个用于位于超平面中的点，即满足 $\boldsymbol{w}\mathrm{x}+\mathrm{b}=0$ 的点。另外，GetFunction()方法绘制对应于超平面的线。注意，在本例中，需要考虑因为在 $\boldsymbol{H}$ 矩阵的主对角线值中添加 epsilon 值引入的数值误差；因此，将那些分类值小于等于 0.001 的点近似视为超平面点。GetValue()方法使用 RoundValues()扩展方法获得传入数据的类。

可以从控制台应用程序运行该代码，如代码清单 9-8 所示。

代码清单 9-8　控制台应用程序，利用它创建和执行 SVM

```
var trainingSamples = new List<TrainingSample>
                                            {
                                                new TrainingSample(new
                                                double[] {1, 1}, 1),
                                                new TrainingSample(new
                                                double[] {1, 0}, 1),
                                                new TrainingSample(new
                                                double[] {2, 2}, -1),
                                                new TrainingSample(new
                                                double[] {2, 3}, -1),
                                            };

var svmClassifier = new LinearSvmClassifier(trainingSamples);
svmClassifier.Training();
```

```
svmClassifier.Predict(new List<double[]>
                                        {
                                            new double[] {1, 1},
                                            new double[] {1, 0},
                                            new double[] {2, 2},
                                            new double[] {2, 3},
                                            new double[] {2, 0},
                                            new [] {2.5, 1.5},
                                            new [] {0.5, 1.5},
                                        });

Application.EnableVisualStyles();
Application.SetCompatibleTextRenderingDefault(false);
Application.Run(new SvmGui(svmClassifier.Weights,
svmClassifier.Bias, svmClassifier.ModelToUse, svmClassifier.
SetA, svmClassifier.SetB, svmClassifier.Hyperplane));
```

执行上述代码后，得到的结果如图 9-6 所示。

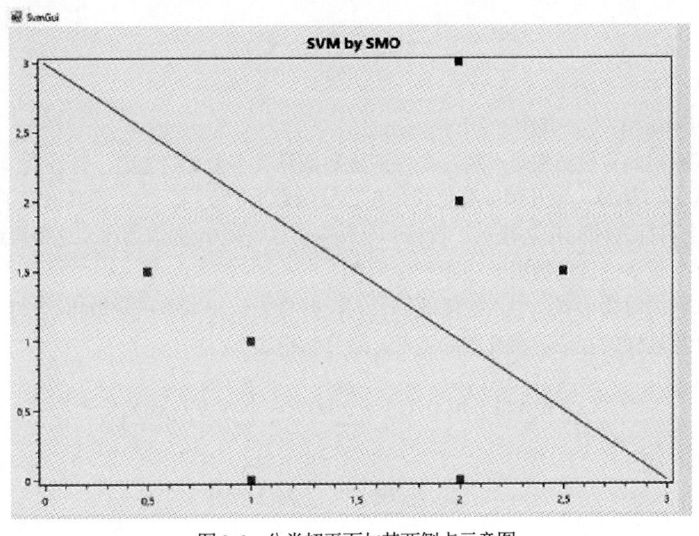

图 9-6　分类超平面与其两侧点示意图

前文中，假设训练数据集是线性可分的，但如果不是这样，或者如果两个类之间没有完美的分隔边界，那么如何处理呢？这些问题将成为以下各节的主题，我们将研究 SVM 的非线性可分情形和不完全可分(imperfect separation)情形。

9.3　不完全可分情形

在某些情况下，按照前文中研究的做法去寻找最优分类超平面，并不是最恰当的选择。例如，图 9-7 说明了孤立点对确定最优分类超平面的影响。右图中左上角的单个红点使得超平面显著旋转，改变了它的方向，导致边距比左图上的小得多。

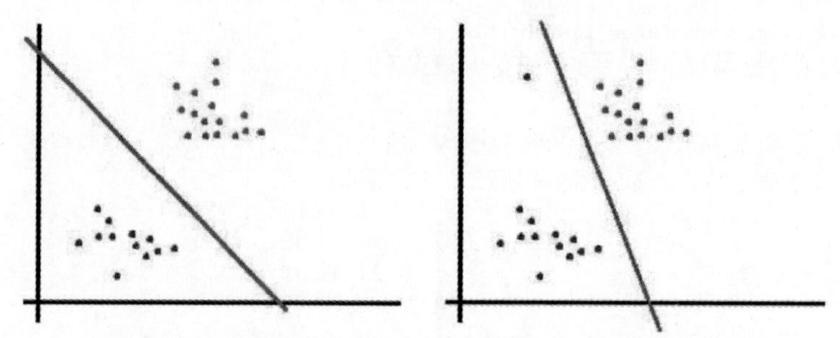

图 9-7　左右两图对比显示了孤立点对最优分类超平面造成的影响

为了使算法对孤立点敏感，并接受一些错误分类以获得更大好处(找到具有足够大边距的超平面)，我们将改变原始问题公式，并引入一组松弛变量(slack variable)和一个常量 C，它们将控制错误分类的处理方式。

原始问题的新公式如下：

$$\min_{\boldsymbol{w},b}\frac{\|\boldsymbol{w}\|^2}{2}+C\sum_{i=1}^{m}\xi_i$$

且：$y_i(\boldsymbol{w}x_i+b)\geqslant 1-\xi$，其中 $\xi\geqslant 0$ i=1…m

这一公式重组的直接结果是，现在允许训练数据具有小于 1 的边距，并且当一个训练数据的边距为 $1-\xi_i(\xi>0)$时，该开销或称惩罚是在目标函数上“支付”的，使其增加了 $C^*\xi_i$。参数 C 控制两个目标之间的相对权重，目标一是使$\|\boldsymbol{w}\|^2$尽可能小(如前所述，这使得边距变大)，目标二是确保尽量多的训练数据的边距至少为 1。

为了再次获得对偶形式，引入拉格朗日公式，并将关于 $\boldsymbol{w}$ 和 b 的导数再次设置为 **0**。这里跳过对完整计算过程的介绍，将其留给读者。最终结果如下：

$$\max_{\alpha}L(\boldsymbol{w},b,\alpha)=\sum_{i=1}^{m}\alpha_i-\frac{1}{2}\sum_{i,j=1}^{m}y_iy_j\alpha_i\alpha_jx_ix_j$$

$$\text{s.t}\quad \sum_{i=1}^{m}\alpha_iy_i=0$$

$$0\leqslant\alpha_i\leqslant C\ \ i=1\ldots m$$

可见，重新构造的问题对偶形式与前面的基本相同，唯一的区别在于，前面的 $\alpha_i\geqslant 0$ 约束，现在变成箱型约束 $0\leqslant\alpha_i\leqslant C$。b 的计算也发生了变化。当介绍 SMO 算法时，很快会看到这一点。

■ 提示：

重新构造的问题称为“软”边距SVM，与之前描述的“硬”边距SVM相对应。对于软边距SVM，允许训练数据位于边距内，或者说允许被错误分类，并且希望最小化由松弛变量之和度量的总误差。

9.4 非线性可分情形：核心技巧

前文中，均假设训练数据集是线性可分的，但是当训练数据集和所学习的函数都不具有线性结构时会发生什么？此情形如图 9-8 所示。

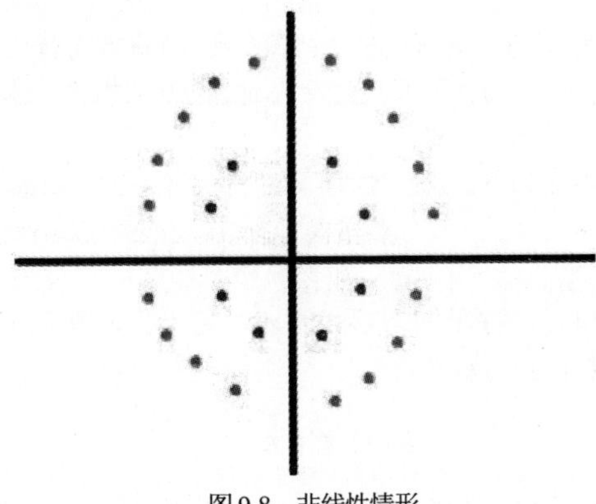

图 9-8 非线性情形

读者可以验证，不存在使用超平面划分该图中两个类(红点和蓝点)的方法。这种情形下的解决方案是什么？SVM 解决方案是将训练数据映射或转换到更高维度、条件更丰富的空间中；在更高维度的空间中找到一个分类超平面，然后将结果转换回原始空间中。映射是通过从原始空间(前一个示例中的 R2)到更高维度空间(R3)的特征映射函数完成的，从而增加了数据的维数(如图 9-9 所示)。

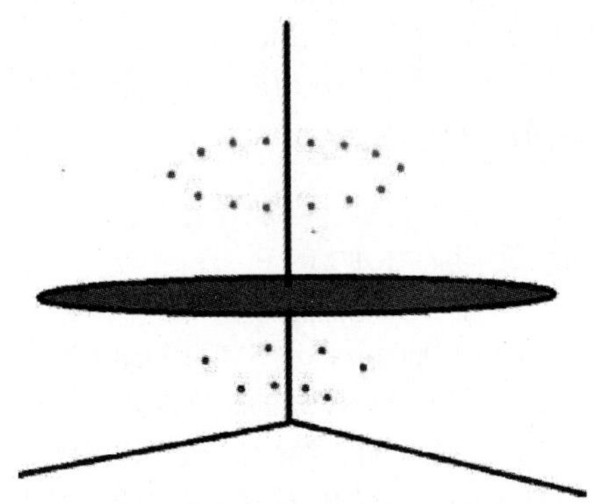

图 9-9 从 2D 空间映射到 3D 空间的数据

例如，多项式特征映射将按如下方式转换数据：

$$(x, y) \to \left(x^2, \sqrt{2} * xy, y^2\right)$$

决策函数现在将改变其公式，以适应新的数据维度，如下所示：

$$f(x) = \boldsymbol{w} \cdot \varphi(x) + b$$

这种方法的一个问题是 φ(x)的维数在某些情况下会变得非常大，这会使要求解的二次问题

和 $\boldsymbol{w}$ 的显式表示复杂化。幸运的是，对于我们来说，在前面几节中，我们只用 α_i 来表示问题的对偶形式，并且将其作为表示 $\boldsymbol{w}$ 的替代方法。因此，新的决策方程或分类超平面方程可以表述如下：

$$f(x)=\sum_{i=1}^{m}\alpha_i\varphi(x_i)\cdot x+b$$

在这种情况下，称 $K(x_i, x)=\varphi(x_i)\cdot\varphi(x)$为一个核函数，该函数将替代公式中可能含有的任何内积。使用核函数时的要点是，与计算或甚至表示 $\varphi(x)$的开销相比，计算核函数值的开销能够显著降低，计算核函数并不意味着计算 $\varphi(x)$。

例如，多项式核函数遵循如下公式：

$$K(x,x')=(x\cdot x'+1)^d$$

读者可以验证，计算此核函数将比计算显式的 $\varphi(x_i)\cdot\varphi(x)$高效得多，特别是对于高维度情形。另一个相关核函数是高斯核函数，定义为

$$K(x',x)=e^{-\|x-x'\|^2/2\sigma^2}$$

其中 $\sigma>0$，其值由用户选择。直观上看，如果 $\varphi(x)$和 $\varphi(x')$越接近，可以预期 $K(x', x)=\varphi(x')\cdot\varphi(x)$越大。另一方面，如果 $\varphi(x)$和 $\varphi(x')$相距很远(彼此几乎正交)，则 $K(x', x)=\varphi(x')\cdot\varphi(x)$将很小。因此，可以将 $K(x', x)$视为 $\varphi(x')$和 $\varphi(x)$的相似性度量，或 x'和 x 的相似性度量。

核函数的应用并不局限于 SVM 领域。相反，它在人工智能领域有更广泛的应用。任何计算内积的学习算法都可以将内积替换为核函数，从而以更高效的方式处理更高维度的特征空间。

■ **提示：**

并非每个函数都可以视为核函数。已经证明(Mercer定理)，将函数视为核函数的充分必要条件是其核矩阵$\boldsymbol{K}$是对称正半定的。与m个向量组成的训练数据集相关联的核矩阵是方形的$m\times m$矩阵，其包含每一种可能的组合值$\boldsymbol{K}_{ij}=\boldsymbol{K}(x_i,x_j)$。

9.5 序列最小优化算法(SMO)

序列最小优化(Sequential Minimal Optimization，SMO)算法由微软研究院的John Platt于1998年提出，那时提出它的目的是引入一种训练 SVM 的高效方法。因此，SMO 避免使用二次规划(Quadratic Programming，QP)库，并通过分析求解大量较小的优化子问题来解决优化问题，这些子问题涉及先前使用一个启发式方法选择的任意两个拉格朗日乘数。

有两个数学结论或定理是理解 SMO 功能的基础。首先，作为广义拉格朗日乘数的Karush-Kuhn-Tucker(KKT)条件，为确定优化问题的解是否为最优提供了充分必要条件。其次，Osuna 定理证明了一个大的 QP 问题可以分解为一系列较小的 QP 子问题。只要在每个步骤中都将至少一个违反 KKT 条件的示例添加到前述子问题的示例集中，每一步就都能通过依据约束条件，针对违反 KKT 条件的变量修改对应的另一个变量，简化总体目标函数，并维持一个满足所有约束的可行点。因此，如果向一系列 QP 子问题中的每一个添加至少一个违反 KKT 条件的“违规者”，就能够保证问题整体的收敛。Osuna 定理验证了 SMO 在优化主 QP 问题的 QP 子问题时仅选择两个乘数的策略。总的来说，SMO 高度依赖上述两个结论证明其可行性。

检查 KKT 条件意味着求解一个方程组，其中目标函数的梯度加上所有约束和拉格朗日乘数等于零。在求解该方程组后(该任务作为练习留给读者)，可得认定 α_i 为一个最优解的条件，如下：

$$\alpha_i=0 \leftrightarrow y_i u_i \geqslant 1$$
$$0<\alpha_i<C \leftrightarrow y_i u_i=1$$
$$\alpha_i=C \leftrightarrow y_i u_i \leqslant 1$$

在上述条件中，u_i 是 SVM 为第 i 个训练数据给出的输出或分类。表 9-1 列出了这些条件的几何解释。

表 9-1 拉格朗日乘数值与 KKT 条件的几何解释

值	解释
$\alpha_i=0$	第 i 个训练数据分类正确，可能位于边距分界上
$0<\alpha_i<C$	第 i 个训练数据分类正确并位于边距分界(支持向量)上
$\alpha_i=C$	在该情形中，可能出现三种情况：第 i 个训练数据分类正确并位于边距分界上；第 i 个训练数据分类正确并位于分类超平面和边距分界之间；第 i 个数据训练分类不正确，因为它可能是一个孤立点

在所有 α_i 满足上述条件的程度达到某个预定义的容差(通常为 10^{-3})后，SMO 算法将终止。

■ 提示：

在Platt的原始论文中，他假设分类超平面的公式为 $wx-b$，而不是 $wx+b$。而且，不是最大化本章所述的对偶问题的目标函数 $f(x)$，而是最小化 $-f(x)$；可知它们是等价的，因为 $\min f(x)=\max -f(x)$。

如前所述，该算法一次优化两个 α_i。首先，根据 Osuna 定理，必须查找一个违反 KKT 条件的 α_i，将该 α_i 称为 α_2。然后，使用启发式方法发现另一个 α_i——称其为 α_1。第一个乘数(α_2)通常取自未限定的乘数(那些满足 $0<\alpha_i<C$ 的乘数)集合。

选择了 α_2 之后，则选择第二乘数 α_1 以最大化 $|E_1-E_2|$，其中 $E_i=f(x_i)-y_i$ 是 SVM 在正确分类第 i 个训练数据时产生的误差。这是前文提到的启发式方法，预期该方法可以加速学习进程。如果找不到这样的 α_1，则随机选择一个未限定的训练数据点。如果这样做也失败了，则随机选择任意一个训练数据点，如果仍然失败，则重新选择 α_2。

选择了 α_1 和 α_2 之后，算法的剩余工作是更新这些值。为了开展更新任务，必须保证每一个 α_i 都遵守问题的约束条件，即 $0<\alpha_i<C$ 且 $\sum_{i=1}^{m}\alpha_i y_i=0$。由于 Osuna 定理允许我们只关注由 α_1 和 α_2 组成的 QP 子问题，因此必须每次均保证这两个拉格朗日乘数都满足以下约束：

$$0<\alpha_1, \alpha_2<C$$
$$\alpha_1 y_1+\alpha_2 y_2=k$$

α_1 和 α_2 必须满足的约束可以在二维空间中以图形方式表示，如图 9-10 所示。

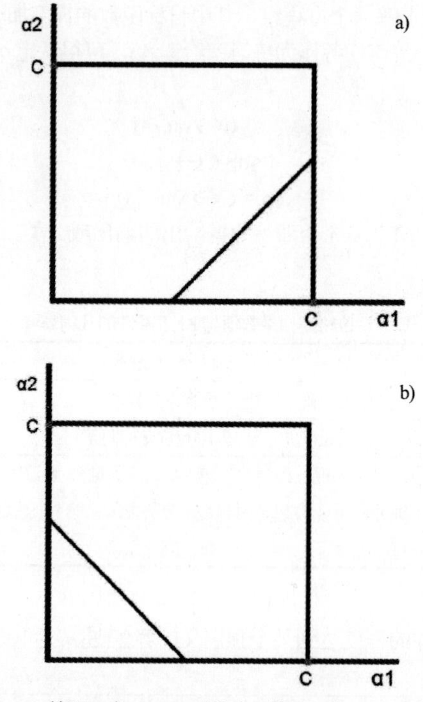

图 9-10 情况 a)当 y1≠y2 时发生；情况 b)当 y1=y2 时发生

为了维持 α_1 和 α_2 在约束框中并遵守线性约束，必须确定低限定值(L)和高限定值(H)。如果 y1≠y2，则可以证明以下限定值适用于 α_2：

$$L=\max\left(0,\alpha_2-\alpha_1\right)$$
$$H=\min\left(C,C+\alpha_2-\alpha_1\right)$$

如果 y1=y2，则该线改变方向；因此

$$L=\max\left(0,\alpha_2+\alpha_1-C\right)$$
$$H=\min\left(C,\alpha_2+\alpha_1\right)$$

这样，更新后的 α_2——称其为 α_2^{new}，下文很快会介绍如何计算它——在计算之后，必须依据这些限定值进行剪裁，剪裁后的值如下：

$$\alpha_2^{new.clipped}=\begin{cases}H & \text{if } \alpha_2^{new}\geqslant H\\ \alpha_2^{new} & \text{if } L<\alpha_2^{new}<C\\ L & \text{if } \alpha_2^{new}\leqslant L\end{cases}$$

在获得最终的经剪裁的 α_2^{new} 值后，即可很容易地使用线性约束方程求得 α_1^{new}，如下公式所示。在 α_1^{new} 公式中，$s=y_1y_2$ 是一个引入值，引入其的唯一目的是从以下线性约束方程中清除 α_1^{new}：

$$\alpha_1^{new}=\alpha_1+s\left(\alpha_2-\alpha_2^{new,\,clipped}\right)$$

到目前为止，已经介绍了关于 SMO 算法的几乎所有方面。尽管如此，还缺少一个非常重要的组成部分——α_2的学习规则或更新规则。回忆一下，希望优化的目标函数如下：

$$\min_{\alpha} L(w,b,\alpha)=\frac{1}{2}\sum_{i,\ j=1}^{m} y_i y_j \alpha_i \alpha_j K(x_i)K(x_j)-\sum_{i=1}^{m}\alpha_i$$

$$\text{s.t} \quad \sum_{i=1}^{m}\alpha_i y_i = 0$$

$$0 \leqslant \alpha_i \leqslant C \ i=1,\ldots m$$

请注意，这与之前定义的问题相同，但在公式中包含了核函数 K，并将目标从 $\max f(x)$更改为 $\min -f(x)$。这恰是 Platt 论文中求解的公式。

α_2 更新规则的表达式是基于目标函数推导出的，方式是利用 α_1 和 α_2 重写它，然后(使用线性约束方程)仅依据 α_2 修订所有其他 α_i，并通过计算关于 α_2 的二阶导数来找到这个重写后的目标函数的最小值。利用 α_1 和 α_2 重写目标函数，并将所有其他 α_i 修订为常数，将产生以下结果：

$$\frac{1}{2}K_{11}\alpha_1^2+\frac{1}{2}K_{22}\alpha_2^2+sK_{12}\alpha_1\alpha_2+v_1y_1\alpha_1+v_2y_2\alpha_2-\alpha_1-\alpha_2+P$$

其中 K_{ij}=$K(x_i,x_j)$，$v_i=\sum_{j=3}^{m}y_j\alpha_j K_{ij}$，$v_1y_1\alpha_1$ 是将 α_1 与所有其他变量联系起来的项，同理 $v_2y_2\alpha_2$ 是将 α_2 与所有其他变量联系起来的项。P 是一个常量，表示与所有其他 α_i 相关的项。按以下形式使用线性约束方程

$$\alpha_1+s\alpha_2=\boldsymbol{w}$$

$$s=y_1y_2$$

使得我们能够从重写的公式中清除α_1，仅以α_2来表示它。

$$\begin{aligned}\frac{1}{2}K_{11}(\boldsymbol{w}-s\alpha_2)^2+\frac{1}{2}K_{22}\alpha_2^2+sK_{12}(\boldsymbol{w}-s\alpha_2)\alpha_2\\+v_1y_1(\boldsymbol{w}-s\alpha_2)+v_2y_2\alpha_2\\-(\boldsymbol{w}-s\alpha_2)-\alpha_2+P\end{aligned}$$

为了找到上述公式最小值的表达式，求取其关于 α_2 的二阶导数，如下所示：

$$(K_{11}+K_{22}-2K_{12})\alpha_2=s(K_{11}-K_{12})\boldsymbol{w}+y_2(v_1-v_2)+1-s$$

上式中考虑到

$$v_i=\sum_{j=3}^{m}y_j\alpha_j K_{ij}=u_i+b^*-y_1\alpha_1^*K_{1i}-y_2\alpha_2^*K_{2i}$$

在上一个方程中，所有具有下标的变量均标识其对应的最优值。

通过在二阶导数公式中替换 v_i 和 $\boldsymbol{w}$ 并重新调整其中的项，最终获得 α_2 的更新规则：

$$\alpha_2^{new}=\alpha_2+\frac{y_2(E_1-E_2)}{K_{11}+K_{22}-2K_{12}}$$

其中 $E_i=u_i-y_i$ 和 $K_{11}+K_{22}-2K_{12}$ 被称为 SVM 的学习率(learning rate)。

实现 SMO 算法之前的最后一个步骤是计算偏差。我们已经知道如何计算 $\boldsymbol{w}$，但如何计算偏差 b 呢？偏差将按如下方式计算：

$$b_1 = E_1 + y_1\left(\alpha_1^{new} - \alpha_1\right)K_{11} + y_2\left(\alpha_2^{new,\,clipped} - \alpha_2\right)K_{12} + b$$

$$b_2 = E_2 + y_1\left(\alpha_1^{new} - \alpha_1\right)K_{12} + y_2\left(\alpha_2^{new,\,clipped} - \alpha_2\right)K_{22} + b$$

计算这两个值的平均值，因此最终的偏差算法如下：

$$b = \left(b_1 + b_2\right)/2$$

如果没有剪裁 α_i，则可保证 $b = b_1 = b_2$。在 SMO 算法的每个步骤结束时计算 b 的新值。在详细描述了每个理论部分之后，接下来介绍如何利用 C#实现该算法。

9.6 实际问题：SMO 实现

将在本节中描述的 C#算法严格遵循 1998 年发表的 Platt 原始论文中所见的伪代码。首先，算法的切入点是如代码清单 9-9 所示的 TrainingBySmo()方法，这是选择第一个 α_i 的地方。代码清单 9-9 中还展示了一个对 LinearSvmClassifier 类所做的必要的小改进，前面章节中介绍过这个类，SMO 算法将被嵌入到该类中。此改进包括将常量值 C、Epsilon 和 Tolerance 添加为类的属性或域，此外，最终还将添加与 SMO 相关的各个方法。

代码清单 9-9　SMO 算法的起点，其中搜索了第一个拉格朗日乘数

```
public class LinearSvmClassifier
{
        private const double C = 0.5;
        private const double Epsilon = 0.001;
        private const double Tolerance = 0.001;
        ...
}

        public void TrainingBySmo()
        {
var numChanged = 0;
var examAll = true;
ModelToUse = -1;

        while (numChanged> 0 || examAll)
        {
numChanged = 0;
        if (examAll)
        {
            for (var i = 0; i<TrainingSamples.Count; i++)
numChanged += ExamineExample(i) ?1 : 0;
        }
        else
        {
var subset = _alphas.GetIndicesFromValues(0, C);
foreach (var i in subset)
numChanged += ExamineExample(i) ?1 : 0;
        }
        if (examAll)
examAll = false;
        else if (numChanged == 0)
```

```
examAll = true;
        }
    }
```

TrainingBySmo()方法声明了两个变量：numChanged 和 examAll，它们有助于找到两个拉格朗日乘数。第一个是整型变量，表示未限定的拉格朗日乘数数目，用于第一个选定拉格朗日乘数 α_2 的优化。如果找不到未限定的乘数，则 examAll 赋值为 True，这意味着必须在下一次循环执行中检查所有的训练数据。

代码清单 9-10 中所示的 ExamineExample()方法首先检查给定乘数(α_2)是否违反 KKT 条件(超过预定义的容差值)。如果违反了，则查找第二个拉格朗日乘数，并通过调用 TakeStep()方法联合优化它们。

代码清单 9-10　ExamineExample()方法，该方法查找第二个拉格朗日乘数并通过调用 TakeStep()方法联合优化它们

```
        private bool ExamineExample(int i1)
        {
var yi = TrainingSamples[i1].Classification;
var ai = _alphas[i1];
var errorI = LFunctionValue(i1) - yi;

var ri = yi * errorI;

            if ((ri< -Tolerance &&ai< C) ||
            (ri> Tolerance &&ai> 0))
            {
                for (var i2 = 0; i2 <TrainingSamples.Count; i2++)
                    if (TakeStep(i1, i2))
                      return true;
            }

            return false;
        }
```

TakeStep()方法(代码清单 9-11)接收两个选定的拉格朗日乘数的索引作为参数。

代码清单 9-11　TakeStep()方法，该方法联合优化两个拉格朗日乘数

```
        private bool TakeStep(inti, int j)
        {
            if (i == j)
                return false;
var yi = TrainingSamples[i].Classification;
var yj = TrainingSamples[j].Classification;

            // Checking bounds on aj
var s = yi*yj;
var errorI = LFunctionValue(i) - yi;

            // Computing L, H
var l = Math.Max(0, _alphas[j] + _alphas[i] * s - (s + 1) / 2 * C);
var h = Math.Min(C, _alphas[j] + _alphas[i] * s - (s - 1) / 2 * C);
```

```
            if (l == h)
               return false;

            double newAj;

            // Obtaining new value for aj
    var k12 = Kernel.Polynomial(2, TrainingSamples[i].Features,
    TrainingSamples[j].Features);
    var k11 = Kernel.Polynomial(2, TrainingSamples[i].Features,
    TrainingSamples[i].Features);
    var k22 = Kernel.Polynomial(2, TrainingSamples[j].Features,
    TrainingSamples[j].Features);
    var eta = 2*k12 - k11 - k22;
    var errorJ = LFunctionValue(j) - yj;

            if (eta < 0)
            {
    newAj = _alphas[j] - TrainingSamples[j].
    Classification*(errorI - errorJ)/eta;
                  if (newAj< l)
    newAj = l;
                  else if (newAj> h)
    newAj = h;
    }
    else
              {
    var c1 = eta/2;
    var c2 = yj * (errorI - errorJ) - eta * _alphas[j];
    var lObj = c1*Math.Pow(l, 2) + c2*l;
    var hObj = c1*Math.Pow(h, 2) + c2*h;

    if (lObj>hObj + Epsilon)
    newAj = l;
                 else if (lObj<hObj - Epsilon)
    newAj = h;
                 else
    newAj = _alphas[j];
              }

              if (Math.Abs(newAj - _alphas[j]) < Epsilon *
              (newAj + _alphas[j] + Epsilon))
                 return false;

    var newAi = _alphas[i] - s * (newAj - _alphas[j]);
              if (newAi< 0)
              {
    newAj += s*newAi;
    newAi = 0;
              }
              else if (newAi> C)
              {
    newAj += s * (newAi - C);
    newAi = C;
              }
              // Updating bias & weight vector
```

```
UpdateBias(newAi, _alphas[i], newAj, _alphas[j], yi, yj,
errorI, errorJ, k11, k12, k22);
UpdateWeightVector(i, j, newAi, _alphas[i], newAj, _alphas[j],
yi, yj);

            _alphas[i] = newAi;
            _alphas[j] = newAj;

            return true;
        }
```

如果 TakeStep()方法在两个拉格朗日乘数上都实现了优化，则返回 True；否则，返回 False。LFunctionValue()方法和 Kernel.Polynomial()方法如代码清单 9-12 所示。第一个方法计算目标函数的值，第二个方法是代表多项式核函数的 Kernel 类的静态方法。该 Kernel 类旨在包含所有核函数，因为内积应该是一个核函数，所以它也被添加到该类中。

代码清单 9-12　用于计算目标函数值的 LFunctionValue()方法和 Kernel 类

```
private double LFunctionValue(inti)
{
var result = 0.0;

for (int k = 0; k <TrainingSamples[i].Features.Length; k++)
result += Weights[k] * TrainingSamples[i].Features[k];

            result -= Bias;
            return result;
}
public class Kernel
{
        public static double Polynomial(double degree,
        double [] v1, double [] v2)
        {
           return Math.Pow(InnerProduct(v1, v2) + 1, degree);
        }
        private static double InnerProduct(double [] v1,
        double [] v2)
        {
var result = 0.0;
            for (var i = 0; i< v1.Length; i++)
               result += v1[i]*v2[i];

            return result;
        }
}
```

最后，介绍一下负责更新 SVM 的偏差和权重向量的方法(见代码清单 9-13)。

代码清单 9-13　更新偏差的 UpdateBias()方法和更新权重向量的 UpdateWeightVector()方法

```
private void UpdateBias(double newAi, double oldAi, double newAj,
        double oldAj, double yi, double yj, double errorI,
        double errorJ,
        double k11, double k12, double k22)
```

```
        {
            double b1, b2, bNew;

            if (newAi> 0 &&newAi< C)
bNew = Bias + errorI + yi*(newAi - oldAi)*k11 + yj*(newAj -
oldAj)*k12;
        else
        {
            if (newAj> 0 &&newAj< C)
bNew = Bias + errorJ + yi * (newAi - oldAi) * k12 + yj *
(newAj - oldAj) * k22;
            else
            {
                b1 = Bias + errorI + yi * (newAi - oldAi) *
                k11 + yj * (newAj - oldAj) * k12;
                b2 = Bias + errorJ + yi * (newAi - oldAi) *
                k12 + yj * (newAj - oldAj) * k22;
bNew = (b1 + b2)/2;
            }
        }
        Bias = bNew;
    }

private void UpdateWeightVector(inti, int j, double newAi,
double oldAi,
    double newAj, double oldAj, double yi, double yj)
    {
var t1 = yi * (newAi - oldAi);
var t2 = yj * (newAj - oldAj);
varobjI = TrainingSamples[i].Features;
varobjJ = TrainingSamples[j].Features;

        for (var k = 0; k <objI.Length; k++)
            Weights[k] += t1 * objI[k] + t2 * objJ[k];
    }
```

现在已经实现了整个 SMO 算法，接下来使用与之前相同的图形工具(Windows 窗体应用程序，如图 9-11 所示)查看该算法获得的结果或分类超平面。

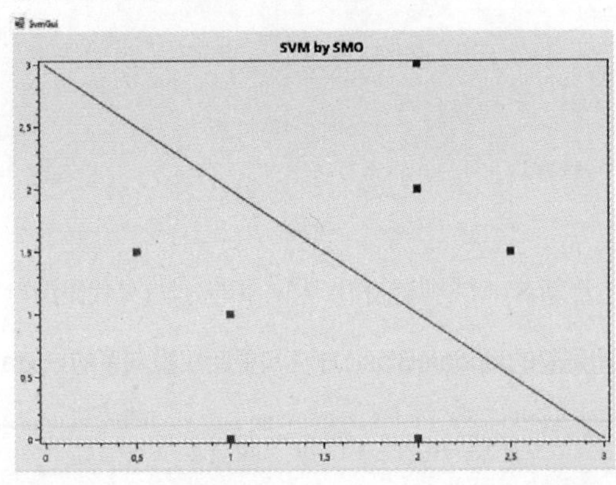

图 9-11　我们实现的 SMO 算法获得的分类超平面

在本章中，一直萦绕在读者脑海里的最后一个问题肯定是：如何将 SVM 用于二元以上的分类？如何利用 *n* 个类分类或标记新传入的数据？该问题称为多类 SVM，在本书中将不会详细讨论，因为其方法最终还是使用二元 SVM 分类器，在此只是对它们做一个概述。

对于多类 SVM 分类，存在很多方法。两个经典的但并非 SVM 专有的选项如下所示。

- One-vs-All(一对所有)分类(OVA)：假设存在 A、B、C 和 D 类。我们不是进行“四路”分类，而是训练四种不同的二元分类器：A 对非(A)、B 对非(B)、C 对非(C)和 D 对非(D)，得到四个超平面。然后，对于任何新输入数据，选择在计算 wx + b 时给出最大值的超平面作为分类依据，并按其分类。
- All vs All(所有对所有)：训练所有可能的分类对。按某个因素(例如，选中的次数)对分类进行排序，并选择最优的。

多类 SVM 仍然是一个正在持续研究中的问题，且提出的大多数方法通常通过组合若干二元分类器来构造。有些方法也会同时考虑所有类。由于解决多类问题的计算成本更高，因此人们没有正式地使用大规模问题比较过这些方法。特别是对于一步解决多类 SVM 的方法，需要解决大得多的优化问题，因此到目前为止，实验仅限于小数据集。

关于 SVM 的章节到此结束，而改进本章提出的 SVM 的 C#程序、并将其用作实验工具或根据需要进行定制的工作，在此就留给读者完成。

9.7 本章小结

在本章中，将支持向量机(SVM)这个非常有趣的主题描述为面向解决特定的机器学习问题——分类问题——的优化工具。本章主要关注二元分类，尽管在最后几段简要提到了一些多分类方法。本章展示了如何使用 Accord .NET 库直接求解 SVM 的对偶优化问题，并且还阐释并实现了序列最小优化(SMO)算法。本章在 Windows 窗体中开发了一个使用 OxyPlot 的图形应用程序，可以显示问题的超平面和数据点。

第10章

决　策　树

数据挖掘是从海量数据集中发掘和提取有意义、有用信息(模式)的过程。许多数据挖掘技术是从人工智能(尤其是机器学习及其子领域监督学习)中继承而来的，分类技术就是这些技术之一。

分类是数据挖掘中的常见任务，它解决了大量实际问题，例如欺诈和垃圾邮件检测、信用评分、破产预测、医疗诊断、模式识别、多媒体分类等。它被公认为是企业基于决策模型开发有效知识以获得竞争优势的有力途径。第9章中研究了本书的第一个分类器——支持向量机。在本章中，将介绍一种流行的分类器：决策树，它提供了一种非常直观的对项目集进行分类的方法。

在本章中，将介绍决策树(Decision Tree, DT)，并描述它们的目的以及实现它们所述目的的方法。本章将介绍两种最常用的生成决策树的算法，即ID3(Interactive Dichotomizer 3，交互式二分法3)和C4.5，后者是前者的扩展，且包含多项重大改进。ID3和C4.5都是J. Ross Quinlan提出的。

此外，正如本书前面所做的那样，本章将使用微软自动图布局工具在Windows窗体中开发一个图形应用程序，以图形化方式呈现执行算法后获得的决策树。

提示：

微软自动图布局(Microsoft Automatic Graph Layout，MSAGL)是一种用于图布局和查看的.NET工具。它是由微软的Lev Nachmanson、Sergey Pupyrev、Tim Dwyer和Ted Hart开发的。使用MSAGL，可以构建树和图，可以标记边和节点，甚至可以定义边的方向。最重要的是，它提供了许多其他实用功能，读者可自行查看。

10.1 决策树是什么

决策树(DT)是决策过程的图形表示，其具有高表达性并且易于人类理解。与支持向量机一样，决策树使用超平面将决策空间划分为不同的类(如图10-1所示)。

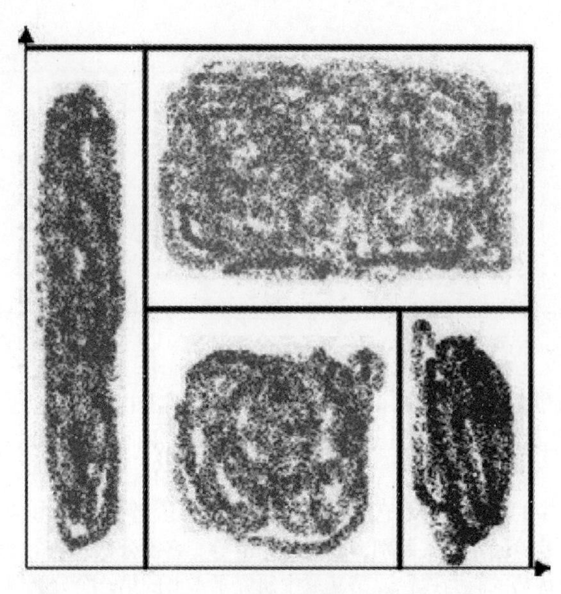

图 10-1　使用决策树创建的划分

作为一棵树，决策树由根节点、多个内部节点和叶子节点组成，叶子节点最终确定新输入数据的分类。由于决策树是由监督学习算法获得的数据结构，因此这些算法接收一组训练数据集作为输入，并输出一个用于分类新输入数据的函数(决策树可视为多变量函数)。

与支持向量机或神经网络等其他算法不同，决策树考虑并使用训练数据集中的属性名称集，因为决策树稍后使用它们来构造树。决策树中的每个节点都标有一些属性名称，离开该节点的边标有相应的属性值(前提是属性值是离散的且可分类的)，叶子节点标有目标属性值。因此，属性集可以分为非目标(non-goal)和目标(goal)，其中|goal| = 1。表 10-1 展示了几个属性及它们的对应值。

表 10-1　属性和它们的值

属性	类型	值
Outlook(天气)	non-goal(非目标)	sunny(晴朗), rainy(有雨), cloudy(多云)
Temperature(温度)	non-goal(非目标)	warm(温暖), cold(寒冷), temperate(适中)
Humidity(湿度)	non-goal(非目标)	high(高), normal(普通)
Wind(风力)	non-goal(非目标)	strong(强), weak(弱)
Play Baseball(是否可玩棒球)	Goal(目标)	是，否

训练数据集的示例如表 10-2 所示。

表 10-2 训练数据集

天气	温度	湿度	风力	是否可玩棒球
晴朗	温暖	高	弱	否
晴朗	温暖	高	强	否
多云	温暖	高	弱	是
有雨	适中	高	弱	是
有雨	寒冷	普通	弱	是
有雨	寒冷	普通	强	否
多云	寒冷	普通	强	是
晴朗	适中	高	弱	否
晴朗	寒冷	普通	弱	是
有雨	适中	普通	弱	是
晴朗	适中	普通	强	是
多云	适中	高	强	是
多云	温暖	普通	弱	是
有雨	适中	高	强	否

应用一种学习方法，如 ID3，使用表 10-2 中给出的训练数据集进行训练，可以得到形式如下的决策树(如图 10-2 所示)。

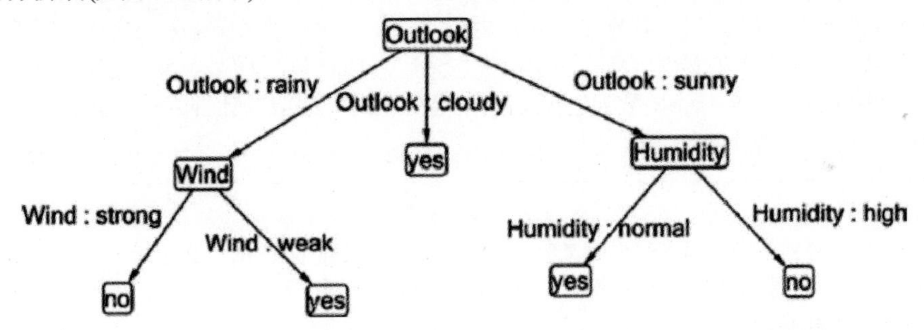

图 10-2 利用表 10-2 中的训练数据集生成的决策树(其图形使用 MSAGL 创建)

获得了决策树后，需要解决的问题是如何对新传入数据进行分类。为了对新数据进行分类，只需要遍历树，并将数据向量中的每个属性与输入数据向量中的对应值进行匹配。例如，假设 X 是一个新的传入数据，并且

X = (cloudy, warm, normal, strong)

然后，为寻找 X 的分类，从根节点(Outlook)开始遍历树。因为 X 中的 Outlook 等于 cloudy，所以沿着这条边向下走，最终到达叶子节点 Yes，这意味着在 X 的条件或值下 Play Baseball = Yes(决策为应当玩棒球)。

现在我们了解了决策树的目的(分类)，知道了它们的表现形式，并且知道如何对新数据进行分类(从根节点开始遍历树，匹配输入数据与属性名)。在下一节中，将研究如何生成决策树，并且还将介绍在生成决策树时可能出现的一些问题(例如过拟合)。

■ 提示：

如果从根节点到叶子节点遍历决策树，会获得一组描述决策过程的决策规则，例如，outlook = sunny、humidity = normal => play baseball = yes。每个决策规则都包含一系列语句的合取。

10.2 利用 ID3 算法生成决策树

如何构建最优决策树是监督学习中的关键问题之一。通常，从给定的一组属性可以构造多棵决策树。虽然一些树比其他树更准确，但由于搜索空间大小是指数级的，求解最优树问题在计算层面是不可行的。

大多数为学习决策树而开发的算法是一种核心算法(Hunt 算法)的变体，该核心算法对决策树的可能空间进行自上而下的贪婪搜索。Hunt 算法通过将训练数据集划分为连续的更细粒度的子集，以递归方式生成决策树。假设 TrainingData 表示节点 N 处的当前训练数据集(仅考虑与非目标属性匹配的列)，则 Hunt 算法的伪代码将遵循以下步骤：

(1) 如果 TrainingData 包含属于同一类的所有记录，则 C-> N 将是标记为 C 的叶子节点。

(2) 如果 TrainingData 是空集，则将 -> N 标记为出现频率最高的类 C 的叶子节点。记住，TrainingData 仅包含非目标属性列。因此，C 取自目标属性列。

(3) 如果 TrainingData 包含属于多个类的记录，则使用一个试探算法来选择用于将数据划分为较小子集的属性，并继续在每个子集上递归应用相同的过程。

ID3 算法使用与 Hunt 算法相同的思想，事实上，如果查看 ID3 的伪代码，会发现它几乎与 Hunt 算法的伪代码相同。主要区别在于用于选择划分数据的属性的试探算法。ID3 使用信息增益和熵的概念来选择具有最高信息增益的属性，接着，如 Hunt 算法的做法一样，创建一个以该属性名称标记的新节点。然后，它创建从该新节点出发的边，为所选属性的每个值创建一条边，并对每条新边进行持续递归操作。

■ 提示：

熵和信息增益是源于信息论中的概念，信息论是一个起源于 1948 年克劳德·香农(Claude Shannon，被称为信息时代之父)发表的论文的科学领域。它是压缩、存储、统计信号处理及通信等数据操作的科学。

生成决策树时需要重点考虑的是训练数据集的大小。回想一下，可将学习过程视为拟合出一个能够最好地描述训练数据集的函数。这不仅仅发生在机器学习领域，也发生在人类的现实生活中。当我们学习驾驶时，我们是在学习一个函数，该函数由某个人(教练)提供的一组数据来描述；这些数据类似于：不能碾压人、遇到红灯不能继续开、必须按规定的限速驾驶、以某种方式抓住方向盘、使用某个设备刹车等。利用这些数据，我们最终学会一个函数(或过程)，在“驾驶”函数接收到输入(例如“红灯”或“路上有行人”)后，该函数使得我们能够采取行动或输出(例如“停止”，“继续”)。显而易见，我们收到的高质量数据越多，就能越好地学习一个训练数据集所属函数的近似。在图 10-3 中可以看到一幅图，该图描述了训练数据集大小与结果决策树提供的预测质量之间的关系。如前所述，训练数据集越大，正确逼近它所属的函数的概率就越高。

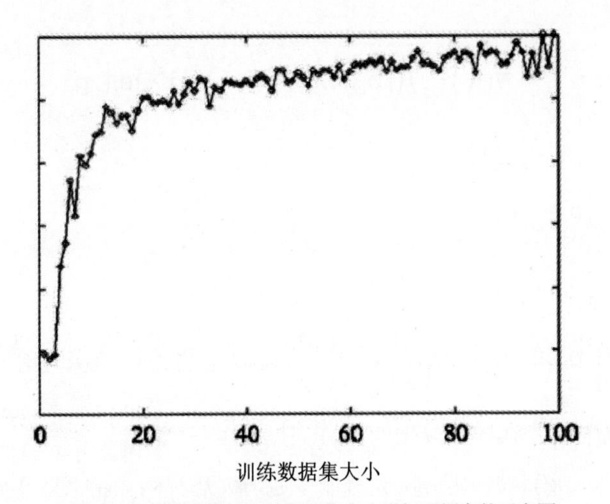

图 10-3 预测质量随训练数据集大小增加而提高的示意图

在下面的子节中，将介绍使用熵和信息增益的思路，这两个概念取自信息论，它们构成了 ID3 及其衍生算法中所使用的划分算法标准。

10.2.1 熵和信息增益

熵是衡量混乱和不确定性的标准；高熵意味着高度无序或高度混乱，而低熵意味着低不确定性或低度混乱(如图 10-4 所示)。熵函数通常表示为 $H(\boldsymbol{X})$，其中 $\boldsymbol{X}$ 是包含概率的向量，例如 $\boldsymbol{X}=p_1, p_2, \ldots p_n$。

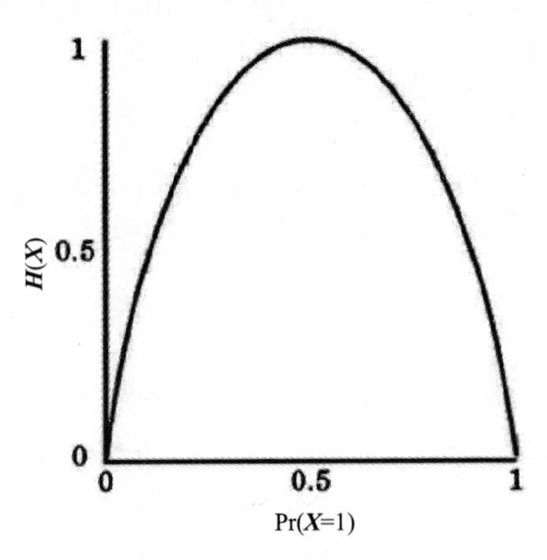

图 10-4 熵函数

在图 10-4 中可见，当概率 p_i 处于中间值(例如约 0.5)时会发生什么。在这种情况下会得到很高的熵(接近 1)。由于每个 p_i 的不确定性均很高——因为它们的概率接近 0.5(或 50%的概率)——这意味着它们既可能发生也一样可能不发生(两者具有相同的概率)，因此全局不确定性或混乱度也将很高。当每个 p_i 近似 0 或 1 时，它们的熵将很低，因为元素概率表明发生的机会很低或很高，从而降低了不确定性。熵函数如下：

$$H(\boldsymbol{X})=H([\mathrm{p}_1,\ldots,\mathrm{p}_n])=-\sum_{i=1}^{n}\mathrm{p}_i*\log_2\mathrm{p}_i$$

该公式满足下面的一组属性：

(1) $H(\boldsymbol{X})=H([\mathrm{p}_1,\ldots,\mathrm{p}_n])\geqslant 0$。

(2) $H(\boldsymbol{X})=H([\mathrm{p}_1,\ldots,\mathrm{p}_n])=0$，如果存在某个 p_i=1。

(3) $H(\boldsymbol{X})=H([\mathrm{p}_1,\ldots,\mathrm{p}_n])\leqslant H\left(\left[\frac{1}{n},\ldots,\frac{1}{n}\right]\right)$，最大的熵对应于概率均等的情况。

(4) $H(\boldsymbol{X})=H([\mathrm{p}_1,\ldots,\mathrm{p}_n,0])=H([\mathrm{p}_1,\ldots,\mathrm{p}_n])$。

回到 ID3 算法，划分树时的目标是选择能够使得熵(无序度、混乱度、不确定性)尽量降低的属性。如何度量这种预期的降低？我们使用信息论中的一个称为信息增益的概念，其公式如下：

$$\mathrm{G}(\mathrm{S},\mathrm{A})=H(\mathrm{S})-\sum_{v\in \mathrm{Values(A)}}\frac{|\mathrm{S}_{\mathrm{A=v}}|}{|\mathrm{S}|}*H(\mathrm{S}_{\mathrm{A=v}})$$

其中 S 是决策树中当前节点的训练数据集，Values(A)表示对应于属性 A 的值集合，$\mathrm{S}_{\mathrm{A=v}}$是 S 的子集，该子集中属性 A 的值等于 v。

信息增益可以定义为由于针对属性 A 进行排序而导致的 S 中熵的预期降低。它回答了问题，如果我们选择属性 A，结果集的排列或排序有多好？增益的计算值是整个集合 S 的熵减去 S 中 A = v 的概率的总和；即 $\frac{(|\mathrm{S}_{\mathrm{A=v}}|)}{|\mathrm{S}|}$ 乘以子集 $\mathrm{S}_{\mathrm{A=v}}$ 的熵。

这就是 ID3 用于选择划分树的属性的试探算法，它将选择提供最高增益的属性。现在已经集齐了构建 ID3 算法所需的所有要素，下一节开始将深入探讨算法实现问题，并以 C#开发 ID3 算法。

■ 提示：

一个理想属性能将训练数据集划分为(关于目标属性的)全部为正或全部为负的子集，即提供最大的信息增益。

10.2.2 实际问题：实现 ID3 算法

要实现 ID3 算法，首先创建两个类(见代码清单 10-1)，来处理属性和训练数据集。

代码清单 10-1 Attribute 类和 TrainingDataSet 类

```
public class Attribute
{
        public string Name { get; set; }
```

```
        public string[] Values { get; set; }
        public TypeAttrib Type { get; set; }
        public TypeValTypeVal{ get; set; }

        public Attribute(string name, string [] values,
        TypeAttrib type, TypeValtypeVal)
        {
            Name = name;
            Values = values;
            Type = type;
TypeVal = typeVal;
        }
}

    public enumTypeAttrib
    {
        Goal, NonGoal
    }

    public enumTypeVal
    {
        Discrete, Continuous
    }

public class TrainingDataSet
    {
        public string [,] Values { get; set; }
        public Attribute GoalAttribute{ get; set; }
        public List<Attribute>NonGoalAttributes{ get; set; }

        public TrainingDataSet(string [,] values,
        IEnumerable<Attribute>nonGoal, Attribute goal)
        {
            Values = new string[values.GetLength(0), values.
            GetLength(1)];
            Array.Copy(values, Values, values.GetLength(0) *
            values.GetLength(1));
            NonGoalAttributes = new List<Attribute>(nonGoal);
GoalAttribute = goal;
        if (NonGoalAttributes.Count + 1 != Values.GetLength(1))
            throw new Exception("Number of attributes must
            coincide");
    }
}
```

Attribute 类包含以下域和属性(property)。

- Name：该属性定义 Attribute 类对象的名称。
- Values：该属性定义 Attribute 类对象的值集合。
- Type：该属性定义 Attribute 类对象的类型(目标属性或非目标属性)。
- TypeVal：该属性定义 Attribute 类对象的值的类型(离散的或连续的)。后文介绍 C4.5 算法时，将研究连续特性。

TrainingDataSet 类包括以下特性和域。

- Values：包含训练数据集详细值的矩阵。

- GoalAttribute：定义训练数据集的目标特性。
- NonGoalAttribute：定义非目标特性集合。

可见，TrainingDataSet 类依赖于 Attribute 类。DecisionTree 类的第一部分如代码清单 10-2 所示。

代码清单 10-2 DecisionTree 类

```
public class DecisionTree
  {
        public TrainingDataSetDataSet{ get; set; }
        public string Value { get; set; }
        public List<DecisionTree> Children { get; set; }
        public string Edge { get; set; }

        public DecisionTree(TrainingDataSetdataSet)
        {
DataSet = dataSet;
        }

        public static DecisionTreeLearn(TrainingDataSetdataSet,
        DtTrainingAlgorithm algorithm)
        {
            if (dataSet == null)
               throw new Exception("Data Set cannot be null");

            switch (algorithm)
            {
                default:
                    return Id3(dataSet.Values, dataSet.
                    NonGoalAttributes, "root");
            }
        }

        public DecisionTree(string value, string edge)
        {
            Value = value;
            Children = new List<DecisionTree>();
            Edge = edge;
        }
        public void Visualize()
        {
var form = new Form();
            //create a viewer object
var viewer = new GViewer();
            //create a graph object
var graph = new Graph("Decision Tree");
            //create the graph content

CreateNodes(graph);

            //bind the graph to the viewer
viewer.Graph = graph;
            //associate the viewer with the form
form.SuspendLayout();
```

```
viewer.Dock = DockStyle.Fill;
form.Controls.Add(viewer);
form.ResumeLayout();

            //show the form
form.ShowDialog();
         }

         private void CreateNodes(Graph graph)
{
var queue = new Queue<DecisionTree>();
queue.Enqueue(this);
graph.CreateLayoutSettings().EdgeRoutingSettings.
EdgeRoutingMode = EdgeRoutingMode.StraightLine;
var id = 0;
        while (queue.Count> 0)
        {
var currentNode = queue.Dequeue();
               Node firstEnd;
               if (graph.Nodes.Any(n =>n.LabelText ==
               currentNode.Value))
firstEnd = graph.Nodes.First(n =>n.LabelText == currentNode.Value);
                else
firstEnd = new Node((id++).ToString()) { LabelText =
currentNode.Value };
graph.AddNode(firstEnd);

foreach (vardecisionTree in currentNode.Children)
         {
var secondEnd = new Node((id++).ToString()) { LabelText =
decisionTree.Value };
graph.AddNode(secondEnd);
graph.AddEdge(firstEnd.Id, decisionTree.Edge, secondEnd.Id);
queue.Enqueue(decisionTree);
          }
      }
   }
}
  public enumDtTrainingAlgorithm
  {
      Id3,
  }
```

DecisionTree 类包含以下属性。

- DataSet：用于生成决策树的训练数据集。
- Value：定义表示该决策树根节点的值。
- Children：定义当前决策树的子节点集合。
- Edge：定义该节点与其父节点连接边的标签，类型为字符串。

此外，DecisionTree 类包括以下方法。

- Learn()：这是接收训练数据集作为输入的方法，它也是在学习阶段使用的学习算法的类型。
- Visualize()：在学习阶段完成后，该方法使用 MSAGL 图形工具将生成的树可视化。

- CreateNodes()：该方法执行 BFS 算法以遍历由 ID3 算法创建的决策树，并在遍历过程中使用 MSAGL 工具创建一棵带标记的等价树。

ID3 算法及其支持方法都是 DecisionTree 类的一部分，如代码清单 10-3 所示。

代码清单 10-3　ID3 算法

```
        public static DecisionTree Id3(string [,] values,
        List<Attribute> attributes, string edge)
        {
             // All training data has the same goal attribute
var goalValues = values.GetColumn(values.GetLength(1) - 1);
            if (goalValues.DistinctCount() == 1)
               return new DecisionTree(goalValues.First(), edge);
            // There are no NonGoal attributes
            if (attributes.Count == 0)
            return new DecisionTree(goalValues.
            GetMostFrequent(), edge);

            // Set as root the attribute providing the highest
            // information gain
var attrIndexPair = HighestGainAttribute(values, attributes);
var attr = attrIndexPair.Item1;
var attrIndex = attrIndexPair.Item2;
var root = new DecisionTree(attr.Name, edge);

foreach (var value in attr.Values)
             {
var subSetVi = values.GetRowIndex(attrIndex, value,
ComparisonType.Equality);

             if (subSetVi.Count == 0)
root.Children.Add(new DecisionTree(goalValues.
GetMostFrequent(), value));
            else
            {
var newAttrbs = new List<Attribute>(attributes);
newAttrbs.RemoveAt(attrIndex);
var newValues = values.GetMatrix(subSetVi).
RemoveColumn(attrIndex);
root.Children.Add(Id3(newValues, newAttrbs, attr.Name + " : " +
value));
             }
          }

          return root;
      }
      private static Tuple<Attribute, int>HighestGainAttribute
      (string [,] values, IEnumerable<Attribute> attributes)
      {
         Attribute result = null;
var maxGain = double.MinValue;
var index = -1;
var i = 0;
```

```
foreach (var attr in attributes)
                {
                    double gain = Gain(values, i);

                    if (gain >maxGain)
                    {
maxGain = gain;
                        result = attr;
                        index = i;
                    }
i++;
                }
                return new Tuple<Attribute, int>(result, index);
        }

        private static double Gain(string [,] values,
        intattributeIndex)
        {
var impurityBeforeSplit = Entropy(values.
GetFreqPerDistinctElem(values.GetLength(1) - 1).GetProbabilities());
var impurityAfterSplit= SubsetEntropy(values, attributeIndex);
            return impurityBeforeSplit - impurityAfterSplit;
        }
        private static double Entropy(IEnumerable<double>probs)
        {
            return -1 * probs.Sum(d =>LogEntropy(d));
        }

        private static double LogEntropy(double p)
        {
            return p >0 ? p * Math.Log(p, 2) : 0;
        }

        private static double SubsetEntropy(string[,] values,
        intcolumnIndex)
        {
var freqDicc = values.GetFreqPerDistinctElem(columnIndex);
var result = 0.0;

var sum = freqDicc.Values.Sum();

foreach (var key in freqDicc.Keys)
            {
var rowIndex = values.GetRowIndex(columnIndex, key,
ComparisonType.Equality);
var frequencyPerClass = values.GetFreqPerDistinctElem(values.
GetLength(1) - 1, rowIndex.ToArray());
                result += (freqDicc[key] / (double) sum) *
                Entropy(frequencyPerClass.GetProbabilities());
            }

            return result;
        }
}
```

在代码清单 10-3 中，使用了一些扩展方法，其中几个属于 Accord.NET 包，另外几个属于我们创建的扩展类，以支持一些必须在 ID3 算法中处理的操作。这些方法如果直接包含在算法的代码中，会影响代码的可理解性、易读性和清晰度。此外，由于类中的每个方法都是自描述的并且与前文介绍的伪代码匹配，因此下文将重点解释代码清单 10-4 中所示的扩展方法，这些方法属于一个扩展类。

代码清单 10-4　扩展方法

```
public static string GetMostFrequent(this string[] values)
        {
var dicc = new Dictionary<string, int>();

foreach (var v in values)
          {
              if (!dicc.ContainsKey(v))
dicc.Add(v, 1);
else
dicc[v] += 1;
          }
var maxVal = dicc.Max(e =>e.Value);
return dicc.First(p =>p.Value == maxVal).Key;
        }
        public static Dictionary<string,
        int>GetFreqPerDistinctElem(this string [,] values,
        intcolumnIndex, int [] rowIndex = null )
{
var freqDicc = new Dictionary<string, int>();
        for (vari = 0; i< (rowIndex == null ?values.
        GetLength(0) : rowIndex.Length); i++)
        {
var row = rowIndex == null ?i : rowIndex[i];
          if (!freqDicc.ContainsKey(values[row, columnIndex]))
freqDicc.Add(values[row, columnIndex], 1);
          else
freqDicc[values[row, columnIndex]] += 1;
        }

        return freqDicc;
}

    public static List<int>GetRowIndex(this string[,]
    values, intcolumnIndex, string toCompare,
    ComparisonTypecomparisonType)
    {
var result = new List<int>();

      for (var i = 0; i<values.GetLength(0); i++)
      {
         switch (comparisonType)
         {
              case ComparisonType.Equality:
                 if (values[i, columnIndex] ==
                 toCompare)
result.Add(i);
```

```
                    break;
                case ComparisonType.NumericLessThan:
                    if (double.Parse(values[i, columnIndex])
                    <double.Parse(toCompare))
result.Add(i);
                    break;
                case ComparisonType.NumericGreaterThan:
                    if (double.Parse(values[i, columnIndex])
                    >double.Parse(toCompare))
result.Add(i);
                    break;
            }
        }

        return result;
    }

    public static string[,] GetMatrix(this string[,]
    values, List<int>rowIndex)
    {
var result = new string[rowIndex.Count, values.GetLength(1)];
var j = 0;

foreach (var i in rowIndex)
            {
result.SetRow(j, values.GetRow(i));
j++;
            }

            return result;
        }

        public static IEnumerable<double>GetProbabilities(this
        Dictionary<string, int>dicc)
        {
var probabilities = new List<double>();
var sum = dicc.Values.Sum();
foreach (var e in dicc)
probabilities.Add((e.Value / (double) sum));

            return probabilities;
        }

public enumComparisonType
    {
Equality, NumericGreaterThan, NumericLessThan
    }
```

上述扩展方法的详细描述如下。

- GetMostFrequent()：返回作为参数接收的字符串数组中出现最频繁的元素。它是 string [] 的扩展方法。
- GetFreqPerDistinctElem()：返回 values 中指示列和指示行集合(如果有的话，它是可选参数)中元素的频率(出现的次数)。它是 string [,]的扩展方法。

- GetRowIndex()：返回 values 中匹配行的索引集合，这些行在作为参数接收的列索引处的值满足由 ComparisonType(比较类型)和比较字符串参数定义的比较条件。它是 string [,]的扩展方法。
- GetMatrix()：返回一个包含 values 中某些行的新矩阵，在原始矩阵中这些行的索引与接收的列表参数 rowIndex 中的某个整数匹配。它使用了属于 Accord .NET 的 SetRow()方法，它是 string [,]的扩展方法。
- GetProbabilities()：返回输入的字典 Dictionary <string，int>中各个元素 x 的概率值 value(x)/total(S)，其中 total(S)是输入字典中所有元素值的总和。它是 Dictionary <string，int> 的扩展方法。

上文已经详细介绍了 ID3 实现的各个部分，下文说明如何通过代码清单 10-5 中所示的代码在控制台应用程序中测试该算法。

代码清单 10-5　在控制台应用程序中测试 DecisionTree 类和 ID3 算法

```
var values = new [,]
                            {
{ "sunny", "warm", "high", "weak", "no" },
{ "sunny", "warm", "high", "strong", "no" },
{ "cloudy", "warm", "high", "weak", "yes" },
{ "rainy", "temperate", "high", "weak", "yes" },
{ "rainy", "cold", "normal", "weak", "yes" },
{ "rainy", "cold", "normal", "strong", "no" },
{ "cloudy", "cold", "normal", "strong", "yes" },
{ "sunny", "temperate", "high", "weak", "no" },
{ "sunny", "cold", "normal", "weak", "yes" },
{ "rainy", "temperate", "normal", "weak", "yes" },
{ "sunny", "temperate", "normal", "strong", "yes" },
{ "cloudy", "temperate", "high", "strong", "yes" },
{ "cloudy", "warm", "normal", "weak", "yes" },
{ "rainy", "temperate", "high", "strong", "no" },
                            };

var attribs = new List<Attribute>
                            {
                                new Attribute("Outlook",
                                new[] { "sunny", "cloudy",
                                "rainy" }, TypeAttrib.
                                NonGoal, TypeVal.Discrete),
                                new Attribute("Temperature",
                                new[] { "warm", "temperate",
                                "cold" }, TypeAttrib.NonGoal,
                                TypeVal.Discrete),
                                new Attribute("Humidity",
                                new[] { "high", "normal" },
                                TypeAttrib.NonGoal, TypeVal.
                                Discrete),
                                new Attribute("Wind", new[]
                                { "weak", "strong" },
                                TypeAttrib.NonGoal, TypeVal.
                                Discrete),
                            };
```

```
var goalAttrib = new Attribute("Play Baseball", new[] { "yes",
"no" }, TypeAttrib.Goal, TypeVal.Discrete);
var trainingDataSet = new TrainingDataSet(values, attribs,
goalAttrib);
var dtree = DecisionTree.Learn(trainingDataSet,
DtTrainingAlgorithm.Id3);
dtree.Visualize();
```

执行代码清单 10-5 后得到的结果如图 10-5 所示。读者可以验证它与图 10-2 中所示的决策树完全一致。代码清单 10-5 的训练数据集和表 10-2 中所示的训练数据集也是一样的。

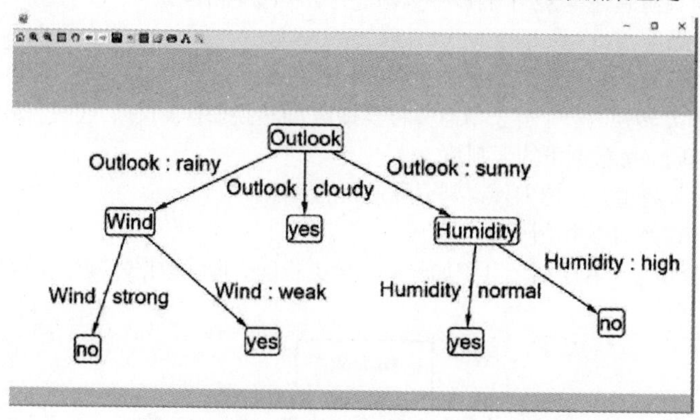

图 10-5 执行该控制台应用程序后获得的决策树

至此，本书已经介绍了决策树的基础知识，解释了 ID3 算法的工作原理，并介绍了实现 ID3 算法的实际问题。在接下来的章节中，将说明 ID3 算法的一些难点或不足，以及它的改进版本 C4.5 算法如何克服这些困难，并通过应用剪枝技术来处理缺失值和可连续(而不再限于离散的)属性值，从而提供更高效的决策树。

10.2.3 C4.5 算法

C4.5 算法(Quinlan，1993)是对 ID3 算法的扩展或缺陷改进。它的改进主要体现在三点：可处理连续属性(前文提到 ID3 算法仅能处理类别型属性)，可处理缺失值，以及可通过在末端对树进行剪枝来处理过拟合问题。

当生成的决策树与训练数据集的吻合程度过高时，将产生过拟合(overfitting)问题。该问题导致的结果是，该决策树最终对新输入数据的预测效果很差，因为它对所学习的训练数据集产生了不适当的依赖或过拟合结构。为了更好地理解过拟合问题，设想一个预测骰子结果的实验，训练数据集包括日期、摇骰子的时间以及骰子的颜色。这里可能发生的情况是，学习者构造了一棵吻合数据的决策树，但用到了一些与结果不相关的属性，例如骰子颜色。这种情形通常会在包含大量属性或特征的数据时出现。在处理具有大量属性的训练数据或对象时，可以发现许多与最终决定新输入数据的结果的真正重要属性相比而无关紧要的无意义属性。

如何能解决这个问题？存在两种抵消过拟合问题的主要方法。第一种方法是在树生成过程的早期阶段，到达完美分类训练数据集的点之前，停止树的生长。第二种方法则是在树生成后对其进行剪枝。第二种方法比第一种方法更有效，主要是因为确定何时停止树的生长是一项棘手的任务。而在开始剪枝过程后，需要解决的一个基本问题是如何确定子树是否值得修剪；也就是说，应该使用什么标准进行剪枝，以及应该如何执行这个过程。

尽管存在多种不同的策略可用于执行决策树剪枝过程，但其中最流行的方法依赖于交叉验证(cross-validation)，该方法是一种统计方法，将训练数据集 S 划分为两个子集 S_1 和 S_2，然后使用第一个子集进行训练并生成决策树，并使用第二个子集测试生成的决策树对来自验证集 S_2 的数据的分类表现是否良好。交叉验证通常与一种后剪枝度量相结合应用，后剪枝度量可以评估剪枝后生成的决策树的效果。最常用的度量是误判削减(error reduction)法剪枝和规则剪枝。

误判削减准则的伪代码如下所示。

- 使用决策树对验证集 S2 中的训练数据进行分类(如图 10-6)。
- 对于每个节点 X：
  - ◆ 求取以 X 为根节点的整棵子树的误判总和。
  - ◆ 在将 X 转换为一个叶子节点并将其指定为(转换前)其所有后代中的最常见类后，计算相同训练数据下的误判数。
- 比较两个误判值，并修剪掉误判下降最大的节点。
- 重复直到误判值不再下降。

图 10-6 中展示了一棵子树，其中加号表示分类正确的训练数据，减号表示分类不正确(误判)的训练数据。

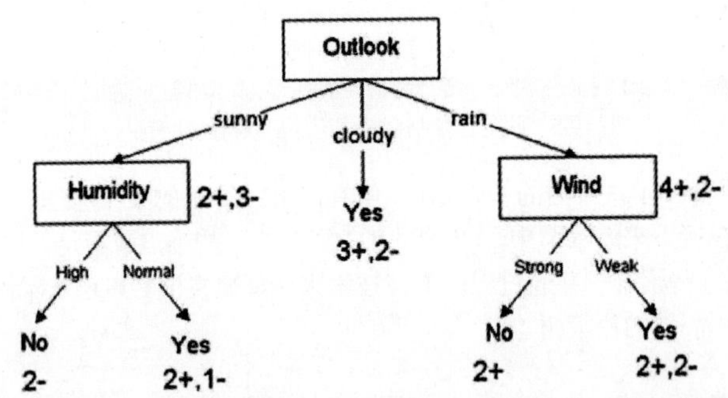

图 10-6　验证集由 16 条训练数据组成，它们被图中决策树分类。其中正数表示由决策树正确分类的训练数据数目，负数表示错误分类(误判)的训练数据数目

同时，误判下降法度量通常与一种称为子树替换的子树简化操作或剪枝技术相结合使用，其中决策树的每个内部节点恰好是一种自底向上剪枝方法的候选剪枝节点，该自底向上方法仅在检查完所有子树之后才考虑是否剪掉该树。从这个角度上，可将剪枝理解为删除决策树的子树并将其替换为一个叶子节点，该叶子节点的分类值对应于原子树的所有叶子节点中出现最频繁的分类值，如前述伪代码中所述。

如果在(对某个子树进行一次剪枝操作后)针对验证集 S_2 进行测试时，生成的决策树表现得比之前的还要差，则该子树的剪枝最终完成(放弃本次使决策树恶化的剪枝操作)。决策树中的节点被迭代修剪，并总是选择那些能提高所生成的决策树针对验证集的效率的节点进行修剪。这样可使得任何在学习训练数据集时，基于巧合性规律创建的叶子节点在使用验证数据集进行复查时都被剪枝，因为在验证集上不太可能也具备相同的巧合性规律。

另一种剪枝准则——基于规则的剪枝，是将学习的决策树转换为一组规则，每条规则对应于从根节点到叶子节点的一条可能路径。它涉及以下步骤：

- 使用决策树对验证集 S_2 中的训练数据进行分类(如图 10-6 所示)。

- 将学习的决策树转换为一组规则，每个规则对应于从根节点到叶子节点的每条可能路径。
- 基于修剪先决条件(pruning precondition，利用修剪先决条件可提高规则的预估准确度)，修剪或泛化(generalize)各条规则。
- 按照预估准确度对修剪后的规则进行排序，并按此顺序对新输入数据进行分类。

在这种情形下，规则的前置条件表示从根节点到叶子节点的属性测试，而该叶子节点上的值或分类成为规则的结论或后置条件。例如，如果(outlook = sunny ^ humidity = normal)是一条前置条件，则 playBaseball = yes 是结论。之后，通过删除规则的前置条件来修剪规则，修剪的前提是该删除(相对修剪前)不影响决策树预估准确度。

C4.5 算法的另一个显著特点是它使用一种不同的度量方法来选择用于划分数据集的属性；它使用的不是信息增益，而是增益比，其公式如下：

$$\text{GainRatio}(S,A)=\frac{\text{Gain}(S,A)}{\text{SplitInformation}(S,A)}$$

其中

$$\text{SplitInformation}(S,A)=-\sum_{i=1}^{n}\frac{|S_i|}{|S|}*\log_2\frac{|S_i|}{|S|}$$

其中 S_i 是基于属性 A 包含的 n 个可能值对 S 进行划分之后得到的子集。增益比度量方法克服了信息增益方法的不足，信息增益方法的主要缺点是偏向于具有最大数目的值的属性。例如，考虑一个可能包含许多值的 Date 属性；因为它的值集合可能很大，很可能导致将整个训练数据集划分为熵非常低的较小子集；因此，信息增益将非常高。增益比度量则不利于那些具有呈均匀分布的多个值的属性。

能够处理连续属性，是 C4.5 算法所提供的相对于其前身 ID3 算法的主要优点之一。为了处理连续属性，C4.5 算法将这组连续值划分为一组离散的区间。它创建一个二元决策节点，将值的可能范围分成两个子集，即满足“< X”条件的子集和满足“≥X”条件的子集，其中 X 是要确定的阈值。此过程假定在连续值集合中存在某种总体秩序。处理的要点是找到划分分区的值 X(阈值)。最常见的方法是按递增顺序对训练数据集的值进行排序；循环遍历排序值列表，同时比较相邻元素(i, i + 1)的目标属性；(当且仅当它们的目标属性不同时)计算这两个相邻元素的平均值作为阈值(即，X'=(L [i] + L [i + 1])/ 2)；计算基于阈值 X'划分属性时获得的信息增益(考虑小于 X'的元素子集，和大于 X'的元素子集；并选择出提供最高信息增益的元素子集)。请注意，这里仅考虑具有不同(目标属性)类别的连续元素。如果元素 L[i]、L[i + 1](其中 L 是基于连续属性值排序后的元素列表)都属于同一个分类 C，则永远不会考虑它们(如图 10-7 所示)。

温度(华氏)	40	48	60	72	80	90
是否玩棒球	no	no	yes	yes	yes	no

图 10-7　在递增排序值后，检查具有不同目标属性的连续值

存在不同的策略用于处理缺失值，并且该过程通常在执行任何决策树学习算法之前执行。最简单的策略是简单地忽略缺失值，而不在计算熵时考虑它们。更智能的策略是将缺失值指定为训练数据集中该属性的最常见值。最后，更复杂的方法是为缺失属性 A 的各个可能值指定概率，然后为所计算的每个概率在该节点上创建分支。例如，假设存在一个二元属性 A，其值为 P、Q，该属性有 10 个已知样本，6 个样本该属性值为 P，4 个该属性值为 Q，则这种方法将创建两个分支，一个分支对应于该属性值为 P 的可能性，其概率为 0.6，另一个分支对应于该属性值为 Q 的可能性，其概率为 0.4。

10.2.4 实际问题：实现 C4.5 算法

在本节中将介绍 C4.5 算法的实现，该算法包括几种不同的特性，例如处理连续属性和增益比度量方法。用于处理缺失值的剪枝技术和策略将留给读者作为练习和完善此处代码的一种方式。从 ID3 算法转移到 C4.5 算法的主要编程任务在于适应处理连续值，因此，在本节中将介绍该处理方法。

正如所料，ID3 算法和 C4.5 算法几乎共享相同的代码。基本条件是相同的，主要区别在于代码主体。C4.5 算法的入口点函数如代码清单 10-6 所示，请记住，此方法将添加到本章中一直在开发的 DecisionTree 类中。

代码清单 10-6　C4.5 算法的代码主体

```
public static DecisionTreeC45(string [,] values,
List<Attribute> attributes, string edge)
        {
            // All training data has the same goal attribute
var goalValues = values.GetColumn(values.GetLength(1) - 1);
            if (goalValues.DistinctCount() == 1)
                return new DecisionTree(goalValues.First(), edge);

            // There are no NonGoal attributes
            if (attributes.Count == 0)
                return new DecisionTree(goalValues.
                GetMostFrequent(), edge);

            // Set as root the attribute providing the highest
            // information gain
var attrIndexPair = HighestGainAttribute(values, attributes);
var attr = attrIndexPair["attrib"] as Attribute;
var attrIndex = (int) attrIndexPair["index"];
var threshold = (int) attrIndexPair["threshold"];
var less = (List<int>) attrIndexPair["less"];
var greater = (List<int>) attrIndexPair["greater"];
var root = new DecisionTree(attr.Name, edge);
var splittingVals = attr.TypeVal == TypeVal.Discrete ? attr.Values
                                                     : new [] { "less"
                                                     + threshold,
                                                     "greater" +
                                                     threshold } ;


foreach (var value in splittingVals)
           {
               List<int>subSetVi;

               if (attr.TypeVal == TypeVal.Discrete)
subSetVi = values.GetRowIndex(attrIndex, value, ComparisonType.
Equality);
           else
subSetVi = value.Contains("less") ? less : greater;

           if (subSetVi.Count == 0)
root.Children.Add(new DecisionTree(goalValues.
```

```
GetMostFrequent(), value));
                else
                {
var newAttrbs = new List<Attribute>(attributes);
new Attrbs.RemoveAt(attrIndex);
var newValues = values.GetMatrix(subSetVi).
RemoveColumn(attrIndex);
root.Children.Add(Id3(newValues, newAttrbs, attr.Name + " : " +
value));
                    }
                }

                return root;
            }
```

在此代码中，TypeVal 是附加到 Attribute 类的枚举类型，它使得我们能够知道某个属性是离散的还是连续的。请注意，此代码与 ID3 算法的代码非常相似，但在 HighestGainAttribute()方法中可以发现显著差异，该方法现在提供了更多的信息，主要是与连续属性处理相关的信息。该方法如代码清单 10-7 所示。

代码清单 10-7　可处理连续属性的 HighestGainAttribute()方法

```
        private static Dictionary<string, dynamic>HighestGain
        Attribute(string [,] values, IEnumerable<Attribute>attributes)
        {
            Attribute result = null;
var maxGain = double.MinValue;
var index = -1;
            double threshold = -1.0;
var i = 0;
            List<int>bestLess = null;
            List<int>bestGreater = null;

foreach (var attr in attributes)
           {
                double gain = 0;
                Dictionary<string, dynamic>gainThreshold = null;
            if (attr.TypeVal == TypeVal.Discrete)
                gain = Gain(values, i);
            if (attr.TypeVal == TypeVal.Continuous)
            {
gainThreshold = GainContinuous(values, i);
                gain = gainThreshold["gain"];
            }

            if (gain >maxGain)
            {
maxGain = gain;
                result = attr;
                index = i;

                if (gainThreshold != null)
                {
                    threshold = gainThreshold["threshold"];
```

```
bestLess = gainThreshold["less"];
bestGreater = gainThreshold["greater"];
                    }
               }
i++;
          }
return new Dictionary<string, dynamic> {
{ "attrib" , result },
{ "index" , index },
{ "less" , bestLess },
{ "greater" , bestGreater },
{ "threshold" , threshold },
                                             };
          }
```

在这个新的或连续版本的 HighestGainAttribute()方法中，对离散属性和连续属性进行了区分。另请注意，在本例中，该方法返回一个包含所选属性及其索引的字典，如果所选属性是连续的，则返回两个(目标属性在其间发生变化的)索引位置(less,greater)的列表以及一个双精度阈值。为了计算连续属性的增益，使用代码清单 10-8 中所示的 GainContinuous()方法。

代码清单 10-8　计算连续属性增益的 GainContinuous()方法

```
        private static Dictionary<string, dynamic>GainContinuous
        (string[,] values, inti)
        {
var column = values.GetColumn(i);
var columnVals = column.Select(double.Parse).ToList();
var bestGain = double.MinValue;
var bestThreshold = 0.0;
            List<int>bestLess = null;
            List<int>bestGreater = null;

columnVals.Sort();

            for (var j = 0; j <columnVals.Count - 1; j++)
            {
                if (columnVals[j] != columnVals[j + 1] &&
                values[j, values.GetLength(1) - 1] != values[j
                + 1, values.GetLength(1) - 1])
                {
var threshold = (columnVals[j] + columnVals[j + 1])/2;
var less = values.GetRowIndex(i, threshold.ToString(),
ComparisonType.NumericLessThan);
var greater = values.GetRowIndex(i, threshold.ToString(),
ComparisonType.NumericGreaterThan);

var gain = Gain(values, i, threshold, less, greater);
                if (gain >bestGain)
                {
bestGain = gain;
bestThreshold = threshold;
bestLess = less;
bestGreater = greater;
                    }
```

```
                }
            }

            return new Dictionary<string, dynamic>
                        {
    { "gain" , bestGain },
    { "threshold" , bestThreshold },
    { "less", bestLess },
    { "greater", bestGreater },
                         };
            }
```

在 GainContinuous()方法中，对连续属性的可能值集合进行了划分，并基于阈值创建了一种二元区分，正如前面所述，该阈值是(排序后值列表中)能够产生最高信息增益的连续对的平均值。在本例中，输出是一个字典，其中包含增益、双精度型的阈值，以及 less 列表与 greater 列表。

如前所述，在 C4.5 算法中，使用 GainRatio 标准来选择用于划分数据集的属性，计算此度量标准的 C#方法如代码清单 10-9 所示。在同一代码清单中，可以看到 GainRatio 所依赖的 SplitInformation 过程。

代码清单 10-9　GainRatio()方法和 SplitInformation()方法

```
private static double GainRatio(string[,] values,
int attributeIndex, double threshold = -1, List<int> less =
null, List<int> greater = null)
         {
             return Gain(values, attributeIndex, threshold,
             less, greater) / SplitInformation(values,
             attributeIndex);
         }

         private static double SplitInformation(string[,]
         values, int attributeIndex)
         {
var freq = values.GetFreqPerDistinctElem(attributeIndex);
var total = freq.Sum(t =>t.Value);
var result = 0.0;

foreach (var f in freq)
              result += (double)f.Value / total * Math.
              Log((double)f.Value / total, 2);

            return -result;
         }
```

由于 GainRatio()需要计算 Gain()，因此需要进行一点调整以适应连续情形——该情形下具有两组值，一组小于所计算的阈值，另一组大于阈值。对 Gain()方法的调整如代码清单 10-10 所示，其具体内容包含在 if(threshold ≥ 0)语句中。

代码清单 10-10　适用于处理连续情形的 Gain()方法

```
         private static double Gain(string [,] values,
         int attributeIndex, double threshold = -1, List<int>
```

```
        less = null, List<int> greater = null)
        {
    var impurityBeforeSplit = Entropy(values.
    GetFreqPerDistinctElem(values.GetLength(1) - 1).GetProbabilities());
            double impurityAfterSplit = 0;

            if (threshold >= 0)
            {
    var freq = new Dictionary<string, int>{ {"less", less.Count},
    {"greater", greater.Count} };

                for (var i = 0; i<freq.Count; i++)
    impurityAfterSplit += SubsetEntropy(values, attributeIndex,
    freq, less, greater);
            }
            else
    impurityAfterSplit = SubsetEntropy(values, attributeIndex);

            return impurityBeforeSplit - impurityAfterSplit;
        }
```

SubsetEntropy()是另一个需要稍作修改以使其适合连续情形并考虑值的 less 集合和 greater 集合的方法。修改内容如代码清单 10-11 所示。

代码清单 10-11　对 SubsetEntropy()方法的修改

```
private static double SubsetEntropy(string[,] values,
int columnIndex, Dictionary<string, int>freqContinous = null,
      List<int> less = null, List<int> greater = null)
      {
var result = 0.0;
var freqDicc = freqContinous ?? values.GetFreqPerDistinctElem
(columnIndex);

var total = freqDicc.Values.Sum();

foreach (var key in freqDicc.Keys)
         {
             List<int>rowIndex;

             switch (key)
             {
                 case "less":
rowIndex = less;
                     break;
                 case "greater":
rowIndex = greater;
                     break;
                 default:
rowIndex = values.GetRowIndex(columnIndex, key, ComparisonType.
Equality);
                    break;
             }
var frequencyPerClass = values.GetFreqPerDistinctElem(values.
GetLength(1) - 1, rowIndex.ToArray());
```

```
            result += (freqDicc[key] / (double) total) *
            Entropy(frequencyPerClass.GetProbabilities());
        }

        return result;
    }
```

■ **提示:**

??运算符被称为null合并运算符。如果左侧操作数不为null，则返回左侧操作数；否则，它返回右侧操作数。

为了测试刚实现的C4.5算法，可将代码清单10-12中的代码添加到一个控制台应用程序中。

代码清单 10-12　在控制台应用程序中测试 C4.5 算法

```
var values = new [,]
{ { "sunny", "12", "high", "weak", "no" },
{ "sunny", "12", "high", "strong", "no" },
{ "cloudy", "14", "high", "weak", "yes" },
{ "rainy", "12", "high", "weak", "yes" },
{ "rainy", "20", "normal", "weak", "yes" },
{ "rainy", "20", "normal", "strong", "no" },
{ "cloudy", "20", "normal", "strong", "yes" },
{ "sunny", "12", "high", "weak", "no" },
{ "sunny", "14", "normal", "weak", "yes" },
{ "rainy", "20", "normal", "weak", "yes" },
{ "sunny", "14", "normal", "strong", "yes" },
{ "cloudy", "20", "high", "strong", "yes" },
{ "cloudy", "20", "normal", "weak", "yes" },
{ "rainy", "14", "high", "strong", "no" }, };
var attribs = new List<Attribute>
                                {
                                    new Attribute("Outlook", new[]
                                    { "sunny", "cloudy", "rainy"
                                    }, TypeAttrib.NonGoal,
                                    TypeVal.Discrete),
                                    new Attribute("Temperature",
                                    new[] { "12", "14", "20" },
                                    TypeAttrib.NonGoal, TypeVal.
                                    Continuous),
                                    new Attribute("Humidity",
                                    new[] { "high", "normal" },
                                    TypeAttrib.NonGoal, TypeVal.
                                    Discrete),
                                    new Attribute("Wind", new[]
                                    { "weak", "strong" },
                                    TypeAttrib.NonGoal, TypeVal.
                                    Discrete),
                                };
var goalAttrib = new Attribute("Play Baseball", new[] { "yes",
"no" }, TypeAttrib.Goal, TypeVal.Discrete);
var trainingDataSet = new TrainingDataSet(values, attribs, goalAttrib);
var dtree = DecisionTree.Learn(trainingDataSet,
```

```
DtTrainingAlgorithm.C45);
dtree.Visualize();
```

执行代码清单 10-12 中的代码后得到的结果如图 10-8 所示。

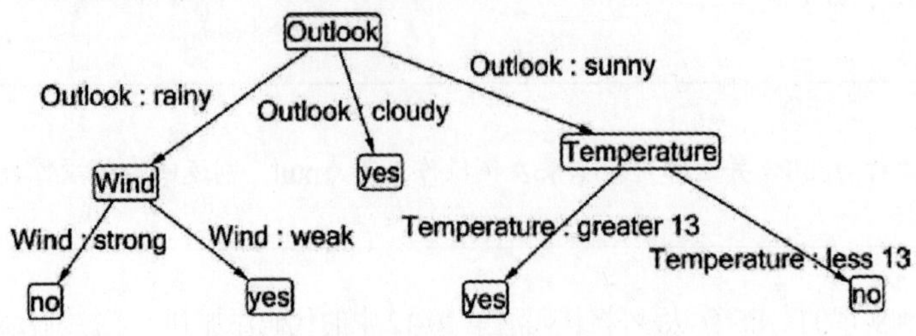

图 10-8　执行代码清单 10-12 中的代码后生成的决策树

这里没有包含任何与缺失值处理功能相关的代码，但通过使用忽略它们的非常简单的策略，可以创建一个 C#方法，接收训练数据集作为输入，并检查矩阵的每个单元，使用 0 替换所有未知值，使其不计入熵的计算。如前所述，剪枝技术作为补充练习留给读者实现。

10.3　本章小结

在本章中介绍了决策树，这是一种具有树状数据结构的分类模型的实现，其中通过从根节点到任意叶子节点遍历树可以得出决策规则。本章描述了用于生成决策树的基本的、最流行的算法(ID3 算法)，并详细描述了它的 C#实现；该实现包括一个 Windows 窗体应用程序，它使用 MSAGL 以图形化方式显示生成的决策树。

本章还阐释了 ID3 算法的改进版本 C4.5 算法，它能够处理连续属性、训练数据集中的缺失值和过拟合问题。该算法的 C#实现包括了最重要的代码细节，主要在于连续属性处理功能。剪枝技术的实现留给读者作为练习。

第 11 章

神 经 网 络

在本章中将讨论人工神经网络，它是监督学习领域非常流行的一类算法(也适用于无监督学习和强化学习)，它试图模仿或建模人类大脑的工作机理来求解问题，与支持向量机和决策树一样，它依赖于学习或逼近由训练数据表定义的函数 *F*，表中训练数据的形式是(数据, 分类)对。该函数 *F* 是学习过程的结果，并被称为逼近或学习函数，随后该函数将用于分类或预测新传入数据的分类。

正如本书前文所述，人工智能中——尤其是监督学习中——使用的许多算法、方法和工具与其他知识领域密切相关，如代数、数学分析和数学优化。因为生活中的学习涉及一个过程，在该过程中我们以时间为轴(基于时间)“改进”或学习如何做某些事情，这正是优化算法的目标——通过迭代过程来优化(最小化或最大化)一个函数——神经网络也不例外，在其中我们将遵循相同模式，应用优化技术学习和构建一个预测输入数据分类的函数。

在本章中将介绍神经网络(Neural Network，NN)并描述它们的工作原理，以及它们如何模拟我们神经元的协同工作方式。本章将实现感知器(Perceptron)算法，它是最古老、最简单的神经网络模型之一。我们还将实现 Adaline(自适应线性)神经网络模型，因为它有助于介绍多层神经网络这一主题；它使用的优化技术类似于本章介绍的最后一种算法，即流行的用于多层神经网络学习的反向传播算法。

注意：

神经网络可以应用于求解多种问题，其中值得一提的包括：模式识别、形状识别、面容识别和手写识别，以及自动汽车驾驶等。脑式计算研究源于McCulloch和Pitts的工作(1943)以及其后Hebb的名著*Organization of Behavior*(1949)。

11.1 神经网络是什么

神经元是一种神经系统细胞(如图 11-1 所示)，它拥有细胞质膜，使其可从外部环境接收刺激，并将信号传递给其他神经元或不同类型的人脑细胞。它们接收或发送的信号是电化学的；因此，神经元负责收集、处理和传输电化学信号。当几个神经元通过它们的突触连接时，称它们形成了一个神经网络。在该网络中，当某个神经元从与其连接的所有其他神经元接收的所有电化学信号的激励足够高时，该神经元发射或发送出信号。

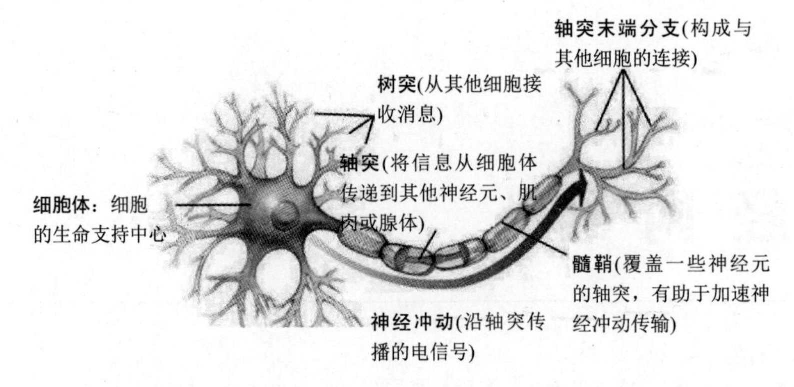

图 11-1　生物神经元；树突代表来自其他神经元的信号输入，轴突代表神经元的输出。可将神经元的结构视为具有称为树突的输入节点、称为轴突的输出节点和称为突触的边

在数学 AI 世界中寻找一个类似的模型，可以将神经元视为一个数学对象或函数，它接收来自连接到它的所有神经元的数值输入 x_1，x_2，…，x_n，并通过分别将权重值 w_1，w_2，…，w_n 关联到对应连接，合并这些值，计算出一个加权和，作为一种为各个连接赋予某种“相关性”的方式。因此，$X = w_1*x_1 + w_2*x_2 + \ldots + w_n*x_n$ 是到达神经元体的值。最终输出值可以是一个信号，也可能没有输出(0)。为了确定(输出)信号的强度，通常使用称为激活函数的方法；该函数决定了输出值，并根据使用的神经元类型的不同而不同。

因此，神经网络(NN)是前述神经元的集合。这些神经元之间的关系可以图的形式描述，其中从神经元 i 到神经元 j 的边表示神经元 j 的输入和神经元 i 到神经元 j 的输出(如图 11-2 所示)。

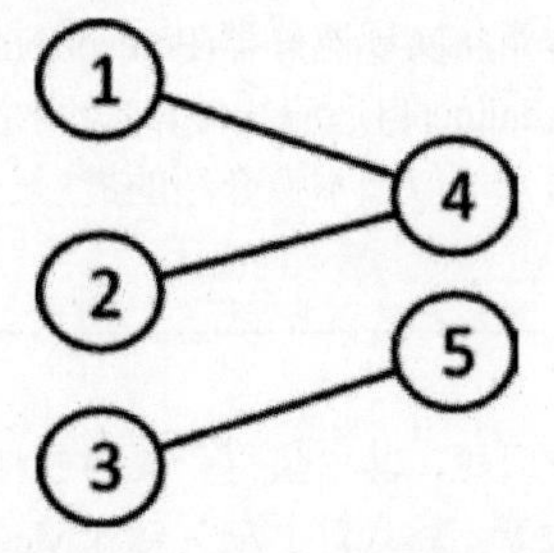

图 11-2　以图描述的神经网络。神经元 4 和 5 接收来自神经元 1、2 和 3 的输入，并且神经元 1、2 和 3 具有到神经元 4 和 5 的输出连接

在下面章节中将研究单神经元网络，即由单个神经元组成的网络。在单神经元网络中，可以将输入视为来自一些未知神经元，并且其值与表示训练数据的向量的值匹配。然后，单神经元网络的输出作为输入训练数据的分类。

■ **注意：**

人工神经元可以看作数学函数 $F = A(x_1* w_1 + x_2*w_2 + \ldots + x_n*w_n)$，其中 x_i 是输入，w_i 是权重，用于加强或减弱与其他神经元的连接，而 A 是激活函数，它最终确定输出信号的强度。

11.2 感知器：单神经网络

感知器是一种单神经网络单元，它同样遵循前面描述的过程：接收 n 个输入 x_1，x_2，…，x_n，然后计算权重和 $x_1*w_1+x_2*w_2+\ldots+x_n*w_n$，最后应用激活函数得到输入数据的输出或分类。在感知器中，该函数形式通常如下：

$$f(x)=\begin{cases}1 & x \geqslant \mathrm{T}\\ 0 & \text{其他情况}\end{cases}$$

T 是一个称为阈值的值，通常通过比较权重和与阈值，确定是否应发送信号。因此，感知器可以使用如图 11-3 的示意图表示。

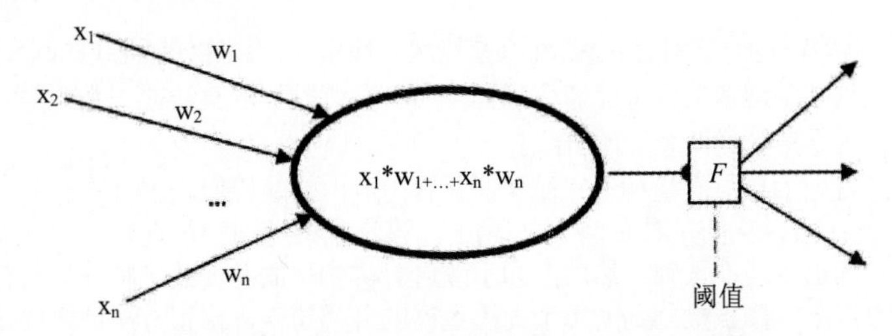

图 11-3　感知器计算输入和权重的加权和，将该值提交给激活函数 F，并在当且仅当 F 的结果大于等于给定阈值时，将信号发送到其他神经元

我们现在已经了解了感知器中信息流的工作方式，别忘了，所分析信息流的目的是为输入数据提供一种分类手段。现在，应如何训练它以正确预测新传入数据的分类呢？

■ 注意

感知器是 20 世纪 50 年代由Frank Rosemblatt提出的，目的是将视网膜建模为人工神经网络。

首先，感知器是一种线性分类器(可回顾第 9 章内容，支持向量机也是线性分类器)，它试图找出一个权重向量和一个阈值，以将问题空间划分为类 A 和类 B。权重向量和阈值将定义一个可能的分类超平面。如果问题在二维空间中，则超平面是一条线；如果问题在三维空间中，那么超平面将是一个平面，以此类推。如果训练数据集是线性可分的，则训练数据中的所有点总会位于分类超平面的一侧或另一侧。

正如在第 9 章中所做的那样，考虑直线的方程，$y = mx + b$，其中 m 是直线的斜率——或者更通用的说法，直线的梯度——b 是确定直线向上或向下的位移的偏移量——即直线与 y 轴的截距(如图 11-4 所示)。

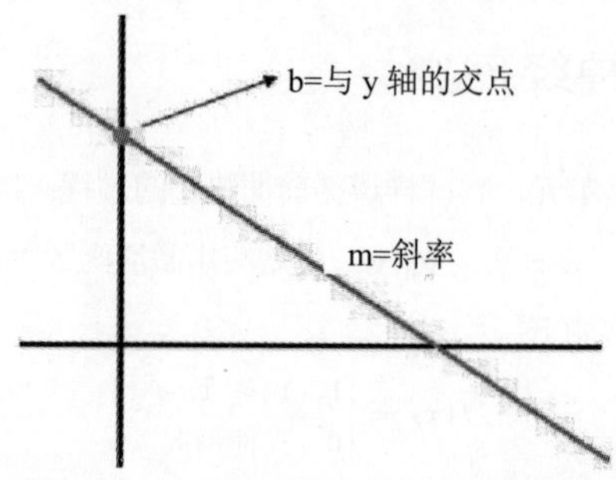

图 11-4　考虑直线 $mx+b=y$ 的方程，则 m 定义了直线的斜率，b 定义了直线在 y 轴上的截距，或等同于直线向上或向下的位移

因此，感知器的训练或学习过程包括(通过几次迭代实现的)对权重(直线的斜率)和偏差进行的调整，从而找到一条通常情况下能够正确分类所有训练数据的直线或一个超平面；换言之，找到一条将训练数据集分成两个类的直线。

感知器算法首先为权重向量和偏差赋予通常在[0,1]内的随机值。这将构造一个随机分类超平面，而在二维空间(权重向量具有两个分量)中，该步骤将得到一条直线，该直线对训练数据集的分类可能正确也可能不正确。然后，为了改进分类超平面并使其正确分类所有样本，循环遍历整个训练数据集，修正检测到的每个训练数据的分类错误，修正方法是增加或减少与该训练数据分量相关的权重。前面讲过，对于任何训练数据(x_1，x_2，…，x_n)中的每个分量 x_i，我们均为之关联了某个 w_i，并将它们全体组合为一个权重和 $x_1{*}w_1+x_2{*}w_2\ldots+x_n{*}w_n$。

注意：

感知器的收敛定理指出，对于任何可线性分割的数据集，感知器学习规则能够保证在有限次迭代中求出解。

因此，感知器的学习过程基本上是一种用于改进分类超平面的优化技术，方法是缓慢调整超平面的斜率(即梯度)及偏移量，从而将其移动到每个训练数据都被正确分类的位置(如图 11-5 所示)。

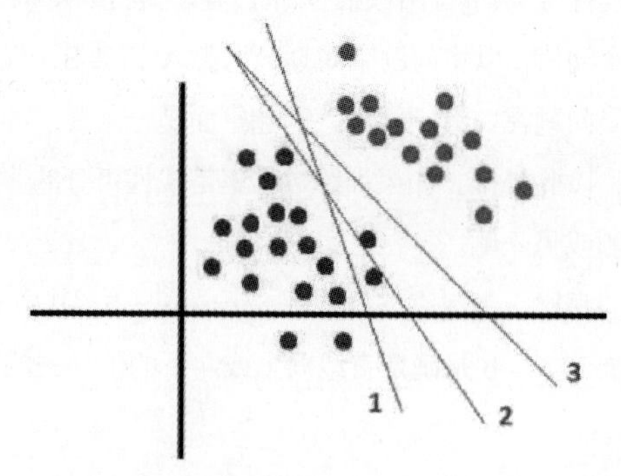

图 11-5　在此图中，标号为 1 的直线错误地分类了两个红点，因此，修改权重和偏差，将其向右移动一点。然后，分类超平面 2 也错误分类了其中一个红点。最后，分类超平面 3 没有出错，正确分开了红点(超平面 3 的左边)和蓝点(超平面 3 的右边)

感知器算法的伪代码如下：

(1) 将权重和偏差初始化为[0,1]内的随机值。

(2) 如果满足停止条件，则结束。

(3) 循环遍历整个训练数据集，每次挑选一个训练数据(**x**, **y**)，其中 **x** 是特征向量、**y** 是它的分类。

(4) 针对训练数据 **x** 计算感知器的输出 y_x。

(5) 如果 $y \neq y_x$，则

按照以下规则修正各个权重：

$$w_i=w_i+a*(y-y_x)*x_i$$

并使用以下公式修正偏差：

$$b=b+a*(y-y_x)$$

(6) 转到步骤 2。

伪代码的步骤(5)包含了所谓的感知器学习规则，算法中完成的所有学习都封装在修改权重的公式中。为了更好地理解学习公式，我们从零开始重构它。

首先，注意当 $w \cdot x < 0$(其中“・”表示点积运算符，此处是指前文提到的权重和)且 **x** 的正确分类是正时，在几何上可以解释为向量 **w** 和 **x** 间的角度值大于 90°，因此需要将 **w** 向 **x** 的方向旋转，以将其带向正空间。同理，如果 $w \cdot x > 0$ 且 **x** 的正确分类是负的，则向量 **w** 和 **x** 间的角度小于 90°，必须旋转 **w** 使其远离 **x**。

■ **注意：**

*$a \cdot b$操作表示向量**a**和**b**之间的点积。当**a**和**b**垂直时，则$a \cdot b = 0$。*

此外，我们已经知道，对于权重更新来说，**w**+**x** 或 **w**-**x** 在几何上可以分别解释为向 **x** 的方向或 **x** 的相反方向移动 **w**，该操作旨在获得训练数据 **x** 的正确分类。现在，将前两种情形合二为一，添加项$(y - y_x)$作为 **x** 的乘数。下面分析一下该项的可能值，以搞清楚它为什么总能给出 **x** 的正确符号。

- 如果 $y = y_x$，则 $y - y_x = 0$，这意味着权重没有变化，因为 **x** 的分类是正确的。
- 如果 $y > y_x$，则 $y - y_x > 0$，这意味着需要增加权重，因为 $y > y_x$。也就是说，需要增加权重，以使得 w ◦ **x** 提供更高的值，从而使训练数据将其分类为 1 而不是 0。
- 如果 $y < y_x$，则 $y - y_x < 0$，这意味着需要降低权重，因为 $y < y_x$。原因与上一条同理。

因此，现在将更新规则调整为 $w + (y - y_x)* x$，并且总结出，需要将最后一项乘以一个在区间(0,1)内的值 α，该值称为学习率。

学习率控制感知器的学习快慢，或者说，等效于在迭代的每一步中改变权重和偏差。从几何角度看，可以看作为我们将 **w** 向量朝向或远离训练数据向量 **x** 旋转了多少。为了保证收敛并且不跳过问题的解，必须选择小的学习率值，通常选择 0.05。

采用类似方法，可以推导出更新偏差的公式，但这作为练习留给读者。

11.2.1 实际问题：实现感知器神经网络

为了在 C#中实现感知器，我们将创建一个名为 SingleNeuralNetwork 的抽象类，该类可以帮助我们轻松开发感知器以及任何想要实现的单神经元网络，因为这些神经网络的结构都具有

相似的特征，而只是在学习规则方面有着显著差异。该类如代码清单 11-1 所示。

代码清单 11-1　SingleNeuralNetwork 抽象类

```
public abstract class SingleNeuralNetwork
    {
        public List<TrainingSample>TrainingSamples{ get; set; }
        public int Inputs { get; set; }
        public List<double> Weights { get; set; }
        public readonly Random Random = new Random();
        protected readonly double LearningRate;
        protected double Bias= 0.5;

        protected SingleNeuralNetwork(IEnumerable<TrainingSample>
        trainingSamples, int inputs, double learningRate)
        {
TrainingSamples = new List<TrainingSample>(trainingSamples);
            Inputs = inputs;
            Weights = new List<double>();
            for (var i = 0; i< Inputs; i++)
Weights.Add(Random.NextDouble());
LearningRate = learningRate;
        }

        public virtual void Training()
        {
        }

        public virtual double Predict(double[] features)
        {
var result = 0.0;

        for (var i = 0; i<features.Length; i++)
            result += features[i] * Weights[i];

        return result > -Bias ?1 : 0;
        }
        public List<double>PredictSet(IEnumerable<double[]> objects)
        {
var result = new List<double>();

foreach (var obj in objects)
result.Add(Predict(obj));
            return result;
        }
    }
```

该类包含以下域或属性。

- TrainingSamples：它与第 9 章“支持向量机”中使用的同名类相同。该类包含一个表示训练数据特征(双精度浮点值)的向量和一个定义了该训练数据正确分类的整数。
- Inputs：一个整数，表示感知器的输入个数。
- Weights：一个双精度浮点值列表，表示本单神经元网络的权重向量。
- Random：用于获得随机值的域。

- LearningRate：感知器的学习率。
- Threshold：感知器的阈值，初始值设置为 0.5。

在类构造函数中，将权重初始化为[0,1]内的随机值。构造函数后面是一些方法，详细说明如下。

- Training()：一个虚方法，每个继承于 SingleNeuralNetwork 的类都要实现该虚方法，以提供一种训练算法实现。我们将其标记为虚方法而非抽象方法，因为考虑了可能不希望为单神经元网络包含训练方法，而只是想使用它包含的域和属性的情况。
- Predict()：计算权重和 $S = \boldsymbol{w}_i * \boldsymbol{x}_i$，并检查是否 $\boldsymbol{w}_i * \boldsymbol{x}_i + b > 0$，也即是否 $\boldsymbol{w}_i * \boldsymbol{x}_i > -b$。
- PredictSet()：使用前面的方法，预测作为参数提交的列表中各个数据的分类。

请记住，感知器的目标是找到一个分类超平面，将数据点集划分为类 A 和类 B。这种划分必须保证类 A 中的每个元素都位于超平面的一侧，而类 B 中的每个元素都位于另一侧。该超平面将满足(如第 9 章所述)公式 $\boldsymbol{w}x + b = 0$。因此，在 Predict()方法中，将 $\boldsymbol{w}x + b > 0$ 的任何数据点 x 归类为分类 1；否则，将其设置为分类 0 的成员。

最后，继承自 SingleNeuralNetwork 抽象类的 Perceptron 类如代码清单 11-2 所示。

代码清单 11-2　Perceptron 类

```
public class Perceptron :SingleNeuralNetwork
    {
        public Perceptron(IEnumerable<TrainingSample>training
        Samples, int inputs, double learningRate)
            : base(trainingSamples, inputs, learningRate)
        { }
    public override void Training()
    {
        while (true)
        {
var missclasification = false;

foreach (var trainingSample in TrainingSamples)
             {
var output = Predict(trainingSample.Features);
var features = trainingSample.Features;
                 if (output != trainingSample.Classification)
                 {
missclasification = true;
                     for (var j = 0; j < Inputs; j++)
                         Weights[j] += LearningRate*
                         (trainingSample.Classification -
                         output)*features[j];
Bias+= LearningRate * (trainingSample.Classification - output);
                  }
             }

             if (!missclasification)
                break;
        }
    }
}
```

此处可见，Perceptron 类中 Training()方法的实现几乎是之前详细描述的伪代码的直接“翻译”。

为了测试上文中实现的算法，使用代码清单 11-3 中的代码创建一个控制台应用程序。

代码清单 11-3　在控制台应用程序中测试 Perceptron 类

```
var trainingSamples = new List<TrainingSample>
                                             {
new TrainingSample(new double[] {1, 1}, 0, new List<double> { 0 } ),
new TrainingSample(new double[] {1, 0}, 0, new List<double> { 0 } ),
new TrainingSample(new double[] {0, 1}, 0, new List<double> { 0 } ),
                                             new TrainingSample
                                             (new double[] {0, 0}, 0,
                                             new List<double> { 0 } ),
                                             new TrainingSample
                                             (new double[] {1, 2}, 1,
                                             new List<double> { 0 } ),
                                             new TrainingSample
                                             (new double[] {2, 2}, 1,
                                             new List<double> { 1 } ),
                                             new TrainingSample
                                             (new double[] {2, 3}, 1,
                                             new List<double> { 1 } ),
                                             new TrainingSample
                                             (new double[] {0, 3}, 1,
                                             new List<double> { 1 } ),
                                             new TrainingSample
                                             (new double[] {0, 2}, 1,
                                             new List<double> { 1 } ),};

var perceptron = new Perceptron(trainingSamples, 2, 0.01);
perceptron.Training();

var toPredict = new List<double[]>
                                     {
                                             new double[] {1, 1},
                                             new double[] {1, 0},
                                             new double[] {0, 0},
                                             new double[] {0, 1},
                                             new double[] {2, 0},
new[] {2.5, 2},
new[] {0.5, 1.5},
                                     };
var predictions = perceptron.PredictSet(toPredict);

            for (var i = 0; i<predictions.Count; i++)
Console.WriteLine("Data: ( {0} , {1} ) Classified as: {2}",
toPredict[i][0], toPredict[i][1], predictions[i]);
```

执行代码清单 11-3 中的代码后得到的结果如图 11-6 所示。

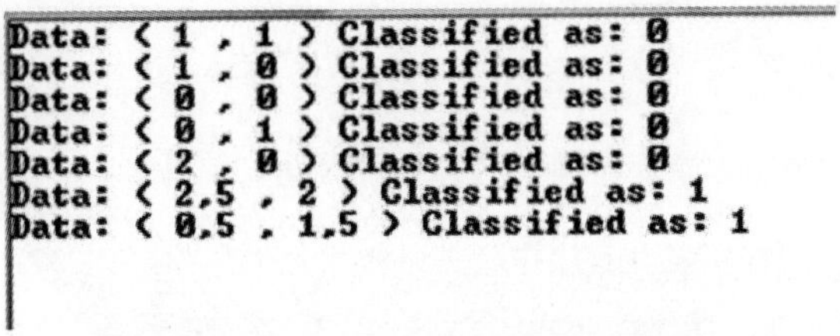

```
Data: ( 1 , 1 ) Classified as: 0
Data: ( 1 , 0 ) Classified as: 0
Data: ( 0 , 0 ) Classified as: 0
Data: ( 0 , 1 ) Classified as: 0
Data: ( 2 , 0 ) Classified as: 0
Data: ( 2.5 , 2 ) Classified as: 1
Data: ( 0.5 , 1.5 ) Classified as: 1
```

图 11-6　基于代码清单 11-3 中定义的数据集，感知器输出的分类结果

在实现神经网络或任何监督学习方法时，请始终记住，训练数据集越大，算法(使用权重向量和偏差构建的目标函数)逼近或映射训练集所定义的表格函数时，能够获得越好的逼近效果或映射效果。在代码清单 11-3 中的训练数据集非常小，因此感知器很可能会错误分类新传入的数据。在本示例中并没有发生这种情况，但是当添加与该小型训练集中的数据明显类型不同的数据时，可能会发生错误分类情况。

11.2.2　Adaline 神经网络和梯度下降搜索

Adaline(Adaptive Linear Neuron，自适应线性神经网络)是 Bernard Widrow 在 1960 年提出的一种神经网络模型，其网络结构与感知器的网络结构相同。感知器和 Adaline 之间的区别在于所使用的学习规则。Adaline 算法使用了一种有着多个称谓的学习规则：Delta 规则(Delta Rule)、梯度下降(Gradient Descent)或最小均方(Least Mean Square，LMS)。该学习规则通常用于多层网络中，尤其是反向传播算法中。因此，Adaline 可以作为多层网络和流行的反向传播算法的一个良好入门。

Delta 规则的主要思想是，在对训练数据 x 进行分类时，最小化平方误差：

$$E_x = \frac{\left(y_x - y'_x\right)^2}{2}$$

其中，y_x 是训练数据 x 的正确分类，y'_x 是神经网络输出的分类。

Adaline 是一种无阈值(unthresholded)的神经网络，意味着它在学习阶段不考虑偏差或阈值。因此，在训练阶段，其(对于数据点 x 的)输出简单地按照 $w_i x_i$ 的总和计算。为了实现分类训练数据 x 时平方误差的最小化，该算法的理论基础是，函数的梯度(由所有偏导数形成的向量)指向 E 的最陡递增方向(如图 11-7 所示)。因此，通过将梯度乘以−1，将获得任意点处的 E 的最陡递减方向，从而获得最小误差。

因此，Adaline 的训练方法是梯度下降搜索(Gradient Descent Search，GDS)算法的一种，通过获得最小全局误差 E 来确定最佳权重向量(记住，E_x 是对训练数据 x 进行分类时产生的误差)。在 Adaline 中，权重向量最初将包含随机值，然后通过小步下移的方式来修改这些权重，直到到达误差曲面中我们认为“可接受”的某个点。通常，所有训练数据点上的误差的最大值比较小时，认为其是可接受的。梯度下降搜索能够找到可微函数的全局最小值。

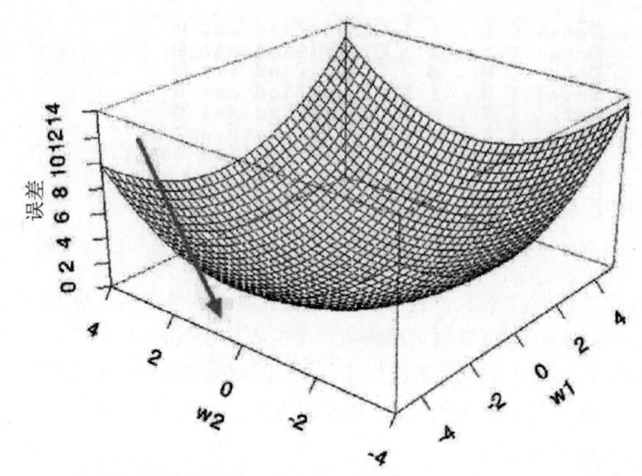

图 11-7　梯度表示函数递增最快的方向；它的反方向(蓝色箭头)表示递减最快的方向

为了更好地理解梯度下降方法，下面通过图 11-8 来了解它的工作方式。另外，考虑对于函数 f:R→R，或拥有一个变量 x 的函数，基于梯度下降法求解最小值的 x 更新公式将是 $x = x - \alpha * \frac{\partial \mathrm{f}(x)}{\partial x}$。

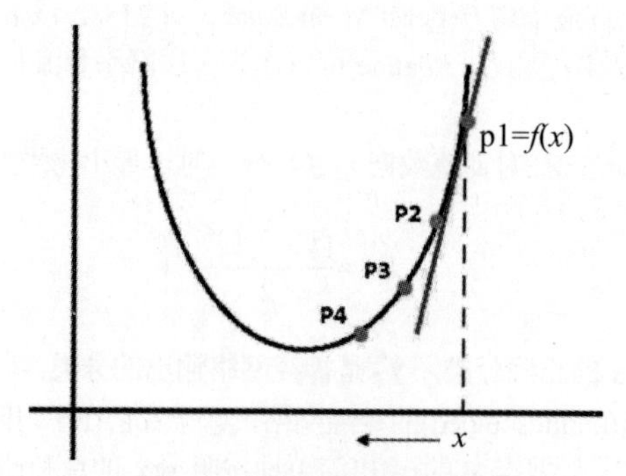

图 11-8　梯度下降法的工作原理

在图 11-8 中，GDS 从点 p1 = $f(x)$处开始。根据更新公式，它计算 $f(x)$在点 x 处的导数并乘以学习率 α 。因为导数表示 f 的斜率——在此图中导数是红色直线，它是 $f(x)$在点 p1 处的切线——由于该直线有一个正斜率，因而 $\alpha * \frac{\partial f(x)}{\partial x}$ 将为一个正值(前面说过 $\alpha > 0$)。因此，x 的新值(将其记为 x')将向左移动，且新值 p2=$f(x')$将满足 p2<p1。假设 α 足够小且该过程在获得最小值前将以较小步长移动，则该过程将持续直到获得最小值；换言之，x 在新迭代中将缓慢向左移动。

回到一般情况，为了找到最陡的误差下降，我们利用 $\boldsymbol{w}$(权重向量)来表示 E(在对各个训练数据进行分类时的所有误差的总和)。请注意，基于 $\boldsymbol{w}$ 确定 E 总是可行的，因为对于任何给定的训练数据 x，均有 $\mathrm{y}'_{\mathrm{x}} = \mathrm{w}_{\mathrm{i}}\mathrm{x}_{\mathrm{i}}$；因此，要求的最小值的函数如下：

$$\mathrm{E}(\boldsymbol{w}) = \frac{\sum_{i=1}^{n}(\mathrm{y}_{\mathrm{i}} - \mathrm{y}'_{\mathrm{i}})^2}{2}$$

因此，我们要找到 E(w)的梯度，将其记为▽E(w)，在 Adaline 的学习规则中将利用该梯度，该规则如下：

$$w = w - \alpha * \nabla E(w)$$

请注意，该规则中的符号是减号而不是加号。那是因为必须对梯度取负值，即_▽E(w)，以获得 E(w)的最小值。正如之前在感知器中定义的那样，a 是学习率，用于控制获得解决方案的速率。上一个公式与更新权重向量 w 的方式有关，但应该如何更新单个权重？单个权重的更新规则如下：

$$w_i = w_i - \alpha * \frac{\partial E}{\partial w_i}$$

使用 E 对于各个权重 w_i 的偏导数等价替代梯度。通过计算一些导数，并应用链式法则得出 $\frac{\partial E}{\partial w_i}$，将最终获得完整的 GDS 学习规则：

$$\frac{\partial E}{\partial w_i} = \sum_{j=1}^{n} (y_j - y'_j) * (-x_{ij})$$

和前文一样，y_j 表示训练数据 j 的正确分类，y'_j 表示由神经网络输出的分类，x_{ij} 表示训练数据 j 的第 i 个输入值——与权重 w_i 相关联的训练数据 j 的输入。

尽管从理论或数学角度来看，GDS 是一种寻找函数局部最小值的完美方法，但实际上它的速度非常慢。请注意，为了更新一个权重，就需要遍历整个训练数据集，而其中可能包含数万个训练样本，因此这意味着需要进行大量计算。因此，出于这个实际原因，通常使用 GDS 的一个近似变体作为 Adaline 的学习规则；该变体将在下一节中介绍。

11.2.3 随机逼近法

随机梯度下降(Stochastic Gradient Descent，SGD)或称增量梯度下降，是完善 GDS 方法的一种逼近流程，它在计算每个训练数据的误差之后递增更新权重。因此，它使我们免于计算每个权重值时都必须循环遍历整个训练数据集之苦。这是 Adaline 和其他神经网络算法(反向传播算法)中实际上使用的方法，它们基于训练数据的正确分类及其在神经网络中的输出来获得最小平方误差。这种使用随机近似方法的学习规则称为 Delta 规则、Adaline 规则或 Widrow-Hoff 规则。在图 11-9 中，可以直观地看到 GDS 和 SGD 之间的差异。在 GDS 中，算法直接移动到误差曲面的最小值，因此走的是一条直线路径；而在 SGD 中，算法则随机移动——有时会失去平衡并移动到不正确位置，但最终与 GDS 方法到达的位置相同。

图 11-9　在左侧图中，GDS 沿着误差表面上的直接路径到达最小值；在右侧图中，SGD 沿着“不平衡”路径

使用 SGD 的更新规则如下：

$$w_i = w_i + \alpha * (y_i - y'_i) * x_i$$

请注意该学习规则与之前描述的感知器学习规则之间的相似性——它们看起来非常相似。主要区别是什么呢？主要区别在于训练时神经网络的输出。在 Adaline 中，不考虑任何阈值或激活函数，因此，$y_i' = \boldsymbol{w}_i x_i$。

■ **注意：**

当在多层神经网络中组合多个Adaline时，将获得所谓的Madaline。

11.2.4 实际问题：实现 Adaline 神经网络

在了解了 Adaline 算法的理论之后，该最终利用 C#代码实现该过程了。为此，将创建 Adaline 类，如代码清单 11-4 所示。

代码清单 11-4 Adaline 类

```
public class Adaline :SingleNeuralNetwork
    {
       public Adaline(IEnumerable<TrainingSample>training
       Samples, int inputs, double learningRate)
       : base(trainingSamples, inputs, learningRate)
       { }

public override void Training()
    {
       double error;
       do
       {
          error = 0.0;
foreach (var trainingSample in TrainingSamples)
          {
var output = LinearFunction(trainingSample.Features);
var errorT = Math.Pow(trainingSample.Classification - output, 2);

             if (Math.Abs(errorT) < 0.001)
             continue;

             for (var j = 0; j < Inputs; j++)
             Weights[j] += LearningRate *
             (trainingSample.Classification - output) *
             trainingSample.Features[j];

error = Math.Max(error, Math.Abs(errorT));
}
          }
          while (error > 0.25);
    }

    public double LinearFunction(double [] values)
    {
var summation = (from i in Enumerable.Range(0, Weights.Count)
                select Weights[i]*values[i]).Sum();
         return summation;
```

```
    }
    public override double Predict(double[] features)
    {
        return LinearFunction(features) >0.5 ?1 : 0;
    }
}
```

该类继承自 SingleNeuralNetwork 且包含三个方法。第二个方法是 LinearFunction()，它只是计算权重和 $w_i x_i$。注意，Adaline 算法中的预测阶段和训练阶段之间存在差异。在训练或学习阶段，将神经网络的输出计算为权重和，但在预测阶段，必须使用分类函数来分类新输入的数据。因此，预测函数与学习函数不同。在本示例中，预测函数计算新数据的权重和并输出 1 或 0，这取决于权重和的结果是大于或小于 0.5。

Training()方法包含一个 do ... while()语句。在该语句中，验证对任意训练数据进行分类所带来的最大误差是否超过 0.25。如果超过，则循环将继续；否则，会认为结果满足要求，该方法将结束。此外，如果在对训练数据进行分类时的误差低于 0.001，我们将不改变权重。在一个小数据集上执行刚刚实现的 Adaline 算法后获得的结果如图 11-10 所示。

```
Data: ( 1 , 1 ) Classified as: 0
Data: ( 1 , 0 ) Classified as: 0
Data: ( 0 , 0 ) Classified as: 0
Data: ( 0 , 1 ) Classified as: 0
Data: ( 2 , 0 ) Classified as: 0
Data: ( 2,5 , 2 ) Classified as: 1
Data: ( 0,5 , 1,5 ) Classified as: 1
```

图 11-10　在小数据集上执行 Adaline 算法后获得的结果

11.2.5　多层网络

多层网络是这样一种类型的神经网络，它具有多个按层分组的(单神经元)网络且层与层之间连接在一起。前文中所介绍的神经网络(感知器和 Adaline)由两层构成：一个具有多个节点的输入层和一个具有单个节点的输出层。图 11-11 中所示的多层神经网络由三层组成：输入层、隐含层和输出层。它也是一种前馈神经网络，换言之，所有信号都从某一层中的节点传递到下一层中的节点。因此，多层神经网络的构建方式是，将多个简单的“神经元”按层排列在一起，某个神经元的输出作为下一层另一个神经元的输入。

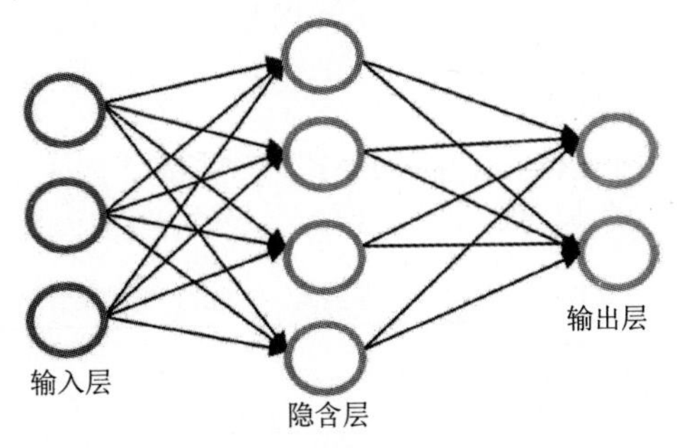

图 11-11　多层、前馈、全连接神经网络，由三层组成，分别是：输入层、隐含层(灰色)、输出层(绿色)。有时不认为输入层是一层

除了输入层(其从训练数据的分量 x_i 接收输入)之外，其他所有层从前一层的激活函数接收

它们的输入。多层神经网络中的每条边表示一个权重，离开某个节点的任何边需要将它的权重值乘以它所源自节点的激活函数值。因此，来自层 L，其中 L > 0(不是输入层)的任何节点，其输入或激活值按如下公式计算：

$$A_{l,i} = g\left(\sum_{j=1}^{n} w_{l-1,j,i} A_{l-1,j}\right)$$

其中 n 是 L-1 层中的单元总数，$A_{l,i}$ 表示 L 层的单元 i 的激活值，$w_{l-1,j,i}$ 是从 L-1 层的单元 j 到达 L 层的单元 i 的权重或边，g 是神经网络中应用的激活函数。通常，函数 g 选用“技术上逻辑的”sigmoid 函数，其值域是[0,1]，计算方式如下：

$$\text{sigmoid}(x) = \frac{1}{1+e^{-x}}$$

sigmoid 函数有一个非常重要的特性：它是连续可微的。请记住，这个属性很重要，因为我们要计算梯度并因而进行求导。

多层神经网络的一个关键特性是，它们能够对非线性可分割数据集进行分类。因而，类似 XOR 的函数(如图 11-12 所示)无法使用线性神经网络(例如感知器)分类，但能够使用仅包含一个隐含层的简单多层神经网络正确分类。

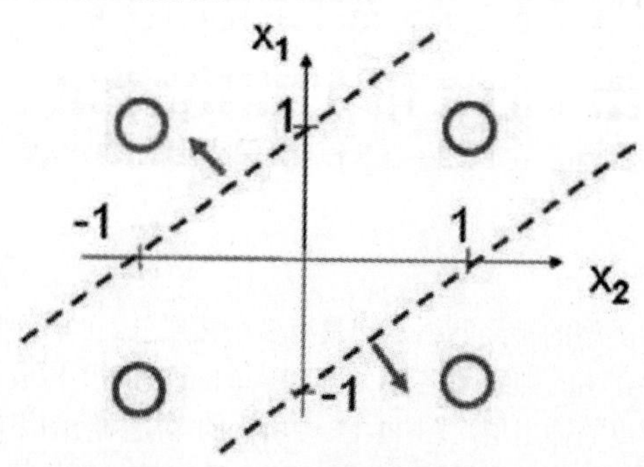

图 11-12　XOR 函数；不存在一条直线可以将红点(两条虚线中间的点)与绿点(两条虚线以外的点)分开

可以将多层神经网络视为功能强大的，能够逼近训练数据集中可能具有的任何表格函数的数学函数。每个隐含层代表一个函数，层的组合可以视为数学中的复合函数。因此，具有 n 个隐含层可以视为具有数学函数 $o(h_1(h_2(\ldots h_n(i(x))\ldots)))$，其中 o 是输出层，i 是输入层，$h_i$ 是隐含层。

传统的神经网络具有一个隐含层，当它们有多个隐含层时，就进入深度神经网络和深度学习的领域。隐含层数与得到的神经网络能力之间的关系表如 11-1 所示。

表 11-1　隐含层数与神经网络能力之间的关系

隐含层数	结果
无隐含层	仅能表示线性可分割函数或决策
1	可以逼近任何从一个有限空间到另一个有限空间的连续映射函数
2	可以利用合适的激活函数表示任意精度的任意决策边界，并且可以任意精度逼近任意平滑映射
>2	更多的层可以学习复杂的表示(有点类似自动特征工程)

已经证明，具有单个隐含层的多层神经网络能够学习逼近任何函数。因此，有人可能会问这个问题，如果利用单个隐含层，就能够学习任何函数，那么为什么还需要深度学习呢？原因如下，虽然万能逼近定理(universal approximation theorem)的确证明，具有单个隐含层确实足以学习任何连续函数，但它没有说明完成该神经网络学习过程的难易程度。因此，出于效率和准确性原因，可能需要增加神经网络架构的复杂性并加入更多的隐含层，以便在合理的时间内得到较优的解决方案。

在设计神经网络架构时，隐含层中神经元的数量是另一个要考虑的重要问题。即使这些层不直接与外部环境交互，它们也会对最终输出产生显著影响。隐含层的数量和隐含层中的神经元数量都必须仔细考虑。

在隐含层中使用太少的神经元将导致称为欠拟合(underfitting)的现象。当隐含层中的神经元太少而无法有效感知复杂数据集中的信号时，就会发生欠拟合。在隐含层中使用太多神经元可能导致若干问题，其中最广为人知的是过拟合(overfitting)，即权重针对训练数据集调整得太好时，导致神经网络无法正确预测新输入的数据的问题。

■ **注意：**

万能逼近定理表明，具有单个隐含层且隐含层中包含有限数量神经元的前馈网络可以近似逼近任何连续函数。这使得神经网络被视为通用逼近器。

11.2.6 反向传播算法

和 Adaline 神经网络一样，使用反向传播的多层神经网络通常依赖于梯度下降方法——更具体地说，依赖于随机梯度近似方法——来调整神经网络的权重。它们还寻求实现与 Adaline 算法相同的目标——最小化数据真实分类与神经网络输出分类间的平方差的误差。

反向传播算法的思路是，它采用这样一种机制：将输出层发生的误差传播到最后一个隐含层(在传播途中调整权重)，从那里再传播到前一个隐含层，以此类推，反向传播。换言之，如果 o 是输出层，而 h_1、h_2、...、h_n 表示隐含层，那么反向传播算法会从输出层继承误差(等价于调整权重或误差最小化)，来自 o 到 h_n，然后从 h_n 到 h_{n-1}，以此类推，直到误差调整过程到达 h_1。这种机制证明了“反向传播”名称的合理性，因为输出是从输入层开始计算的，途径隐含层 h_1、h_2、...、h_n 并在输出层结束，然后在获得输出后，即从输出反向调整权重，直到第一个隐含层。

如前所述，反向传播算法依赖于梯度下降方法，如同 Adaline 算法所做的那样。这两个算法过程之间的第一个可见差别是，Adaline 算法只有一个输出节点，但在多层神经网络中，即在反向传播算法中，可以处理部署在单个输出层中的多个输出节点。因此，总误差必须按如下公式计算：

$$E(w) = \frac{\sum_{i=1}^{n}\sum_{j=1}^{k}\left(y_{ij} - y'_{ij}\right)^2}{2}$$

其中 n 是训练数据集中的数据数目，k 是输出层中的节点数目，y_{ij} 是训练数据 i 在输出层节点(或位置)j 处的正确分类，y'_{ij} 是训练数据 i 在神经网络输出层中节点 j 处输出的分类。

反向传播过程中每个节点的学习规则类似于感知器和 Adaline。其规则基于一种随机近似方法，如下所示：

$$w_{ij} = w_{ij} + \alpha * \delta_j * x_{ij}$$

在该公式中，w_{ij}表示从节点 i 到节点 j 的权重，α 是学习率，x_{ij}是从节点 i 到节点 j 的激活值(在输入层中这些值与输入值一致)，δ_j是节点 j 处的误差。前文描述的学习规则没有两个下标(w_{ij})，这和此处的反向传播算法权重更新规则不同。前面讲过，反向传播算法旨在用于多层神经网络中，将有许多节点连接到其他节点，因此每条边 ij 都有一个相关联的 w_{ij}。

这样，我们一开始就得到了权重更新公式中除了δ_j之外的每个变量。δ_j表示分类的误差，需要根据相应的权重推导出来，用以寻找梯度，即在误差表面中对应于 w 的最陡下降。和随机逼近法一样，我们一次一个地迭代遍历每个训练数据，从而得到

$$\delta_j = -\frac{\partial E_d}{\partial \sum_i w_{ij} * x_{ij}}$$

其中 E_d是对训练数据 d 进行分类时相关的误差，w_{ij}是与节点 j 相关的权重。我们已知全局误差 E(w)的公式，但那不是我们推导出的用于最小化 w 的公式。回想一下，随机近似法每次处理一个训练数据，因此，可推导出以下方程：

$$E_d = \frac{\sum_{j=1}^{k}\left(y_j - y'_j\right)^2}{2}$$

其中，k 是输出层中节点的总数，y_j是节点 j 的正确分类，y'_j是神经网络输出的值。应用链式规则并考虑计算误差项的节点既可能是输出层节点，也可能是隐含层节点，可以得到下面的公式。

- 对于输出层中的节点，

$$\delta_j = -\frac{\partial E_d}{\partial \sum_i w_{ij} * x_{ij}} = \left(y_j - y'_j\right) * y'_j * \left(1 - y'_j\right),$$

- 这意味着

$$w_{ij} = w_{ij} + \alpha * \left(y_j - y'_j\right) * y'_j * \left(1 - y'_j\right) * x_{ij}$$

- 对于隐含层中的节点，

$$\delta_j = -\frac{\partial E_d}{\partial \sum_i w_{ij} * x_{ij}} = y'_j * \left(1 - y'_j\right) * \sum_{k \in Stream} \delta_k * w_{kj}$$

- 在该公式中，Stream 是一组节点，它们的输入对应于节点 j 的输出。因而之前的公式意味着

$$w_{ij} = w_{ij} + \alpha * y'_j * \left(1 - y'_j\right) * \sum_{k \in Stream} \delta_k * w_{kj} * x_{ij}$$

注意，所获得的权重更新公式假设神经网络中拥有 sigmoid 节点；换言之，在神经网络的每个节点中均使用了 sigmoid 函数作为激活函数。输出层和隐含层的权重更新规则的一般形式如下：

$$w_{ij} = w_{ij} + \alpha * \left(y_j - y'_j\right) * G\left(y'_j\right) * x_{ij}$$

$$w_{ij} = w_{ij} + \alpha * G\left(y'_j\right) * \sum_{k \in Stream} \delta_k * w_{kj} * x_{ij}$$

其中 $G(y_j')$表示激活函数在激活输出值处的导数，如我们所知，该值可以用 w 表示。回想一下，sigmoid 函数的导数是 F(x) * (1 - F(x))。该式非常容易计算和使用，是 sigmoid 函数成为多层神经网络的经典激活函数的主要原因之一。

另一种流行的激活函数如图 11-13 所示，即双曲正切函数，它是一种对称函数，其输出范围为(−1，1)，其表示和计算如下：

$$\tanh(x) = \frac{\sinh(x)}{\cosh(x)} = \frac{e^x - e^{-x}}{e^x + e^{-x}}$$

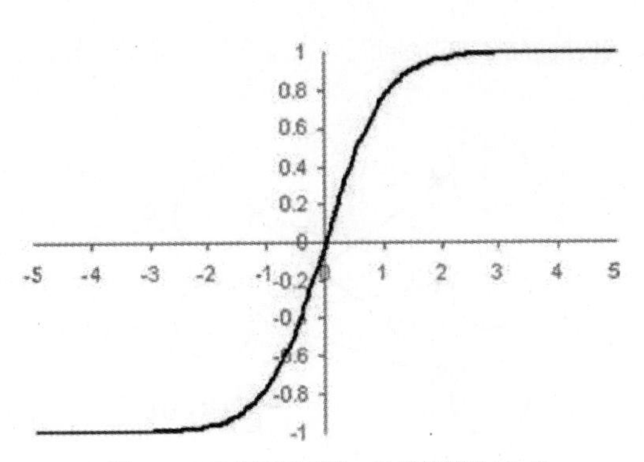

图 11-13 双曲正切函数，输出值域是(−1, 1)

如今，一种正逐步替代 sigmoid 函数和其他类似平滑函数的流行激活函数是线性整流单元(Rectified Linear Unit，ReLU)(如图 11-14 所示)。与 sigmoid 和平滑函数不同，ReLU 应用于深度学习时(例如在训练超过三层的神经网络时)不存在梯度消失的缺点。它的方程非常简单：

$$\text{ReLU}(x) = \max(0, x)$$

换言之，ReLU 允许所有正值不变通过，但将任何负值设置为 0。虽然一些较新的激活函数正在引起人们的注意，但现在大多数深度神经网络使用的是 ReLU 或某种与其密切相关的变体。

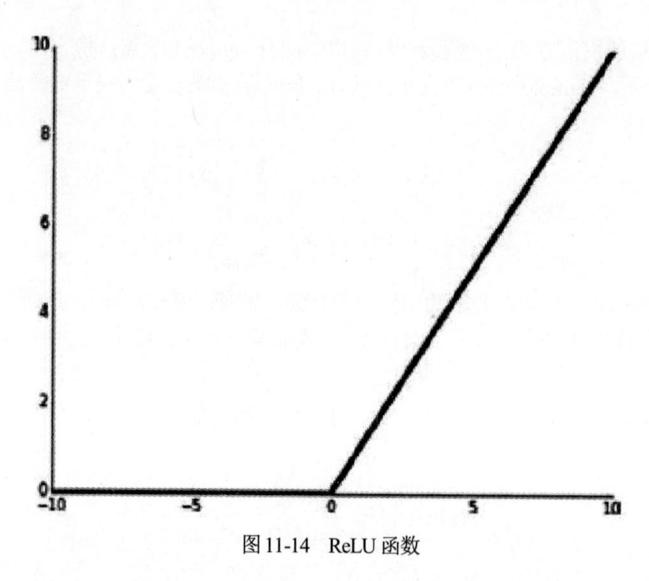

图 11-14　ReLU 函数

为了更好地理解反向传播算法中的反向流，以及变量将驻留的节点或边，以图 11-15 为例进行分析。

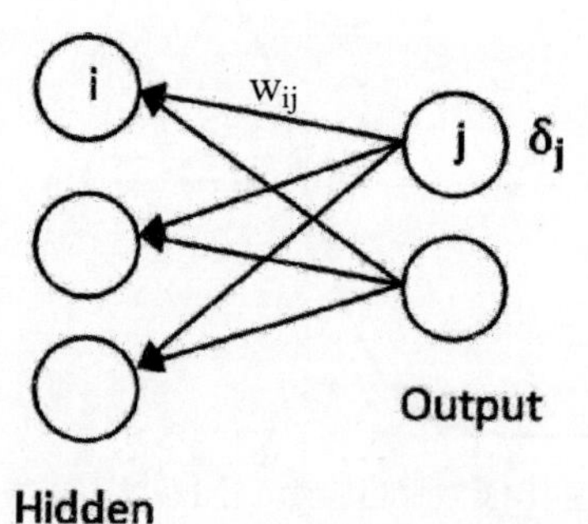

图 11-15　反向传播算法中的反向流。基于驻留在节点 j 中的误差项更新权重 w_{ij}

现在我们已经掌握了关于反向传播算法工作原理的理论背景，在下一节中将实现一个表示多层神经网络的 MultiLayerNetwork 类，并开发反向传播算法作为该类的一个方法。

11.2.7　实际问题：实现反向传播算法并解决 XOR 问题

为了正确编码实现多层神经网络范式，将创建代码清单 11-5 中所示的类。还将应用面向对象方法来包含一个 Layer 类，用于以一个 sigmoid 单元列表形式表示该层所有的节点。

代码清单 11-5　MultiLayerNetwork 类和 Layer 类

```
public class MultiLayerNetwork
    {
        public List<Layer> Layers { get; set; }
        public List<TrainingSample>TrainingSamples{ get; set; }
        public int HiddenUnits{ get; set; }
        public int OutputUnits{ get; set; }
```

```
        public double LearningRate{ get; set; }
        private double _maxError;

        public MultiLayerNetwork(IEnumerable<TrainingSample>
        trainingSamples, int inputs, int hiddenUnits, int outputs,
        double learningRate)
        {
            Layers = new List<Layer>();
TrainingSamples = new List<TrainingSample>(trainingSamples);
LearningRate = learningRate;
HiddenUnits = hiddenUnits;
OutputUnits = outputs;

CreateLayers(inputs);
        }
private void CreateLayers(int inputs)
        {
Layers.Add(new Layer(HiddenUnits, TrainingSamples,
LearningRate, inputs, TypeofLayer.Hidden));
Layers.Add(new Layer(OutputUnits, TrainingSamples,
LearningRate, HiddenUnits, TypeofLayer.OutPut));
        }

        public List<double>PredictSet(IEnumerable<double[]> objects)
        {
var result = new List<double>();

foreach (var obj in objects)
result.Add(Predict(obj));

            return result;
        }

        public Layer OutPutLayer
        {
            get { returnLayers.Last(); }
        }

        public Layer HiddenLayer
        {
            get { returnLayers.First(); }
        }
    }

public class Layer
    {
    public List<SigmoidUnit> Units { get; set; }
    public TypeofLayer Type { get; set; }
    public Layer(int number, List<TrainingSample>
    trainingSamples, double learningRate, int inputs,
    TypeofLayertypeofLayer)
    {
      Units = new List<SigmoidUnit>();
      Type = typeofLayer;
      for (var i = 0; i< number; i++)
```

```
Units.Add(new SigmoidUnit(trainingSamples, inputs, learningRate));
        }
    }
    public enumTypeofLayer
    {
        Hidden, OutPut
    }
```

Layer 类包含两个属性，第一个是一个 SigmoidUnit 的列表，另一个是 TypeofLayer Type (它是一个具有两个可能值的枚举类型：Hidden 和 OutPut)。在类构造函数中，只需要向层中添加 number 参数指定数目的节点。在 MultiLayerNetwork 类中，包含了用于获取 HiddenLayer(如果存在多个隐含层，则获取第一个隐含层和 OutputLayer)的属性。

MultiLayerNetwork 类的构造函数接收训练数据集、输入数目、隐含节点数目、输出数目及学习率作为参数。它通过调用 CreateLayers()方法创建多个层。最后，PredictSet()方法对作为参数接收的数据集合进行预测或分类。该类还包括一些属性或域，其中大多数可顾名思义。_maxError 域用于表示在反向传播算法的迭代或历元中对任意训练数据进行分类时出现的误差的最大值。

注意：

神经网络学习算法中的一次迭代通常称为一个历元(epoch)。

SigmoidUnit 类继承自 SingleNeuralNetwork 抽象类，其代码非常简单(如代码清单 11-6 所示)。它只是重载了 Predict()方法，以利用输入数据的特征和权重向量来计算 sigmoid 函数的值。

代码清单 11-6　SigmoidUnit 类，继承自 SingleNeuralNetwork 抽象类

```
public class SigmoidUnit :SingleNeuralNetwork
    {
        public double ActivationValue{ get; set; }
        public double ErrorTerm{ get; set; }

        public SigmoidUnit(IEnumerable<TrainingSample>training
        Samples, int inputs, double learningRate)
            : base(trainingSamples, inputs, learningRate)
        { }

        public override double Predict(double [] features)
        {
var result = 0.0;
            for (var i = 0; i<features.Length; i++)
                result += features[i] * Weights[i];

            return ActivationValue = 1/(1 + Math.Pow(Math.E,
            -result));
        }
    }
```

表示反向传播算法的 Training()方法如代码清单 11-7 所示。在该方法中，迭代遍历训练数据集，直到预测任意训练数据的最大误差均小于 0.001。我们预测神经网络的输出，并且由于使用的是 SigmoidUnit 节点，因此将在公有属性 ActivationValue 中存储预测结果值，如代码清单

11-7 所示。在计算出该值后，循环遍历各输出单元，计算它们的误差项，然后循环遍历隐含层中的节点，同时计算它们的误差项。回想一下上一节，它们的计算方式是不同的。在 UpdateWeight()方法中更新权重，在循环末尾处，当分类完所有训练数据时更新最大误差。

代码清单 11-7　表示反向传播算法的 Training()方法

```
public void Training()
{
    _maxError = double.MaxValue;

    while (Math.Abs(_maxError) > .001)
    {
foreach (var trainingSample in TrainingSamples)
        {
Predict(trainingSample.Features);

            // Error term for output layer ...
            for (var i = 0; i<OutPutLayer.Units.Count; i++)
            {
OutPutLayer.Units[i].ErrorTerm = FunctionDerivative
(OutPutLayer.Units[i].ActivationValue, TypeFunction.Sigmoid) *
                                        (trainingSample.
                                        Classifications[i] -
                                        OutPutLayer.Units[i].
                                        ActivationValue);
}

                // Error term for hidden layer ...
                for (var i = 0; i<HiddenLayer.Units.Count; i++)
                {
var outputUnitWeights = OutPutLayer.Units.Select(u =>u.
Weights[i]).ToList();
var product = (from j in Enumerable.Range(0, outputUnitWeights.Count)
                                        select outputUnitWeights[j]
                                        *OutPutLayer.
                                        Units[j].ErrorTerm).
                                        Sum();
HiddenLayer.Units[i].ErrorTerm = FunctionDerivative
(HiddenLayer.Units[i].ActivationValue, TypeFunction.Sigmoid) *
product;
                }
UpdateWeight(trainingSample.Features, OutPutLayer);
UpdateWeight(trainingSample.Features, HiddenLayer);
_maxError = OutPutLayer.Units.Max(u =>Math.Abs(u.ErrorTerm));
        }
    }
```

为了使方法尽可能灵活并方便与不同激活函数交互，编写了 FunctionDerivative()方法(如代码清单 11-8 所示)，它接收一个激活值和一个函数类型值参数(编码为一个枚举变量)，并输出在激活值处求得的激活函数导数。

代码清单 11-8　FunctionDerivative()方法和前文提到的激活函数的枚举变量声明

```
private double FunctionDerivative(double v, TypeFunctionfunction)
```

```
    {
        switch (function)
        {
            case TypeFunction.Sigmoid:
                return v*(1 - v);
            case TypeFunction.Tanh:
                return 1 - Math.Pow(v, 2);
            case TypeFunction.ReLu:
                return Math.Max(0, v);
            default:
                return 0;
        }
    }
public enumTypeFunction
  {
Sigmoid, Tanh, ReLu
  }
```

通过将前面的方法与SigmoidUnit类(见代码清单11-6)的以下兄弟类(见代码清单11-9)相结合，可以毫不费力地将我们的模型从一种类型的单元(Sigmoid、Tanh、ReLU)更改为另一种类型，从而实现不同类型的激活函数。

代码清单11-9　双曲正切单元和ReLU单元

```
public class TanhUnit :SingleNeuralNetwork
   {
        public double ActivationValue{ get; set; }
        public double ErrorTerm{ get; set; }
        public TanhUnit(IEnumerable<TrainingSample>training
        Samples, int inputs, double learningRate)
            : base(trainingSamples, inputs, learningRate)
        { }

        public override double Predict(double [] features)
        {
var result = 0.0;

             for (var i = 0; i<features.Length; i++)
                 result += features[i] * Weights[i];

ActivationValue = Math.Tanh(result);
           return ActivationValue;
    }
  }
public class ReLu :SingleNeuralNetwork
  {
       public double ActivationValue{ get; set; }
       public double ErrorTerm{ get; set; }
       public ReLu(IEnumerable<TrainingSample>trainingSamples,
       int inputs, double learningRate)
           : base(trainingSamples, inputs, learningRate)
       { }

           public override double Predict(double [] features)
           {
```

```
var result = 0.0;
        for (var i = 0; i<features.Length; i++)
             result += features[i] * Weights[i];

        return Math.Max(0, result);
    }
  }
```

请注意，根据所使用的层级结构模型，可以更好地对所有“单元”类进行分组。例如，所有类都包含 ActivationValue 属性和 ErrorTerm 属性，这些属性可以封装在一个上层类中，从而获得更好的类设计。这种面向对象的设计任务将留给读者完成。

UpdateWeight()方法(如代码清单 11-10 所示)是上一节中介绍的权重更新规则的直接“翻译”。此方法使用在 SigmoidUnit 类中加入的 ErrorTerm 公共属性，存储神经网络每个节点的误差。

代码清单 11-10　UpdateWeight()方法

```
  private void UpdateWeight(double[] features, Layer layer)
  {
var activationValues =
layer.Type == TypeofLayer.Hidden ? features : HiddenLayer.
Units.Select(u =>u.ActivationValue).ToArray();

foreach (var unit in layer.Units)
    {
         for (var i = 0; i<unit.Weights.Count; i++)
unit.Weights[i] += LearningRate * unit.ErrorTerm *
activationValues[i];
       }
    }
```

最后，为了在多层神经网络中预测和分类新传入的数据，编写了 Predict()方法(如代码清单 11-11 所示)，它计算每层节点的激活值，从输入节点开始，以一种前馈方式直到到达输出层。然后，为了输出分类，它基于输出层值的集合，既可以输出映射到某组值(在此例中为 0、1，具体取决于输出值是否大于 0.5)的分类，也可以简单地输出输出层中具有最高值的节点的索引。这分别是 ReturnIndexByHalf()方法和 ReturnIndexByMax()方法的目的，如代码清单 11-11 所示。请注意，开发第一种方法，是为了考虑(即能够处理)具有单个节点输出层的神经网络。

代码清单 11-11　分类相关的方法

```
    public double Predict(double[] features)
    {
        for (var i = 0; i<Layers.Count; i++)
        {
foreach (var unit in Layers[i].Units)
            {
var activationValues =
i == 0 ? features : HiddenLayer.Units.Select(u =>u.
ActivationValue).ToArray();
unit.Predict(activationValues);
              }
        }
```

```
            return ReturnIndexByHalf();
        }

        private int ReturnIndexByHalf()
        {
    var unit = OutPutLayer.Units.First();
            return unit.ActivationValue< 0.5 ? 0 : 1;
        }

        private int ReturnIndexByMax()
        {
    var max = OutPutLayer.Units.Max(u =>u.ActivationValue);
             return OutPutLayer.Units.FindIndex(0, unit =>unit.
             ActivationValue == max);
        }
```

为了测试刚实现的多层神经网络，我们将看到，它如何利用由三个节点的隐含层和单个节点的输出层组成的神经网络结构，正确地分类来自XOR问题的数据。我们还将对TrainingSample类进行一些修改，以应对训练数据可能具有分类向量而不是单个分类值的情况。分类向量可以是二进制的，例如，(1,0,0)可以指示与其关联的训练数据被分类为红色而不是绿色或蓝色。

新的TrainingSample类和用于在XOR问题上测试多层神经网络的设置，如代码清单11-12所示。

代码清单 11-12　对 TrainingSample 类进行轻微修改与设置，以便在 XOR 问题上测试 MultiLayerNetwork 类

```
public class TrainingSample
    {
        public int Classification { get; set; }
        public List<double> Classifications { get; set; }
        public double[] Features { get; set; }

        public TrainingSample(double [] features, int
        classification, IEnumerable<double>clasifications = null )
        {
            Features = new double[features.Length];
Array.Copy(features, Features, features.Length);
            Classification = classification;
            if (clasifications != null)
                Classifications = new List<double>(clasifications);
        }
    }

var trainingSamplesXor = new List<TrainingSample>
                                            {
                                                new TrainingSample
                                                (new double[] {0, 0},
                                                -1, new List<double>
                                                { 0 } ),
                                                new TrainingSample
                                                (new double[] {1, 1},
                                                -1, new List<double>
                                                { 0 } ),
```

```
                                    new TrainingSample
                                    (new double[] {0, 1},
                                    -1, new List<double>
                                    { 1 } ),
                                    new TrainingSample
                                    (new double[] {1, 0},
                                    -1, new List<double>
                                    { 1 } ),
                                };
var multilayer = new MultiLayerNetwork(trainingSamplesXor, 2,
3, 1, 0.01);
var toPredict = new List<double[]>
                                {
                                    new double[] {1, 1},
                                    new double[] {1, 0},
                                    new double[] {0, 0},
                                    new double[] {0, 1},
                                    new double[] {2, 0},
new[] {2.5, 2},
new[] {0.5, 1.5},
                                };
var predictions = multilayer.PredictSet(toPredict);

        for (var i = 0; i<predictions.Count; i++)
Console.WriteLine("Data: ( {0} , {1} ) Classified as: {2}",
toPredict[i][0], toPredict[i][1], predictions[i]);
```

在 C#控制台应用程序中执行代码清单 11-12 中的代码后获得的结果如图 11-16 所示。

```
Data: ( 1 , 1 ) Classified as: 0
Data: ( 1 , 0 ) Classified as: 1
Data: ( 0 , 0 ) Classified as: 0
Data: ( 0 , 1 ) Classified as: 1
Data: ( 2 , 0 ) Classified as: 1
Data: ( 2,5 , 2 ) Classified as: 0
Data: ( 0,5 , 1,5 ) Classified as: 1
```

图 11-16　执行代码清单 11-12 中的代码后获得的结果

上文中已经介绍了不同的神经网络模型，介绍了感知器模型，对于存在两个以上的类且无法被超平面分割的情况，该模型无法应用。我们明白了 Adaline 神经网络是基于梯度下降搜索方法的，该搜索方法使得它们可以区分非线性可分割数据集，并且它们的学习规则充当了反向传播算法的学习范式。最后，本书介绍了多层神经网络，它使用多层结构——该结构模拟了数学函数的复合——并被视为通用逼近器。在下一章中，将介绍一种非常有趣的神经网络应用，在其中，人工智能能够理解我们的手写数字，这种应用称为手写数字识别。

11.3　本章小结

在本章中研究了人工神经网络，这是一种功能强大的人工智能工具，它能够通过学习带标识的训练数据集中的模式，以及通过近似逼近训练数据集所代表的表格函数，解决多种问题。

本章描述了学习为何从本质上与优化问题高度相关，因为可以将其视为执行某项任务的持续改进。也就是说可以将学习视为一种最小化一个学习阶段中所产生的误差的方式，该学习阶段在多次历元或迭代之后结束，或者在获得了合适的学习误差使得我们最终能够以较小的误差因子预测新传入数据的分类之后结束。本章首先描述了感知器，然后转移到 Adaline 神经网络，其学习规则类似于多层神经网络的学习规则，并提出了一种面向对象的方法来实现所有这些神经网络。

第 12 章

手写数字识别

在第 11 章中研究了人工神经网络(NN)——一种监督学习范式，它模仿大脑神经元的工作方式。神经网络的学习过程就是逼近训练数据集以表格形式描述的函数的过程，该训练数据集包含对象的一些特征(要逼近的目标函数的输入)，以及这些特征对应的分类(目标函数的输出)。

前文曾介绍过，神经网络能够通过调整链接到神经元的权重集，学习训练数据集所描述的函数。同时，可以将神经元部署在不同的层中，各层的目的是提高神经网络的数学能力。如前所述，神经网络基本上是一个数学函数，并且添加层的操作类似于数学函数的复合运算。换言之，每一层可以视为一个函数，而神经网络可以视为 $F(L_1(L_2(\ldots (L_N(x))))$，其中 F 是神经网络，$L_i$ 是神经网络内的层。

神经网络可以用于求解多种科学问题。在这些问题中，值得关注的包括：面容识别(面容识别现在非常流行，并被纳入移动电话和其他电子设备中)、模式识别、形状识别、自动驾驶，以及本章中将重点关注的问题——光学字符识别(Optical Character Recognition，OCR)。更具体地说，是称为手写数字识别(Handwritten Digit Recognition，HDR)的 OCR 子问题。

为什么选择 HDR 而非其他问题作为神经网络的演示示例？首先，HDR 与第 11 章中研究的实际问题之间的关系，并没有你想象的那么远。此外，HDR 的训练数据集通常由任何人都可以轻松再现的低分辨率图像组成，特征提取过程也很容易实现。后面很快会看到，整幅图像被作为神经网络的输入，图像处理阶段对于这个问题来说并不复杂，因此它不会偏离我们的核心主题——神经网络。

在本章中将实现一个 Windows 窗体应用程序，该应用程序允许我们“手绘”数字，并给出该手写数字的正确分类。例如，如果书写的数字为 1，则输出应为 1；如果书写的数字是 2，则输出应该是 2，以此类推。在后端，该应用程序将使用第 11 章中介绍的多层神经网络的一个稍许修改的版本。

注意：

神经网络不仅可以应用于监督学习方法，还可以应用于无监督学习方法和强化学习方法中，后二者是机器学习的其他范式。

12.1 手写数字识别是什么

最近的数字化革命为我们对交流和互联等概念的看法带来了巨大的变革。今天，生物识别技术，即基于生理或行为特征识别与验证人员身份的科学，在认证问题中发挥着至关重要的作用。生理特征可包括指纹、虹膜、手掌几何特征或面部图像。行为特征是人以特定方式执行的动作，它可能包括签名、机器打印字符、笔迹和语音的识别。

OCR 的应用包括邮政地址系统、签名验证系统、表格填写类应用中的字符识别等。OCR 基本上可分为两种类型：离线字符识别和在线字符识别。在第一种类型中，通常接受来自扫描仪的图像作为输入，并且其识别过程往往比后一种类型更困难，因为上下文信息不可用，并缺乏诸如文本位置、文本大小、笔画顺序、起点、停止点等先验知识。而在在线字符识别中，系统从硬件设备(例如图形输入板、光笔等)的笔启动工作时，就开始接受输入。在输入过程中可以获得关于笔的大量信息，例如当前位置、某时刻的方向、起点、停止点和笔画顺序。手写字符识别通常属于后一种类别，虽然也存在前一种类型的应用。

书写是人类使用书面媒体相互交流的方式。随着技术的进步和科学的发展，通过手写与计算机交互的技术发生了很多变化。如今，计算机程序通常需要能够接收和识别手写数据形式的输入，这就是所谓的手写识别。

手写数字识别是手写识别的一个子集，其主要目的是识别手写数字。因此，HDR 中的字符全集仅为{0, 1, 2, 3, 4, 5, 6, 7, 8, 9}，并且不会正确识别其他字符。

■ **注意：**

最流行的用于HDR的数据集之一是MNIST，它分为两个子集，其中一个用于训练神经网络，另一个用于测试其准确性。可以从http://yann.lecun.com下载该数据集。

12.2 训练数据集

为了训练多层神经网络，以识别手写数字，建立图 12-1 所示的训练数据集。

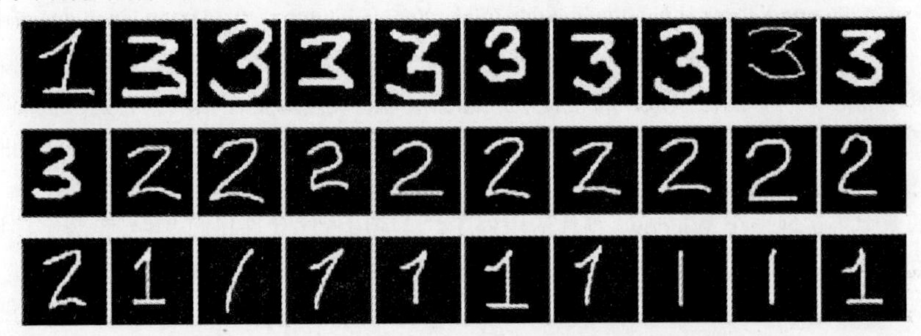

图 12-1　包含 30 幅 30×30 分辨率图像的小型训练数据集

该自创的训练数据集仅包含 30 幅[1, 3]范围内的手写数字的图像，其中每个数字各有 10 幅图像。在这个实际问题中，不会加入对所有数字的识别；相反，将专注于识别数字 1、2 和 3。后文中我们很快会看到，对于读者而言，将来如果要把这里的神经网络进一步扩展到识别所有数字，不费吹灰之力。

之所以选择 30×30 的图像分辨率，是因为这样能够简化神经网络的输入层，并且颜色的选择(黑色背景、白色字体)简化了特征提取阶段。

12.3 用于 HDR 的多层神经网络

即将建模用于解决 HDR 问题的神经网络，与第 11 章中提出的多层神经网络的模型没有太大差别。回想一下，由万能逼近定理可知，如果在多层神经网络中有一个隐含层，则足以学习或逼近任何连续函数。此外，回想一下，深度学习(包含各种隐含层的神经网络)并非徒劳无益，其目的是为某些单隐含层无法提供足够准确或可行结果的问题，提供更准确和更有效的结果。拥有多个隐含层有助于在更短的时间内获得更准确、更有效的解。对于手头问题，我们决定使用具有单个隐含层的多层神经网络。

输入层将是从图像像素到该层节点的直接映射，因此，如果有一幅 30×30 的图像，输入层将包含 900 个节点，每个像素一个，并且如果像素颜色为黑色，则值为 0，在任何其他情况下则为 1(如图 12-2 所示)。这并非提取输入到神经网络的特征时所能够使用的最准确策略，但它适用于这个简单例子。其他的特征提取策略会考虑获取像素强度值，并将这些值缩放到[0,1]范围。

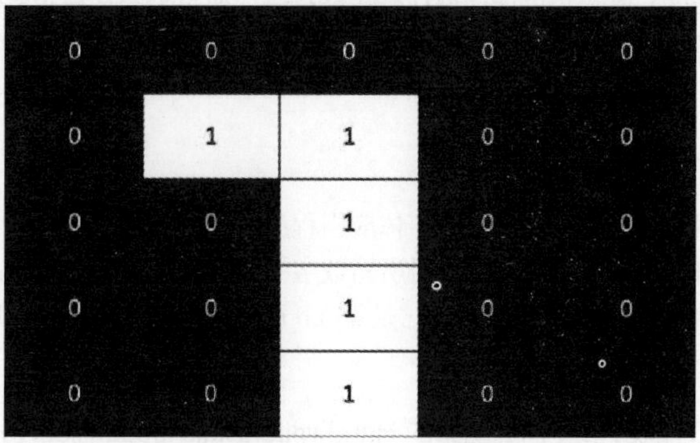

0	0	0	0	0
0	1	1	0	0
0	0	1	0	0
0	0	1	0	0
0	0	1	0	0

图 12-2 通过将每个黑色像素映射为 0 并将任何其他像素映射为 1，进行特征提取

输出层将包含三个节点，每个节点对应于用于识别的数字之一(1、2、3)。所提出的多层神经网络的最终结构如图 12-3 所示。

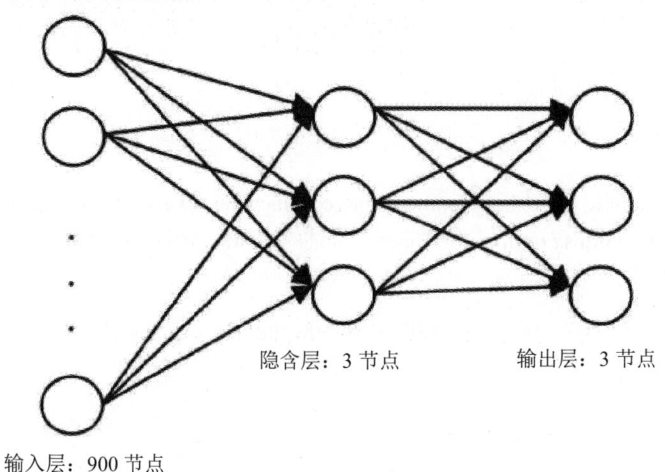

图 12-3 所提出的多层神经网络结构

此时，读者可能想知道，如何根据输出层获得神经网络中分析的数据的分类。示例中该层有三个节点的事实并非巧合——这些节点中的每一个都应该匹配要识别出的三个数字中的一个。第一个节点(如果被激活)匹配或输出数字 1，第二个节点匹配数字 2，第三个节点输出数字 3。那么，如何选择一个节点作为神经网络的输出，或因给定的一个训练数据而激活？简单——具有最高激活值的节点将被选择为输出节点。

训练数据的正确分类将表示为具有三个分量的向量；其中两个分量值为 0，一个值为 1。值为 1 的分量给出训练数据的正确分类。例如，向量(1, 0, 0)表示训练数据的正确分类为 1，向量(0, 1, 0)表示正确分类为 2，而向量(0, 0, 1)将 3 标为所分析训练数据的正确分类。

最后，有必要说明的是，在所提出的神经网络中，不将权重初始化为[0,1]范围内的随机值，而是将它们设置为[-0.5,0.5]范围内的随机值。这一更改背后的原因是数值性的，也与算法性能有关。因为该网络有一个包含许多节点的输入层，这些输入值的加权和将导致 sigmoid 激活函数的值非常接近 1，这将使神经网络的性能恶化，并阻止它收敛到最小误差，从而无法得到一个合格的解。作为建议，请务必记住在设计神经网络时，权重初始化也是需要考虑的问题，因为它会影响神经网络的整体性能。

12.4 实现

如前所述，我们将开发一个 Windows 窗体应用程序，该应用程序允许在图片框上书写数字，然后通过单击 Classification(分类)按钮，获得所写数字的分类。为了获得简洁而表现力强的代码，代码中将使用以下类(见代码清单 12-1)，它是第 11 章中介绍的 MultiLayerNetwork 类的直接后代。

代码清单 12-1 代表 HDR 神经网络的 HandwrittenDigitRecognitionNn 类

```
public class HandwrittenDigitRecognitionNn : MultiLayerNetwork
    {
        public HandwrittenDigitRecognitionNn(IEnumerable<Training
        Sample> trainingDataSet, int inputs, int hiddenUnits,
        int outputs, double learningRate)
        :base(trainingDataSet, inputs, hiddenUnits,
        outputs, learningRate)
    {
    }
}
```

此类的一个实例将被添加到 HandwrittenRecognitionGui 类中，HandwrittenRecognitionGui 类继承自 Windows.Forms.Form，并包含本章中详述的大部分代码。该类的域和属性声明部分如代码清单 12-2 所示。

代码清单 12-2 代表可视化应用程序的 HandwrittenRecognitionGui 类

```
public partial class HandwrittenRecognitionGui : Form
    {
        private bool _mouseIsDown;
        private Bitmap _bitmap;
        private const int NnInputs = 900;
        private const int NnHidden = 3;
```

```
        private const int NnOutputs = 3;
        private HandwrittenDigitRecognitionNn _
        handwrittenDigitRecogNn;
        private bool _weightsLoaded;
public HandwrittenRecognitionGui()
    {
        InitializeComponent();
        _bitmap = new Bitmap(paintBox.Width, paintBox.Height);
    }
}
```

这些域或属性的含义描述如下所示。

- _mouseIsDown：用于鼠标相关的事件，以确定是否按下了鼠标按钮(左键单击)。
- _bitmap：位图图像，用于存储用户在图片框上手写的内容，然后将其提交给神经网络进行分类。
- NnInputs：神经网络输入层中的节点数。
- NnHidden：神经网络隐含层中的节点数。
- NnOutputs：神经网络输出层中的节点数。
- _handwrittenDigitRecogNn：神经网络类的实例。
- _weightsLoaded：确定是否已将权重集加载到应用程序。一旦开始训练神经网络，找到的权重集将保存在一个文件中，以备将来使用。因此，该变量将用于控制对包含这些权重的文件的读取。

接着将通过添加不同的方法来完善 HandRecognitionGui 类，这些方法用于处理图片框控件中与鼠标相关的事件，将在 Design(设计)模式下将它们添加到应用程序中。我们将很快看到应用程序的外观。这些与鼠标事件相关的方法如代码清单 12-3 所示。

代码清单 12-3　用于处理书写数字的图片框中的鼠标事件的方法

```
private void PaintBoxMouseDown(object sender, MouseEventArgs e)
        {
            if (e.Button == MouseButtons.Left)
                _mouseIsDown = true;
        }

        private void PaintBoxMouseMove(object sender,
        MouseEventArgs e)
        {
            if (_mouseIsDown)
            {
                var point = paintBox.PointToClient(Cursor.
                Position);
                DrawPoint((point.X), (point.Y), Color.
                FromArgb(255, 255, 255, 255));
            }
        }

        private void PaintBoxMouseUp(object sender,
        MouseEventArgs e)
        {
            _mouseIsDown = false;
        }
```

```
public void DrawPoint(int x, int y, Color color)
{
    var pen = new Pen(color);
    var gPaintBox = paintBox.CreateGraphics();
    var gImg = Graphics.FromImage(_bitmap);
    gPaintBox.DrawRectangle(pen, x, y, 1, 1);
    gImg.DrawRectangle(pen, x, y, 1, 1);
}
```

在代码清单 12-3 中可见，这里捕获了三个鼠标事件：MouseDown(当用户在控件上按下鼠标按钮时)、MouseMove(当用户在控件上移动鼠标时)和 MouseUp(当用户在控件上停止按下按钮时)。这三个事件与_mouseIsDown 变量相结合，提供了一些必要工具来构建一个简单、直接的机制，该机制用于确定用户何时在控件上绘图，并将绘图保存在图片框控件和辅助位图图像中(该位图图像最终被提供给神经网络用于分类)。一旦用户在图片框控件上书写了数字并单击了 Classification 按钮(后面将很快看到最终的 GUI)，图像处理阶段就开始了，在该阶段中使用了下一个方法从图像中提取特征(见代码清单 12-4)。

代码清单 12-4　提取特征

```
private double [,] GetImage(Bitmap bitmap)
    {
        var result = new double[bitmap.Width, bitmap.Height];

        for (var i = 0; i < bitmap.Width; i++)
        {
            for (var j = 0; j < bitmap.Height; j++)
            {
                var pixel = bitmap.GetPixel(i, j);
                result[i, j] = pixel.R + pixel.G + pixel.B
                == 0 ? 0 : 1;
            }
        }

        return result;
    }
```

在 GetImage()方法中构建了一个二进制值的矩阵。在所获得矩阵的给定坐标(i, j)处的值 0 表示与图片框相关联的图像中的一个黑色像素，而值 1 表示其他任意颜色。

在我们的可视化应用程序中将包含一个 Train(训练)按钮，其单击事件的方法如代码清单 12-5 所示。在该方法中，加载一组 30×30 分辨率的图像，构成训练数据集，处理每幅图像并创建一个等效的 TrainingSample 对象。然后，开始训练过程，并将得到的权重集保存在一个 weights.txt 文件中。

代码清单 12-5　加载训练数据集、训练神经网络并保存得到的权重

```
private void TrainBtnClick(object sender, EventArgs e)
    {
        var trainingDataSet = new List<TrainingSample>();
        var trainingDataSetFiles = Directory.
        GetFiles(Directory.GetCurrentDirectory() +
        "\\Digits");
```

```
        foreach(var file in trainingDataSetFiles)
        {
            var name = file.Remove(file.LastIndexOf(".")).
            Substring(file.LastIndexOf("\\") + 1);
            var @class = int.Parse(name.Substring(0, 1));
            var classVec = new[] {0.0, 0.0, 0.0};
            classVec[@class - 1] = 1;
            var imgMatrix = GetImage(new Bitmap(file));
            var imgVector = imgMatrix.Cast<double>().
            Select(c => c).ToArray();
            trainingDataSet.Add(new
            TrainingSample(imgVector, @class, classVec));
        }
        _handwrittenDigitRecogNn = new HandwrittenDigit
        RecognitionNn(trainingDataSet, NnInputs, NnHidden,
        NnOutputs, 0.002);
        _handwrittenDigitRecogNn.Training();

        var fileWeights = new StreamWriter("weights.txt",
        false);

        foreach (var layer in _handwrittenDigitRecogNn.Layers)
        {
            foreach (var unit in layer.Units)
            {
                foreach (var w in unit.Weights)
                   fileWeights.WriteLine(w);
                fileWeights.WriteLine("*");
            }
            fileWeights.WriteLine("-");
        }
        fileWeights.Close();

        MessageBox.Show("Training Complete!", "Message");
    }
```

为对图片框上绘制的数字进行分类，添加一个 Classify 按钮。该按钮的单击事件发生时所触发的方法如代码清单 12-6 所示。在该方法中，检查 weights.txt 文件是否存在。如果该文件存在，则加载权重集，否则在任何其他情况下(即该文件不存在时)输出警告消息。如果尚未加载权重集，则运行 ReadWeights()方法，并最终执行神经网络的 Predict()方法，将得到的分类保存在 classBox 文本框中。

代码清单 12-6 单击 Classify 按钮后执行的方法

```
private void ClassifyBtnClick(object sender, EventArgs e)
    {
        if (Directory.GetFiles(Directory.
        GetCurrentDirectory()).Any(file => file ==
        Directory.GetCurrentDirectory() + "weights.txt")) {
            MessageBox.Show("Warning", "No weights file,
            you need to train your NN first");
          return;
        }
```

```
        if (!_weightsLoaded)
        {
            ReadWeights();
            _weightsLoaded = true;
        }

        var digitMatrix = GetImage(_bitmap);
        var prediction = _handwrittenDigitRecogNn.
        Predict(digitMatrix.Cast<double>().
        Select(c => c).ToArray());
        classBox.Text = (prediction + 1).ToString();
    }
```

ReadWeights()方法充当一个辅助迷你解析器，负责读取权重文件并将它们分配给神经网络中的每个节点(如代码清单 12-7 所示)。权重在文件中按行存储，属于不同神经元的权重由包含“*”符号的行分隔，该符号用于标识与给定神经元相关联的权重的结束和另一个神经元权重的开始。“-”符号也起着相同的分隔作用，但是它用于分隔神经网络的层级。

代码清单 12-7 ReadWeights()方法

```
private void ReadWeights()
    {
        _handwrittenDigitRecogNn = new HandwrittenDigit
        RecognitionNn(new List<TrainingSample>(), NnInputs,
        NnHidden, NnOutputs, 0.002);
        var weightsFile = new StreamReader("weights.txt");
        var currentLayer = _handwrittenDigitRecogNn.
        HiddenLayer;
        var weights = new List<double>();
        var j = 0;

        while (!weightsFile.EndOfStream)
        {
            var currentLine = weightsFile.ReadLine();

            // End of weights for current unit.
            if (currentLine == "*")
            {
                currentLayer.Units[j].Weights = new
                List<double>(weights);
                j++;
                weights.Clear();
                continue;
            }

            // End of layer.
            if (currentLine == "-")
            {
                currentLayer = _handwrittenDigitRecogNn.
                OutPutLayer;
                j = 0;
                weights.Clear();
                continue;
            }
```

```
            weights.Add(double.Parse(currentLine));
        }

        weightsFile.Close();
    }
```

最后，执行并查看 Handwritten Digit Recognition(手写数字识别)可视化应用程序(如图 12-4 所示)。

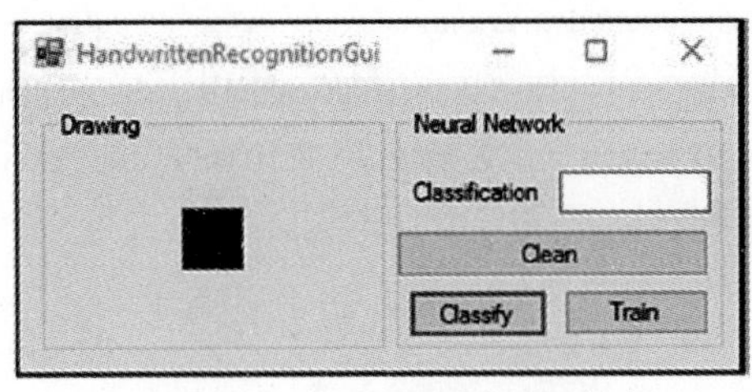

图 12-4　HDR 可视化应用程序

现在已经完成该应用程序的开发，接下来看看在将数字 1、2 和 3 的不同书写形式提供给神经网络之后，它将如何执行。

12.5　测试

回到图 12-4，可以看到应用程序中用户书写的位置是带有黑色背景的图片框控件。在该图片框中，我们书写不同的数字，最终通过单击 Classify 按钮获得一个分类。接着进行一些测试(如图 12-5 所示)。

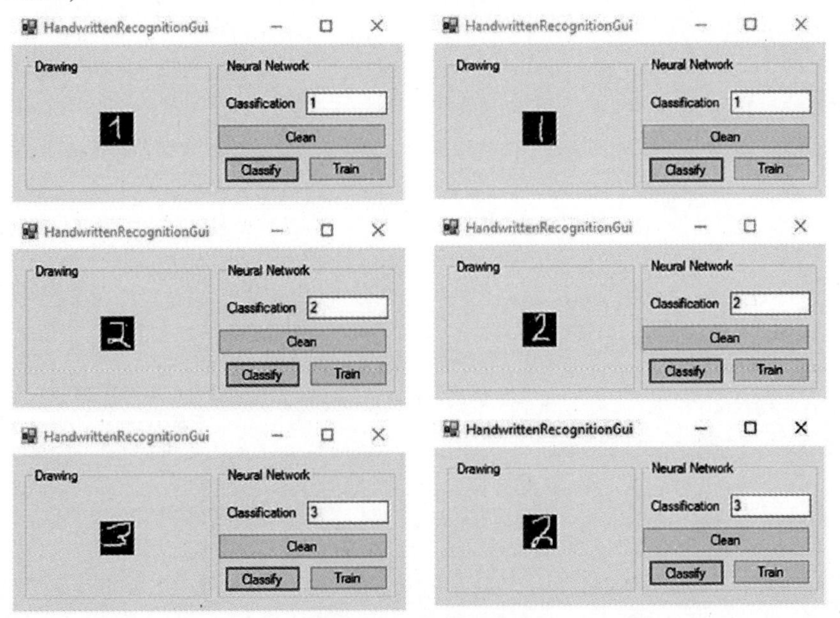

图 12-5　手写数字的分类

许多手写数字在该应用程序中能够获得正确分类，但对于其他一些数字，在同样方式下可能会发生分类错误的情况。读者可能已经想到，这种不准确背后的原因在于，在训练神经网络时使用了非常小的训练数据集。为了获得更高的准确度，需要更多具有不同书写风格的样本。

12.6 本章小结

在本章中介绍了手写数字识别问题，并且开发了一个 Windows 窗体应用程序，该应用程序允许用户在其中书写数字并最终获得书写数字的分类。本章中只考虑了数字集{1, 2, 3}，但只需要将新节点添加到输出层，就可以轻松地将应用程序扩展为能够处理所有可能的数字。本章最后测试了结果，如前所述，由于训练样本数量较少，应用程序可能会错误地分类一些传入数据。因此，建议添加一些新训练数据。本章介绍的可视化应用程序是神经网络功能和潜能的真实体现。

第 13 章

聚类和多目标聚类

前文中已经讨论了几种与监督学习相关的方法。在此类方法中，从包含带标记的数据的训练数据集中学习一个近似函数。在本章中将开始讨论无监督学习，这是一种机器学习的方法或范式，它从无标记数据集中推导出一个函数和数据的结构。

无监督学习(Unsupervised Learning，UL)方法不再具有“训练”数据集。因此，无监督学习中的训练阶段消失，因为数据没有相关的分类，正确的分类被认为是未知的。因此，无监督学习远比监督学习更主观，因为它没有一个简单的分析目标，例如响应预测。无监督学习方法的通常目标(尽管听起来不精确)是找到用于描述被分析数据的结构的模式。因为从实验室仪器或其他任何测量设备获得无标记数据通常比获得标记数据更容易，所以无监督学习方法越来越多地应用于众多需要学习数据的结构的问题中。

在本章中将探讨与无监督学习相关的最重要的学习任务之一，聚类(cluster)以及它的一种变体，在该变体中我们考虑几种目标函数，这些目标函数要同时被最小化或最大化，因而这种变体称为多目标聚类。在本章将描述和实现庞大聚类算法族中的一种方法，即 k-means 方法。此外，还将实现一些用于确定对象和聚类相似性的度量方法。

注意

监督学习算法和无监督学习算法都是数据挖掘应用中经常使用的知识抽取技术。

13.1 聚类是什么

聚类是一个庞大的算法族，其目的是将一组对象划分为组(group)或聚类簇(cluster)，且尽量确保同一组中的对象具有尽可能高的相似性，不同组中的对象具有尽可能高的差异性。这里的相似性与对象的某种属性有关，这种属性可以是数据集中所包含的高度、重量、颜色、勇气或任何其他类型的特性，且通常以数值形式表示。基于对象颜色的聚类如图 13-1 所示。

图 13-1　基于对象颜色的聚类

聚类在各种科学和商业领域中得到了应用，例如天文学、心理学、医学、经济学、欺诈规避、体系架构、人口统计分析、图像分割等。

聚类算法通常由以下三种要素组成。

- 相似性度量：用于确定两个对象之间相似度的函数。在图 13-1 的示例中，相似度函数是输出一个整数的 Color(x,y)，该整数基于颜色判定对象 x 和 y 之间的等价程度。通常，输出值越大，x 和 y 之间的差异越大；输出值越小，x 和 y 越相似。
- 准则或目标函数：用于评估聚类质量的函数。
- 优化或聚类算法：极小化或极大化标准函数的算法。

一些最流行的相似性度量方法如下所示。

- n 维向量 $\boldsymbol{a}$、$\boldsymbol{b}$ 之间的欧氏距离：

$$\text{Euclidean}(\boldsymbol{a},\boldsymbol{b})=\sqrt{\sum_{\mathrm{i}=1}^{\mathrm{n}}(\boldsymbol{a}_{\mathrm{i}}-\boldsymbol{b}_{\mathrm{i}})^2}$$

  欧氏距离是空间中两点之间通常意义上的距离。

- n 维向量 $\boldsymbol{a}$、$\boldsymbol{b}$ 之间的曼哈顿距离：

$$\text{Manhattan}(\boldsymbol{a},\boldsymbol{b})=\sum_{\mathrm{i}=1}^{\mathrm{n}}|\boldsymbol{a}_{\mathrm{i}}-\boldsymbol{b}_{\mathrm{i}}|$$

  曼哈顿距离是欧氏距离的近似值，它的计算开销相对较低。

- $n \times m$ 矩阵 $\boldsymbol{T}$ 的单元间的闵可夫斯基距离；式中 p 是一个正整数，该距离是适才介绍的两种距离的泛化：

$$\text{Minkowski}_{\mathrm{p}}(\boldsymbol{T}_{\mathrm{k}},\boldsymbol{T}_{\mathrm{h}})=\sqrt[\mathrm{p}]{\sum_{\mathrm{i}=1}^{\mathrm{m}}(\boldsymbol{T}_{\mathrm{ki}}-\boldsymbol{T}_{\mathrm{hi}})^2}$$

在用于确定或评估聚类质量的准则或目标函数中，有以下几种。

- 类内距离(Intra-class Distance)，也称为紧密度(Compactness)：由“Intra”前缀顾名思义，它度量的是某个聚类簇(或组)中的数据点与聚类簇质心的接近程度。聚类簇质心是某个聚类簇中所有数据点的平均向量。误差平方和通常用作度量该距离的数学函数。
- 类间距离(Inter-class Distance)，也称为隔离(Isolation)或间隔(Separation)：正如其名称的“Inter”前缀所暗示的，它度量的是聚类簇之间的距离。

聚类算法族可以分为层次聚类算法、划分聚类算法和贝叶斯聚类算法。图 13-2 说明了不同聚类算法族之间的关系。

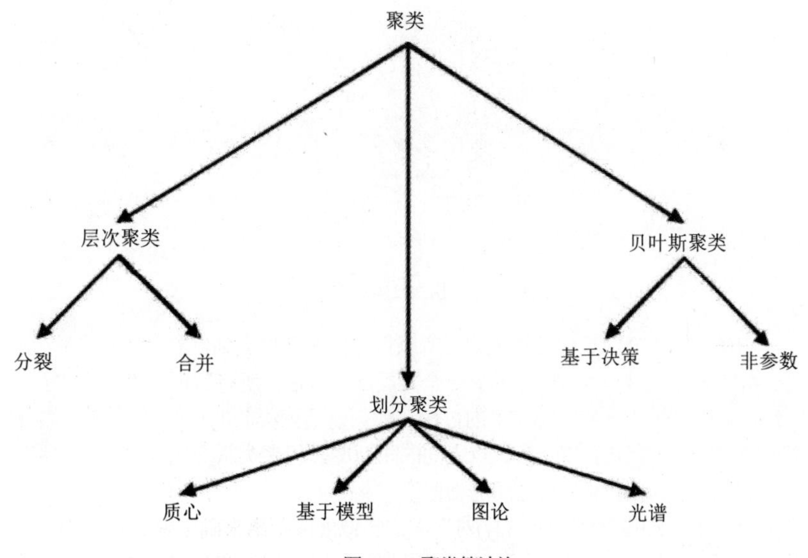

图 13-2　聚类算法族

在本书中将讨论层次聚类算法和划分聚类算法，贝叶斯聚类算法试图基于数据点的所有可能划分集合生成一种后验分布。贝叶斯聚类算法与概率和统计学等领域高度相关，因此将作为附加研究留给读者完成。

■ 注意

聚类是一种众所周知的NP难问题，这意味着在确定型图灵机上无法开发或设计出该问题的多项式时间解。

13.2　层次聚类

层次聚类算法从之前已发现的聚类簇中发现新聚类簇，因此，新聚类簇在嵌入父聚类簇之后，成为父聚类簇的后代，且以这种方式建立了层次关系。层次聚类算法可以分成合并层次聚类和分裂层次聚类。

合并(又称为自底向上)层次聚类算法从每个对象开始，将单个对象作为大小为 1 的独立聚类簇，然后开始将最相似的那些聚类簇合并为更大的连续聚类簇，直到形成一个包含全部对象的聚类簇为止。

分裂(又称为自顶向下)层次聚类算法从一个包含所有对象的聚类簇开始，在每一步中选择一组对象从当前聚类簇集合中分裂出来。当每个对象都是一个独立聚类簇时，算法停止。

层次聚类算法可以输出一个树状图，一种类似二叉树的图，用于表示聚类簇的分配。在树状图中，每一级代表一层不同的分组。一个在由点 a、b、c、d 和 e 组成的数据集上执行合并层次聚类算法，以及得到的聚类簇结果和获得的树状图的示例如图 13-3 所示。

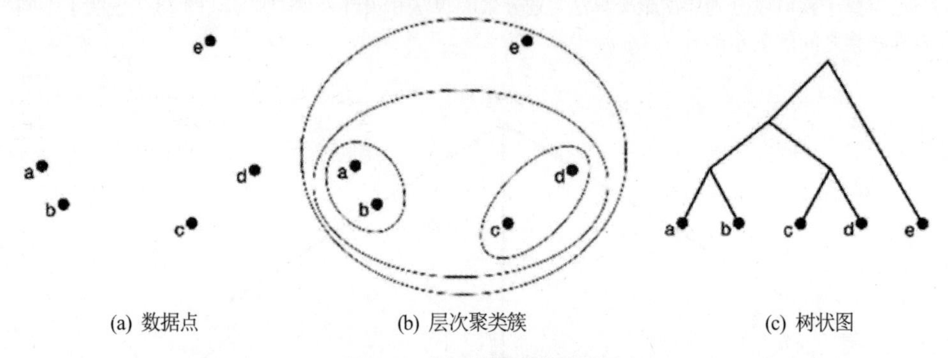

图 13-3 合并层次聚类算法示例

因为点 a 与 b、c 与 d 分别是最接近的点，所以将它们分别聚类到一起。然后将最近的聚类簇{a，b}、{c，d}组合在一起，将{e}作为另一个聚类簇。最后，所有数据点都被合并到一个聚类簇中，在本例中，执行了一个自底向上的过程。如何确定聚类簇的相似度(或称距离)呢？前面详述的度量方法或距离给出了两个数据点之间的相似度，但聚类簇的相似度如何得到呢？下文中描述的度量方法能够给出聚类簇之间的相似度。

- 平均链接聚类：通过找到所有(x, y)对之间的相似度或距离来确定聚类 C1 和 C2 之间的相似度，其中 x 属于 C1、y 属于 C2。将得到的所有值相加在一起，最后除以 C1 和 C2 中的对象总数。这样最终计算出的是 C1 和 C2 之间距离的平均值。
- 质心链接聚类：通过找到任意(x, y)对之间的相似度或距离来确定聚类 C1 和 C2 之间的相似度，其中 x 是 C1 的质心，y 是 C2 的质心。
- 完全链接聚类：通过输出所有(x, y)对之间的相似度或距离的最大值，确定聚类 C1 和 C2 之间的相似度，其中 x 是来自 C1 的对象，y 是来自 C2 的对象。
- 单链接聚类：通过输出所有(x, y)对之间相似度或距离的最小值，确定聚类簇 C1 和 C2 之间的相似度，其中 x 是来自 C1 的对象，y 是来自 C2 的对象。

合并层次聚类的伪代码如下，它表明了实现这种类型的算法是非常容易的。

```
AgglomerativeClustering (dataPoints)
{
Initialize each data point in dataPoints as a single cluster
while (numberClusters> 1)
  find nearest clusters C1, C2 according to a cluster similarity
  measure
merge(C1, C2)
end
}
```

合并聚类算法与分裂聚类算法相比，效率更高，但后者通常能提供更精确的解。请注意，分裂算法从整个数据集开始操作，因此，它能够找到将原始数据集分为两个聚类簇的最佳分割或划分方式，以此为起点，它也能够找到每个聚类簇内的最佳划分方式。另一方面，合并方法在合并时不考虑数据的全局结构，因此仅限于分析“两两(pairwise)”结构。

■ **注意**

在 19 世纪 50 年代霍乱疫情期间，伦敦医生约翰·斯诺应用聚类技术绘制地图上霍乱死亡的位置。聚类结果表明死亡病例位于污染水井附近。

13.3 划分聚类

划分聚类算法将 n 个对象的集合划分为 k 个聚类簇或类。其中，k(聚类簇或类的数目)可以预先固定或者在优化目标函数时由算法确定。划分聚类算法族中最流行的代表是 k-means 算法(MacQueen，1967)。

k-means 算法是最简单的用于寻找一组对象的聚类的无监督学习方法之一。它遵循一个将给定数据集划分为 k 个聚类簇的简单过程，其中 k 是预先指定的一个定值。在该方法初始化阶段，定义 k 个质心，每个聚类簇一个。存在不同的定义质心方法。可以从数据集中选择 k 个随机对象作为质心(朴素方法)，或者采用更复杂的，选择相互间距离尽可能远的对象的方式，选出它们。选择的质心定义方法可能影响算法后续性能，因为初始质心将影响最终结果。

k-means 算法的主体由一个验证是否已达到停止条件的外循环构成，该外循环包含一个遍历所有数据点的内循环。在该内循环中，在检查数据点 P 时，通过比较 P 与各个聚类簇质心的距离，来确定应该将 P 添加到哪个聚类簇中，并最终将它添加到关联质心距离与 P 点最近的聚类簇中。

所有数据点都被第一次检查后——也就是说，内循环第一次结束时——算法的主要阶段之一已经完成并且已获得了初步聚类。此时，需要改进聚类，因此，重新计算在前一步骤中获得的 k 个质心(质心是它们各自聚类簇的平均向量)，这将给出各个聚类簇的新质心。如果此时尚未满足停止条件，则再次执行内循环，将各个数据点加入新质心与该数据点最近的聚类簇。这就是 k-means 的主要过程。注意 k 个质心逐步改变它们的位置，直到不再做出任何改变。换言之，算法的停止条件是，在循环的一次迭代到下一次迭代之间，质心集合不再改变。k-means 的伪代码如下所示：

```
K-Means(dataPoints, k)
{
cList = InitializeKCentroids()
        clusters = CreateClusters()

while (!stoppingCondition)
{
foreach (pj in dataPoints)
            {
dj = Calculate distance from pj to every centroid cList_j
Assign pj to clusters_jwhose dj is minimum
            }
UpdateCentroids()
```

```
    }
}
```

被优化(在本例中是极小化)的目标函数是误差平方和(Sum of Squared Errors，SSE)，也称为类内距离或紧密度：

$$\mathrm{SSE}=\sum_{i=1}^{k}\sum_{x\in C_i}d\left(x,\mathrm{centroid}_i\right)^2$$

其中 k 是聚类簇的数量，C_i 是第 i 个聚类簇，$\mathrm{centroid}_i$ 表示与第 i 个聚类簇相关联的质心，d(a, b)是 x 和 $\mathrm{centroid}_i$ 之间的距离或称相似性度量(通常是欧几里得距离)。因此，k-means 另一种可能的停止条件是 SSE 达到一个非常小的值。

k-means 算法的第一步——选择 k 个质心如图 13-4 所示。在此图中，小黑点表示数据点，大黑点表示质心。

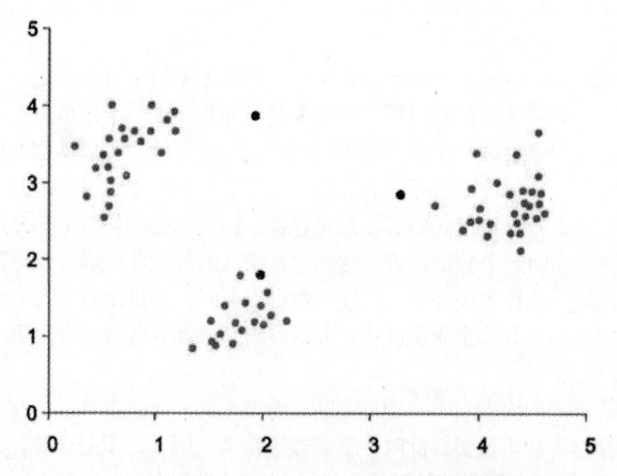

图 13-4　k-means 的第一步，选择 k = 3 个随机对象(数据点)作为质心

根据第一步中选择的质心集合得到的 k = 3 个聚类簇如图 13-5 所示。

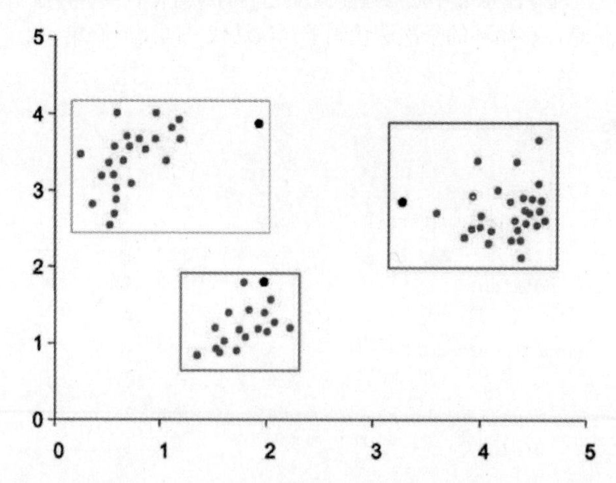

图 13-5　在第一步选择质心集合并基于距离度量判定数据点之间的相似性之后获得的聚类结果

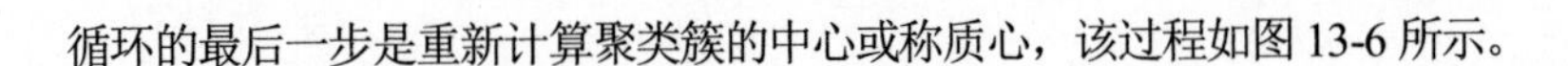

循环的最后一步是重新计算聚类簇的中心或称质心，该过程如图 13-6 所示。

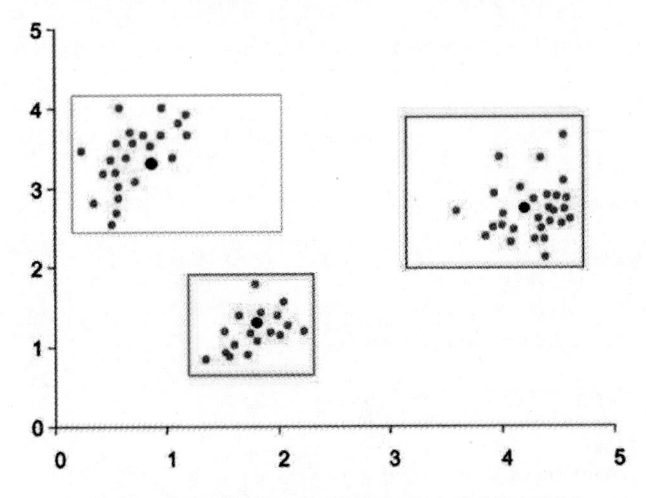

图 13-6　按照它们所代表的聚类簇的平均向量重新计算质心

重复前述图中表示的步骤，直到满足停止条件。总而言之，如果使用非常小的 SSE 值作为停止条件，k-means 是一种简单、有效的算法，最终可以达到局部极小值。它的主要缺陷是对异常值(孤立数据点)的高灵敏度，可以通过去除距离质心集(相比其他数据点)特别远的数据点弥补该缺陷。

13.4　实际问题：k-Means 算法

在本节中将实现可能是有史以来最流行的聚类算法：k-means。为了在实现中提供一种面向对象的方法，我们将创建 Cluster 类和 Element 类，它们将包含与聚类簇和对象(数据点)相关的所有操作和属性，Cluster 类如代码清单 13-1 所示。

代码清单 13-1　Cluster 类

```
public class Cluster
    {
        public List<Element> Objects { get; set; }
        public Element Centroid { get; set; }
        public int ClusterNo { get; set; }

        public Cluster()
        {
            Objects = new List<Element>();
            Centroid = new Element();
        }

        public Cluster(IEnumerable<double> centroid, int clusterNo)
        {
            Objects = new List<Element>();
            Centroid = new Element(centroid);
```

```
ClusterNo = clusterNo;
        }

        public void Add(Element e)
        {
Objects.Add(e);
e.Cluster = ClusterNo;
        }

        public void Remove(Element e)
        {
Objects.Remove(e);
        }

        public void CalculateCentroid()
        {
var result = new List<double>();
var toAvg = new List<Element>(Objects);
var total = Total;
            if (Objects.Count == 0)
            {
toAvg.Add(Centroid);
                total = 1;
            }

var dimension = toAvg.First().Features.Count;

            for (var i = 0; i< dimension; i++)
result.Add(toAvg.Select(o =>o.Features[i]).Sum() / total);

Centroid.Features = new List<double>(result);
        }

        public double AverageLinkageClustering(Cluster c)
        {
var result = 0.0;

        foreach (var c1 in c.Objects)
            result += Objects.Sum(c2 =>Distance.
            Euclidean(c1.Features, c2.Features));

        return result / (Total + c.Total);
    }

    public int Total
    {
        get { return Objects.Count; }
    }
}
```

Cluster 类包含以下属性。

- Objects：聚类簇中包含的对象集合。
- Centroid：聚类簇的质心。
- ClusterNo：聚类簇的 ID，以区别于其余聚类簇。

- Total：组或聚类簇中的元素数量。

该类还包含以下方法。

- Add()：向聚类簇中添加元素。
- Remove()：从聚类簇中删除元素。
- CalculateCentroid()：计算聚类簇的质心。
- AverageLinkageClustering()：按照前文所述定义，计算聚类簇之间的“平均链接聚类”相似性度量。

表示将被聚类的对象的 Element 类如代码清单 13-2 所示。

代码清单 13-2　Element 类

```
public class Element
{
    public List<double> Features { get; set; }
    public int Cluster { get; set; }

    public Element(int cluster = -1)
    {
        Features = new List<double>();
        Cluster = cluster;
    }
    public Element(IEnumerable<double> features)
    {
        Features = new List<double>(features);
        Cluster = -1;
    }
}
```

该类包含一个 Cluster 属性，该属性指示对象所属的聚类簇的 clusterID，两个构造函数的代码都是不言自明的。表示同名算法的 KMeans 类如代码清单 13-3 所示。

代码清单 13-3　KMeans 类和 DataSet 类

```
public class KMeans
    {
        public int K { get; set; }
        public DataSetDataSet { get; set; }
        public List<Cluster> Clusters { get; set; }
        private static Random _random;
        private constintMaxIterations = 100;

        public KMeans(int k, DataSetdataSet)
        {
            K = k;
DataSet = dataSet;
            Clusters = new List<Cluster>();
            _random = new Random();
        }

        public void Start()
        {
InitializeCentroids();
```

```
var i = 0;
                while (i < MaxIterations)
                {
                    foreach (var obj in DataSet.Objects)
                    {
var newCluster = MinDistCentroid(obj);
var oldCluster = obj.Cluster;
                        Clusters[newCluster].Add(obj);
                        if (oldCluster>= 0)
                            Clusters[oldCluster].Remove(obj);
                    }

UpdateCentroids();
i++;
                }
            }

            private void InitializeCentroids()
            {
RandomCentroids();
            }

            private void RandomCentroids()
            {
var indices = Enumerable.Range(0, DataSet.Objects.Count).
ToList();
Clusters.Clear();

                for (var i = 0; i < K; i++)
                {
var objIndex = _random.Next(0, indices.Count);
Clusters.Add(new Cluster(DataSet.Objects[objIndex].Features, i));
indices.RemoveAt(objIndex);
                }
            }

            private int MinDistCentroid(Element e)
            {
var distances = new List<double>();

                for (var i = 0; i < Clusters.Count; i++)
distances.Add(Distance.Euclidean(Clusters[i].Centroid.Features, e.Features));

var minDist = distances.Min();
                return distances.FindIndex(0, d => d == minDist);
            }

            private void UpdateCentroids()
            {
                foreach (var cluster in Clusters)
cluster.CalculateCentroid();
            }
        }

    public class DataSet
```

```
    {
        public List<Element> Objects { get; set; }

        public DataSet()
        {
            Objects = new List<Element>();
        }

        public void Load(List<Element> objects)
        {
            Objects = new List<Element>(objects);
        }
    }
```

该类中的属性或域是不言自明的，在本示例中，我们决定使用最大迭代次数作为停止条件。该类的方法描述如下。

- InitializeCentroids()：考虑到可能采用不同质心初始化过程创建的方法。
- RandomCentroids()：质心初始化过程，其中将 k 个随机选择的对象指派为 k 个聚类簇的质心。
- MinDistCentroid()：返回离输入对象更近(即最小距离)的聚类簇的 clusterID。
- UpdateCentroids()：通过调用 Cluster 类的 CalculateCentroid()方法更新 k 个质心。

现在算法的所有组件已经全部到位，下面通过创建一个测试应用程序来测试该聚类算法，在该程序中也创建了一个数据集，如代码清单 13-4 所示。

代码清单 13-4 测试 k-Means 算法

```
var elements = new List<UnsupervisedLearning.Clustering.
Element>
                                    {
                                        new UnsupervisedLearning.
                                        Clustering.Element(new
                                        double[] {1, 2}),
                                        new UnsupervisedLearning.
                                        Clustering.Element(new
                                        double[] {1, 3}),
                                        new UnsupervisedLearning.
                                        Clustering.Element(new
                                        double[] {3, 3}),
                                        new UnsupervisedLearning.
                                        Clustering.Element(new
                                        double[] {3, 4}),
                                        new UnsupervisedLearning.
                                        Clustering.Element(new
                                        double[] {6, 6}),
                                        new UnsupervisedLearning.
                                        Clustering.Element(new
                                        double[] {6, 7})
                                    };

var dataSet = new DataSet();
dataSet.Load(elements);
```

```
var kMeans = new KMeans(3, dataSet);
kMeans.Start();

            foreach (var cluster in kMeans.Clusters)
            {
Console.WriteLine("Cluster No {0}", cluster.ClusterNo);
                foreach (var obj in cluster.Objects)
Console.WriteLine("({0}, {1}) in {2}", obj.Features[0], obj.
Features[1], obj.Cluster);
Console.WriteLine("--------------");
            }
```

执行代码清单 13-4 中的代码后得到的结果如图 13-7 所示。请注意，在本例中存在三个容易区分的组，如图所示。

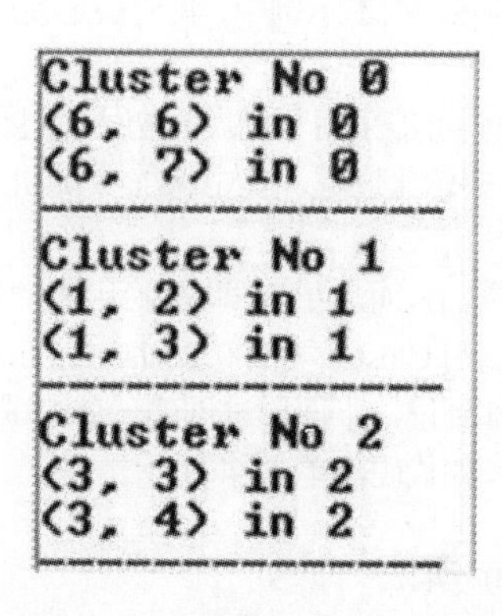

图 13-7　k-means 算法的执行，其中 k = 3

现在，我们已经研究了单聚类算法，即优化单个目标函数的算法。在 k-means 例子中，采用的目标函数是误差平方和，也称为类内距离(极小化组内对象间的距离)。可以尝试优化的另一个函数是类间距离(极大化来自不同组的对象间的距离)函数。在下一节中将开始研究多目标聚类，其中不仅考虑优化单个函数还是优化多个函数，并且要尝试同时优化所有这些函数。

13.5　多目标聚类

如今，许多现实生活中的问题迫使我们不仅要考虑给定函数的最佳可能值，还要考虑与手头问题相关的几个函数的值。例如，城市区划是一种属于城市研究领域的技术，该技术在十九世纪首次出现，目的是将居民区与工业区分开。在城市化进程中，最流行的区划技术的主要思想是，根据几个变量或标准生成同质区域的划分。这些变量可能来源于人口统计数据——例如，年龄超过 20 岁的人数、年龄小于 10 岁的人数等。进行这样的区划，显然是一种涉及不同函数优化的聚类问题。因此，可能需要尝试找到具有最小类内距离(即紧密度)的聚类，同时优化类间距离或某个其他本质上是非常典型的人口统计学问题的函数。完美的聚类具有最小的类内距离和最大的类间距离，因此，可以认为聚类本质上是一种多目标优化问题。下面将通过研究与多目标聚类相关的几个概念或定义来开始本节。

许多优化问题通常涉及同时优化多个目标函数，这些问题被称为多目标优化问题(MOP)，可以表述为如下形式：

$$\text{minimize } F(x)=\left(f_1(x),f_2(x),\ldots,f_n(x)\right)$$
$$x\in A$$

在该公式中，A 代表问题的可行解空间——所有可行解的集合，可行解需要满足问题的所有约束。

对于向量 $\boldsymbol{u}=(\boldsymbol{u}_1,\boldsymbol{u}_2,\ldots\boldsymbol{u}_n)$和向量 $\boldsymbol{v}=(\boldsymbol{v}_1,\boldsymbol{v}_2,\ldots\boldsymbol{v}_n)$，如果当且仅当对所有索引 i 均可以验证 $\boldsymbol{u}_i\leqslant\boldsymbol{v}_i$，则称 ***u*** 被 ***v*** 支配，记为 $\boldsymbol{u}<\boldsymbol{v}$。对于任何其他情况，称 ***u*** 是非支配向量。注意，“支配”取决于是希望最小化还是最大化目标函数。回想一下，极小化问题总能转化为极大化问题，反之亦然。

具有多个目标意味着会出现一个突出问题——一个目标函数的改善可能会导致另一个目标函数的恶化。因此，很少存在优化所有目标函数的解，取代寻求这种解的是寻找一种折中。帕累托最优解(Pareto optimal solution)代表了这种折中。

对一个可行的解 x，若不存在解 y 使得 F(x)<F(y)，则称 x 是帕累托最优解。换言之，不存在解向量 **y**，其评价向量($f_1(y)$, $f_1(y)$, …$f_n(y)$)能够支配 x 的评价向量($f_1(x)$, $f_2(x)$, …$f_n(x)$)。所有帕累托最优解的集合称为帕累托集，它的图像是帕累托边界。大多数多目标优化问题算法的目标是为给定问题构建帕累托边界，这些方法通常是启发式的或元启发式的(将在下一章中介绍它们)。

■ 注意

帕累托最优性(Pareto optimality)是一个以意大利工程师和经济学家维弗雷多·帕累托(Vilfredo Pareto，1848—1923)命名的概念。该概念已应用于经济学、工程学和生命科学等学术领域。

13.6 帕累托边界生成器

通过搜索科学文献，可以找到不同的寻找帕累托边界的方法。在本书中，我们将描述笔者自己的发明之一，名为帕累托边界生成器(Pareto Frontier Builder)。它可以应用于双目标优化——即对两个函数进行优化的情况。这种二元情况对于聚类问题来说是最理想的，因为存在两个函数(类内函数和类间函数)，它们可以为我们提供最佳效果。

对于二元情况，两个函数和帕累托边界之间的关系可以用如图 13-8 所示的图形表示。

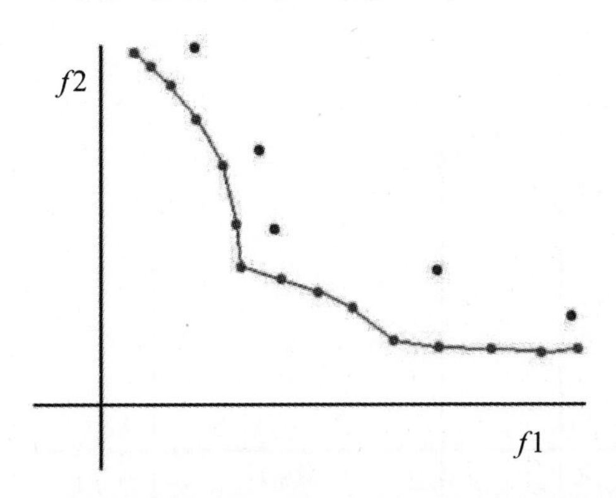

图 13-8　蓝点(线上的点)构成帕累托边界，红点(线外的点)被线上的点支配。因此，它们不被视为帕累托边界的一部分。这是一个最小化问题

帕累托边界生成器方法的策略可分为不同的阶段，主要思想是按区域构建帕累托边界，如图13-9所示。

- 区域A：该区域中的点通过最小化第二个目标函数($f2$)获得；由此种优化产生的点将最接近y轴。
- 区域B：该区域中的点通过最小化第一个目标函数($f1$)获得；由此种优化产生的点将最接近x轴。
- 区域C：它的目的是作为一个链接机制，将区域A和区域B联合起来，并将帕累托边界组合在一起。一个称为帕累托边界链接(Pareto Frontier Linkage)的过程将找到区域A和区域B之间的“桥”。

了解了这些步骤中的策略后，该方法就显得非常简单。该方法将$f2$与$f1$分别优化，构建区域A和区域B，然后通过在区域C中查找非支配解来链接它们。

帕累托边界链接(Pareto Frontier Linkage)是用于构建区域C的机制。它需要一个步长(step)参数来定义帕累托边界中非支配解间的期望距离。当解x和y之间的距离超过该步长时，链接机制启动一种搜索策略，以找到x和y之间的非支配解并构建“桥”。该策略是对最左边的解——即桥左侧的解(解x，如图13-10所示)——进行。

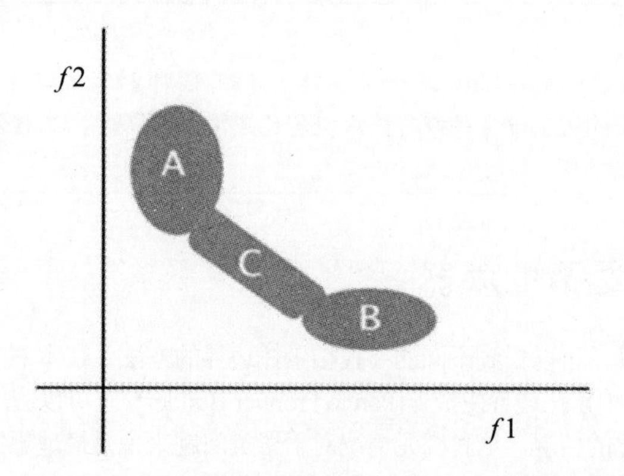

图13-9 区域A由最小化目标函数$f2$后得到的点组成，区域B由最小化目标函数$f1$之后获得，区域C通过使用连接区域A和区域B的链接机制形成

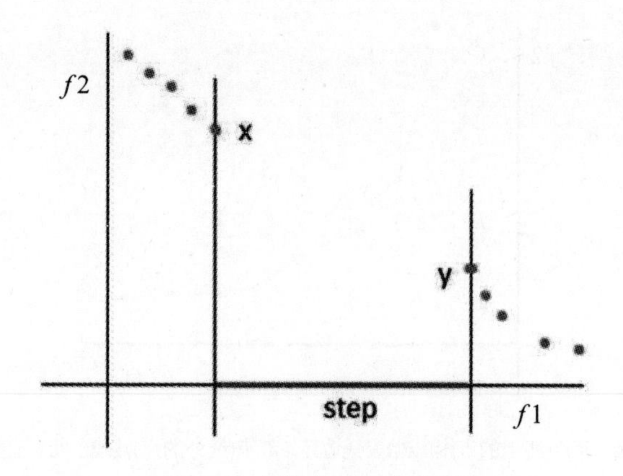

图13-10 连接点x和y间的步长

具体改动如下：

(1) 选择最左侧的解。

- 修改当前解。对于聚类问题，将一个元素从其当前聚类簇移动到其他聚类簇，保证 $f2$ 增加 currentDistance + k，其中 k ≤ step，并评价和存储该新解。

(2) 重复步骤 2 并移动最左边解中的所有元素，以提高聚类找到 $f2$ 值范围为[currentDistance，currentDistance + step]的非支配解的概率。这种策略将慢慢地建立桥，并改善帕累托边界。

该方法嵌入了一个禁忌搜索元启发式方法(将在下一章讨论这类方法)并应用于一个现实世界的区划问题中。选择不同步长值后得到的结果如图 13-11 所示。

步长值 2.0，300 次迭代后：

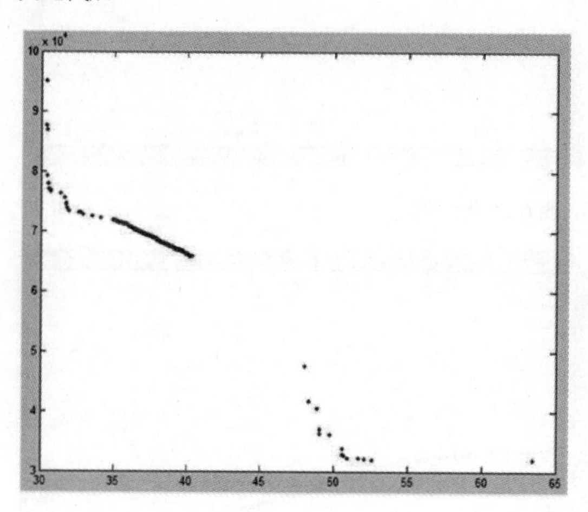

步长值 2.0，500 次迭代后：

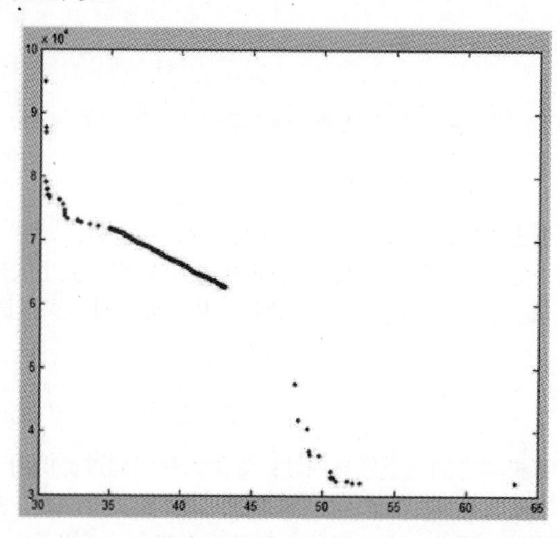

图 13-11　使用了不同步长并执行不同次数迭代后的帕累托边界生成器机制

步长值 1.2，500 次迭代后：

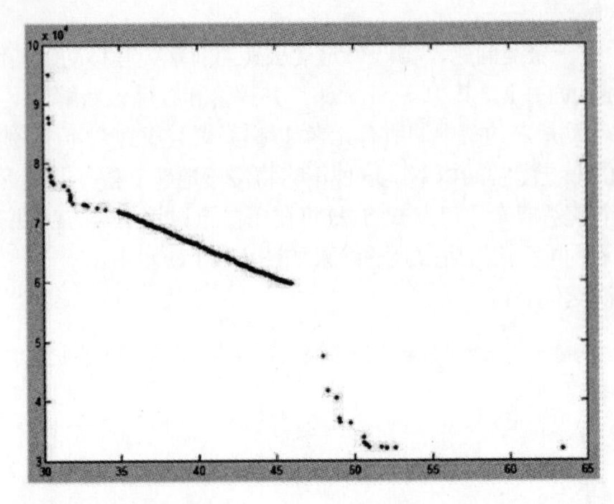

最后，步长值 0.5，500 次迭代后

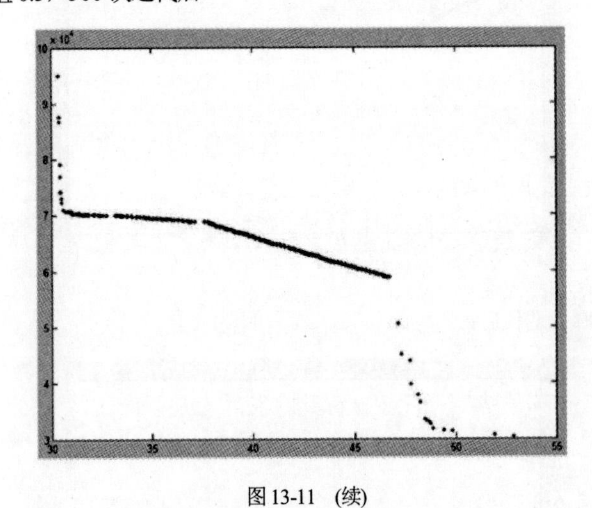

图 13-11 （续）

从图 13-11 中可以看出帕累托边界得到了良好的定义；步长越小，定义越精确，能弥补越多的帕累托边界的漏洞。这种策略的一种有意义的改进是，应用边界生成器机制时，不仅沿着 $f2$ 轴按照给定步长执行操作，而且还沿着 $f1$ 轴执行，从而提供对帕累托边界的更精确逼近。

13.7 本章小结

在本章中讨论了计算机科学的一类经典问题：聚类。我们通过提供用于确定对象相似度和聚类相似度的不同度量方法来描述了该问题。本章也介绍了聚类方法族，且介绍并开发了一种最流行、最可靠的聚类算法，即 k-means 算法。在最后几节中，介绍了作为多目标优化问题特例的多目标聚类，并详细介绍了一种笔者自己发明的用于构建帕累托边界的方法，该方法称为帕累托边界生成器。

第 14 章

启发式方法 & 元启发式方法

到目前为止，本书已经多次提到过“启发式(heuristic)”这个单词。在第 4 章“火星漫游车”中运用启发式方法整合了一种看上去既简单又有逻辑的方法，使用了源自现实的实用知识，帮助实现了机器人的合理动作。启发式方法主要基于经验而非经过科学证明的流程。

在计算机科学中往往要面对算法设计上的挑战：对于给定问题，算法既要具有较低的时间复杂度，也要提供较优(尽可能最优)的解。启发式方法是一种可以很容易地满足上述要求之一——也可能同时满足两者——的方法。例如，启发式方法能够找到问题的多种解，其中一些解可能是不正确或不可行的，而另一些则可能是最优的。同样地，启发式方法可以在短时间内对问题给出可行解，而这些解可能都不是最优的。这种类型的算法通常应用于那些在本质上很难求解的问题，诸如旅行商问题、聚类问题、车辆路径问题以及其他各种 NP 难问题。由于这些问题的特性与高复杂度，其求解过程必须依赖于能够输出问题的解或解的部分，并帮助我们最终获得一个尽可能接近最优解的确定解的方法。

元启发式方法(metaheuristic)是一种十分特殊的启发式方法，它是一种独立于问题的迭代过程，在元启发式方法中，多种启发式方法通过不同的策略或指导方针结合起来。元启发式方法已经非常流行，有些元启发式方法的功能机理是基于生物或化学过程的，并且由于它们能通过应用简单的算法在合理的执行时间内找到复杂问题的较优解而获得极大关注。

本章中将讨论启发式方法——特别是爬山算法，还将介绍两种著名的元启发式方法——即遗传算法和禁忌搜索。本章所包含的实际问题中将实现前两种方法。

注意

人工智能中的多种算法在本质上属于启发式方法，或者在其执行中运用了启发式方法。判断电子邮件是否为垃圾邮件的应用程序就运用了许多启发式规则来最终做出决策。

14.1 启发式方法是什么

启发式方法是一种源自经验、常识或有根据的猜测的方法，其目的在于针对特定问题给出或帮助给出实用解——这些问题通常很难求解(如 NP 难问题)，因而其最优解或较优可行解的获取将过于复杂。启发式方法可以提供捷径以加速寻求较优可行解过程。这一加速过程一般是通过遍历树(树表示可能解的空间)的搜索算法来实现的。针对特定问题的启发式方法的应用能够显著降低树搜索的工作量。滑块拼图(见图 14-1)正是这种情况，它是一款流行的游戏，其游戏状态空间(所有可能的游戏配置)可以用树来表示，树的节点代表游戏的不同状态或配置；每个父节点最多有四个子节点，而每个子节点代表将一个滑块移动到空白区域的四种可能移动之一。

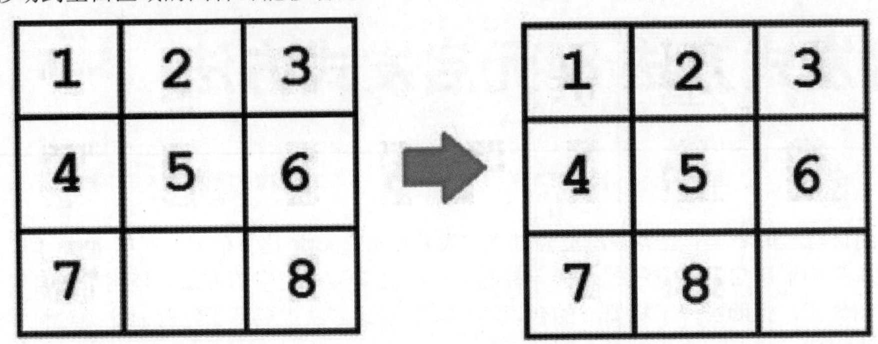

图 14-1　滑块拼图。左边的盘面展示了游戏的一个未完成状态，而右边的盘面则表示完成状态

启发式方法拥有一些反映了各个状态到目标状态接近程度的信息，这使得它们能够优先探索最具求解希望的路径。综上，启发式方法的一些最普遍的特征如下：

- 它们不保证能找到解，即使解可能存在。
- 如果找到了一个解，它不保证其为最优解(最小值或最大值)。
- 有时(无法先验确定)，它会在合理时间内找到较优解。

通常通过利用启发函数来运用启发式方法。该函数为问题的每个状态分配一个数值，该值定义了该状态的求解前景，即试图从给定点(节点)到达目标状态的远近；启发函数通常表示为 $H(e)$。启发函数可具有两种解释：它能够表示状态 e 距目标状态有多接近，这意味着具有最小启发值的状态是首选的；或者它也能够表示状态 e 距目标状态有多远，这意味着具有最大启发值的状态更为可取。因此，(视情况而定)要么应将启发函数极小化，要么应将启发函数极大化。

■ **注意**

对于滑块拼图游戏来说，计算出的各块在当前盘面下的位置同该块在目标盘面下的位置之间的曼哈顿距离之和，就是一个启发函数。

14.2 爬山算法

爬山算法或启发式方法将从一个随机初始解开始，并将其设置为当前解。算法接下来寻找当前解的邻近解集合，然后执行一个步骤，将(新的)当前解定义为在邻近解中提供目标函数最大下降或上升值(分别对应于目标函数极小化或极大化方法)的那个解。爬山算法是一种可能陷入局部极小值的优化技术，因此它很可能无法命中全局最优解。尽管存在局部性问题，它仍然在 AI 领域中得到广泛运用，用于求解那些具有紧迫的时间约束，且能够确定采用执行时间较短的算法会比较有利的问题。

爬山算法有两类实现方法。

- 不可逆方法：如果路径没有收益，则避免返回其状态集的子集。
- 试探方法：如果确定所选择的路径不合适，则可以返回旧路径。

在不可逆爬山算法中将使用两种可选方案之一来确定下一步要处理的步骤或解。

- 简单爬升：选择处理或展开当前邻域中第一个优于当前解的解。也就是说，算法流程将到此为止，不再扫描当前解的所有邻近解。
- 最大坡度爬升：选择处理或展开当前邻域中最优的解。也就是说，算法流程将在扫描完当前解的所有邻近解后终止。

在这两种场景下，如果当前解的邻域中的每个解都比当前解差或等于当前解，则算法流程结束。

■ **注意**

爬山算法是一种迭代改进的优化技术，是贪婪算法家族中最佳优先搜索算法的一种变体。

图 14-2 阐释了爬山算法是如何找到局部最优(用最下面那个点表示)的。

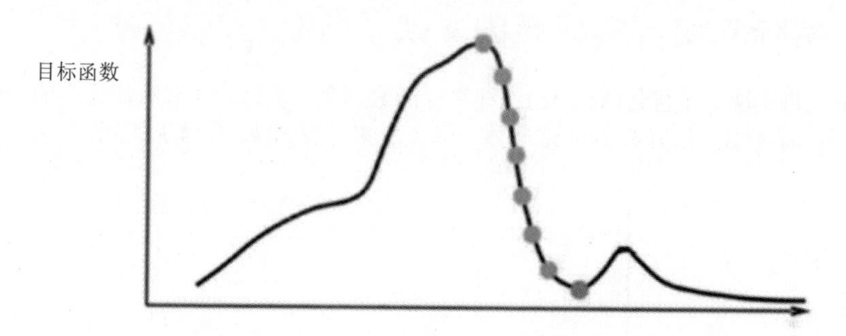

图 14-2 本例中将目标函数极小化并经由上面那些点构成的路径“下山”，直到抵达最下面那个点，即局部极小点。由于这是一个极小化过程，因此最下面那个点是局部极小值

该算法的伪代码如下：

```
HillClimbing(function F)
{
currentSolution = RandomSolution();
while (No Improvement)
vicinity = Neighbors(currentSolution);
nextEval = -INF;
nextSolution = null;
    for all x in vicinity
    {
 if (Evaluate(x) >nextEval)
          {
nextSolution= x;
nextEval = Evaluate (x);
          }
```

```
    }
    if nextEval<= Evaluate (currentSolution)
return currentSolution;
currentNode = nextSolution;
}
```

爬山算法是一种属于局部搜索(Local Search，LS)算法家族的方法。事实上，“爬山算法”和“局部搜索”这两个术语有时会不加区分地使用，这意味着认为它们是同一种算法，且它们代表了一类称为“基于单一解”的元启发式方法，这类元启发式方法还包括模拟退火、禁忌搜索和其他基于局部搜索的流行方法。

注意

局部搜索是一种求解计算困难的优化问题的方法，它通过应用局部变化在候选解空间(即搜索空间)中从一个解移动到另一个解，直到发现认为是最优的解，或达到最大迭代次数或超过时间限制为止。

14.3 实际问题：实现爬山算法

本节中将实现一个优化(极小化)连续目标函数的爬山算法。该算法流程中的邻域是通过考虑当前解周围半径为 R 的 n 维球体上的点集来计算的(如图 14-3 所示)。

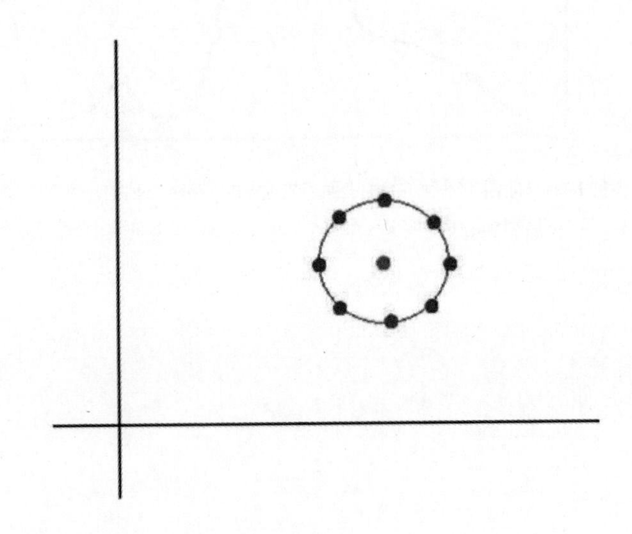

图 14-3 当前解(中间点)的邻域是由环绕它的 n 维球体上所有的点构成的。本例中，n=1，一维球体是一个圆

n 维球体的坐标(球体的泛化)可根据以下公式得到：

$$x_1 = r * \cos(\phi_1)$$

$$x_2 = r * \sin(\phi_1) * \cos(\phi_2)$$

$$x_3 = r * \sin(\phi_1) * \sin(\phi_2) * \cos(\phi_3)$$

$$\ldots$$

$$x_{n-1} = r * \sin(\phi_1) * \ldots * \sin(\phi_{n-2}) * \cos(\phi_{n-1})$$

$$x_n = r * \sin(\phi_1) * \ldots * \sin(\phi_{n-2}) * \sin(\phi_{n-1})$$

式中，r 是 n 维球体的半径，而 $\phi_1, \phi_2, \ldots \phi_{n-1}$ 则是角坐标的集合，其中前 n-2 个元素的值域是[0; π]，而最后一个元素的值域为[0; 2π]。

为简化数学函数方面的工作，本书将添加对 MathParserNuget 工具包的引用。使用这个工具包能够将函数定义为字符串，并在任何需要的地方对它们求值。因此，HillClimbing 类中将有一个 Function 公共属性，如代码清单 14-1 所示。

代码清单 14-1　HillClimbing 类

```
public class HillClimbing
    {
        public Function Function{ get; set; }
        public double Step { get; set; }
        public double Radius { get; set; }
        private static readonly Random Random = new Random();

        public HillClimbing(Function function, double step, double radius)
        {
            Function = function;
            Step = step;
            Radius = radius;
        }
}
```

该类包含以下属性或域。

- Function：待优化的目标函数。
- Step：双精度值，表示计算解的邻域时使用的步长或角度。
- Radius：双精度值，表示当前解周围(邻域)的 n 维球体的半径。
- Random：用于计算随机值的变量。

在代码清单 14-2 中可以看到 3 个方法，它们负责执行爬山算法的一些组件。

代码清单 14-2　HillClimbing 类的 InitialSolution()、Neighborhood()和 NSpherePoints()方法

```
        private List<double>InitialSolution(int dimension)
        {
var result = new List<double>();

            for (var i = 0; i< dimension; i++)
result.Add(Random.NextDouble()*100);

            return result;
        }

        private IEnumerable<List<double>> Neighborhood(List
        <double>currentSolution, int dimension)
        {
var result = new List<List<double>>();
```

```
var newSolutions = NSpherePoints(currentSolution, dimension);
result.AddRange(newSolutions);

            return result;
        }

        private IEnumerable<List<double>>NSpherePoints(List
        <double>currentSolution, int dimension)
        {
var result = new List<List<double>>();
var angles = Enumerable.Repeat(Step, dimension).ToList();

            while (angles.First() < 180)
            {
                for (var i = 0; i< dimension; i++)
                {
var newSolution = new List<double>(currentSolution);
var prod = 1.0;
                    for (var j = 0; j <i; j++)
                        prod *= Math.Sin(angles[j]);

newSolution[i] = i == dimension - 1 &&i> 0
                                                    ?
Radius*(prod)*Math.Sin(angles[i])
                                                    :
Radius*(prod)*Math.Cos(angles[i]);

result.Add(newSolution);
                }
                angles = angles.Select(ang => ang + Step).ToList();
            }

            return result;
        }
    }
```

在InitialSolution()方法中创建了一个 n 维随机解，其(各分量)值在[0, 100]的范围内随机。在Neighborhood()方法中使用NSpherePoints()方法计算构成当前解的邻域中的新点。最后一个方法是对之前介绍的坐标系方程的直接代码化。代码清单14-3阐释了Execute()方法，它整合了所有其他组件。

代码清单 14-3　HillClimbing 类的 Execute()方法

```
public List<double>Execute()
        {
var currentSolution = InitialSolution(Function.
getArgumentsNumber());
var bestEval = double.MaxValue;
            List<double>bestSolution = null;

            while (true)
            {
var neighbors = Neighborhood(currentSolution, Function.getArgumentsNumber());
var bestCurrentEval = double.MaxValue;
```

```
                List<double>bestCurrentSolution = null;

                foreach (var neighbor in neighbors)
                {
var eval = Function.calculate(neighbor.ToArray());
                    if (eval<bestCurrentEval)
                    {
bestCurrentEval = eval;
bestCurrentSolution = neighbor;
                    }
                }

                if (bestCurrentEval == bestEval)
                    break;

                if (bestCurrentEval<bestEval)
                {
bestEval = bestCurrentEval;
bestSolution = bestCurrentSolution;
                }
            }

            return bestSolution;
        }
```

本书在一个控制台应用程序中测试了该算法：考虑函数 $f(x) = x^2$，这是一个抛物线函数，其图形如图 14-4 所示。

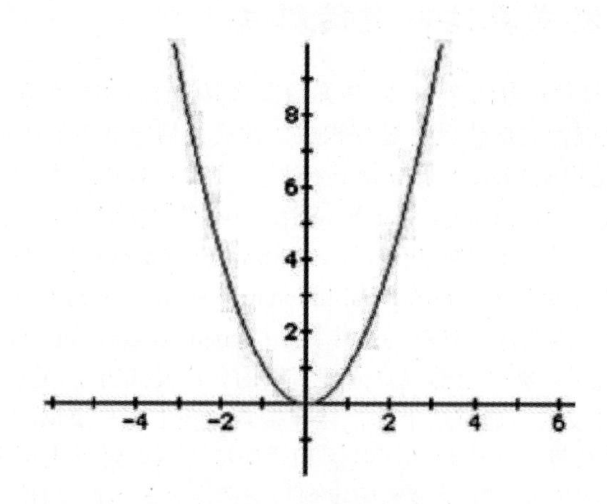

图 14-4　抛物线函数

显然，这个函数在 x=0 时取得最小值。所以，下面就来测试该算法，看它是如何从一个较大值(可能是 100)下降到一个十分接近于 0 的值(见代码清单 14-4)。

代码清单 14-4　测试爬山算法

```
var f = new Function("f", "(x1)^2", "x1");
var hillClimbing = new HillClimbing(f, 5, 4);
var result = hillClimbing.Execute();
```

```
Console.WriteLine("Result: {0}", result[0]);
```

执行此代码，并设置断点以查看算法启动其流程所用的初始解，可得到如图 14-5 所示的结果。

```
Result: 0,0885070250478229
```

图 14-5　执行爬山算法后得到的结果

算法以 95.14 作为初始值启动，然后随着其运行过程逐步下降，直到抵达一个非常接近全局最优(0)的值，在这种情况下它与局部最优值一致。

接下来的几节中将学习 S-元启发式方法(基于单个解的元启发式方法)和 P-元启发式方法(基于种群的元启发式方法)。第一种类型是由一族算法组成的，其中各成员都继承自局部搜索(LS)或爬山算法，它们试图通过建立摆脱局部最优并继续搜索状态空间其他有求解前景区域的机制来克服其困难。第二种类型是一个元启发式方法的庞大群体，它由那些在其执行过程中包含了种群的流程组成，其中最流行的代表无疑是遗传算法族。

注意

最流行的S-元启发式方法包括禁忌搜索、模拟退火、迭代局部搜索(Iterated Local Search，ILS)和可变邻域搜索(Variable Neighborhood Search，VNS)。

14.4　P-元启发式算法：遗传算法

“基于种群的元启发式方法”——即 P-元启发式算法——由一个在以种群(population)的形式分组的解集上进行的迭代改进过程构成。此类元启发式方法中通常会首先生成一个初始种群，然后运用某些选择条件使其被另一个种群取代。进化算法(Evolutionary Algorithms，EA)、散点搜索(Scatter Search，SS)、分布估计算法(Estimation of Distribution Algorithms，EDA)、粒子群优化算法(Particle Swarm Optimization，PSO)、蜂群算法(Bee Colony，BC)，以及人工免疫系统(Artificial Immune Systems，AIS)等算法都属于此类元启发式方法。本节中将重点关注一种称为遗传算法(Genetic Algorithm，GA)的进化算法。

“遗传算法”代表了一类受自然选择过程启发的元启发式方法，它们是由 John Holland 于 20 世纪 70 年代开发的，通常用于为优化和搜索问题生成高质量的解，它依靠诸如突变、交叉、选择的仿生算子。染色体、基因和适应度等概念经常出现在遗传算法的文献中，这些文献都试图在生物、化学等领域找到与上述概念等效的类比。

注意

遗传算法广泛运用于计算机科学和运筹学领域。在运筹学领域中，遗传算法处理的是先进分析方法的应用，以辅助做出更好的决策。

在遗传算法中，通常需要以“基因”的方式对解进行编码，以便在此后能够高效地应用突变和交叉算子；此外还需要一个适应度函数，它接收经过编码的解作为参数，并提供对编码解的评价或评估。二进制字符串是一种流行的编码方式，对这种编码应用几乎任何算子都十分容易。

元启发式方法试图在两个方向进行优化：应用强化机制和多样化机制。强化是指算法进一步探索已发现的并有求解前景的状态空间区域的能力。它意味着开发状态空间中那些已经发现了较优解的区域。

另一方面，多样化是指算法探索状态空间中的未探索领域以试图发现新的高质量解的能力。

突变算子试图通过创建一个存在于状态空间中不同区域的新解来改变现有解，也就是说，它使得搜索多样化。交叉算子通常对两个目前所发现的适应度值最佳的解进行处理，将两者的值在某个交点上混合。突变算子是一种强化算子，因为它试图通过混合两个较优解来寻求一个更优的解。在一个二进制染色体(解)上这些算子的工作方式如图 14-6 所示。

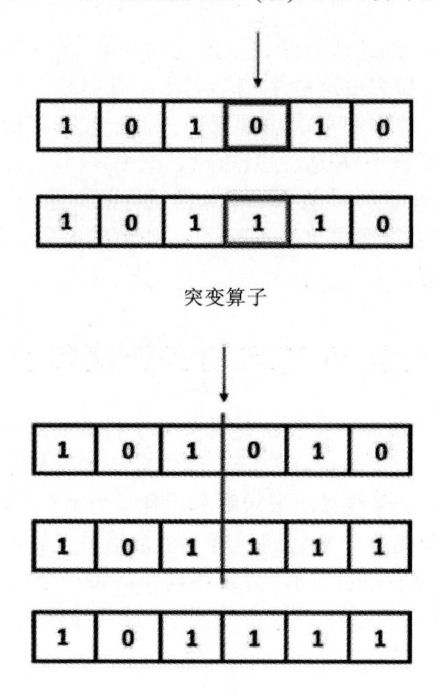

图 14-6　突变算子修改染色体(解)中的单个比特位，交叉算子则在两个亲代染色体上设置一个断点，从而通过取第一个染色体的前半部分基因和第二个染色体的后半部分基因构造一个新的解

从图 14-6 可以很容易地推知：突变算子是一元的，而交叉算子是二元的。

虽然选择、突变和交叉方法在不同的特定实现中会有所变化(取决于具体问题)，但在此下文还是给出了遗传算法的通用伪代码：

```
GA ()
{
InitializePopulation();
EvaluatePopulation();
```

```
        while(!stopCondition)
        {
                Select the best-fit individuals for reproduction;
                Obtain offsprings through mutation, crossover
                operators on the previously selected individuals;
                Evaluate offsprings;
                Obtain new population by selecting best-fit
                individuals from offsprings and the current
                population;
        }
}
```

从这段伪代码中，可以看到遗传算法何以被视为基于“适者生存”生物学类比的优化方法。通过基因复制、交叉和突变这些生物学类比，种群和个体的平均质量经过数代的过程得到了提高。原则上，种群的平均质量应当在每一代都有提升。然而，这很大程度上依赖于一些参数(例如突变概率)和适应度(质量、概率)函数的性质。

在下一节中，本书将为计算机科学中一个非常流行的问题——即旅行商问题，也称作TSP——实现遗传算法。本书对遗传算法进行了定制(解的编码、适应度函数等)以使其适合 TSP 模型并相应地提供解。

14.5 实际问题：对旅行商问题实现遗传算法

本书已讨论过遗传算法，知道遗传算法是受类似于种群随时间进化的生物学过程的启发，而适应性更好的个体则代表了更好的解。遗传算法本身只是蓝图，有待于针对具体问题进行适配。本节中将采用遗传算法来求解和优化旅行商问题(TSP)。

“旅行商问题”(TSP)是这样一个问题：有一个推销员，其任务是走遍 *n* 个城市、同时要尽量缩短在城市间旅行所花的时间，且最终要访问每一个城市。图 14-7 展示了一张美国地图，其中推销员必须访问若干个城市(黑点)，紫色线代表可能的最小代价路径。

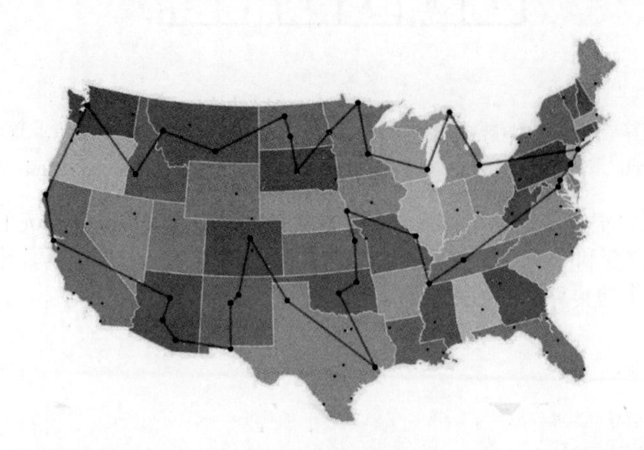

图 14-7　这张美国地图展示了一条可能供推销员采用的路径。本例中，该路径终止于它的起点

TSP 是一个 NP 难问题，意味着必须依靠逼近或启发式方法在实用的时间内获得解。如果要求精确解，意味着要开发一个执行时间为 *O(n!)*的组合算法——即执行时间以阶乘速度增长——当 $n = 20$ 时，将有 2 432 902 008 176 640 000 个可能的解需要检查。

由于 TSP 中试图找到产生适应度函数最优值的城市排列，所以使用这种表示方法作为遗传算法的编码是合乎逻辑的，而这也是本书要遵循的策略。因此，本书把染色体表示为值域为[0, *n*-1]的列表，列表中的每个值表示一个城市，而列表所定义的顺序则是推销员要遵循的行程。图 14-8 展示了面向求解 TSP 的遗传算法的一个染色体示例。

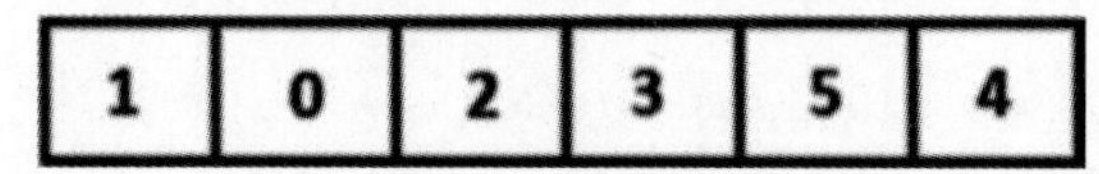

图 14-8 为 TSP 编码的染色体或解

为了与本书设计的面向对象方法保持一致，在此加入一个 Tsp 类，它将负责所有与 TSP 和 TSP 专门事项直接相关的操作。见代码清单 14-5。

代码清单 14-5 负责 TSP 专门事项的 Tsp 类

```
public class Tsp
{
    public static double[,] Map { get; set; }

    public Tsp(double [,] map)
    {
       Map = map;
    }

    public static void Evaluate(Solution solution)
    {
var result = 0.0;

        for (var i = 0; i<solution.Ordering.Count - 1; i++)
            result += Map[solution.Ordering[i], solution.
            Ordering[i + 1]];

solution.Fitness = result;
    }
}
```

在该类中存储了表示距离映射的双精度值二维矩阵(double [,])Map，换言之，该矩阵存储了任意两点 *i*、*j* 之间的距离。该类中编写了一个 Evaluate()方法，该方法计算输入解的适应度值。同样地，我们还加入了一个 Solution 类，在其中开发了所有与解相关的操作(如代码清单 14-6 所示)。

代码清单 14-6　Solution 类

```
    public class Solution
    {
        public List<int> Ordering { get; set; }
        public double Fitness { get; set; }

        public Solution(IEnumerable<int> ordering)
        {
           Ordering = new List<int>(ordering);
Tsp.Evaluate(this);
        }

        public Solution Mutate(Random random)
        {
var i = random.Next(0, Ordering.Count);
var j = random.Next(0, Ordering.Count);

            if (i == j)
                return this;

var newOrdering = new List<int>(Ordering);
var temp = newOrdering[i];
newOrdering[i] = newOrdering[j];
newOrdering[j] = temp;

           return new Solution(newOrdering);
        }
        public Solution CrossOver(Random random, Solution solution)
        {
var ordinal = Ordinal();
var ordinalSol = solution.Ordinal();

var parentA = new List<int>(ordinal);
var parentB = new List<int>(ordinalSol);
var cut = parentA.Count/2;

var firstHalf = parentA.GetRange(0, cut);
var secondHalf = parentB.GetRange(cut, parentB.Count - cut);

firstHalf.AddRange(secondHalf);
           return DecodeOrdinal(firstHalf);
        }

        public List<int>Ordinal()
        {
```

```
    var result = new List<int>();
    var canonic = new List<int>(Canonic);

            foreach (var currentVal in Ordering)
            {
    var indexCanonical = canonic.IndexOf(currentVal);
    result.Add(indexCanonical);
    canonic.RemoveAt(indexCanonical);
            }

            return result;
        }
        public Solution DecodeOrdinal(List<int> ordinal)
        {
    var result = new List<int>();
    var canonic = new List<int>(Canonic);
            for (var i = 0; i<ordinal.Count; i++)
            {
    var indexCanonical = ordinal[i];
    result.Add(canonic[indexCanonical]);
    canonic.RemoveAt(indexCanonical);
            }

            return new Solution(result);
        }

        public List<int> Canonic
        {
           get { returnEnumerable.Range(0, Ordering.Count).ToList(); }
        }
    }
```

Solution 类中包括两个主要域或属性：一个名为 Ordering 的整数列表，和一个表示解的适应度的双精度值属性 Fitness。它还包括一个 Canonic(正则形)属性，该属性输出一个按递增顺序{1, …, n}排列的整数列表，n 是城市的总数。例如，当 n=5 时，则其正则形将为{1, 2, 3, 4, 5}。使用正则形是为了计算解的序数形式。为什么需要解的序数形式呢？

要理解为何将解转换为它的序数形式，请考虑在图 14-9 中，如果对两个解应用交叉算子会发生什么。

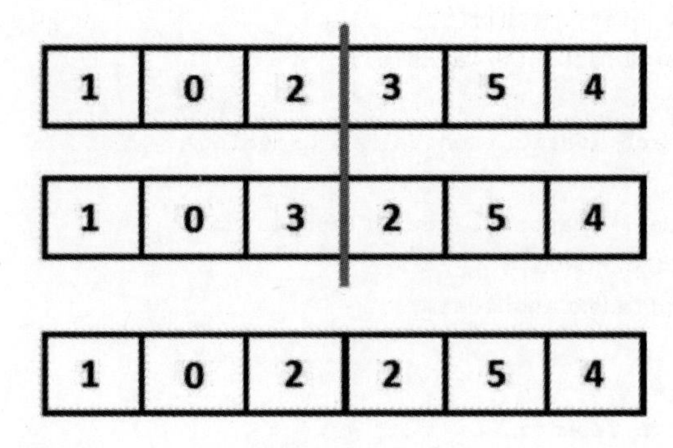

图 14-9　对父解应用交叉算子之后，得到的后代解是不可行的，因为它表示的行程将两次经过 2 号城市

从图 14-9 中可以看出，交叉算子在父解上的应用产生了一个不可行的后代解，其中包含的行程将两次经过同一个城市——2 号城市。为避免这一问题，本书使用序数形式来表示解，它可以按照图 14-10 所示的方法算出。

当前行程	正则行程	序数形式
1 2 5 6 4 3 8 7	1 2 3 4 5 6 7 8	1
1 2 5 6 4 3 8 7	2 3 4 5 6 7 8	1 1
1 2 5 6 4 3 8 7	3 4 5 6 7 8	1 1 3
1 2 5 6 4 3 8 7	3 4 6 7 8	1 1 3 3
1 2 5 6 4 3 8 7	3 4 7 8	1 1 3 3 2
1 2 5 6 4 3 8 7	3 7 8	1 1 3 3 2 1
1 2 5 6 4 3 8 7	7 8	1 1 3 3 2 1 2
1 2 5 6 4 3 8 7	7	1 1 3 3 2 1 2 1

图 14-10　为计算解的序数形式，需要遍历正则行程，查找被分析值在当前行程中的位置，并将该位置保存在构成序数表示形式的列表中

有趣的事实是，交叉算子在应用于 TSP 常规表示形式时会产生不可行的解，但将表示转换为序数形式时，交叉算子则会产生(以序数形式表示的)可行解。只需要将这个序数形式的解解码成常规 TSP 形式(取值范围为 1 到 n 的整数排列)，就能继续遗传算法流程。

Solution 类包含以下方法。

- Mutate()：该方法将通过在解的排序中选取两个随机索引位置并交换其对应值，使解发生变异。
- CrossOver()：该方法将交叉算子应用于输入解的序数形式，并最终将得到的序数解解码为常规 TSP 解。交叉算子在序列长度的一半处执行切割。
- Ordinal()：该方法将常规形式的 TSP 解转换为序数形式。
- DecodeOrdinal()：该方法将序数解转换为常规形式的 TSP 解。

最后，在 GeneticAlgorithmTsp 类(代码清单 14-7)中整合了遗传算法不同阶段的组件。该类包括以下域或属性。

- Iterations：算法将执行的迭代次数。
- Tsp：前文介绍的 Tsp 类的实例。
- Population：个体的集合(即种群)，每个个体都是前文描述的 Solution 类的实例。
- Size：种群的大小。
- Random：随机变量。

代码清单 14-8 中所示 Selection()方法中的选择策略是：按照适应度函数递增顺序对种群进行排序，并选取前 Size/2 个个体。

代码清单 14-7　GeneticAlgorithmTsp 类

```
public class GeneticAlgorithmTsp
    {
        public int Iterations { get; set; }
        public Tsp Tsp{ get; set; }
        public List<Solution> Population { get; set; }
        public int Size;
        private static readonly Random Random = new Random();

        public GeneticAlgorithmTsp(int iterations, Tsp tsp, int size)
        {
            Iterations = iterations;
            Tsp = tsp;
            Population = new List<Solution>();
            Size = size;
        }
}
```

执行遗传算法的主要方法如代码清单 14-8 所示。在该清单中还有 InitialPopulation()方法，该方法会创建 Size 个随机解。NewPopulation()方法将新生成的后代解添加到种群中，并根据个体的适应度值对其排序，在对 Population 列表排序后，将前 Size 个解作为下一代。OffSprings()方法以小于等于 0.4 的概率对一个染色体(解)进行变异，并以 0.6 的概率对其进行重组——即应用交叉算子。

代码清单 14-8　GeneticAlgorithmTsp 类

```
        public Solution Execute()
        {
InitialPopulation();
var i = 0;

            while (i< Iterations)
            {
var selected = Selection();
var offSprings = OffSprings(selected as List<Solution>);

NewPopulation(offSprings);
i++;
            }
```

```
            return Population.First();
        }

        private void NewPopulation(IEnumerable<Solution> offSprings)
        {
    Population.AddRange(offSprings);
    Population.Sort((solutionA, solutionB) => solutionA.Fitness >=
    solutionB.Fitness ?1 : -1);
           Population = Population.GetRange(0, Size);
        }

        private IEnumerable<Solution> OffSprings(List<Solution> selected)
        {
    var result = new List<Solution>();
            for (var i = 0; i<selected.Count - 1; i++)
            {
    result.Add(Random.NextDouble() <= 0.4
                                  ? selected[i].Mutate(Random)
                                  : selected[i].CrossOver(Random,
    selected[Random.Next(0, selected.Count)]));
            }

            return result;
        }

        private IEnumerable<Solution> Selection()
        {
    Population.Sort((solutionA, solutionB) => solutionA.Fitness >=
    solutionB.Fitness ?1 : -1);
           return Population.GetRange(0, Size / 2);
        }

        private void InitialPopulation()
        {
    var i = 0;

            while (i< Size)
            {
    Population.Add(RandomSolution(Tsp.Map.GetLength(0)));
    i++;
            }
        }

        private Solution RandomSolution(int n)
        {
```

```
    var result = new List<int>();
    var range = Enumerable.Range(0, n).ToList();

                while (range.Count> 0)
                {
    var index = Random.Next(0, range.Count);
    result.Add(range[index]);
    range.RemoveAt(index);
                }

                return new Solution(result);
            }
        }
```

现在，遗传算法的所有元素均已齐备，可在控制台应用程序中对其进行测试，就像本书已对其他算法所做的那样。见代码清单 14-9。

代码清单 14-9　测试遗传算法对 TSP 问题的求解

```
var map = new double[,] {
                {1, 2, 3, 1, 5},
                {5, 1, 1, 1, 8},
                {1, 7, 2, 1, 9},
                {1, 1, 6, 1, 8},
                {1, 1, 4, 1, 2},
            };

var ga = new GeneticAlgorithmTsp(100, new Tsp(map), 100);
var best = ga.Execute();

Console.WriteLine("Solution:");
            foreach (var d in best.Ordering)
Console.Write("{0},", d);
Console.WriteLine('\n' + "Fitness: {0}", best.Fitness);
```

在本例中选择执行 100 次迭代或进化周期，而地图由 5 个城市组成，它们之间的距离如代码清单 14-9 中的矩阵所示。得到的结果如图 14-11 所示。

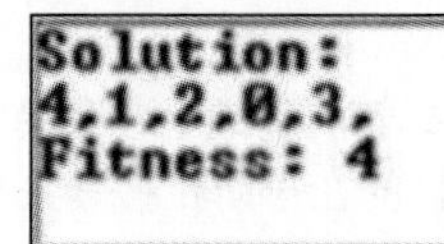

图 14-11　遗传算法对上述 TSP 问题输出的解

该算法输出的解为(4, 1, 2, 0, 3)。也就是说，首先访问 4 号城市，然后访问 1 号城市、2 号城市、0 号城市，并最终访问 3 号城市。该路径的代价为 4，由于从一个城市旅行到另一个城市的代价必须至少为 1，所以完全可以断定这一输出路径是最优的。还要注意，算法输出的这个解是种群列表中的第一个解——这很符合逻辑，因为算法维持着该列表按个体的适应度值升序排列。

在下一节中将研究S-元启发式方法，本书已经讨论过所有S-元启发式方法的原型——爬山算法，也称为局部搜索——接下来马上就会以 S-元启发式方法的一个特定代表为例，介绍这类方法如何通过强化和多样化机制摆脱局部最优，并保持对搜索的记忆直到某个给定点。

14.6 S-元启发式方法：禁忌搜索

基于单个解的元启发式方法——即S-元启发式方法——是由一个迭代过程构成，单个解在该过程的每一步中迭代得到改进。S-元启发式方法可被视为历经邻域所创建的路径，或历经给定问题的状态空间所创建的搜索轨迹。这样的路径或轨迹是由在状态空间中从当前解移动到另一个解的迭代方法生成的。S-元启发式方法能够非常高效，并对多优化问题给出较优的解。

“禁忌搜索”(Tabu Search，TS)是Fred Glover在20世纪80年代首次提出的一种元启发式方法，它运用了自适应记忆和响应式探索。禁忌搜索继承自爬山算法——可能是最老且最简单的启发式方法。可认为禁忌搜索就是一种具备一些可观改进或升级的爬山算法。它的核心功能与爬山算法相同：从一个给定初始解(通常是随机生成的)出发，持续运行直到达成某项终止规则；且在每轮迭代中，当前解都会被另一个在当前解的邻域中发现的、改进了目标函数的解所取代。在当前解没有任何邻近解能够改进目标函数时——这表明已找到一个局部最优解——爬山算法便满足了终止规则。从前文已知——这也是爬山算法的主要局限所在——它可能陷入局部最优，而禁忌算法则没有这个问题，因为禁忌算法包含了强化机制以防止其被局部最优所困。

顾名思义，禁忌搜索是在状态空间中没有被标记为“禁忌”(即禁止的区域)执行搜索。这样的标记表明：在一定的时间(迭代次数)内，搜索进程将不考虑这些区域，以避免短时间内(反复)试图在同一区域寻求解所造成的时间与精力浪费。

“自适应记忆”可能是禁忌搜索最重要的特征。自适应记忆是指记住搜索进展的能力，它是通过使用数据结构来实现的。“禁忌表”(Tabu List)是这些数据结构之一。禁忌表往往用于保存搜索过程中过往的交换操作的数据对，以避免在一段时间内环回于相同解(因为内存有限，该列表的长度必须是有限的)。术语“强化”指的是一种许多启发式方法都会实现的机制，它偏向于利用当前已找到的最佳解。在这种情况下，更有求解希望的区域将得到彻底的探索。另一方面，多样性指的是对搜索空间的探索，以试图访问未探索过的解。

在爬山算法相关组件(初始解、邻域等)的基础上，禁忌搜索还包含了以下特有组件。

- 禁忌表：又称作短时记忆，其目的在于防止搜索来重新访问此前已访问过的解，从而防止环回。如前文提到的，存储所有已访问过的解在效率上是不现实的，因此禁忌表通常会包含一个预定义的最大尺寸，算法至多存储的解数量即由该尺寸所定义。此外，禁忌表中一般不会存储整个解，而是存储算法的移动操作或解的属性，这能显著减少数据存储量。禁忌表中的移动在一定的迭代轮数内一直是禁止的，即所谓“禁忌期”。

- 特赦准则：通常使用的特赦准则是，如果一个移动能生成比已发现最佳解更优的解，则选取这个移动。另一条特赦准则可能是一个禁忌移动，但该移动能够从包含给定属性的一系列解中产生更好的解。

为避免陷入局部最优，禁忌搜索包含了强化机制和多样性机制，这些机制表现为中期记忆和长期记忆。

- 强化(中期记忆)：中期记忆存储了搜索过程中找到的精华解(例如最优解)。其思想是对精华解集合中的属性赋予优先权——通常以加权概率的形式。搜索会受到这些属性的影响。强化通常由一个近程存储器(recency memory)表示，其中记录了当前解中呈现的各种解特性(在迭代中)无中断地出现的连续迭代轮数。
- 多样性(长期记忆)：长期记忆存储了关于搜索过程中已访问解的信息。它会探索解空间中未访问的区域。例如，它将在已生成的解中抑制精华解的属性，从而使搜索向状态空间的其他区域发散。长期记忆通常由一个频次存储器(frequency memory)表示，其中为每个组件存储了该组件在所有已访问解中出现的次数。

该算法的伪代码如下所示：

```
TS ()
{
currentSolution = InitialSolution();
                /* TabuList, Medium-Term and Long-Term memories */
InitDataStructures();

                 while (!stopping_criteria_met)
                {
                        neighborhood = GetNeighborhood
                        (currentSolution);
/* Non tabu or aspiration criterion holds */
currentSolution= GetBestNeighbor(neighborhood);
    /* Updatetabu list, aspiration conditions, medium,
    long term memories */
Update();

If (intensificationCriterion)
Intensification();
If (diversificationCriterion)
Diversification();
                }

        return bestSolutionFound;
}
```

为更好地理解禁忌搜索算法的功能，下面来研究一个实际的例子。再次考虑第 13 章中的分区问题和多目标优化问题，其中需要极小化紧密度(类内距离)函数和同质度函数。同质度函数涉及人口学变量。因此，这类函数能反映两个地区在年龄、性别、失业情况或任意其他人口学变量上的类似程度。

在分区问题中，“基本地理统计区域”(Basic Geostatical Area, BGA)是引用待聚类的基本或原始区域的方式。任何 BGA 都由一个(position, variablesValues)对构成，其中 position

表示区域在空间(通常是二维的)中的位置，而 variablesValues 则表示包含了问题中每个人口学变量值的列表。这些都是禁忌算法在分区问题中将要聚类的元素或对象。

在数学中，当$|x - y| = 0$，则称元素 x、y 具有同质性。如果将变量列表视为空间中的一个向量，就可以通过考虑在聚类中欧氏距离 EuclideanDistance(x, y)的大小来衡量 x、y 两个区域的相似度。EuclideanDistance(x, y)越接近 0，则 x、y 两个区域将彼此越相似。这就是本书用于衡量同质性的方法——将变量所构成的向量视为空间向量，则它们的同质度即可以向量的接近程度来表示。因此，同质度函数类似于类内函数，但本例中考虑的是同质相异度矩阵。紧密度函数和同质度函数都根据相异度矩阵计算，相异度矩阵能确定任意两个区域之间的相似度水平，并与任何变量都相关。

由于当前处理的是一个多目标问题，本书将使用第 13 章中介绍的帕累托边界生成器，在多样化阶段获取边界的恰当近似。

将解编码为(elements, centers)对，其中 elements 是一个 n−k 数组，n 为 BGA 的数量、k 为簇的数量，而 x_i表示对象(在本例中指区域)i 位于簇 x 中。长度为 k 的中心点数组包含了各个中心点。用 N(x)表示的给定解 x 的邻域是通过交换所有元素对(i, j)而得到的，其中 i 为任意中心点而 j 为任意元素，因此有形如 $s = ((e_1, e_2, \ldots, e_{n-k}), (c1, c2, \ldots, c_k))$的解，其中$((e_1, e_2, \ldots, e_{n-k}), (c1, c2, \ldots, c_k)) \in N(x)$。邻近解中的每个元素$(e_1, e_2, \ldots, e_{n-k})$都将被聚类到它最靠近的中心点或簇中。

面向分区问题(MOP+聚类问题)的禁忌搜索算法伪代码如下：

```
TsZoning()
{
        currentSolution = InitialSolution();

                while(!stoppingConditionMet)
                {
neighborhood = GetNeighborhoodSetTabu(currentSolution);
/* Select current solution as the solution with minimum
intra-class value and not tabu in the previously generated
neighborhood set */
currentSolution = BestFittingNeighbor(neighborhood);
If (intensificationTime){
/* generate neighborhood for current solution, minimizing the
second objective */
MinimizeSecondObjective();
                    }
If (diversificationTime) {
FrontierBuilder();
                    }
UpdateParetoFrontier();
                }
}
```

初始解将通过选取前 k 个数据集元素作为中心点，然后将其余元素聚类到它们最靠近的中心点来生成。注意，通常在邻域内每个新聚类或新解的形成，要么是通过选取 k 个中心点并将剩余 n - k 个元素聚类到其最近的中心点，要么是通过对已形成的解进行逐步变异。

本书中介绍的禁忌搜索使用了哈希集列表形式的 Tabu List 数据结构，其中将解的中心点作为哈希集存储。如果某个解包含中心点 c=(1,2,3)，而另一个解包含中心点 c'=(3,4,2)，则禁忌表将包含 T=((1,2,3),(3,4,2))。哈希集列表可以简单地进行处理、插入和搜索。同时，可以高效地检查具有中心点(1,2,3)的解是否为禁忌的，而且由于集合数据结构会将所有这些元组——(1,2,3)、(2,3,1)、(1,3,2)、(2,1,3)——视为相等的，能够防止重复。禁忌表将在一段时间内禁止使用中心点元组。

为了测试该算法，这里将使用一个实际问题。该问题如下：要将 Toluca Valley 大都会区的 BGA 聚类为 5 个同质组，同质组仅包含取值范围如下的变量：

- 6 岁以下的男性人口(X001)。
- 6 岁到 11 岁之间的男性人口(X003)。
- 15 岁到 17 岁之间的男性人口(X007)。

所有 3 个变量上都获得同质性。届时，禁忌搜索已在 intensificationTime = 3(强化系数)、diversificationTime = 5(多样性系数)的配置下运行了多轮迭代。本例中，算法得到了如下结果(为简单起见，本书在此未包含得出的整个帕累托边界，而仅包含其中一个子集)：

```
(50.5901261076844,32885.0892241763)
(50.5758416315104,33770.2868646186)
(52.0662659720778,32047.9735370572)
(52.6236863193259,31963.3459865693)
(50.9352052335638,32227.1149958513)
(51.7073149394271,32224.293243894)
(50.6297645146784,32796.6211680751)
(50.7327985199368,32648.7098303008)
(63.4052030689118,31953.3511763935)
(31.7646782813892,74764.1984211605)
(32.6995744158722,73074.7519844055)
(31.7734798863389,74355.8623848788)
(31.776816796024,73910.6355371396)
(31.9216141687552,73353.8052604555)
(32.6187235737901,73079.8864057969)
(35.171800392375,71677.0312411241)
(35.1767441367242,71676.5767247979)
(35.1343494585806,71697.8434007592)
(35.147462667771,71697.7558703676)
(35.2879720849387,71676.5396553831)
(35.3225361349416,71541.4393240582)
(35.323587070021,71541.1602760788)
...
(35.5212138666,71384.7335594089)
(35.5222648016794,71384.4545114295)
(35.5310228433471,71384.2874695704)
(35.5614827835752,71363.55569029)
...
(40.0890479612853,66076.8575353262)
(40.1225133591276,66076.6462691529)
(40.1281553068144,66056.6499667925)
```

```
(40.0820569677191,66076.9379156809)
(40.0951701769095,66076.8503852894)
(40.1358379144876,66056.5493872965)
(40.1373651695288,65921.6511332184)
(40.1384161046082,65921.3720852389)
(40.1471741462759,65921.2050433798)
(40.1806395441182,65920.9937772065)
(40.186281491805,65900.9974748462)
(40.1401831527096,65921.2854237345)
(40.1532963619001,65921.197893343)
(40.21572345198,65900.924086982)
(40.3387179536343,65900.9141882557)
```

上述结果与图 14-12 所示的图形相匹配。

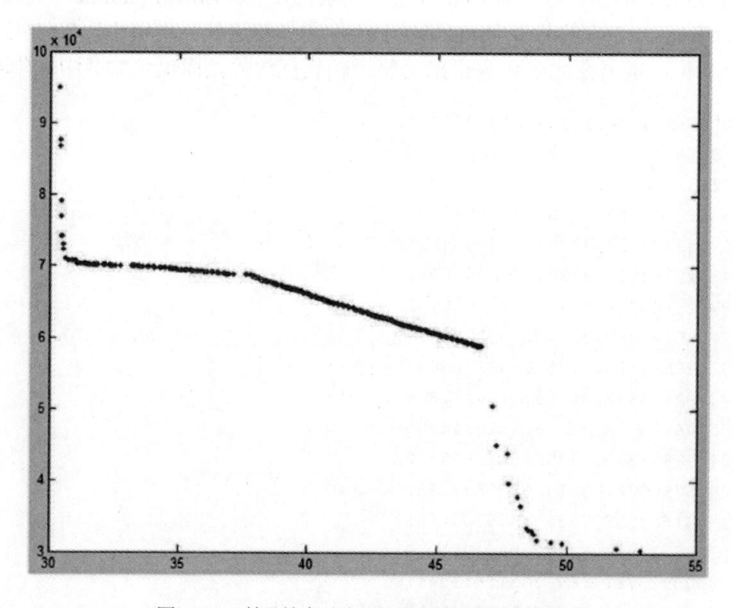

图 14-12　禁忌搜索对分区问题所输出的帕累托边界

综上所述，本书将禁忌搜索应用于一个有趣的聚类相关问题，并通过将其与边界生成器相结合得到了帕累托边界的一个相当好的近似。

由于问题的 NP 完全特性，运用元启发式方法来解决分区问题、TSP 问题、二次问题及许多其他问题都是不得不为之的。事实上，算法绝大多数时候都找不到最优解，而只能找到这些最优解的近似，有时运气好的话这些近似解可能等于最优解。元启发式方法，例如遗传算法可以与其他 AI 方法结合，其目的在于以一个已经优化过的解来开始 AI 过程，从而最终获得更好的结果。

14.7　本章小结

本章中学习了启发式方法和元启发式方法；本章实现了流行的爬山算法——它是所有

基于单个解的元启发式方法(S-元启发式方法)的母体，还分析了遗传算法作为基于种群的元启发式方法(P-元启发式方法)的代表。本章对这两类方法都提供了实现，并在最后描述了 S-元启发式方法的代表——即禁忌搜索，且提出了一种嵌入到多目标框架的禁忌搜索方法，该方法面向第 13 章中介绍的分区问题的求解。

第 15 章

游 戏 编 程

当前，电子游戏产业在美国经济中占据了数十亿美元的份额。在所有 50 个州都有成千上万个公司开发和发行游戏，而每一款游戏的开发都涵盖几十个工作领域，其相关部门在全球雇用了数以千计的员工。游戏产业确实是一个全球性的、竞争激烈的市场。该产业往往需要众多不同领域中拥有高级技能的专业人才。电子游戏公司必须在革新、创造、独创性和行业知识方面引领先行，并且必须持续地适应和改变市场。在其短暂的历史中，电子游戏已经见证了图形和真实感水平的巨大进步；相应地，现代个人电脑的许多发展和创新也要归功于游戏产业，其中几个最显著的贡献包括声卡、显卡和 3D 图形加速器、更快的 CPU，以及专用协处理器(如 PhysX)。

游戏产业还在持续增长，因而就业机会也越来越多。根据《福布斯》杂志报道，2016 年游戏产业对美国 GDP 的经济影响超过 110 亿美元，而这个数字在可预见的未来肯定还会增长。像动视暴雪(《使命召唤》)、Take-Two Interactive(《NBA2K》系列)、育碧(《刺客信条》)以及 Crytek(《孤岛惊魂》)这样的全球性公司，正在通过那些影响了我们社会与经济生活的、真实而激动人心的游戏，塑造和改变着我们对数字世界现实的看法。

游戏产业也雇用了具备其他传统行业经验的人员，但其大多数雇员都具有游戏产业的相关经验。该产业中特有的一些岗位包括游戏程序员(含 AI 程序员)、游戏设计师、关卡设计师、游戏制作人、游戏美工，以及游戏测试员等。这些专业人员中的绝大多数受雇于电子游戏开发商或发行商。其中，AI 游戏开发人员是电子游戏开发流程中的关键元素之一。

本章的主要目标在于介绍一些与游戏相关的最重要的 AI 方法，尤其是那些涉及域空间搜索的方法——这是几乎所有游戏都必须解决的基本任务。我们将研究诸如 BFS、DFS、DLS、IDS、双向搜索，以及 A*等搜索算法，并将看到如何运用它们为游戏开发 AI。在本章包含的实际问题中将实现所有此前详细介绍过的算法。对于双向搜索和 A*算法，还将结合对滑块拼图问题的求解对其进行介绍。

■ **注意**

诸如索尼、任天堂和微软等公司几乎每年都在改进它们的游戏机(PlayStation、Nintendo, Xbox)，为在全球范围内保持游戏热度做出了贡献。

15.1 电子游戏是什么

与其他软件一样，游戏也要经历所谓的软件开发过程，在该过程中，需要进行构思、声明、设计、编码、编写文档、测试，以及修复 bug 等阶段。因此，电子游戏是这样一种软件或计算机程序(见图 15-1)：它使某个或某些人能在尽可能真实的环境中交互并参与数字化电子游戏，游戏通过显示设备(屏幕、镜头等)来感知、通过控制设备(操纵杆、游戏板等)来交互、并通过平台(负责向显示设备发送图像和声音，并使控制设备能够进行交互的机器，如计算机、游戏机、手机等)来执行。

图 15-1 《光晕》系列(微软出品)是有史以来最流行的第一人称类(即屏幕上不直接出现主角，而是表现为主角的视野范围)射击游戏之一

平台负责运行游戏引擎——一个包含图形和动画、物理引擎、控制交互、AI、声音、网络以及其他组件的综合体，这些组件都遵循开发者编写的电子游戏中所定义的逻辑。

电子游戏的设计阶段通常包括计算机科学家、历史学家、心理学家、音乐家、艺术家、数字营销人员与其他各方面专业人员组成的多学科团队的参与。他们将齐心协力、尽其所能为玩家提供最真实的游戏(假定游戏要求这种类型的真实性)。

AI 游戏开发人员负责为游戏创建 AI。游戏的 AI 是什么？游戏的 AI 定义了玩家在游戏中的对手有多聪明。例如，在足球、篮球或类似的体育游戏中，计算机一方的 AI 实现由一系列策略、剧本、行为、动作等组成，它们最终确定计算机玩家的复杂程度并使游戏玩起来更富挑战性和娱乐性。

AI 游戏开发中的主要工作之一是创建游戏中的搜索算法。游戏中的搜索将是下一节的重点，届时本书将正式开始深入研究与游戏相关的 AI 算法。

■ 注意

电子娱乐展览会(Electronic Entertainment Expo，即E3)是世界上最大的游戏展会之一。它是游戏产业领导者展示其最新创作的聚集地。

15.2 游戏中的搜索

很多游戏都必须依赖搜索流程才能达成胜利。棋盘类游戏可能是这种场景的最佳代表；在滑块拼图(如图 15-2 所示)这样的棋盘类游戏里，玩家必须在树中搜索所有可能的状态，以发现真正的获胜状态或目标状态。树是常用于表示状态空间(所有可能状态的集合)的结构。如何定义或生成树与特定问题相关；对于滑块拼图游戏而言，能够与空白块互换的四个位置中的每一个都代表当前节点的一个子节点。因此，这就形成了一个包含所有可能状态的树，其子树如图 15-3 所示。

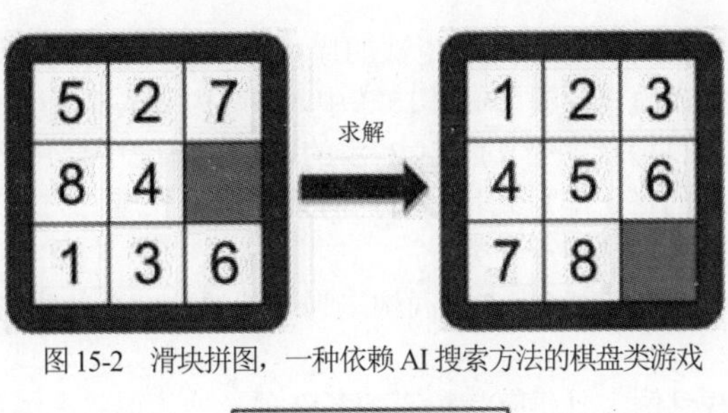

图 15-2　滑块拼图，一种依赖 AI 搜索方法的棋盘类游戏

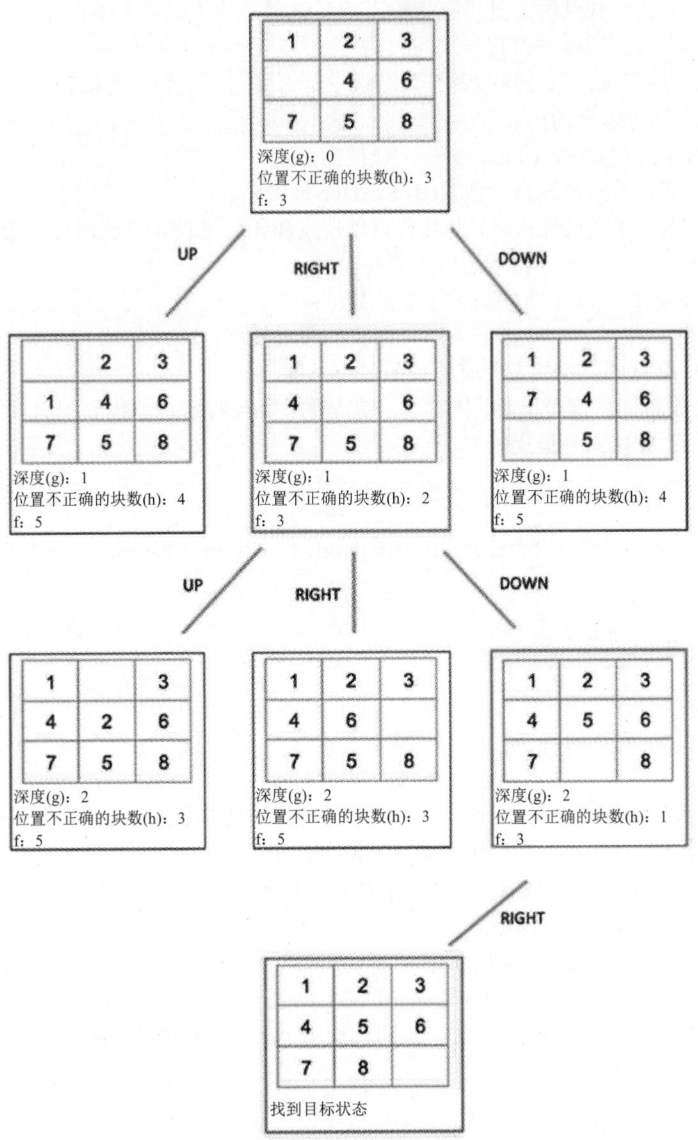

图 15-3　在滑块拼图中进行搜索，直到发现目标状态为止。本例中使用了启发式方法(错位块)来决定到达目标状态的最短路径

这一通过搜索生成的树提供了一个走法的序列——从根节点或开始状态一直到目标状态——从而提供了游戏的一种解。在图 15-3 中，该解由 moves {right, down, right}表示，也就是一个从根节点到目标状态的长度为 3 步的路径。下文中会介绍，将搜索方法与启发式方法结合起来的目的在于缩短到目标节点的搜索路径长度。

搜索策略可按照如下方式进行分类。

- 系统性：此类搜索策略将状态空间构造为一棵树；一个策略将被视为系统性的。当且仅当
  - 只要还未找到解，且仍有待检查的备选项，搜索就将继续；并且
  - 每个备选项仅被检查一次。
- 信息使用情况：这是指搜索在其过程中是否使用特定领域的知识，即关于问题的知识。它可以分为
  - 有信息搜索(Best-First 搜索、A*搜索)；或
  - 无信息搜索或称盲目搜索(BFS、DFS、IDS)。

本书将重点关注系统性策略，并且有信息搜索和无信息搜索方法都会讨论。接下来的章节在评估搜索算法性能时将考虑以下特性。

- b(分支度)：一个节点的最大子节点数量；
- d(深度)：根节点到叶子节点所有路径的最大长度；
- m：根节点到目标状态所有路径的最小长度。

此外，如果搜索总能得出解，则称它是完全的；如果搜索总能找到到达目标状态的最低路径代价，则称搜索是最优的。

注意

最早的滑块拼图类型是“十五拼”(fifteen puzzle)，由Noyes Chapman于 1880 年发明。

15.3 无信息搜索

在无信息搜索方法中，算法将边界上所有的非目标节点都等同视之；因此，这类搜索也称为盲目搜索。搜索过程无法确定从某个节点 X 出发的路径是否会优于从另一节点 Y 出发的路径。

无信息搜索算法本质上是图算法，它们对树进行操作，而树是图的一种具体类型。所以，此处所描述的算法也是图论工具箱的一部分。

广度优先搜索(Breadth-First Search，BFS)是最流行的基于图的搜索算法。在本方法中，节点是按层级顺序发现的；该算法在发现任何与根节点距离为 k+1 的节点之前，会发现所有距离为 k 的节点(如图 15-4 所示)。

当 b(分支度)为有限值时，BFS 是完全的，其时间复杂度和空间复杂度都为 $O(b^d)$，如果其边缘代价等于 1——即搜索中每一步的代价等于 1——则 BFS 是最优的。

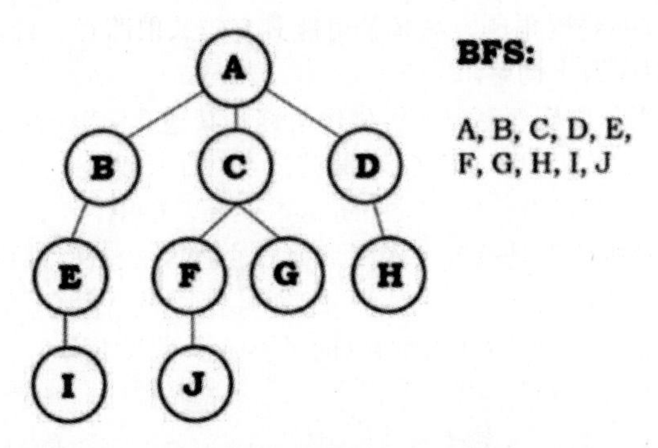

图 15-4　使用 BFS 流程遍历树；从节点 A 开始，然后发现下一层的所有节点，即节点 B、C、D。继续这一操作，在接下来的一层发现节点，即节点 E、F、G、H。最终在最后一层发现节点 I 和 J。

深度优先搜索(Depth-First Search，DFS)是另一种十分流行的基于图的搜索算法，并且是许多其他此类搜索流程的原型。在 DFS 中，节点是按照它们向下距离远近的顺序发现的。该算法从根节点开始，循着穿越最左边子节点的路径直至到达叶子节点，然后"回溯"到此前访问过的节点 N，并继续发现 N 的下一个未访问的子节点。因此，该算法总是向深处搜索，通过寻找最靠左的、未访问的、最深的节点来建立路径，并在整个树或图上递归地重复这一流程(如图 15-5 所示)。注意，在可能遇到环路的图中，DFS 必须保证被访问过的节点都被标记为"已访问"。

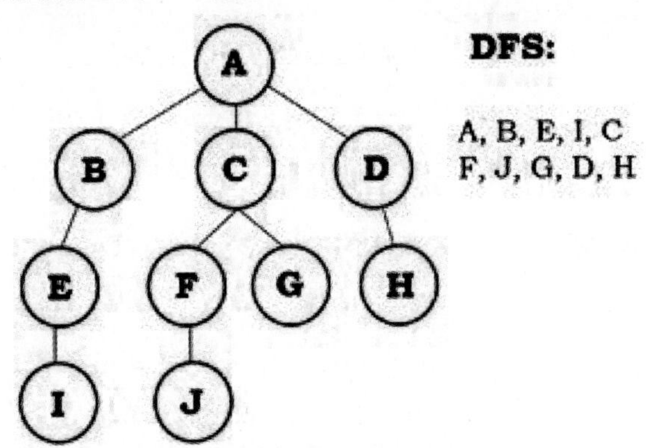

图 15-5　使用 DFS 流程遍历树；从节点 A 开始，然后沿着最靠左且未访问的节点前进，从而建立了由节点 A、B、E、I 构成的路径，接下来一路向上回溯到根节点(在已建立路径中只有它具有待发现的子节点)并移动到其最靠左的未访问子节点，也就是节点 C。算法将在节点 C、并最终在节点 D 上递归地执行相同流程，从而生成图中所见的路径

假定实现了某种控制机制来确定一路上哪些节点已被访问过，同时假定当前处理的是有限空间，则可以断定 DFS 是完全的；否则，DFS 就是不完全的，因为它会陷入无限循环。DFS 的时间复杂度为 $O(b^m)$，如果 m 显著大于 d 的话，它将显著劣于 $O(b^d)$。DFS 的空间复杂度为 $O(b*m)$，它并不是一个最优的算法。

若要对 BFD 和 DFS 做一个比较，BFD 通常应用于这些场景：可能存在无限多的路径、可能在较短路径上得到解，或者能够很容易地丢弃不成功的路径。另一方面，DFS 则更适合这些场景：状态空间是受限的、许多解可能具有较长的路径，或者错误路径一般会很快终止且搜索能够相应做出调整。

以 BFS 和 DFS 作为主要构建基础，派生出了许多其他搜索算法。这些衍生出的算法中很多都试图消除其前身的(即 BFS 和 DFS)某些缺点，比如深度有限搜索(Depth-Limited Search，DLS)和迭代深化搜索(Iterative Deepening Search，IDS)。

深度有限搜索(DLS)本质上是设置了深度限制 L 的 DFS 算法(如图 15-6)；也就是说，深度为 L 的节点将没有后续节点，这就像在深度 L 处将树切割，从而消除了无限深度的问题。如果 $L = d$，即得到了最优解；如果 $L < d$，则得到的是不完全解；如果 $L > d$，则得到的是非最优解。

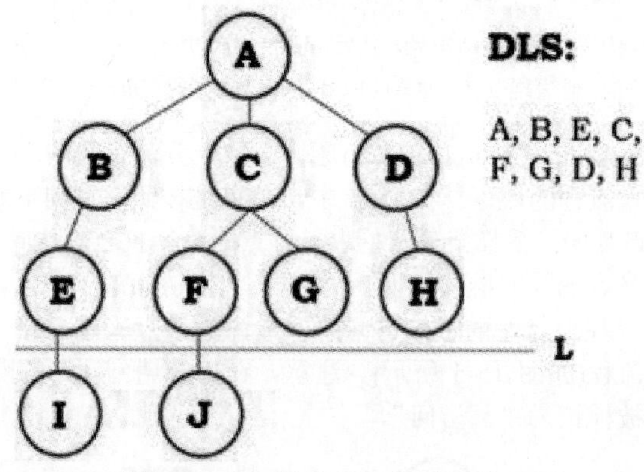

图 15-6　DLS 是加入了深度限制 L 的 DFS

迭代深化搜索(IDS)是一种发现最佳深度限制 L 的策略，其主要思想是运用 DLS 作为子方法，并逐步地将深度限制从 1 增加到最大预定义深度。该算法是完全且最优的，它总是能发现深度最浅的目标节点。

另一种依赖于 BFS 和 DFS 的无信息搜索流程是双向搜索(Bidirectional Search，BS)。BS 同时执行两个搜索：一个从初始状态到目标状态，而另一个从目标状态向后到初始状态。这两个搜索预期将在某一时刻交汇。因此，该流程中必须在每一步都检查向前展开的节点集是否与向后展开的节点集相交。BS 背后的关键动机在于时间复杂度，因为 $b^{d/2}+b^{d/2}$ 在复杂度上小于 b^d。因此，该方法可为找到目标状态提供更高效、更快捷的途径。此外，如果两个搜索(前向的和后向的)都使用 BFS 算法并且 b 为有限的，则 BS 就确定是最优且完全的。

15.4　实际问题：实现 BFS、DFS、DLS 和 IDS

为开发无信息搜索策略，需要运用 Tree<T>类，如代码清单 15-1 所示。Tree<T>是泛型类，包含一个表示根节点的某个可能值(整数、字符串、数组、矩阵等)的 State 属性和一个子节点列表，该类还包括多个构造函数。

代码清单 15-1　Tree<T>类

```
public class Tree<T>
```

```
    {
        public T State { get; set; }
        public List<Tree<T>> Children { get; set; }

        public Tree()
        {
           Children = new List<Tree<T>>();
        }

        public Tree(T state, IEnumerable<Tree<T>> children)
        {
            State = state;
            Children = new List<Tree<T>>(children);
        }

        public Tree(T state)
        {
            State = state;
            Children = new List<Tree<T>>();
        }

        public bool IsLeaf
        {
                    get { return Children.Count == 0; }
        }
    }
```

为实现良好的面向对象设计，这里编写了 UninformedMethod<T>抽象类(如代码清单 15-2 所示)作为本节描述的所有无信息搜索策略的父类以及共享域的容器。

代码清单 15-2 UninformedMethod<T>类

```
public abstract class UninformedMethod<T>
    {
        public Tree<T> Tree { get; set; }

        protected UninformedMethod(Tree<T> tree)
        {
           Tree = tree;
        }

        public abstract List<T>Execute();
    }
```

在 Bfs<T>类(见代码清单 15-3)中使用队列(Queue)数据结构编写了 BFS 策略的代码。该数据结构用于展开节点，这是通过将其子节点入队并最终将首个入队的节点出队来实现的。因此，队列的先进先出(First-In-First-Out，FIFO)特性提供了按级遍历树的效果。

代码清单 15-3 Bfs<T>类

```
public class Bfs<T>: UninformedMethod<T>
    {
        public Bfs(Tree<T> tree):base(tree)
        { }
```

```
        public override List<T>Execute()
        {
var queue = new Queue<Tree<T>>();
queue.Enqueue(Tree);
var path = new List<T>();

            while (queue.Count> 0)
            {
var current = queue.Dequeue();
path.Add(current.State);

                foreach (var c in current.Children)
queue.Enqueue(c);
        }

        return path;
    }
}
```

代码清单 15-4 中实现的 DFS 依赖于一个栈(stack)数据结构，它用于模拟 DFS 内在的递归特性，因而有助于避免使用递归函数，并使得我们能将代码精简成一个简单的循环。请记住：栈是后进先出(Last-In-First-Out，LIFO)的数据结构，因此子节点是反序入栈的，如代码清单 15-4 所示。

代码清单 15-4　Dfs<T>类

```
public class Dfs<T> :UninformedMethod<T>
    {
        public Dfs(Tree<T> tree):base(tree)
        {
        }

        public override List<T>Execute()
        {
var path = new List<T>();
var stack = new Stack<Tree<T>>();
stack.Push(Tree);

            while (stack.Count> 0)
            {
var current = stack.Pop();
path.Add(current.State);

                for (var i = current.Children.Count - 1; i>= 0; i--)
stack.Push(current.Children[i]);
        }

        return path;
    }
}
```

任何其他无信息搜索策略基本上都是前两个策略——DFS 和 BFS——的变体。代码清单 15-5 所示的深度有限搜索类就是 DFS 的直接衍生。在此类中包含以下两个属性。

- DepthLimit：定义最大到达深度；
- Value：确定在状态树中要找到的值。

本例中实现了 DFS 算法的递归版本，使用递归能更容易地建立从根节点到 Value 节点的路径。注意，在算法中有三个停止条件：Value 节点已被找到、达到深度限制，或者到达叶子节点。

代码清单 15-5　Dls<T>类

```
public class Dls<T>: UninformedMethod<T>
    {
        public intDepthLimit{ get; set; }
        public T Value { get; set; }

        public Dls(Tree<T> tree, intdepthLimit, T value) :base(tree)
        {
DepthLimit = depthLimit;
            Value = value;
        }

        public override List<T>Execute()
        {
var path = new List<T>();
            if (RecursiveDfs(Tree, 0, path))
                return path;
            return null;
        }

        private bool RecursiveDfs(Tree<T> tree, int depth, ICollection<T> path)
        {
            if (tree.State.Equals(Value))
                return true;
            if (depth == DepthLimit || tree.IsLeaf)
                return false;

path.Add(tree.State);

        if (tree.Children.Any(child =>RecursiveDfs(child, depth + 1, path)))
            return true;

path.Remove(tree.State);
        return false;
    }
}
```

最后，迭代深化搜索使用深度有限搜索作为子方法以寻求到达目标状态的最浅深度(见代码清单 15-6)。

代码清单 15-6　Ids<T>类

```
public class Ids<T> :UninformedMethod<T>
    {
        public Dls<T>Dls{ get; set; }
        public intMaxDepthSearch{ get; set; }
```

```
        public intDepthGoalReached{ get; set; }
        public T Value { get; set; }

        public Ids(Tree<T> tree, int maxDepthSearch, T value): base(tree)
        {
MaxDepthSearch = maxDepthSearch;
            Value = value;
        }
        public override List<T>Execute()
        {
            for (var depth = 1; depth <MaxDepthSearch; depth++)
            {
Dls = new Dls<T>(Tree, depth, Value);
DepthGoalReached = depth;
var path = Dls.Execute();
                if (path != null)
                    return path;
            }

DepthGoalReached = -1;
            return null;
        }
    }
```

Ids<T>泛型类包括了在树中要搜索的 Value 所对应的属性，以及用于确定所找到的目标节点深度的属性(DepthGoalReached)，还有允许搜索达到的最大深度(MaxDepthSearch)。从 Execute()方法可以看出，算法由一个循环构成，该循环在深度 0，1，…，MaxDepthSearch 上应用 DLS 算法。

下面将在控制台应用程序中测试以上算法，并声明一棵树，如代码清单 15-7 所示。

代码清单 15-7　测试无信息搜索算法

```
var tree = new Tree<string>{ State = "A" };
tree.Children.Add(new Tree<string> { State = "B",
                Children = new List<Tree<string>>
                                {
                                    new Tree<string>("E")
                                }
                                });
tree.Children.Add(new Tree<string> { State = "C", Children = new List<Tree<string>>
                                {
                                    new Tree<string>("F")
                                }

            });
tree.Children.Add(new Tree<string> { State = "D" });

var bfs = new Bfs<string>(tree);
var dfs = new Dfs<string>(tree);
var dls = new Dls<string>(tree, 21, "E");
var ids = new Ids<string>(tree, 10, "F");

var path = bfs.Execute();
            //var path = dfs.Execute();
            // var path = dls.Execute();
```

```
            //var path = ids.Execute();

    foreach (var e in path)
    Console.Write(e + ", ");
```

依次将各个方法的Execute()语句行取消注释，就能获得如图15-7所示的结果(以BFS、DFS、DLS、IDS的顺序显示)。

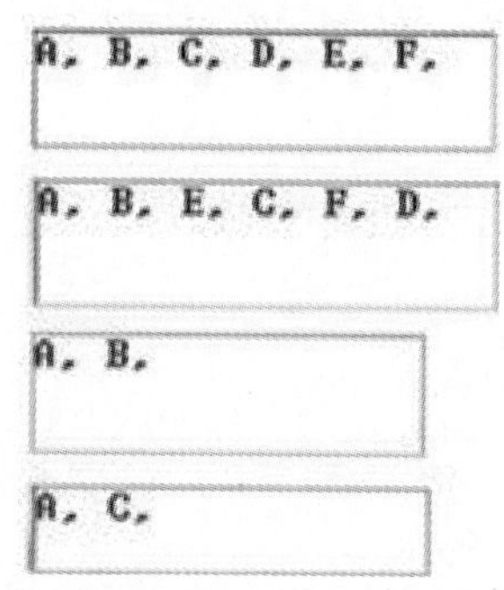

图15-7　执行BFS、DFS、DLS和IDS后获得的结果

注意，在本例中，在实现算法时，BFS 和 DFS 都按照其定义的顺序去遍历树，而 DLS 和 IDS 则通过寻找特定值对树执行搜索。

15.5　实际问题：在滑块拼图问题中实现双向搜索

本书已多次提及滑块拼图作为可通过运用搜索策略来解决的棋盘类游戏的例子，而本节将通过实现双向搜索求解 8 块拼图(3×3 网格)。将双向搜索应用于滑块拼图的优点在于，该算法十分易于计算互换操作的逆操作；换言之，就是很容易计算目标状态的前序状态。算法运行中仅需要将空白块向每个可能的方向移动。因此，为了从目标状态后向移动不需要实现任何额外特性，只要稍稍调整用于前向搜索的展开流程。

最开始，先来研究 SlidingTilesPuzzle 类和 Board 类，它们将用于处理节点的展开和与游戏相关的逻辑(如代码清单 15-8 所示)。SlidingTilesPuzzle 类非常简单，其唯一目的是提供有意义的方法来引用一局“游戏”并组织程序的逻辑。开发 AI 的关键支持类是 Board<T>。

代码清单 15-8　SlidingTilesPuzzle 类和 Board 类

```
public class SlidingTilesPuzzle<T>
    {
        public Board<T> Board { get; set; }
        public Board<T> Goal { get; set; }

        public SlidingTilesPuzzle(Board<T> initial, Board<T> goal)
        {
            Board = initial;
            Goal = goal;
        }
    }
```

```
public class Board<T> :IEqualityComparer<Board<T>>
    {
        public T[,] State { get; set; }
        public T Blank { get; set; }
        public string Path { get; set; }
        private readonly Tuple<int, int> _blankPos;
        private readonlyint _n;

        public Board() {}

        public Board(T[,] state, T blank, Tuple<int, int>blankPos, string path)
        {
            State = state;
            Blank = blank;
            _n = State.GetLength(0);
            _blankPos = blankPos;
            Path = path;
        }

        public List<Board<T>>Expand(bool backwards = false)
        {
var result = new List<Board<T>>();

var up = Move(GameProgramming.Move.Up, backwards);
var down = Move(GameProgramming.Move.Down, backwards);
var lft = Move(GameProgramming.Move.Left, backwards);
var rgt = Move(GameProgramming.Move.Right, backwards);

            if (up._blankPos.Item1 >= 0 && (string.IsNullOrEmpty(Path) ||
            Path.Last() != (backwards ? 'U' : 'D')))
            result.Add(up);
            if (down._blankPos.Item1 >= 0 && (string.IsNullOrEmpty(Path) ||
            Path.Last() != (backwards ? 'D' : 'U')))
            result.Add(down);
            if (lft._blankPos.Item1 >= 0 && (string.IsNullOrEmpty(Path) ||
            Path.Last() != (backwards ? 'L' : 'R')))
            result.Add(lft);
            if (rgt._blankPos.Item1 >= 0 && (string.IsNullOrEmpty(Path) ||
            Path.Last() != (backwards ? 'R' : 'L')))
            result.Add(rgt);

            return result;
        }

        public Board<T>Move(Move move, bool backwards = false)
        {
var newState = new T[_n, _n];
Array.Copy(State, newState, State.GetLength(0) * State.GetLength(1));
var newBlankPos = new Tuple<int, int>(-1, -1);
var path = "";

            switch (move)
            {
                case GameProgramming.Move.Up:
```

```
                    if (_blankPos.Item1 - 1 >= 0)
                    {
                        // Swap positions of blank tile and x tile
    var temp = newState[_blankPos.Item1 - 1, _blankPos.Item2];
    newState[_blankPos.Item1 - 1, _blankPos.Item2] = Blank;
    newState[_blankPos.Item1, _blankPos.Item2] = temp;
    newBlankPos = new Tuple<int, int>(_blankPos.Item1 - 1, _blankPos.Item2);
                        path = backwards ? "D" : "U";
                    }
                    break;
                case GameProgramming.Move.Down:
                    if (_blankPos.Item1 + 1 < _n)
                    {
    var temp = newState[_blankPos.Item1 + 1, _blankPos.Item2];
    newState[_blankPos.Item1 + 1, _blankPos.Item2] = Blank;
    newState[_blankPos.Item1, _blankPos.Item2] = temp;
    newBlankPos = new Tuple<int, int>(_blankPos.Item1 + 1, _blankPos.Item2);
                        path = backwards ? "U" : "D";
                    }
                    break;
                case GameProgramming.Move.Left:
                    if (_blankPos.Item2 - 1 >= 0)
                    {
    var temp = newState[_blankPos.Item1, _blankPos.Item2 - 1];
    newState[_blankPos.Item1, _blankPos.Item2 - 1] = Blank;
    newState[_blankPos.Item1, _blankPos.Item2] = temp;
    newBlankPos = new Tuple<int, int>(_blankPos.Item1, _blankPos.Item2 - 1);
                        path = backwards ? "R" : "L";
                    }
                    break;
                case GameProgramming.Move.Right:
                    if (_blankPos.Item2 + 1 < _n)
                    {
    var temp = newState[_blankPos.Item1, _blankPos.Item2 + 1];
    newState[_blankPos.Item1, _blankPos.Item2 + 1] = Blank;
    newState[_blankPos.Item1, _blankPos.Item2] = temp;
    newBlankPos = new Tuple<int, int>(_blankPos.Item1, _blankPos.Item2 + 1);
                        path = backwards ? "L" : "R";
                    }
                    break;
            }

            return new Board<T>(newState, Blank, newBlankPos, Path + path);
        }

        public bool Equals(Board<T> x, Board<T> y)
        {
            if (x.State.GetLength(0) != y.State.GetLength(0) ||
x.State.GetLength(1) != y.State.GetLength(1))
                return false;
            for (var i = 0; i<x.State.GetLength(0); i++)
            {
                for (var j = 0; j <x.State.GetLength(1); j++)
                {
    if (!x.State[i, j].Equals(y.State[i, j]))
```

```
return false;
                }
            }

            return true;
        }

        public int GetHashCode(Board<T>obj)
        {
            return 0;
        }
    }

    public enum Move
    {
        Up, Down, Left, Right
    }
```

Board<T>类包含以下属性和变量。

- State：T 值的矩阵；回忆一下，T 是泛型，因而它可能是任何类型，比如整型、字符串或者任何其他类型。
- Blank：确定盘面中使用的空白元素。
- Path：从根节点到表示该盘面的节点所建立的路径。
- _blankPos：确定盘面上空白块位置的整型元组。
- _n：棋盘的行(列)数。

在 Expand()方法中将生成当前节点的邻域；换言之，就是生成当前盘面的“邻居”盘面集合(通过在每个可能方向上移动空白块获得)。因为在前向或后向搜索中都可以生成移动，这里定义了布尔变量 backward 来确认生成的移动是前向的还是后向的。使用该变量能够控制节点生成的多个方面，并兼顾了从根节点到目标节点(前向)或从目标节点到根节点(后向)执行搜索的情况。这实际上就是双向搜索的意图——执行两个搜索并使它们在过程中的某一时刻交汇。这个交汇点决定了解决拼图问题所需的路径，即走法序列。Path.Last() != (backwards ? 'U' : 'D')语句确保了在进行前向或后向搜索时，都能避免连续移动中的重复状态。例如，在前向搜索中，不会希望先往右移动空白块，然后在展开这个节点时，又将其掉头往左移动，因为这会使搜索滞留在相同状态中，从而导致算法消耗更多的计算时间。

在 Move()方法中利用代码清单 15-8 所示的 Move 枚举体开发了空白块移动的后台逻辑，并确定特定走法在给定的盘面限制下是否可行。同样的，path = backwards ? "R" : "L"语句的目的在于判断当前步骤所执行移动的类型，并确定算法是否在进行后向搜索；接下来，这一决策将作为目前“已走过”路径的扩展，被添加到生成节点的 Path 变量中。记住，当进行后向搜索时，从前向的视角来看：右意味着左，左意味着右，上意味着下，而下意味着上。由于最终需要把后向路径同前向路径连接起来，因此可在一开始就将后向路径转换为“前向”版本。前面的(path = backwards ? "R" : "L")语句就是为了实现这一转换。

由于需要比较不同的盘面以确定前向和后向搜索是否已交汇，这里在 Board<T>类中实现了 IEqualityComparer<Board<T>>接口，它强制要求实现 Equals()和 GetHashCode()(取得哈希值)方法。后一个方法留给读者作为练习，本书中将简单地使其返回 0。头一个方法会比较各个盘面的 State 矩阵，如果其每个单元格都重合，则输出 true，否则输出 false。

双向搜索类如代码清单 15-9 所示。

代码清单 15-9　Bs<T>类

```
public class Bs<T>
{
        public SlidingTilesPuzzle<T> Game { get; set; }

        public Bs(SlidingTilesPuzzle<T> game)
        {
           Game = game;
        }

        public string BidirectionalBfs()
        {
var queueForward = new Queue<Board<T>>();
queueForward.Enqueue(Game.Board);

var queueBackward = new Queue<Board<T>>();
queueBackward.Enqueue(Game.Goal);

            while (queueForward.Count> 0 &&queueBackward.Count> 0)
            {
var currentForward = queueForward.Dequeue();
var currentBackward = queueBackward.Dequeue();

var expansionForward = currentForward.Expand();
var expansionBackward = currentBackward.Expand(true);

            foreach (var c in expansionForward)
            {
if (c.Path.Length == 1 &&c.Equals(c, Game.Goal))
                    return c.Path;
queueForward.Enqueue(c);
            }

            foreach (var c in expansionBackward)
queueBackward.Enqueue(c);

var path = SolutionMet(queueForward, expansionBackward);

                if (path != null)
                   return path;
            }

            return null;
        }

        private string SolutionMet(Queue<Board<T>>expansion Forward,
        List<Board<T>>expansionBackward)
        {
            for (var i = 0; i<expansionBackward.Count; i++)
```

```
                {
                    if (expansionForward.Contains(expansionBackward[i], new Board<T>()))
                    {
    var first = expansionForward.First(b =>b.Equals(b, expansionBackward[i]));
    return first.Path + new string(expansionBackward[i].Path.Reverse().ToArray());
    }
                }

                return null;
            }
        }
```

本书实现的BS算法将执行两个搜索，每个搜索都由一个BFS流程构成，该流程使用一个队列对各层的状态树进行遍历。本书实现了一个前向搜索的BFS和一个后向搜索的BFS，而这两个搜索的交汇点将由SolutionMet()方法进行迭代检查。检查每个Path长度为1的已展开节点是否匹配目标状态的循环，充当了(用于递归的)目标状态距初始盘面只有1步距离的场景的一个基础用例。图15-8图形化描述了双向搜索算法的工作原理。

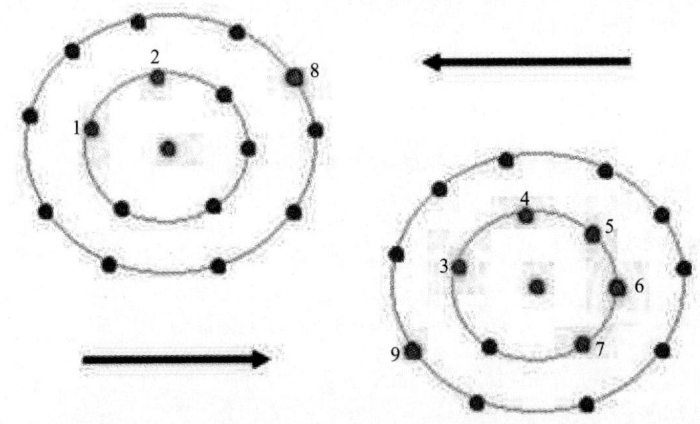

图15-8　前向搜索(左图)和后向搜索(右图)。中心的点表示BFS进程的当前节点，环绕该点的圆圈表示树的不同层级。蓝色点(点1～点7)表示搜索中已发现并处理的节点，绿色点(点8，点9)表示两个搜索将交汇的节点，而灰色点(余下的点)则表示队列中的节点

两个搜索将在绿色点交汇。为找到前向搜索和后向搜索之间的这一关联或关系，算法会使用SolutionMet()方法检查已展开节点集合(图中的灰色点)。该方法的目的是将前向搜索中所有队列里的点，与后向搜索中所有已展开的节点(最靠近中心已处理节点的那个圆圈上的点)进行比对检查，寻找其状态或盘面的匹配关系。如果找到一个完全匹配，则输出最终路径，该路径是通过在两个搜索交汇的节点，前向和后向地添加该节点的子路径所得到的。

为测试对BS的实现，创建如代码清单15-10所示的实验。

代码清单15-10　基于8块拼图中最难的配置测试本书的双向搜索算法

```
var state = new[,]
                        {
                            {6, 4, 7},
                            {8, 5, 0},
```

```
                            {3, 2, 1}
                        };

    var goalState = new[,]
                        {
                            {1, 2, 3},
                            {4, 5, 6},
                            {7, 8, 0}
                        };

    var board = new Board<int>(state, 0, new Tuple<int, int>(1, 2), "");
    var goal = new Board<int>(goalState, 0, new Tuple<int, int> (2, 2), "");
    var slidingTilesPuzzle = new SlidingTilesPuzzle<int>(board, goal);
    var bidirectionalSearch = new Bs<int>(slidingTilesPuzzle);
    var stopWatch = new Stopwatch();
    stopWatch.Start();
    var path = bidirectionalSearch.BidirectionalBfs();
    stopWatch.Stop();

                foreach (var e in path)
    Console.Write(e + ", ");
    Console.WriteLine('\n' + "Total steps: " + path.Length);
    Console.WriteLine("Elapsed Time: " + stopWatch.ElapsedMilliseconds / 1000 + "
segs");
```

本实验中使用了 8 块拼图配置中最难的一块，在最优情况下它也需要 31 步才能解决。本书还使用一个 Stopwatch 类型的对象来测量算法求解的时间消耗。执行上述代码之后的结果如图 15-9 所示。

```
D, L, L, U, U, R, D, R, U, L, D, R, D, L, L, U, R, D, L, U, U, R, R, D, D, L, U,
 U, R, D, D,
Total steps: 31
Elapsed Time: 11 secs
```

图 15-9 在 11 秒内获得的解

为了验证解的正确性，可以简单地循环遍历获得的路径或移动列表，并从初始盘面执行等效的移动，检查最终盘面是否匹配目标状态。

■ **注意**

在输出BS算法的移动序列之前，必须对后向搜索所获取的路径串进行逆向操作。记住，该路径是通过从序列的末尾而非起始添加移动而建立的，因而必须对其进行逆向，以获得到达目标节点的正确路径。

15.6 有信息搜索

在有信息搜索中，除了使用问题本身的定义，还会运用关于问题的知识，目的在于尽可能高效地解决问题。因此，在有信息搜索算法中将试图巧妙地选择要探索的路径。有信息搜索方法的典型代表是一类称为“最佳优先搜索”的算法。

“最佳优先搜索”类型的方法总是依赖于一个评价函数 $F(n)$，该函数将一个值与状态

树的各个节点 n 相关联。这个值应表示给定节点到目标节点的距离，因此，最佳优先搜索方法通常选择一个具有最小 $F(n)$值的节点来继续搜索流程(如图 15-10 所示)。虽然这类算法被称作“最佳优先”，但实际上并不存在必定能够判定到目标节点代价最低的路径的方法。如果有这样的方法，就总能获得一个最优解而不需要投入任何额外的努力(启发式方法等)。

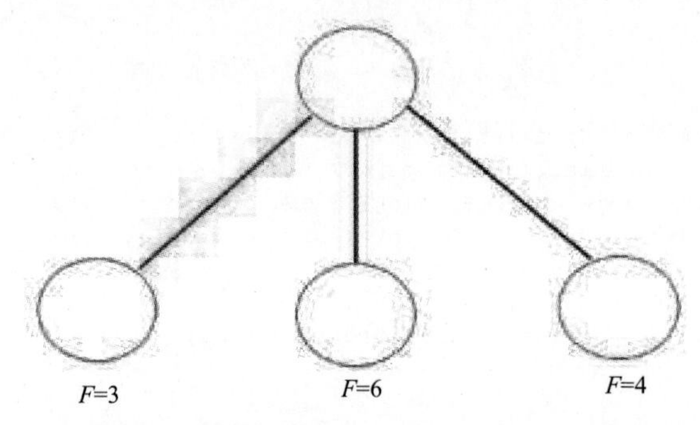

图 15-10 在最佳优先搜索方法中总是挑选 $F(n)$具有最低可能值的节点将搜索继续下去。在本例中，最低 F=3，因此搜索将从该节点继续

因为有信息搜索策略优先搜索最具求解希望的状态空间分支，它们就能够：

- 更快地求出解；
- 即使可用时间有限也能求出解；并且
- 能求出更优的解，因为它们能够考察状态空间中更“有用”的部分而忽略“无用”的部分。

最佳优先搜索是一种搜索策略以及一类算法，其主要代表是贪婪最佳优先搜索(Greedy Best First Search)和 A*搜索。

贪婪最佳优先搜索本质上是一种最佳优先搜索，其评价函数 $F(n)$是一个启发式函数，即 $F(n) = H(n)$。关于不同问题的启发式函数的例子包括地图上两点之间的直线距离、错位元素的数量等。它们代表了一类在解决问题过程中嵌入额外知识的方法。$H(n) = 0$ 意味着目标节点已经到达。贪婪最佳优先搜索会展开那些看上去最接近目标但既非最优也不完全的节点(可能陷入死循环)。该方法的一个显著的问题在于，它没有将当前节点的代价考虑在内，因而如前文所述，它不是最优的且可能陷入死胡同，就像 DFS 一样。在运用启发式方法的算法中，如果运用在几步中就能将求解过程导向正确方向的巧妙启发手段，将能够极大地降低复杂度。

■ 注意

当状态空间太大时，无信息的盲目搜索可能花费太长时间而难以实用，或者会显著限制深入状态空间的深度。因此，必须寻求在搜索过程中做出巧妙决策以减小状态空间范围的方法——即有信息的方法。

A*搜索(Hart、Nilsson 和 Raphael，1968 年)是一种非常流行的方法，也是最佳优先搜索算法家族中最著名的成员。该方法背后的主要思想是避免展开那些已经很“昂贵”(考虑从根节点到当前节点进行遍历的代价)的路径，而总是展开最有求解希望的路径。该方法中的评价函数是两个函数的和；即 $F(n) = G(n) + H(n)$，其中：

- $G(n)$是目前为止到达节点 n 的代价；
- $H(n)$是一个启发式函数，用于评估从节点 n 到达某个目标状态的代价。

由于算法实际上是在寻找初始状态和某个目标状态之间的最优路径，因此对于某一状态前景如何的一种更好度量，是目前代价与从该节点到最近目标状态的最佳估计代价之和(如图 15-11 所示)。

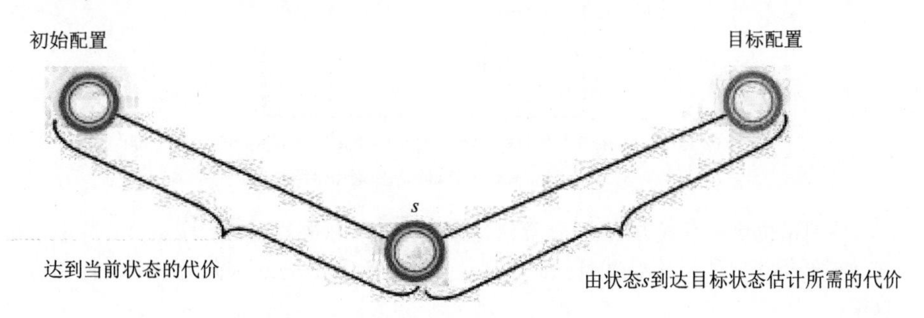

图 15-11　$G(s)$和 $H(s)$之间关系的示意图

为引导搜索检查巨大的状态空间，需要运用启发式方法。由启发式方法所提供的信息应有助于发现到目标状态或配置的可行捷径。

在开发启发式方法时，重要的是确保方法具备可容许性(admissibility)条件。如果一个启发式方法不会高估从当前状态到达目标状态的最小代价，就认为它是可容许的；而如果使用的启发式方法是可容许的，则 A*搜索算法就总能找到最优解。

15.7　运用 A*算法求解滑块拼图

用于表示滑块拼图状态空间的树结构与为双向搜索开发的树结构相同，当前节点的邻域将由那些把空白块与所有可能位置互换所得的盘面构成。

对于滑块拼图最常见的启发式方法是“错位块”，它可能也是该拼图游戏中最简单的启发式方法。“错位块”启发式方法——顾名思义——会返回错位放置的块的数量，当前盘面中这些块的位置不匹配它们在目标状态或盘面中的位置。只要该方法返回的错位块数量不会高估到达目标状态所需的最小移动步数，它就是可容许的——而为了将每个错位块交换到其目标位置，至少需要对其移动一次，所以该方法是可容许的。

很有必要指出的一点是，当对滑块拼图进行任何启发式计算时，都不应把空白块考虑在内。要是在启发式方法的计算中考虑了空白块，就会高估到目标状态最短路径的真实代价，导致启发式方法不可容许。设想一下，如果在距离目标状态仅有 1 步的盘面中，将空白块考虑在内的话会发生什么，如图 15-12 所示。

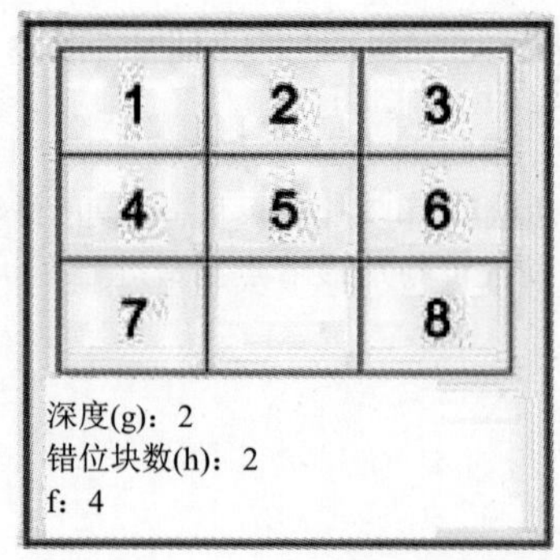

图 15-12　如果考虑空白块，则到目标状态的路径长度将为 2，但它实际上为 1；这就高估了到目标状态最短路径的真实代价

使用错位块启发式方法的 A*算法需要大约 2.5 秒来找到目标状态。实际上还可以比这做得好得多，所以不妨试着找到一种更巧妙的启发式方法来降低时间消耗和访问节点数量。

■ **注意**

关于此问题的完整C#代码，请参考作者的以下文章：https://visualstudiomagazine.com/Articles/2015/10/30/Sliding-Tiles-C-Sharp-AI.aspx。

点 $A = (x_1, y_1)$和 $B = (x_2, y_2)$之间的一种启发式方法，“曼哈顿距离”或称“块距离”，定义为其对应坐标的差的绝对值之和：

$$MD = |x_1 - x_2| + |y_1 - y_2|$$

曼哈顿距离是可容许的，因为对于每个块，它都返回将这个块移动到其目标位置所需的最小步数。曼哈顿距离是比错位块更精确的启发式方法，因此，它将显著降低时间复杂度和访问节点数。曼哈顿距离提供了更好的信息来引导搜索，因此目标的寻获会大大加快。使用这种启发式方法，可以在 172 毫秒内得到一个最优解。

线性冲突启发式方法提供了曼哈顿距离未计算在内的必要移动的信息。如果两个块 t_j 和 t_k 在同一条直线上，且 t_j 和 t_k 的目标位置也都在这条直线上，当前 t_j 在 t_k 的右侧，而 t_j 的目标位置在 t_k 目标位置的左侧，则称它们处于一个线性冲突之中，见图 15-13。

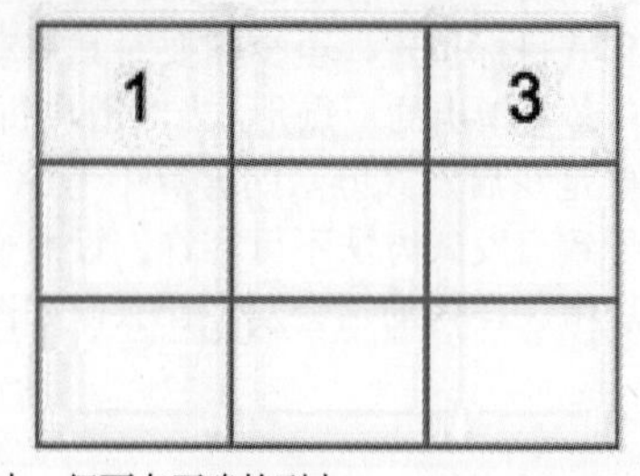

图 15-13　块 3 和块 1 在正确的行中，但不在正确的列中

要使这些块到达其目标位置，必须将其中一个块向下移动，然后再向上移动回来，这样的移动在曼哈顿距离中是不会考虑的。一个块不能出现在多个冲突中，因为解决一个已确定冲突可能意味着解决同一行或同一列中的其他冲突。因此，如果块 1 在一个冲突中与块 3 关联，那么它就不能在另一个冲突中与块 2 关联，因为这可能造成对到达目标状态最短路径的高估，并使得该启发式方法变为不可容许的。

为测试线性冲突加曼哈顿距离的启发式方法组合，本书将使用如图 15-14 所示的 4×4 盘面，该盘面需要 55 步移动来到达目标状态。节点 n 的值将由 $F(n) = Depth(n) + MD(n) + LC(n)$给出。由于这些启发式方法所表示的移动并不相交，因此可以将它们组合起来且不会高估到目标状态最短路径的代价。

5	10	14	7
8	3	6	1
15		12	9
2	11	4	13

图 15-14　用于测试曼哈顿距离加线性冲突启发式方法的 4×4 盘面。
15 块拼图问题比 8 块拼图问题的状态空间要大得多

在完成一次遍历了超过 100 万个节点、耗时 124 199 毫秒(略多于 2 分钟)的运行后，算法给出了一个解。

“模式数据库”启发式方法是由一个包含不同游戏状态的数据库定义的，每个状态都关联到将一个模式(滑块子集)迁移到其目标状态所需的最小移动步数。本例中从 8 块拼图的目标状态开始着手，通过执行后向 BFS 建立一个小型的模式数据库，其结果保存在一个仅有 60 000 个条目的 txt 文件中。为数据库选择的模式通常称作“边缘”，在本例中它包含最顶行和最左列的块，见图 15-15。

1	2	3
4	?	?
7	?	?

图 15-15　3×3 棋盘上的模式

模式数据库的启发式函数是由一个查表函数计算的，在本例中，它是一个存储了 60 000 个模式的查找字典。它在哲学上类似于分治(Divide and Conquer)和动态规划(Dynamic Programming)技术。

运用模式数据库技术，能够在 50 毫秒之内解决最难的 8 块拼图问题或配置。

向数据库添加的条目越多，算法寻找目标状态所消耗的时间就越少。在本例中，存储容量和时间之间的权衡偏向于(多使用)前者，这有助于获得较短的运行时长。该权衡的一般原理是：使用更多存储容量以缩短算法的执行时间。当需要求解 4×4 拼图或 $m×n$ 拼图(其中 m 和 n 都大于 3)时，模式数据库启发式方法是最佳的替代选项。给读者的最后一个建议是，将本节介绍的 A*搜索与启发式方法同双向搜索结合起来，并比较结果。

15.8 本章小结

本章介绍了游戏编程——更具体地说——游戏中的搜索。本书分析了在状态空间中进行搜索的基本方法，包括无信息类搜索的 BFS、DFS、DLS 和 BS，以及有信息类搜索的最佳优先搜索和 A*搜索。本章针对滑块拼图实现了双向搜索(使用 BFS 作为子流程)算法。最后，本章展示了如何运用不同的启发式方法为滑块拼图开发 A*搜索流程，对其中一些启发式方法进行了组合运用，并根据时间复杂度(通过运用 C#的 Stopwatch 类)对其性能进行了评估。

第 16 章

博弈论：对抗性搜索与黑白棋游戏

毫无疑问，与博弈论关系最紧密的人物是匈牙利裔美国数学家约翰·冯·诺伊曼(John von Neumann)，二十世纪最伟大的数学家之一。尽管在他之前，其他人[尤其是埃米尔·博雷尔(Emile Borel)，法国数学家]也提出了一些与博弈论相关的概念，但正是冯·诺伊曼在1928 年发表的论文，为双人零和博弈理论奠定了基础。他的工作最终体现在他和奥斯卡·摩根斯特恩(Oskar Morgenstern)合作撰写的一本关于博弈论的重要著作中，名为《博弈论与经济行为》(*Theory of Games and Economic Behavior*，1944)。

冯·诺伊曼和奥斯卡·摩根斯特恩发展的理论与一类称为双人零和博弈——即只有两个参与者，并且其中一个参与者的收益等于另一个参与者损失的博弈——高度相关。他们的数学框架最初使该理论仅适用于特殊和有限的条件。在过去 60 年中，这种情况发生了巨大变化，框架得到了加强和泛化。自 20 世纪 70 年代后期以来，可以认为博弈论已成为许多科学领域中最重要和最有用的工具之一，尤其是在经济学领域。在 20 世纪 50 年代和 60 年代，博弈论在理论上得到了拓展，并应用于战争和政治问题。此外，它也在社会学和心理学中得到应用，并与进化和生物学建立了联系。由于其在博弈论方面的贡献，1994 年诺贝尔经济学奖授予了约翰·纳什(John Nash)、约翰·哈桑尼(John Harsanyi)和莱因哈德·泽尔腾(Reinhard Selten)，这使博弈论受到特别关注。

约翰·纳什是 2001 年奥斯卡获奖影片《美丽心灵》的主角，他将博弈论改造为一种更为通用的工具，使其可以分析双赢和双输情境，以及输赢情境。纳什使博弈论能够解决一个核心问题：应该竞争还是合作？

在本章中将讨论博弈论中提出的各种概念和思路。我们将讨论一个称为对抗性搜索的博弈论子分支，还将介绍极小化极大(Minimax)算法，该算法通常应用于确定性环境中的完全信息双人零和博弈。

■ 注意

1950 年，约翰·纳什证明了在有限博弈中总是存在一个均衡点，在这个均衡点上，所有参与者都会根据对手的选择，选择最适合他们的行动。纳什均衡(Nash equilibrium)，也称为战略均衡，是一个参与者人手一份的策略列表。该列表具有这样一种属性，即参与者单方面改变策略时不可能获得更好的回报。

16.1 博弈论是什么

博弈是在某种娱乐性环境和方式中定义的一个结构化任务集合，以便吸引参与者(一个或更多个)遵守逻辑规则。如果正确满足了规则要求，则完成博弈。

博弈论是有关如何分析博弈以及如何以最佳方式进行博弈的数学理论；它也是一种观察多种人类行为的方式，此时将他们视为博弈的一部分。博弈论可以分析的游戏中，最受欢迎的一些有黑白棋、二十一点、扑克、象棋，井字棋(tic-tac-toe)、西洋双陆棋(backgammon)等。实际上，博弈论的分析主题不仅限于我们所了解或者能想到的游戏，相反，还有许多其他情况可以使用博弈表示。只要理性人必须在一个严格且已知的规则框架内做出决策，并且每个参与者基于其他参与者的决策获得回报，即可将其视为一个博弈，例如拍卖、谈判、军事战术等。该理论是由数学家在 20 世纪上半叶提出的，但在此之后，人们已在数学领域之外完成了大量博弈论的研究。

博弈论的关键方面围绕着识别博弈过程参与者和他们的各种可量化的选项(选择)做出对他们的偏好和后续反应的考虑展开。如果能够仔细考虑所有这些因素，那么通过博弈论对问题进行建模的任务——以及识别所有可能的情况——将更加容易。

在科学文献中，描述在博弈论中如何分析博弈的一个典型例子是囚徒困境(Prisoner's Dilemma，PD)。该博弈的名称源自以下情境(它经常用于举例说明囚徒困境)。

假设警方已经逮捕了两名嫌疑犯，已知他们共同实施了一次武装抢劫。遗憾的是，警方缺乏足以让陪审团对他们定罪的可采信证据，但又掌握了足够证据，可将两名嫌犯以盗窃汽车逃跑的罪名判处两年刑期。警察局长现在向每个嫌犯分别提出以下要约：如果承认抢劫，检举同伴，而对方不承认，则坦白交代者将获得自由，对方将获刑十年；如果两人都认罪，则每个人都判刑五年；如果两人都不认罪，则每个人都因汽车盗窃罪判刑两年。此问题的回报(或称收益矩阵)如表 16-1 所示。

表 16-1 囚徒困境的收益矩阵

	囚犯 B，保持沉默	囚犯 B，出卖对方
囚犯 A，保持沉默	2，2	0，10
囚犯 A，出卖对方	10，0	5，5

该矩阵的单元格定义了参与双方及其每个动作组合的回报。在每个回报对(a，b)中，参与者 A 的回报等于 a，参与者 B 的回报等于 b。

- 如果两个参与者都保持沉默，那么他们每个人的回报都是 2。该情况体现在左上角的单元格中。
- 如果他们都没有保持沉默，他们每人得到 5 的回报；该情况体现在右下角的单元格中。
- 如果参与者 A 出卖对方并且参与者 B 保持沉默，那么参与者 A 获得的回报为 10(自由)，参与者 B 的回报为 0(10 年刑期)；该情况体现在左下角的单元格中。
- 如果参与者 B 出卖对方并且参与者 A 保持沉默，则参与者 B 获得 10 的回报并且参与者 A 回报为 0，该情况体现在右上角的单元格中。

每个参与者通过比较他们在每一列中的个人收益，评估他在这里的两种可能行动，因为该矩阵体现出：对应其合作伙伴的各种可能行动，他们自身的哪种行动更可取。因此，如果参与者 B 出卖参与者 A，则参与者 A 出卖对方将获得 5 的回报，保持沉默则将获得 0 的回报。如果参与者 B 保持沉默，则参与者 A 保持沉默将得到 2 的回报，出卖参与者 B，将得到 10 的回报。因此，无论参与者 B 做什么，参与者 A 最好出卖对方。另一方面，参与者 B 通过比较每一行的收益来评估他的行为，然后得出了与参与者 A 完全相同的结论(即最好出卖对方)。当参与者的某个行动无论对手采取何种可能行动，相比自身的其他行动选择都占有优势时，就称第一个行动对于第二种行动有严格优势(请回顾第 13 章中的术语，如帕累托集和帕累托最优性)。在囚徒困境中，对于两个参与者，坦白都相对抗拒有严格优势。两位参与者都相互了解这一点，完全消除了任何偏离严格优势的道路的诱惑。因此，两名参与者都会出卖对方，两人都将入狱五年。

如今，人们已经发明了能在国际象棋、跳棋和西洋双陆棋等游戏中击败人类冠军的人工智能程序。2016 年 3 月，Google DeepMind 的 AlphaGo 程序，使用了一种自学习算法(本书将在第 17 章“强化学习”中进行介绍)，能够击败围棋世界冠军李世石(如图 16-1 所示)。

图 16-1 李世石对战 AlphaGo，2016 年 3 月

16.2 对抗性搜索

在本书中将重点关注博弈论的一种称为对抗性搜索(adversarial search)的子分支，该分支通常应用于棋盘类游戏。在对抗性搜索中，研究的问题源于当我们试图未雨绸缪或预测一个情境的未来时——该情境中某些其他 Agent 计划着与我们对抗。因此，对抗性搜索对于存在冲突的目标和多个 Agent 的竞争环境是十分必要的。

棋盘类游戏分析是人工智能(香农、图灵、维纳和申农，1950)最古老的分支之一。此类游戏在两个对手之间呈现出非常抽象和纯粹的竞争形式，并且显然需要某种形式的“智能”。游戏的状态很容易表达，玩家可能采取的行动也很明确。即使因对手的特征事先并不知道，导致该问题不可预见，但世界的各种状态完全可达。棋盘类游戏的难点不仅在于它们的偶然性，而且因为其搜索树可能如天文数字般巨大。

下文列出的一些博弈论领域的基本概念是形成共同理解基础所需的。

- 确定性博弈环境(Deterministic Game Environment)：如果博弈不涉及任何类似掷骰子的随机过程，则称博弈是确定性的，即参与者的行动导致完全可预测的结果。跳棋、国际象棋和黑白棋等游戏都具有确定性。
- 随机博弈环境(Stochastic Game Environment)：如果博弈涉及某些随机过程，如掷骰子，则称其为随机博弈。西洋双陆棋和多米诺骨牌等游戏是随机的。
- 效用函数(Utility Function)：是一个从世界各个状态到实数的映射。这些值的数学意义是 Agent 在给定状态下的“幸福”水平度量。
- 常和博弈(Constant-Sum Game)：如果某个双人博弈中存在一个常数 c，使得对于每个策略 s∈A1×A2，总是有 u1(s)+ u2(s)= c，其中 A1 是一个参与者的行动集，A2 是另一个参与者的行动集，则称该博弈是一个常和博弈。
- 零和博弈(Zero-Sum Game)：一个 c = 0 的常和博弈；即，博弈结束时参与双方的效用值总是绝对值相等，并且符号相反。
- 不完全信息博弈(Imperfect Information Game)：参与者没有关于其他参与者状态的所有信息的博弈。扑克、拼字游戏和桥牌等博弈的信息不完全。
- 完全信息博弈(Perfect Information Game)：环境对所有参与者都是完全可观察的博弈；即，每个参与者都知道其他参与者的状态。类似黑白棋、西洋跳棋和国际象棋这样的游戏都属于完全信息博弈。

基于上文介绍的概念，可以建立表 16-2，表中按照行/列标题，分别解析了解决对应条件的博弈问题所需的方法。

表 16-2　用于解决不同类型博弈问题的方法

	零和	非零和
完全信息	极小化极大方法、α-β 剪枝	逆向归纳法、逆向分析
不完全信息	概率性极小化极大方法	纳什均衡

在本书中将重点关注双人零和博弈。在此类博弈中，一个参与者所获得的价值等于另一个参与者的损失。因此，从下一节开始，我们将讨论应用于此类博弈的与其最为相关的算法。

■ 注意

一个由美国特工部门运营的称为“棱镜”的国际计划，使用基于博弈论的软件模型判定恐怖分子的活动、身份和可能位置的可预测性。

16.3　极小化极大搜索算法

极小化极大(Minimax)搜索是一种应用于双人、零和、确定性完全信息博弈的算法，用于确定一个参与者(MAX)在假设另一个参与者(MIN)也将采取最佳行动的前提下，在博弈给定阶段的最佳策略。它适用于国际象棋、黑白棋、井字棋等游戏。在执行此算法时，将遍历状态空间树，并使用参与者之一的损失或收益来表示每个算法步骤。因此，这种方法只能用于在其中一个参与者的损失就是另一个参与者的收益的零和博弈中做出决策。从理论上讲，这种搜索算法是基于冯·诺依曼证明的极小化极大定理，该定理指出在此类(零和、确定性、完美信息)博弈中，总会有一套策略导致两个参与者获得相同的价值，且因为某个参与者认知到该价值是他可以期望获得的最佳价值，所以他应该采用这套策略。

■ 注意

Minimax参与者(Max)是一个采取了最佳行动的参与者，(其行动的前提是)假设其对手(Min)也在最佳状态但是目标方向不同，即，一个参与者最大化结果而另一个参与者最小化结果。

因此，在 Minimax 算法中，首先假设有两个参与者，即 MAX 和 MIN。搜索树以深度优先方式生成，从当前博弈位置开始遍历，直到终局位置。当搜索到达叶子节点(叶子节点表示博弈实际结束位置)或 MaxDepth(搜索可达到的最大深度)节点时，即可到达一个终局位置。因为大多数博弈都拥有庞大的状态搜索空间，所以通常难以到达叶子节点。因此，搜索通常会在 MaxDepth 处的节点停止深度优先搜索并开始回溯。在回溯之前，该过程从终局位置节点处获得一个效用值。该值是使用某种启发式方法获得的，它告诉我们从那一点起距离获胜还有多远。

之后，效用值被回溯，且取决于父节点 N 是属于树的一个层级还是对应于 MAX 玩家或 MIN 玩家的一个深度，N 的效用值是从其子节点 $c_1, c_2, \ldots, c_m$ 获得的，为 $\text{Max}(c_1, c_2, \ldots, c_m)$ 或 $\text{Min}(c_1, c_2, \ldots, c_m)$，其中 Max()是返回其参数最大值的函数，Min()是求最小值的函数。算法的工作机理如图 16-2 所示。

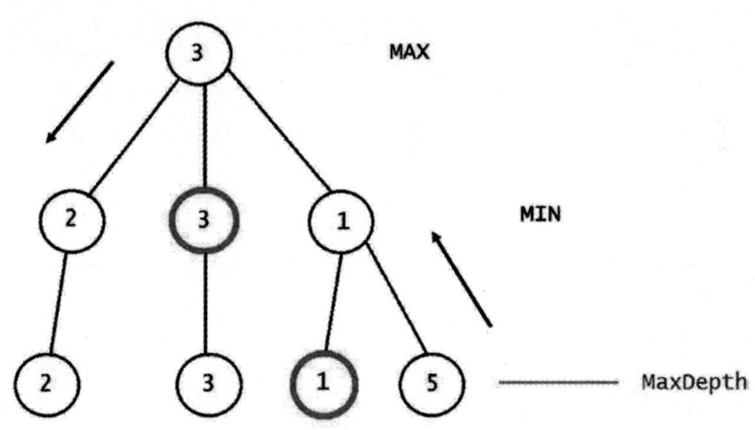

图 16-2　Minimax 算法的执行过程，其中 MaxDepth = 2。该方法首先计算 MaxDepth 处的节点值，然后根据节点是 Max 节点还是 Min 节点将这些值向上移动。以粗线圆表示的节点(节点 3 和节点 1)是被选中使其值在树中上移的节点

该算法的伪代码如下：

```
Minimax(Node n): output Real-Value
{
    if (IsLeaf(n)) then return Evaluate(n);
    if (MaxDepth) then return Heuristics(n);

    if (n is a MAX node) {
          v = NegativeInfinity
    foreach (child of n)
          {
       v' = Minimax (child)
       if (v' > v) v= v'
          }
return v
    }
    if (n is a MINnode) {
       v = PositiveInfinity
       foreach (child of n)
       {
            v' = Minimax (child)
  if (v' < v) v= v'
       }
       return v
   }
}
```

注意在伪代码中给出了两种不同的评估终局节点的方法(到达叶子节点或MaxDepth级别节点)。如果到达了叶子节点，评估程序将输出H或L，具体取决于根参与者是MAX还是MIN。这些值对应于节点可能的取值区间[L; H]。H表示MAX获胜，L表示MIN获胜。因为这是一个零和博弈，可知L + H = 0，即L = −H。如果到达的是MaxDepth节点，则输出在区间[L; H]中的一个值，表明从该节点起向前的路径的优秀程度。

■ 注意

通过将环境视为具有恒定的效用函数(例如恒为0)的一个参与者，可以将所有单Agent问题视为双人博弈的一个特例。

16.4 α−β剪枝算法

Minimax算法有可能探索其生成树中许多最终将被算法抛弃的路径上的节点，因为它们将被其他节点的(更高或更低的)值超越。下面结合Minimax树分析这种情况，如图16-3所示。

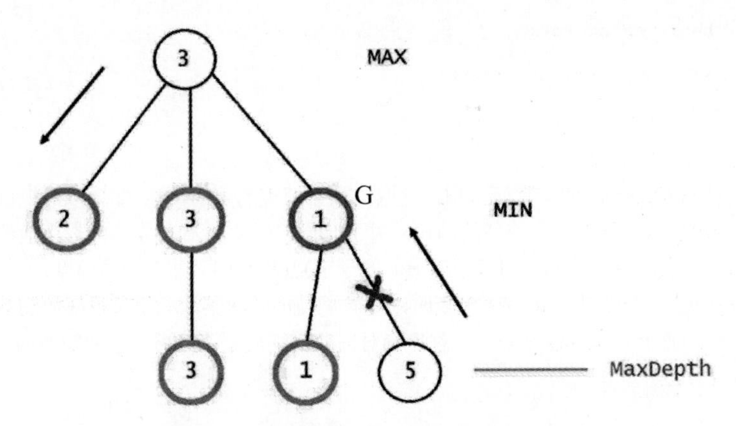

图 16-3　修剪具有效用值 1 的 MIN 节点的子节点

在该 Minimax 树中，有一个可以修剪的子树。记住：Minimax 执行 DFS 以遍历树，因此，在某个时候它将回溯到图中标为绿色的 MIN 节点(以下称该点为 G)。到达 G 点时，应当已经发现并更新了 MIN 节点 2 和 3 的值。所有发现的节点中，值在更新 G 点前已更新的节点(灰粗圆圈表示的节点)被标为橙色。因为在更新 G 点时，算法已经知道其兄弟节点及它们的相应效用值(2 和 3)，同时考虑到它已经知道，因为 G 是 MIN 节点，所以其值肯定低于已发现的该节点值(1)，然后根据简单的逻辑事实，根节点是 MAX 节点，其最终值必然为 3。因此，任何对 G 的子节点的进一步探索都是徒劳的，这些分支可以抛弃，在搜索树中被修剪掉。

为了确定哪些分支或子树可以修剪，对 Minimax 算法稍作修改，在其中添加两个值；即 α (Alpha)和 β (Beta)。前者将持续更新在树的某一层上发现的最高值，而后者将不断更新最低值。使用这些值作为参考，就能够判断是否应修剪子树。该算法的伪代码如下：

```
MinimaxAlphaBetaPruning(Node n, Real beta, Real alpha): output
Real-Value

{
if (IsLeaf(n)) then return Evaluate(n);
if (MaxDepth) then return Heuristics(n);

 if (n is a max node) {
v = beta
       foreach (child of n) {
v' = minimax (child,v, alpha)
if (v' > v) v = v'
if (v >alpha) return alpha
}
return v
       }
if (n is a min node) {
v = alpha
foreach (child of n) {
v' = minimax (child,beta, v)
if (v' < v) v = v'
```

```
    if (v < beta) return beta
  }
  return v
  }
}
```

α-β剪枝对Minimax搜索有何影响？这取决于子节点的访问顺序。如果以最糟糕的顺序访问子节点，则可能发生没有进行修剪的情况。对于Max节点，希望首先访问效用值最高的子节点。对于Min节点，希望首先访问效用值最低的子节点(从我们而非对手的角度)。

当在每个机会中均选中了最佳子节点时，α-β剪枝能够将其余的子节点在树的其他各个级别均修剪掉，只探索该最佳子节点。这意味着对树的平均搜索深度可达之前的两倍，代表了搜索性能极为显著的进步。

16.5 黑白棋游戏

黑白棋(Othello，又名翻转棋，Yang)是19世纪晚期诞生于伦敦的一种棋盘游戏，由日本发明家长谷川五郎(Goro Hasegawa，见图16-4)于1971年改进，他改变了过程中的几个规则，并将游戏以Othello之名(与莎士比亚的戏剧《奥赛罗》同名)注册。

图16-4 长谷川五郎，今天我们所知黑白棋游戏的发明者

黑白棋游戏有两个玩家，是在一个8×8棋盘(如图16-5所示)上玩的。两人一人执白、一人执黑，棋子总数为64枚，在游戏结束后，棋盘上棋子数较多的玩家将赢得比赛。和围棋等其他棋盘游戏类似，这是一个策略性的抽象游戏。

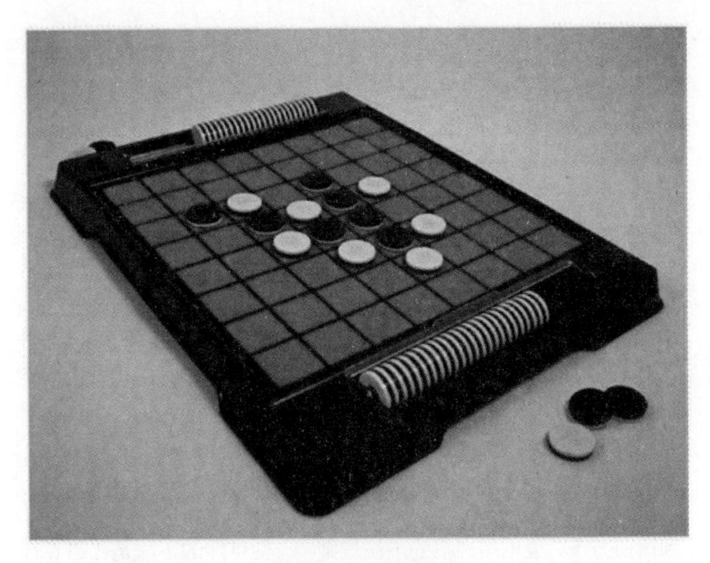

图 16-5　黑白棋棋盘

盘面初始配置如图 16-6 所示。

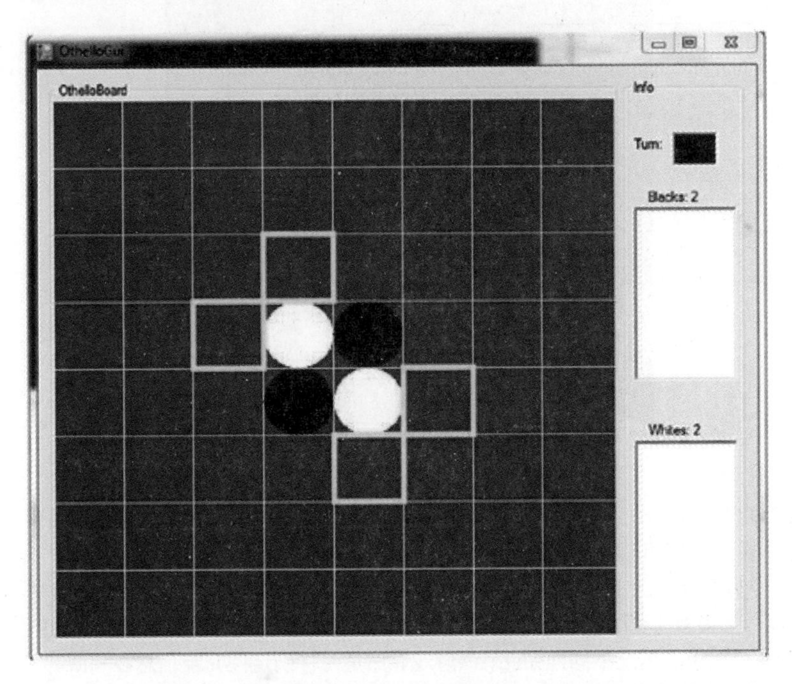

图 16-6　黑白棋盘面的初始配置和本章中开发的 Windows 窗体应用程序的图形界面

执黑玩家先行落子，开始游戏。该玩家的可落子位置在图 16-6 中表示为棋盘上的粗白线方块。黑白棋中的一步，是指在棋盘上的一个单元格中下一个棋子，该棋子能够(与盘上现有棋子共同)在水平、垂直或对角线方向上夹击对手的棋子两侧。一种假想的盘面布局如图 16-7 所示。

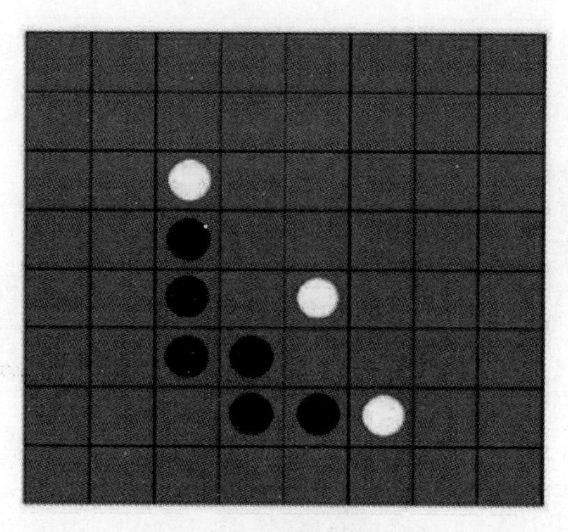

图 16-7　假想的黑白棋盘面布局

假设现在轮到执白方下，根据黑白棋的下法规则，一种可能的下法是在第 6 行第 2 列(其中从 0 开始并从上到下编号)落一子，如图 16-8 所示。

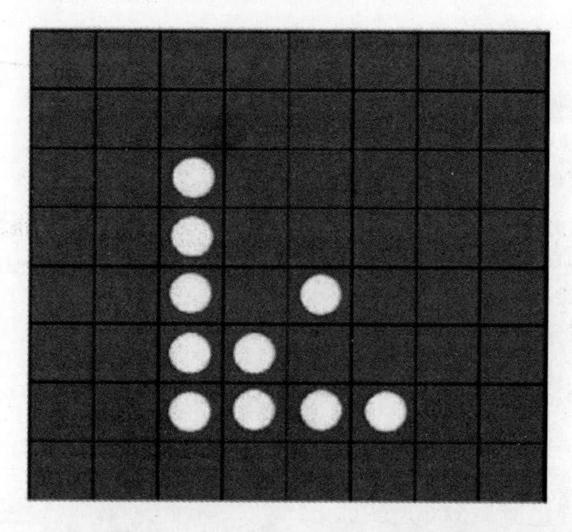

图 16-8　在(6, 2)处下一白子后的盘面结果

在(6, 2)处下白子后，所有黑子都在其某一个方向上(水平、垂直、对角线)被白子两侧夹击，因此，这些棋子被吃掉，翻转成白子。

如果一个玩家无法在任何位置落子(不能夹击任何对手的棋子)，该回合他将轮空，转给对手下下一步，如果双方都无法落子，则游戏结束，棋盘上棋子数量更多的玩家获胜。棋盘上下满了所有 64 个棋子的情况下同样如此。该游戏显然是一种确定性完全信息零和博弈，因此，可以使用极小化极大搜索开发 AI。

应用于此游戏的启发式方法旨在提高搜索(Minimax)性能，其中一些启发式方法如下所示。

- 棋子数量差异(Piece Difference)：在黑白棋中，一种用于分析和构建启发式方法的基本特征是棋子数差异，即黑色和白色棋子数之间的差异。最终获得的值是棋盘上黑色(B)或白色(W)棋子的百分比，除非 W = B。计算如下
  - (B > W): 100 * B / (W + B)
  - (B < W): 100 * W / (W + B)
  - (B = W): 0
- 占领四角(Corner Occupancy)：棋盘的四个顶角是黑白棋比赛中的关键位置，控制该位置的玩家将控制游戏局面的很大一部分。顶角占用率衡量每个玩家拥有多少个顶角。为了计算顶角占用率，计算四个顶角的黑子数 B 和白子数 W，然后将顶角占用率得分设为
  - 25B - 25W
- 顶角邻近(Corner Closeness)：如果某个顶角是空的，则与该角相邻的方格可能是致命的，它们可能为对手创造一个占领顶角的机会。因此，顶角邻近值衡量与空角相邻的那些“致命”部分。为了计算顶角邻近分值，计算顶角邻接方格中的黑子数和白子数。最终分值是
  - −12.5B + 12.5W
- 机动性(Mobility)：黑白棋中，最糟糕的情况之一发生在玩家之一无法落子，该回合轮空时。因此，机动性启发式函数衡量玩家有多少种下法。与棋子数量差异启发式一样，它按百分比计算如下。
  - (B > W): 100 * B / (W + B)
  - (B < W): 100 * W / (W + B)
  - (B = W, W = 0, B = 0): 0

还有其他的启发式函数，但本书仅讨论上文中描述的这些。请注意，所有这些启发式函数的输出值都在区间[−100,100]内。这是为本书中的黑白棋实现设定的取值区间，因此在某个叶子节点(假设可以在某个时刻到达它)处，B > W 的回报值为 100，叶子节点 W > B 回报值则为−100。平局的返回值则为 0。

为了合并先前的启发式方法，可以制定一个权重在[0,1]范围内的加权和，其中权重值代表给予每个启发式值的优先级百分比。因此节点的最终效用值是

$$\text{UtilityValue} = \frac{1}{n}\sum_{i=1}^{n} h_i * w_i$$

其中 n 是合并的启发式个数，w_i 是与第 i 个启发式方法相关的权重，h_i 是第 i 个启发式的值。请注意，上述公式能够保证节点的效用值将始终在[−100,100]范围内。在下一节中，将开始编写 Windows 窗体中的黑白棋游戏以及代表其 AI 组件的 Minimax 算法。

16.6 实际问题：在 Windows 窗体程序中实现黑白棋游戏

在本节中将在 Windows 窗体中实现黑白棋游戏。稍后，会使用 Minimax AI 来增强这个程序，这个 AI 遵循上文中描述的思路，以便于测试和改进代码。首先，分析代码清单 16-1 所示的 OthelloBoard 类。

代码清单 16-1 OthelloBoard 类及其属性和构造函数

```
public class OthelloBoard
    {
        public int[,] Board { get; set; }
        public int N { get; set; }
        public int M { get; set; }
        public int Turn { get; set; }
        public List<Tuple<int, int>> Player1Pos { get; set; }
        public List<Tuple<int, int>> Player2Pos { get; set; }
        public Tuple<int, int> MoveFrom{ get; set; }
        internal double UtilityValue{ get; set; }
        internal readonly Dictionary<Tuple<int, int>,
List<Tuple<int, int>>> Flips;
        public OthelloBoard(int n, int m)
        {
            Board = new int[n, m];
            Turn = 1;
            Flips = new Dictionary<Tuple<int, int>, List<Tuple<int, int>>>();
            Player1Pos = new List<Tuple<int, int>>
                                {
                                    new Tuple<int, int>(n / 2 - 1,
                                    m / 2),
                                    new Tuple<int, int>(n / 2,
                                    m / 2 - 1)
                                };
            Player2Pos = new List<Tuple<int, int>>
                                {
                                    new Tuple<int, int>(n / 2 - 1,
                                    m / 2 - 1),
                                    new Tuple<int, int>(n / 2,
                                    m / 2)
                                };

            // Initial Positions
    Board[n / 2 - 1, m / 2 - 1] = 2;
    Board[n / 2, m / 2] = 2;
    Board[n / 2 - 1, m / 2] = 1;
    Board[n / 2, m / 2 - 1] = 1;
            N = n;
            M = m;
        }

        private OthelloBoard(OthelloBoardothelloBoard)
        {
            Board = new int[othelloBoard.N, othelloBoard.M];
            M = othelloBoard.M;
            N = othelloBoard.N;
            Turn = othelloBoard.Turn;
            Flips = new Dictionary<Tuple<int, int>,
```

```
List<Tuple<int, int>>>(othelloBoard.Flips);
Array.Copy(othelloBoard.Board, Board, othelloBoard.N *
othelloBoard.M);
            Player1Pos = new List<Tuple<int, int>>
            (othelloBoard.Player1Pos);
            Player2Pos = new List<Tuple<int, int>>
            (othelloBoard.Player2Pos);
        }
}
```

在 OthelloBoard 类中，包括两个构造函数。一个用于初始化游戏，另一个用于克隆作为参数接收的一个黑白棋棋局。该类包含的属性如下所示。

- Board：代表黑白棋棋盘。
- N：行数。
- M：列数。
- Turn：应该在棋盘上走下一步的玩家。玩家执黑时，该属性值为 1，执白时则为 2。
- Player1Pos：棋盘上黑子位置的列表，形式为元组(x，y)。
- Player2Pos：棋盘上白子位置的列表，形式为元组(x,y)。
- MoveFrom：表示生成当前盘面的下法。它可以作为构建从根到当前节点的整个路径的一种方法。
- UtilityValue：表示 Minimax 树上盘面的效用值。请回忆一下，当算法回溯并且计算树的下层节点的值时，该值更新。
- Flips：字典，其中包含的键为一个元组(x,y)，表示棋盘上当前玩家可以落子的位置，值则为一个列表($f_1, f_2, \ldots, f_m$)，玩家在(x, y)落子后，列表中该位置的棋子必须翻转。

该类还包括了代码清单 16-2 所示的方法。

代码清单 16-2　EmptyCell()、Expand()、AvailableMoves()和 IsLegalMove()方法

```
        public bool EmptyCell(inti, int j)
        {
return Board[i, j] == 0;
        }

        public List<OthelloBoard>Expand(int player)
        {
var result = new List<OthelloBoard>();
var moves = AvailableMoves(player);

            foreach (var m in moves)
            {
var newBoard = SetPieceCreatedBoard(m.Item1, m.Item2, player);
newBoard.MoveFrom = m;
result.Add(newBoard);
            }

            return result;
        }

        public List<Tuple<int, int>>AvailableMoves(int player)
```

```
        {
    var result = new List<Tuple<int, int>>();
    var oppPlayerPositions = player == 1 ? Player2Pos : Player1Pos;

            foreach (var oppPlayerPos in oppPlayerPositions)
    result.AddRange(AvailableMovesAroundPiece(oppPlayerPos, player));

            return result;
        }

        private bool IsLegalMove(int i, int j)
        {
            return i>= 0 &&i< N && j >= 0 && j < M &&EmptyCell(i, j);
        }
```

上述方法的描述如下所示。

- EmptyCell()：确定棋盘上的某个单元格是否为空。
- Expand()：此方法主要用于 Minimax 算法。它扩展当前的盘面，返回一个盘面的列表，该列表表示当前玩家的每种可能下法(之后的盘面状态)。
- AvailableMoves()：输出当前玩家的可能下法的列表。
- IsLegalMove()：如果根据盘面规则，在单元格(*i*，*j*)落子有效，则返回 true。

Expand()和 AvailableMoves()都依赖于其他方法的实现，代码清单 16-3 描述了这两个方法。

代码清单 16-3　AvailableMovesAroundPiece()方法和 SetPieceCreatedBoard()方法

```
        private IEnumerable<Tuple<int, int>> AvailableMovesAroundPiece(Tuple<int,
        int>oppPlayerPos, int player)
        {
    var result = new List<Tuple<int, int>>();
    var tempFlips = new List<Tuple<int, int>>();

            // Check Down
            if (IsLegalMove(oppPlayerPos.Item1 + 1, oppPlayerPos.Item2))
            {
    var up = CheckUpDown(oppPlayerPos, player, (i =>i>= 0), -1, tempFlips);
                if (up)
                {
    UpdateFlips(new Tuple<int, int>(oppPlayerPos.Item1 + 1, oppPlayerPos.Item2),
tempFlips);
    result.Add(new Tuple<int, int>(oppPlayerPos.Item1 + 1,oppPlayerPos.Item2));
                }
            }

            // Check Up
            if (IsLegalMove(oppPlayerPos.Item1 - 1, oppPlayerPos.Item2))
            {
    tempFlips.Clear();
    var down = CheckUpDown(oppPlayerPos, player, (i =>i< N), 1, tempFlips);
                if (down)
                {
```

```
    UpdateFlips(new Tuple<int, int>(oppPlayerPos.Item1 - 1, oppPlayerPos.Item2),
tempFlips);
    result.Add(new Tuple<int, int>(oppPlayerPos.Item1 - 1, oppPlayerPos.Item2));
                    }
                }

                // Check Left
                if (IsLegalMove(oppPlayerPos.Item1, oppPlayerPos.Item2 - 1))
                {
    tempFlips.Clear();
    var rgt = CheckLftRgt(oppPlayerPos, player, (i =>i< M), 1, tempFlips);
                    if (rgt)
                    {
    UpdateFlips(new Tuple<int, int>(oppPlayerPos.Item1, oppPlayerPos.Item2 - 1),
tempFlips);
    result.Add(new Tuple<int, int>(oppPlayerPos.Item1, oppPlayerPos.Item2 - 1));
                    }
                }

                // Check Right
                if (IsLegalMove(oppPlayerPos.Item1, oppPlayerPos.Item2 + 1))
                {
    tempFlips.Clear();
    var lft = CheckLftRgt(oppPlayerPos, player, (i =>i>= 0), -1, tempFlips);
                    if (lft)
                    {
    UpdateFlips(new Tuple<int, int>(oppPlayerPos.Item1, oppPlayerPos.Item2 + 1),
tempFlips);
    result.Add(new Tuple<int, int>(oppPlayerPos.Item1, oppPlayerPos.Item2 + 1));
                    }
                }

                // Check Up Lft
                if (IsLegalMove(oppPlayerPos.Item1 - 1, oppPlayerPos.Item2 - 1))
                {
    tempFlips.Clear();
    var downRgt = CheckDiagonal(oppPlayerPos, player, (i =>i< N), (i =>i< M), 1, 1, tempFlips);
                    if (downRgt)
                    {
    UpdateFlips(new Tuple<int, int>(oppPlayerPos.Item1 - 1, oppPlayerPos.Item2 - 1),
tempFlips);
    result.Add(new Tuple<int, int>(oppPlayerPos.Item1 - 1, oppPlayerPos.Item2 - 1));
                    }
                }

                // Check Down Lft
                if (IsLegalMove(oppPlayerPos.Item1 + 1, oppPlayerPos.Item2 - 1))
                {
    tempFlips.Clear();
    var upRgt = CheckDiagonal(oppPlayerPos, player, (i =>i>= 0), (i =>i< M), -1, 1, tempFlips);
```

```
                    if (upRgt)
                    {
    UpdateFlips(new Tuple<int, int>(oppPlayerPos.Item1 + 1, oppPlayerPos.Item2 - 1),
tempFlips);
    result.Add(new Tuple<int, int>(oppPlayerPos.Item1 + 1, oppPlayerPos.Item2 - 1));
                    }
                }

                // Check Up Rgt
                if (IsLegalMove(oppPlayerPos.Item1 - 1, oppPlayerPos.Item2 + 1))
                {
    tempFlips.Clear();
    var downLft = CheckDiagonal(oppPlayerPos, player, (i =>i< N), (i =>i>= 0), 1, -1,
tempFlips);
                    if (downLft)
                    {
    UpdateFlips(new Tuple<int, int>(oppPlayerPos.Item1 - 1, oppPlayerPos.Item2 + 1),
tempFlips);
    result.Add(new Tuple<int, int>(oppPlayerPos.Item1 - 1, oppPlayerPos.Item2 + 1));
                    }
                }

                // Check Down Rgt
                if (IsLegalMove(oppPlayerPos.Item1 + 1, oppPlayerPos.Item2 + 1))
                {
    tempFlips.Clear();
    var upLft = CheckDiagonal(oppPlayerPos, player, (i =>i>= 0), (i =>i>= 0), -1, -1,
tempFlips);
                    if (upLft)
                    {
    UpdateFlips(new Tuple<int, int>(oppPlayerPos.Item1 + 1, oppPlayerPos.Item2 + 1),
tempFlips);
    result.Add(new Tuple<int, int>(oppPlayerPos.Item1 + 1, oppPlayerPos.Item2 + 1));
                    }
                }

                return result;
            }

            public OthelloBoardSetPieceCreatedBoard(inti, int j, int player)
            {
    var newOthello = new OthelloBoard(this);
    newOthello.Board[i, j] = player;
    FlipPieces(i, j, player, newOthello);

    newOthello.Flips.Clear();
                return newOthello;
            }
```

和上文模式一样，下文描述了代码清单 16-3 中的方法集。

- AvailableMovesAroundPiece()：此方法从对手棋子的位置开始，检查其所有相邻的单元格，试图落下一个能够两侧夹击对手不同棋子的棋子。
- SetPieceCreatedBoard()：在棋盘上落下一子，翻转对手所有被该子两侧夹击的棋子，生成一个新棋盘。

为了处理和分析来自对手的某个棋子的每个可能的方向，加入了方法 CheckUpDown()、CheckLftRgt()和 CheckDiagonal()。为了避免或尽量减少代码重复，将向上搜索和向下搜索合并到一个方法中。这两种搜索的代码非常相似，它们唯一的区别在于循环的条件和方向(递增或递减)。因此，将 CheckUpDown()方法编写成使用匿名函数和一个定义循环方向的“方向”整型数。在 CheckLftRgt()方法和 CheckDiagonal()方法中，采用了类似的做法，如代码清单 16-4 所示。读者可以自行对比代码清单 16-3 中为这些方法设置的条件。

代码清单 16-4　CheckUpDown()、CheckLftRgt()、CheckDiagonal()、UpdateFlips()、SetPiece()、FlipPieces()和 UpdatePiecePos()方法

```
        private bool CheckUpDown(Tuple<int, int>oppPlayerPos, int player,
        Func<int, bool> condition, int direction,
        List<Tuple<int, int>>tempFlips)
        {
            for (var i = oppPlayerPos.Item1; condition(i); i+=direction)
            {
            if (Board[i, oppPlayerPos.Item2] == player)
            {
UpdateFlips(oppPlayerPos, tempFlips);
                return true;
            }
            if (EmptyCell(i, oppPlayerPos.Item2))
            {
tempFlips.Clear();
                break;
            }
tempFlips.Add(new Tuple<int, int>(i, oppPlayerPos.Item2));
        }

        return false;
    }

    private void UpdateFlips(Tuple<int, int>oppPlayerPos, IEnumerable<Tuple<int,
    int>>tempFlips)
    {
        if (!Flips.ContainsKey(oppPlayerPos))
Flips.Add(oppPlayerPos, new List<Tuple<int, int>>(tempFlips));
        else
            Flips[oppPlayerPos].AddRange(tempFlips);
    }

    private bool CheckLftRgt(Tuple<int, int>oppPlayerPos, int player, Func<int,
    bool> condition, int direction,
```

```
        List<Tuple<int, int>>tempFlips)
        {
            for (var i = oppPlayerPos.Item2; condition(i); i+= direction)
            {
                if (Board[oppPlayerPos.Item1, i] == player)
                {
UpdateFlips(oppPlayerPos, tempFlips);
                    return true;
                }
                if (EmptyCell(oppPlayerPos.Item1, i))
                {
tempFlips.Clear();
                    break;
                }
tempFlips.Add(new Tuple<int, int>(oppPlayerPos.Item1, i));
            }

            return false;
        }

        private bool CheckDiagonal(Tuple<int, int>oppPlayerPos, int player, Func<int,
        bool>conditionRow, Func<int,
        bool>conditionCol, int directionRow, int directionCol, List<Tuple<int,
        int>>tempFlips)
        {
var i = oppPlayerPos.Item1;
var j = oppPlayerPos.Item2;

            while(conditionRow(i) &&conditionCol(j))
            {
                if (Board[i, j] == player)
                {
UpdateFlips(oppPlayerPos, tempFlips);
                    return true;
                }

                if (EmptyCell(i, j))
                {
tempFlips.Clear();
                    break;
                }
tempFlips.Add(new Tuple<int, int>(i, j));
i += directionRow;
                j += directionCol;
            }

            return false;
        }

        public void SetPiece(int i, int j, int player)
```

```
        {
Board[i, j] = player;
FlipPieces(i, j, player, this);
        }

        private void FlipPieces(int i, int j, int player, OthelloBoardothello)
        {
var piecesToFlip = Flips[new Tuple<int, int>(i, j)];
UpdatePiecePos(new Tuple<int, int>(i, j), player, othello);

            foreach (var pair in piecesToFlip)
            {
othello.Board[pair.Item1, pair.Item2] = player;
UpdatePiecePos(pair, player, othello);
            }
        }
        private void UpdatePiecePos(Tuple<int, int> pair, int player,
        OthelloBoardothello)
        {
var removeFrom = player == 1 ? othello.Player2Pos : othello.Player1Pos;
var addTo = player == 1 ? othello.Player1Pos : othello.Player2Pos;
            if (!addTo.Contains(pair))
addTo.Add(pair);
removeFrom.Remove(pair);
        }
```

上文中列出的一些方法尚未介绍，因此在此进行说明。

- UpdateFlips()：添加对手棋子的坐标，该棋子在棋盘上落下相反颜色棋子后必须翻转。
- SetPiece()：在棋盘上落下一个棋子，然后翻转对手的所有被该棋子两侧夹击的棋子。
- FlipPieces()：使用前面描述的 Flips 字典并基于棋盘上新棋子的坐标，翻转对手(被两侧夹击)的棋子集合。
- UpdatePiecePos()：随着棋子被翻转或下到棋盘上，更新属性 Player1Pos 和 Player2Pos。

最后，为了给 Minimax 树中的每个节点分配一个 UtilityValue 值，需要使用代码清单 16-5 中所示的方法集。

代码清单 16-5　获取终局节点(到达叶子节点或最大深度)的效用值的方法

```
internal double HeuristicUtility()
{
   return PieceDifference();
}

private int PieceDifference()
{
    if (Player1Pos.Count == Player2Pos.Count)
        return 0;
    if (Player1Pos.Count > Player2Pos.Count)
        return 100 * Player1Pos.Count / (Player1Pos.Count + Player2Pos.Count);
    return -100 * Player2Pos.Count / (Player1Pos.Count+ Player2Pos.Count);
```

```
        }

internal double LeafNodeValue()
        {
            if (Player1Pos.Count > Player2Pos.Count)
               return 100;
            if (Player1Pos.Count < Player2Pos.Count)
               return -100;
            return 0;
        }
```

HeuristicUtility()是为给定的盘面计算启发式值时所调用的方法，其他方法还有之前介绍的启发式方法的代表(本例中只包括了 PieceDifference 方法)，和之前同样介绍过的叶子节点求值方法(LeafNodeValue()方法)。

OthelloBoard 类中包括了游戏的大部分功能，但其中仍然缺少一个组件——黑白棋所需的使用户可以更轻松、更愉快地玩游戏的 GUI(图形用户界面)。如前所述，此 GUI 的程序编写在一个 Windows 窗体应用程序中，其主类如代码清单 16-6 所示。GUI 中包括以下这些控件：turnBoxColor，一个图片框，其背景将根据当前回合设置为黑色或白色；board，代表黑白棋棋盘的图片框；aiPlayTimer，一个供 AI 检查是否已轮到其回合的计时器；blackCountLabel 和 whiteCountLabel，两个分别用于显示棋盘上黑/白玩家的棋子数量的标签；还有 blacksList 和 whiteList，它们是显示各个玩家占有的单元格的富文本框。所有这些控件都将在下文的代码列表中出现。

代码清单 16-6　黑白棋游戏可视化应用程序的 OthelloGui 类

```
public partial class OthelloGui : Form
    {
        private readonlyint _n;
        private readonlyint _m;
        private readonlyOthelloBoard _othelloBoard;
        private List<Tuple<int, int>> _availableMoves;
        private int _cellWidth;
        private int _cellHeight;
        private Minimax _minimax;
        public OthelloGui(OthelloBoardothelloBoard)
        {
    InitializeComponent();
            _othelloBoard = othelloBoard;
            _n = _othelloBoard.N;
            _m = _othelloBoard.M;
            _availableMoves = _othelloBoard.AvailableMoves(_othelloBoard.Turn);
turnBox.BackColor = _othelloBoard.Turn == 1 ?Color.Black:Color.White;
            _minimax = new Minimax(3, false);
aiPlayTimer.Enabled = true;
        }
}
```

该类的构造函数接收预备使用 Windows Forms 库可视化的 OthelloBoard 实例。该类的域也在构造函数中初始化，这些域如下所示。

- _n：棋盘的行数。

- _m：棋盘的列数。
- _othelloBoard：OthelloBoard 类的实例。
- _availableMoves：元组(x,y)的列表，表示当前落子玩家的可用下法。
- _cellWidth：棋盘单元格的图形显示宽度。
- _cellHeight：棋盘单元格的图形显示高度。
- _minimax：Minimax 类的实例(将在下一节中介绍)。

在这个类中还实现了处理绘制事件和鼠标单击事件的方法(见代码清单 16-7)：第一个方法(BoardPaint())绘制所有图形元素(勾画出棋盘的线条、黑子和白子)，第二个方法(BoardMouseClick())让用户可通过在发生单击的单元格上落子(假设该单元格符合可用下法规则)，与棋盘进行交互。

代码清单 16-7　处理绘制和鼠标单击事件的方法

```
        private void BoardPaint(object sender, PaintEventArgs e)
        {
    var pen = new Pen(Color.Wheat);

            _cellWidth = board.Width / _n;
            _cellHeight = board.Height / _m;

            for (var i = 0; i< _n; i++)
    e.Graphics.DrawLine(pen, new Point(i * _cellWidth, 0),
    new Point(i * _cellWidth, i * _cellWidth + board.Height));

             for (var i = 0; i< _m; i++)
    e.Graphics.DrawLine(pen, new Point(0, i * _cellHeight), new
    Point(i * _cellHeight + board.Width, i * _cellHeight));

            for (var i = 0; i< _n; i++)
            {
                for (var j = 0; j < _m; j++)
                {
                    if (_othelloBoard.Board[i, j] == 1)
    e.Graphics.FillEllipse(new SolidBrush(Color.Black), j * _cellWidth, i * _cellHeight,
_cellWidth, _cellHeight);
                    if (_othelloBoard.Board[i, j] == 2)
    e.Graphics.FillEllipse(new SolidBrush(Color.White), j * _cellWidth, i * _cellHeight,
_cellWidth, _cellHeight);
                }
            }
            foreach (var availableMove in _availableMoves)
    e.Graphics.DrawRectangle(new Pen(Color.Yellow, 5), availableMove.Item2 * _cellWidth,
availableMove.Item1 * _cellHeight, _cellWidth, _cellHeight);

        }

        private void BoardMouseClick(object sender, MouseEventArgs e)
        {
```

```
            if (e.Button == MouseButtons.Left)
            {
var click = new Tuple<int, int>(e.Y / _cellWidth, e.X / _cellHeight);
                if (_availableMoves.Contains(click))
                {
                    _othelloBoard.SetPiece(click.Item1, click. Item2,
                    _othelloBoard.Turn);
UpdateBoardGui();
                }
            }
        }
```

请注意，匹配可用下法的单元格在棋盘上以黄色方块表示。在鼠标单击事件中调用的UpdateBoardGui()方法(见代码清单 16-8)负责更新不同的 GUI 和游戏元素，例如，更改标签的文本，修改富文本框以显示黑白棋子的位置，将回合更改为其他玩家，清空翻转字典以供新棋局使用，计算新的可用下法，以及检查单元格是否为空。如果刚刚轮到回合的玩家没有可用下法，则轮到另一个玩家。如果所有玩家均没有任何可用的下法，则游戏结束，最后一个长度为 2 的循环的目标在于确定是否进入该场景。

代码清单 16-8　UpdateBoardGui()方法和 AiPlayTimerTick()方法

```
        private void UpdateBoardGui()
        {
blackCountLabel.Text = "Blacks: " + _othelloBoard.Player1Pos.Count;
whiteCountLabel.Text = "Whites: " + _othelloBoard.Player2Pos.Count;

var blacks = "";
var whites = "";

            foreach (var black in _othelloBoard.Player1Pos)
                blacks += "(" + black.Item1 + "," + black.Item2 + ")" + '\n';

            foreach (var white in _othelloBoard.Player2Pos)
                whites += "(" + white.Item1 + "," + white.Item2 + ")" + '\n';

whitesList.Text = whites;
blacksList.Text = blacks;

board.Invalidate();

            for (var i = 0; i< 2; i++)
            {
                _othelloBoard.Turn = _othelloBoard.Turn == 1 ?2 : 1;
                _othelloBoard.Flips.Clear();
                _availableMoves = _othelloBoard.AvailableMoves(_othelloBoard.Turn);
turnBox.BackColor = _othelloBoard.Turn == 1 ?Color.Black:Color.White;
                if (_availableMoves.Count> 0)
                    return;
            }
```

```
MessageBox.Show("Game Ended", "Result");
        }

        private void AiPlayTimerTick(object sender, EventArgs e)
        {
            if (_othelloBoard.Turn == 2)
            {
var move = _minimax.GetOptimalMove(_othelloBoard, false);
                _othelloBoard.SetPiece(move.Item1, move.Item2, _othelloBoard.Turn);
UpdateBoardGui();
            }
        }
```

为了让人工智能发挥作用，使用一个计时器每 1.5 秒检查一次是否轮到 AI 落子。若轮到，则执行 Minimax 算法，在棋盘上设置算法输出的落子，并使用 UpdateBoardGui()方法更新游戏组件。

16.7 实际问题：使用 Minimax 算法实现黑白棋 AI

至此，我们已经有了一个完整、可工作的黑白棋游戏，如图 16-9 所示。

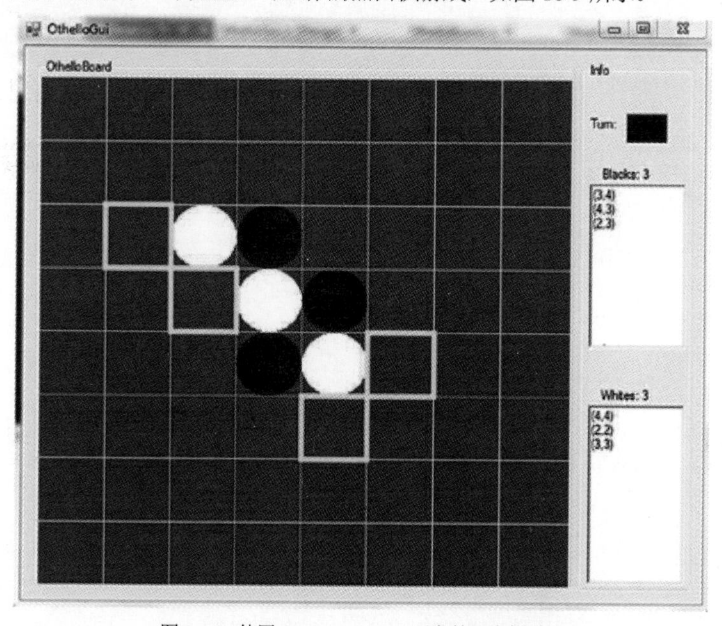

图 16-9 使用 Windows Forms 开发的黑白棋游戏

然而，其中缺少一个基本组成部分：游戏的 AI。如前所述，该 AI 将包含一个 Minimax 玩家—— 一个追求最优下法，并假设对方也追求最优下法的玩家。Minimax 类及其属性、域和构造函数如代码清单 16-9 所示。

代码清单 16-9 Minimax 类及其属性、域和构造函数

```
public class Minimax
{
        public int MaxDepth{ get; set; }
        public bool Max { get; set; }
        private Tuple<int, int> _resultMove;

        public Minimax(int maxDepth, bool max)
        {
MaxDepth = maxDepth;
            Max = max;
        }
}
```

Minimax 类中只包含三个属性或域。MaxDepth 属性指示进入搜索树的深度，Max 定义是需要最大化还是最小化结果，_resultMove 是一个私有变量，用于存储在执行 Minimax 算法时找到的最佳路径的第一步下法。此外，类中还包括以下方法(见代码清单 16-10)。

代码清单 16-10 Minimax 类的 GetOptimalMove()方法和 Execute()方法

```
        public Tuple<int, int>GetOptimalMove(OthelloBoard board, bool max)
        {
Execute(board, max, 0);
            return _resultMove;
        }

private double Execute (OthelloBoard board, bool max, int depth)
        {
            if (depth == MaxDepth)
                return board.HeuristicUtility();

var children = board.Expand(max ? 1 : 2);

            if (children.Count == 0)
                return board.LeafNodeValue();

var result = !max ? double.MaxValue : double.MinValue;

            foreach (var othelloBoard in children)
            {
var value = Execute(othelloBoard, !max, depth + 1);
othelloBoard.UtilityValue = value;
                result = max ?Math.Max(value, result) :Math.Min(value, result);
            }
            if (depth == 0)
                _resultMove = children.First(c =>c.UtilityValue == result).MoveFrom;

            return result;
        }
```

Minimax 算法编码在 Execute()方法中。GetOptimalMove()方法是算法的简化公共接口，供 GUI 中使用。这样做的原因是一个简单的设计问题：这样就不必在公有方法中包含初始深度和其他参数，这些参数对于 GUI 组件而言是不必要的信息。

接下来，补充此处提供的代码的工作就留给读者完成。读者可以添加更多启发式算法，将它们组合在一个加权总和中，尝试不同权重值，优化 Minimax 算法(通过 α - β 剪枝技术)，从而创建最强的黑白棋游戏 AI——本章已为它打下了基础。

16.8 本章小结

在本章中简述并研究了博弈论的一些基本要素和问题。本章最终深入于称为对抗性搜索的博弈论的一个子分支中，并研究了其中最为热门的代表性方法之一：Minimax 算法。接下来，本章介绍了算法的优化技术——α - β 剪枝技术。然后，介绍了著名的黑白棋游戏并为其给出了多种启发式方法。本章还包括一个在 Windows 窗体中完整实现的黑白棋游戏程序，以及一个用于此游戏的、非常简单的(仅应用了单一启发式方法 PieceDifference)AI 实现。

第 17 章

强 化 学 习

前文中，本书已经研究了监督学习算法和无监督学习算法。在本章中将讨论强化学习算法。请记住：在监督学习中存在一个由样本(x, y)组成的数据集，其中 x 通常是某个对象(如房屋、飞机、人、城市等)的特征向量，y 是 x 的正确分类。因此，监督学习是从列表数据学习或逼近出一个函数的过程。该方法更像计算机分析数据的方式，而不是人类的方式。监督学习模拟这样一个过程：在该过程中会教授世界上所存在的不同类型对象的相关知识。例如，可以向某人展示某个对象的图像，图像中具有该对象的所有属性(颜色和大小等)，并为其指定一个名称(y)，所以类似(黄色，10 厘米，可食用，水果)的东西是香蕉。

在无监督学习中，不存在(在监督学习中有的)那种标记过的数据。也就是说，不使用任何外部信息(正确的数据标签)。在无监督学习中，目标是使用数据本身提供的或内在拥有的信息来学习数据结构，而不(像监督学习一样)借助于任何外部帮助。从这个意义上讲，可以说无监督学习更独立于外部实体或信息，而与数据的结构或数据之间的关系更为相关。第 13 章中讨论的聚类是无监督学习算法的一个明确示例。

在本章中将研究强化学习——被视为人类思维方式最佳近似的机器学习范式。该类范式使得我们能够创建随时间演进的 AI，这种“智能”的演进是通过因 Agent 执行不正确或正确行动相应给予其惩罚或奖励来实现的。因此，在本章中将介绍马尔可夫决策过程(MDP)，介绍强化学习方法，例如 Q-learning 和时序差分(TD)，并提供一个示例代码，运用示例中的强化学习方法，可设计一个 Agent，该 Agent 可随时间的推移提升其性能并学习如何以最少的步数来求解迷宫问题。

注意

AlphaGo是由Google的Deep Mind创建的AI，它在 2016 年 3 月击败了围棋(一种复杂游戏)世界冠军李世石，它通过强化学习算法学习该游戏。

17.1 强化学习是什么

与监督学习和无监督学习一样，强化学习(RL)不是一种方法或算法，而是遵循一种共同思想或范式的广泛算法族。实际上，这里提到的三类学习表示了构建 AI 方法的主要范式；它们代表蓝图，而算法代表类似一种蓝图所详细描述的流程的实现。

在强化学习范式中，学习是一种试错过程，其结果是奖励或惩罚(负奖励)，目标是使长期奖励最高。因此，可以说强化学习随着时间推移不断演化或优化。RL 算法的基本流程如图 17-1 所示。Agent 与其所在的环境交互，然后环境更新 Agent 的状态，并因 Agent 移动到该新状态而向其分配奖励(可能是负奖励)。

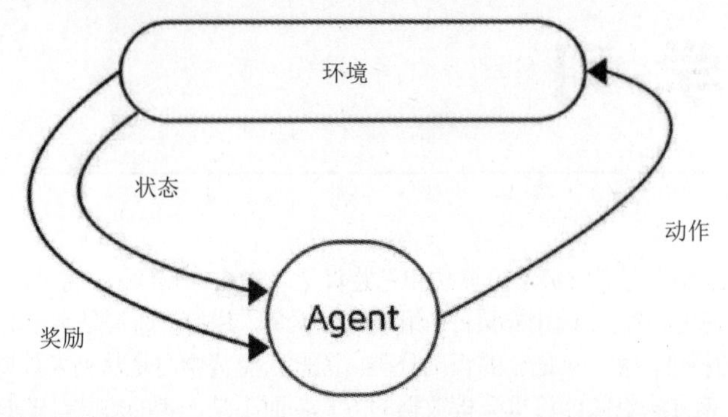

图 17-1　RL 算法的基本流程。Agent 观察环境，执行与环境交互的动作，并获得正奖励、负奖励或零奖励

重要的是，应考虑到奖励不必总是立竿见影的，可能会有 0 奖励的状态，这与无奖励相同。在开发一种强化学习方法时，要对环境、状态、Agent 动作和奖励进行建模，因此，整个问题是一个马尔可夫决策过程。

强化学习基于奖励假说(Reward Hypothesis)，该假说指出：所有目标都可以通过预期累积奖励的最大化来描述。

一个强化学习 Agent 可能实现多个不同组件——定义 Agent 行为的策略，定义每个状态和/或动作“好坏”的值函数，以及代表环境的模型。

■ **注意**

与人类一样，强化学习Agent可以直接从原始输入(例如视觉)构建和学习自己的知识，而不需要任何硬连接的功能或领域专属的启发式。

17.2　马尔可夫决策过程

马尔可夫决策过程(Markov Decision Process，MDP)是形式化描述 RL 环境的最常用方法，许多问题可以建模为马尔可夫决策过程。马尔可夫决策过程是一种离散状态-时间转移系统，包括：一组可能的世界状态 s、一组可能的动作 a、返回实数值的奖励函数 *R*(s, a)、各种状态的各个动作的效果描述 T，以及初始状态 s0。

为了理解马尔可夫决策过程在现实问题中的作用，设想一个环境，其中有一只机器鼠被困，它必须找到走出迷宫的路，如图 17-2 所示。

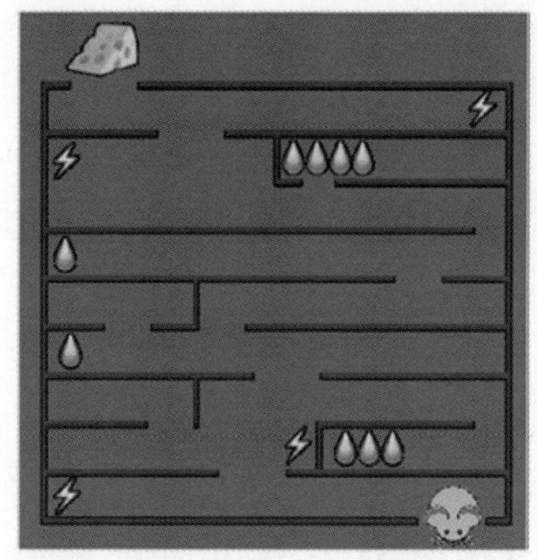

图 17-2　机器鼠必须找到离开迷宫的路。找到一个有水位置，奖励它+100 分；发现奶酪的奖励为+10000 分；碰到有电的位置，会导致-1000 分的惩罚或负奖励

假设机器鼠试图获得迷宫末端的最高奶酪奖励(+10000 分)或沿途较小的水滴奖励(+100 分)，同时希望避开发出电击的位置(-1000 分)。机器鼠在迷宫中的漫游过程可以形式化为一个马尔可夫决策过程，这是一个从状态到状态的指定转移概率过程。此问题的马尔可夫决策过程可以建模如下。

- 有限的状态集：机器鼠在迷宫内的可能位置。
- 各种状态下的可行动作集：机器鼠在各个状态下的所有可行移动方式，即{上，下，左，右}，以及对应状态。例如，如果机器鼠在一个角落，它将只有两种可行的移动方式。
- 状态间的转换：当前状态(迷宫中的给定单元格)和导致机器鼠移动到新位置(状态)的某种动作(如向左移动)的组合。转换可以关联到与多个可能状态相关的一组概率。
- 与转换相关的奖励：在迷宫场景中，对于机器鼠来说，大多数奖励是 0；但如果到达一个有水或奶酪的点，则奖励为正；如果到达一个有电的单元格，则奖励为负。
- 值域为[0,1]的折扣因子 γ：量化即时奖励与未来奖励间重要性的差异。例如，当 γ 等于 0.7，且在三步之后能得到为 5 的奖励时，该奖励的当前值为 $0.7^3 \times 5$。
- 无记忆性或马尔可夫性：在知道了当前状态后，就可以删除机器鼠在迷宫中的行进历史，因为当前马尔可夫状态包含历史中的所有有用信息。这也被称为马尔可夫性(Markov Property)。

现在，我们在强化学习中的目标是最大化长期奖励的总和，该和由以下公式给出：

$$\sum_{t=0}^{t=\infty} y^t \times r(x(t), a(t))$$

其中 t 是时间步长，r(x, a)是奖励函数，x(t)表示 Agent 在时刻 t 的状态，a(t)表示在时刻 t 时该状态下执行的动作。这是强化学习算法试图解决的主要问题，它基本上是一种优化时间的优化问题。越早获得奖励，意味着获得的奖励越多，因为随着时间的推移折扣因子将降低奖励的价值。使用折扣因子有以下几个原因：

- 更偏好更早的奖励；
- 表示未来的不确定性；
- 动物/人类行为表现出对即时奖励的偏好；
- 避免循环马尔可夫过程中的无限回报(下文将很快定义何谓回报)；
- 在处理财务奖励时，即时奖励可能比延迟奖励获得更多利息。

不同的教科书中可能还会描述其他这几类奖励。

- 总奖励：

$$\sum_{t=1}^{\infty} r_1$$

- 平均奖励：

$$\lim_{n\to\infty}\frac{r_1+r_2+\ldots+r_n}{n}$$

还可以将马尔可夫决策过程视为马尔可夫奖励过程(Markov Reward Process，MRP)和决策的组合。马尔可夫奖励过程包括状态集S、状态转移矩阵 ***T***(如前所述)、奖励函数 *R* 和折扣因子 γ。

同时，马尔可夫奖励过程可以视为带值的马尔可夫链。马尔可夫链(也称为马尔可夫过程)由状态集S和一个状态转移矩阵 ***T*** 组成。一个马尔可夫奖励过程的例子如图17-3所示，其中简单地对一个机器人的工作日进行了建模(它的工作是检查Facebook)。一些[0.0; 1.0]范围内的实数表示从一个状态转换到其他状态的概率；圆圈表示状态，连线表示从一个状态到另一个状态的转换。在此案例中，最左边的状态是初始状态。

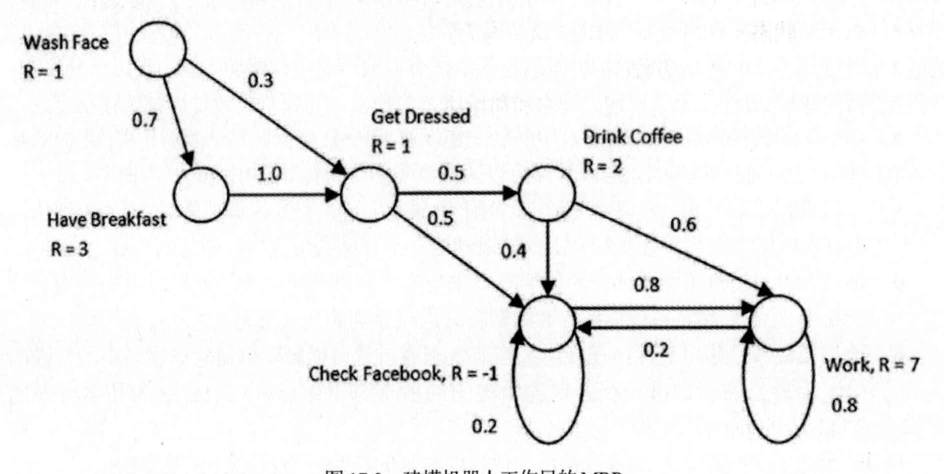

图17-3 建模机器人工作日的MRP

在该图中，所有动作都是随机的——即 ***T***：S *x* A -> Prob(S)，其中Prob(S)是概率分布；或确定的——即 ***T***：S *x* A -> S。

■ **注意**

规划和马尔可夫决策过程都被视为搜索问题，不同之处在于，前者中处理的是显式动作和子目标，后者中处理的是不确定性和效用。

在马尔可夫决策过程中，时限(horizon)确定了决策过程是否具有无限时间、有限时间或不确定时间(直到满足某种标准)。具有无限时限的马尔可夫决策过程更容易求解，因为它们没有截止时限。此外，因为在很多情况下不清楚一个过程将执行多长时间，所以偏向于考虑使用无时限优化模型。

无时限马尔可夫决策过程的回报 v_t 是从时刻 t 到无穷大时间的折扣后总奖励：

$$v_t = r_{t+1} + \gamma * r_{t+2} + \ldots = \sum_{k=0}^{\infty} \gamma^k * r_{t+k+1}$$

在此再次提醒读者注意折扣因子的便利性。如果把直到无穷大时间内的所有奖励加在一起，通常来说总和也将为无穷大的。为了使算法合理，并给 Agent 施加一些尽早获得奖励的压力，使用了折扣因子。

17.3 值函数/动作值函数与策略

因为马尔可夫奖励过程和马尔可夫决策过程中具有奖励，我们就能根据(状态的)关联奖励为状态定义一些值。这些表格形式的值是值函数、状态-值函数的一部分，或仅是马尔可夫奖励过程中的一个状态值。它是从状态 s 开始的预期奖励：

$$V(s) = R(s) + \gamma * \sum_{s' \in N(s)}^{|N(S)|} \mathcal{T}[s, s'] * V(s')$$

在上面的公式中，计算下一状态长期预期值的方法是：对于所有可能的下一状态或相邻状态 s′，对“从状态 s 到状态 s′ 的转换概率与无时限的折扣奖励的积”进行求和，即状态 s′ 的值。该公式基于 Bellman 方程(1957，又称动态规划方程)及其最优性原则。最优性原则指出，最优策略具有如下属性：无论其初始状态和初始决策是什么，其余后续决策必须对于第一个决策产生的状态构成最优策略。此情形下，可以将值函数分解为立即奖励 R 和后继相邻状态奖励 s′ 的折扣值，即 γ *V(s′)。

■ 注意

在计算机科学中，一个问题如果可以被划分为多个子问题，这些子问题能够产生整体最优解(例如使用Bellman原理)，则认为该问题具有最优子结构。

为了了解如何计算该等式，假设折扣因子 γ=0.9 且 MRP 如图 17-3 所示，可以按如下方式计算最左边状态(Wash Face，即洗脸)的值：

V('Wash Face')=1+0.9*(0.7*V('Have Breakfast')+0.3*V('Get Dressed'))

请注意，如果设置 γ=0，那么与每个状态相关联的值将等于其(直接)奖励。为了计算出所有 s 所对应的 V(s)，需要求解 n 个含有 n 个未知数的方程，其中 n 是 MRP 中的状态数。

在经典规划中会创建一个计划，该计划必定被执行而不参考环境状态，计划可以是一个有序的动作列表，也可以是一个部分有序的动作集。在马尔可夫决策过程中的假定则是在某个步骤中有可能从任何状态转到任何其他状态。因此，为了准备就绪，通常要计算一整套策略而不是一个简单的计划。

策略是从状态到动作的一个映射关系，用于定义 Agent 在环境中将遵循的一系列动作或一个动作序列。它通常用希腊字母 π 表示：$\pi(s)$。由于问题的马尔可夫性，可知动作的选择仅需要取决于当前状态(可能还有当前时刻)，而不依赖于任何先前的状态。我们将尝试为每个状态找到一种策略，能最大化在该状态下执行该策略的预期奖励。这样的策略称为最优策略，并将其表示为 $\pi^*(s)$。

策略可以是确定性的，即针对每个状态输出一个对应动作；策略也可以是随机的，即基于不同概率输出一个对应动作。

■ **注意**

由于策略是一系列动作，因此当采用MDP过程并确定了策略时，则意味着已经选定了所有动作，得到的是一个马尔可夫链。

在马尔可夫决策过程中，遵循策略 π 的状态-值函数 V.是从状态 s 开始并且遵循策略 π 的预期回报：

$$V_\pi(s) = R_\pi(s) + \gamma * \sum_{s' \in N(s)}^{|N(s)|} T_\pi[s, s'] * V_\pi(s')$$

最优状态-值函数是所有策略中值最大的函数，如下式所示：

$$V_\pi^*(s) = \max_\pi V_\pi(s)$$

动作-值函数 $Q(s,a)$或简称为 Q 函数，是从状态 s 起始，执行动作 a，然后遵循策略 π 的预期回报，如下式所示：

$$Q_\pi(s, a) = R(s, a) + \gamma * \sum_{s' \in N(s)}^{|N(s)|} T_\pi^a[s, s'] * V_\pi(s')$$

注意，$Q(s,a)$可以用 $V(s)$表示，它不仅考虑状态而且考虑导致这些状态的动作。

■ **注意**

Q函数表示给定状态下某个特定动作的质量。

最优动作-值函数是所有策略中值最大的函数，如下式所示：

$$Q_\pi^*(s, a) = \max_\pi Q_\pi(s, a)$$

强化学习 Agent 的目标是什么？它的目标应该是通过优化 $V(s)$或 $Q(s,a)$来学习最优策略；已经证明，所有最优策略都可以实现最优的状态-值函数和动作-值函数，如下式所示：

$$V_\pi^*(s) = Q_\pi^*(s, \pi(s)) = V^* = Q^*$$

其中 V^*、Q^*分别代表 $V(s)$和 $Q(s,a)$的最优值。因此，尝试优化这些函数之一以获得该 Agent 的最佳策略似乎顺理成章。请记住，这是我们在马尔可夫决策过程中的主要目标，特别是在强化学习中。

如果 Agent 已知奖励和转换值，则它可以使用一种称为值迭代(value iteration)的基于模型的

算法来计算 V^* 并获得最优策略。

另一种获得最优策略并求解马尔可夫决策过程的方法是策略迭代(policy iteration)算法。这也是一种基于模型的方法，它直接操纵策略，而不是通过最优值函数间接发现最优策略。与值迭代方法一样，它假定 Agent 知道奖励和转换函数。

稍后，我们将讨论 Q-learning，一种无模型学习方法，可用于 Agent 初始只知道有可能存在哪些状态和动作、但不知道状态转换和奖励的概率函数的情况。在 Q-learning 中，Agent 通过学习其与环境交互的历史来改进自身行为。Agent 发现通过某个给定动作从一个状态转移到另一个状态有奖励的唯一方式，是它这样做了并且获得了奖励。类似地，它得知对某个给定状态下可用的状态转换的唯一方式，是自身处于该状态下并尝试其转换选项。如果状态转换是随机的，Agent 通过观察不同转换发生的频率来学习状态间转换的概率。

■ 注意

在基于模型的方法中，Agent具有内置的环境模型(奖励和转换函数)，因此可以模拟它以便找到正确的决策。在无模型方法中，Agent知道如何行动，但并不具备任何对环境的显式认知。

17.4 值迭代算法

在值迭代算法中，通过应用迭代过程来计算所有状态 s 的 $V^*(s)$，在该迭代过程中，随着时间的推进，$V^*(s)$的当前近似值越来越接近最优值。首先将所有状态的 V(s)初始化为 0。实际上可以将其初始化为想要的任何值，但从 0 开始最为简单。该算法使用 V(s)的更新规则，其伪代码如下所示：

```
ValueIteration(R,T,S,A,γ,ε)
{
        V(s) = InitializeZero();
        V'(s) = InitializeZero();
        δ = MinValue;

        do
        {
                foreach (state s in S)
                {

V'(s) = R(s) + γ * max_a Σ_{s'∈N(s)}^{|N(s)|} T[s,a,s'] * V'(s');
                        if (|V(s)-V'(s)| >δ ) {
                                δ=|V(s)-V'(s)|;
                        }
                }
        }
        while (δ < ε * (1 - γ)/γ)

        return V(s);
}
```

该问题的常用停止条件是，从步骤 t 到步骤 t + 1 的值的变化小于或等于预定义的 ε 乘以一个折扣因子变量，如上述伪代码所示。在本例中，δ 表示在某次迭代中 ***V***(s)的最大变化。***V*** 和 ***V***′ 代表效用向量(utility vector)，ε 是容许的最大状态效用值误差。随着时间的推移，该算法会收敛到正确的效用。

17.5 策略迭代算法

在策略迭代算法中，同时搜索最优策略和效用值，因此，将直接操纵策略而不是通过最优值函数间接找到它。该算法的伪代码如下：

```
PolicyIteration(R,T,S,A)
{
        π = Random();

         do
        {
                V  = PolicyEvaluation(π);
                unchanged = true;
                foreach (state s in S)
                {
                        if (max_a Σ_{s'∈N(s)}^{|N(s)|} T[s,a,s'] * V(s') >
Σ_{s'∈N(s)}^{|N(s)|} T[s,π(s),s'] * V(s')) {
                                π(s) = max_a Σ_{s'∈N(s)}^{|N(s)|} T[s,a,s'] *
V(s');
                        }
                        unchanged = false;
                }
        }
        while (unchanged )

        return π;
}
```

其中 ***V*** 是效用向量，π(以随机值初始化)表示该算法输出的策略。PolicyEvaluation()子例程求解了以下问题。

线性方程组：

$$R(s_i) + \gamma * \max_a \sum_{s' \in N(s_i)}^{|N(s_i)|} \boldsymbol{T}[s_i, \pi(s_i), s'] * \boldsymbol{V}'(s')$$

策略迭代算法选择一个初始策略，常用的选择方法是简单地将状态的奖励值作为它们的效用值，并根据最大预期效用原则计算出一个策略。然后，它迭代执行两个步骤：其一是确定值，该步骤基于当前给定策略，计算每个状态的效用值；另一个是改进策略，如果存在任何可能的改进，则该步骤更新当前策略。当策略稳定时，算法终止。策略迭代通常会在不多次数的迭代中收敛，但每次迭代的开销都很大。可以回想一下，该方法必须求解大型线性方程组。

17.6 Q-Learning 和时序差分学习

值迭代算法和策略迭代算法在确定最优策略时非常完美，但它们假设 Agent 具有大量问题相关的知识。具体而言，它们假设 Agent 准确知道环境中所有状态的转换函数和奖励。这实际上是相当多的信息，在许多情况下，Agent 可能无法了解这些信息。

幸而，有一种方法可以学习这些信息。从本质上讲，我们可以使用学习时间换取先验知识。完成该任务的一种方法是利用一种称为 Q-learning 的强化学习形式。Q-learning 是一种无模型学习形式，意味着 Agent 不需要任何环境模型；它只需要知道存在哪些状态以及每个状态上可能存在哪些行动。其工作方式如下：首先为每个状态分配一个估计值，称为 Q 值。当访问一个状态并获得奖励时，使用奖励更新该状态的估计值。(由于奖励可能是随机的，因此可能需要多次访问一个状态。)

考虑到，我们可以仅用 Q 函数重写前面详述的 Q(s,a)公式。

$$Q_{\pi}(\mathrm{s},\mathrm{a})=\mathrm{R}(\mathrm{s},\mathrm{a})+\gamma*\sum_{\mathrm{s}'\in \mathrm{N}(\mathrm{s})}^{|\mathrm{N}(\mathrm{s})|}\boldsymbol{T}_{\pi}^{\mathrm{a}}[\mathrm{s},\mathrm{s}']*Q_{\pi}(\mathrm{s}',\mathrm{a})$$

上述公式是 Q-learning 算法中使用的更新规则，Q-learning 算法的伪代码如下：

```
QLearning(R,T,S,A)
{
        Q = InitQTableZeros();

         do
        {
                a  = SelectAction();
                s' = NewState();
                r = ReceiveReward();

                Q(s, a) = r + γ * max_a' Q(s',a')
        }
        while (conditionNotMet)
}
```

为了使 Q-learning 算法收敛，必须保证每个状态都能被无穷多次访问。算法无法从它没有经历过的事物中学习，因此它必须能无穷多次访问每个状态，以保证收敛并找到最优策略。

Q-learning 属于一类称为时序差分算法(Temporal Difference Algorithm，TDA)的方法。在时序差分算法中，通过降低不同时刻(t, t′)处估计值之间的差异来进行学习。Q-learning 是 TDA 的一种特例，在 Q-learning 中降低的是某个状态与其序贯状态(也称为邻居状态或后继状态)之间的 Q 估计值。我们也可以设计一种算法，其中以降低某个状态与更远的后代或祖先之间的差异为目标。

最流行的时序差分算法应该是 TD(λ)算法(Sutton 1988)，它是时序差分算法的一个通用版本，依赖的主旨是以如下方式计算 Q 值：

$$Q^{n}(\mathrm{s}_{\mathrm{t}},\mathrm{a}_{\mathrm{t}})=\mathrm{r}_{\mathrm{t}}+\gamma*\mathrm{r}_{\mathrm{t+1}}+\ldots+\gamma^{n-1}*\mathrm{r}_{\mathrm{t+n-1}}+\gamma^{n}*\max_{\mathrm{a}}Q(\mathrm{s}_{\mathrm{t+n}},\mathrm{a})$$

请注意，与 Q-learning 中只包含一步前瞻的做法不同，在上述公式中考虑的是未来的 n 步。

TD(λ)使用一个 $0 \leqslant \lambda \leqslant 1$ 的参数来混合多个前瞻距离，如下所示：

$$Q^{\lambda}(s_t, a_t) = (1-\lambda) * \left[Q^1(s_t, a_t) + \lambda * Q^2(s_t, a_t) + \lambda^2 * Q^3(s_t, a_t) + \ldots \right]$$

若将 λ 设为 0，就将最终得到 Q-learning 规则，即只向前比较一步的规则。随着 λ 值的递增，算法愈偏重于弥合由愈远距离前瞻导致的差值。当 λ 值增加到 $\lambda=1$ 时，则仅将考虑观察到的 r_{t+i} 值，而没有来自当前 Q 估计值的贡献。TD(λ)方法的出发点是，在某些情况下，如果考虑更远距离的前瞻，则训练将更有效。

17.7 实际问题：使用 Q-Learning 求解迷宫问题

在本实际问题中，将通过一个非常简单、直观的情景来演示 Q-learning 方法的应用：求解迷宫问题。在迷宫中，Agent 从单元格(0,0)开始并且必须找到单元格(n−1,m−1)处的出口，其中 n 表示以一个从零开始索引的矩阵的行数，m 表示该矩阵中的列数。本章中需求解的迷宫如图 17-4 所示。

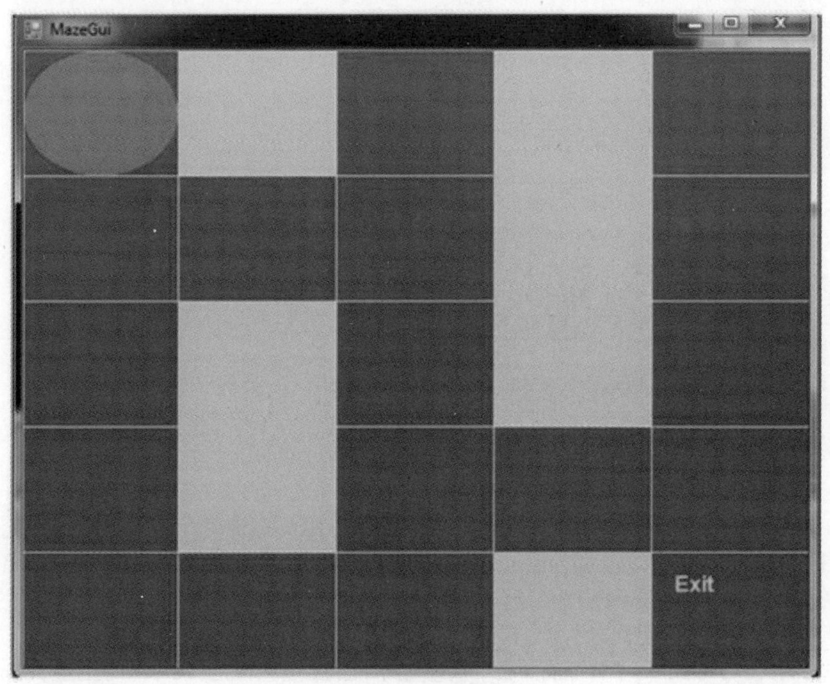

图 17-4　需求解的迷宫

请注意，在图 17-4 所示的迷宫中，Agent 遵循若干策略均可到达出口单元格，但其中只有一个最优策略(如图 17-5 所示)。

因为学习是随着时间推进的(和现实中的人类学习一样)，所以必须保证在每一个回合(episode)中能够连续访问每个状态(单元格)。这是 Q-learning 收敛的必要条件。回合指的是 Agent 完成迷宫问题的程度，每当完成一次迷宫遍历时，称 Agent 将从回合 E 转到回合 E+1。

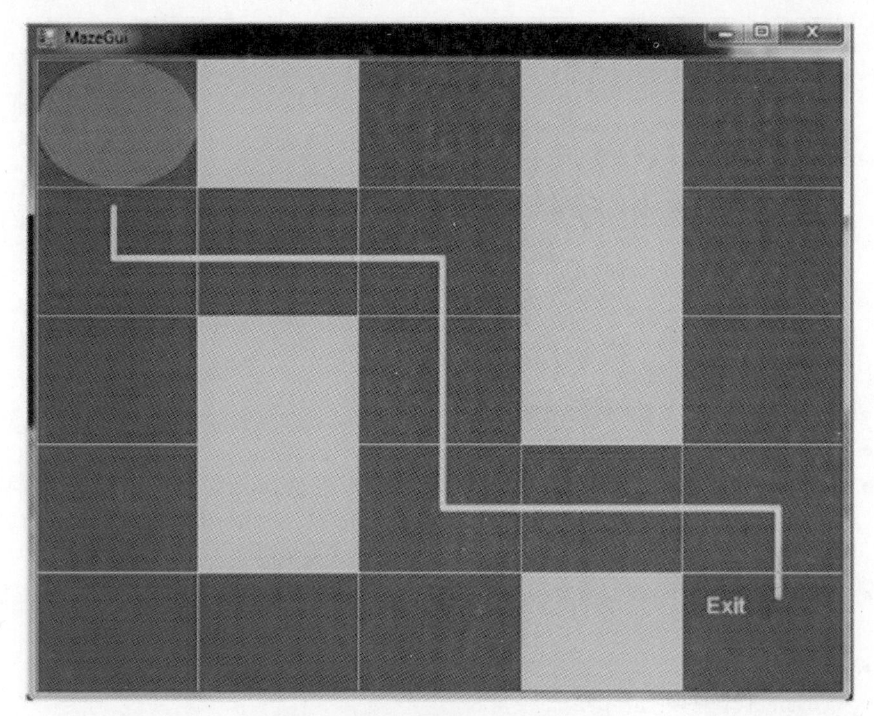

图 17-5　Agent 求解迷宫问题的最佳策略

Q-learning 中的 Agent——我们称之为 QAgent——由代码清单 17-1 中所示的类表示。

代码清单 17-1　QAgent 类的属性、域和构造函数

```
public class QAgent
{
        public int X { get; set; }
        public int Y { get; set; }
        public Dictionary<Tuple<int, int>, List<double>>
        QTable { get; set; }
        public double Randomness { get; set; }
        public double[,] Reward { get; set; }
        private readonly bool[,] _map;
        private readonly int _n;
        private readonly int _m;
        private readonly double _discountFactor;
        private static readonly Random Random = new Random();
        private readonly Dictionary<Tuple<int, int>,int> _freq;

        public QAgent(int x, int y, double discountFactor, int
        n, int m, double [,] reward, bool [,] map,
        double randomness)
        {
            X = x;
            Y = y;
```

```
            Randomness = randomness;
            InitQTable(n, m);
            _n = n;
            _m = m;
            Reward = reward;
            _map = map;
            _discountFactor = discountFactor;
            _freq = new Dictionary<Tuple<int, int>, int>
            {{new Tuple<int, int>(0, 0), 1}};
        }
}
```

该类包含以下属性或域。

- X：表示 Agent 在盘面所处位置的行号。
- Y：表示 Agent 在盘面所处位置的列号。
- QTable：矩阵，代表以列表形式表示的 Q 函数，即 Q(s,a)函数，其中矩阵的行指示状态，列指示动作。它被编码为一个由 Tuple<int, int>(代表状态)和四个 double 值(分别代表动作上、下、左、右，即对应状态的动作)的列表组成的字典。
- Randomness：因为我们需要 Agent 不时地四处游荡，以便访问每个状态，所以使用 Randomness 变量来指示一个范围[0;1]的值，对应于生成一个随机动作的概率。
- Reward：代表每个状态的奖励矩阵。
- _map：代表环境(迷宫)地图的变量。
- _n：环境中的行数。
- _m：环境中的列数。
- _discountFactor：折扣因子，之前曾详细介绍过，用于 Q-learning 更新规则中。
- _freq：字典，详细记录了每个状态的访问频率。它将用于策略中，来保证 Agent 无限次访问每个状态，以寻求获得最优策略。

类构造函数中 InitQTable()方法(如代码清单 17-2 所示)的创建目的是用于初始化 QTable，即由(state，{actionUp，actionDown，actionLeft，actionRight})条目构成的字典。对于每个可能的动作 a，初始时 $Q(s, a) = 0$。

代码清单 17-2　InitQTable()方法

```
private void InitQTable(int n, int m)
{
    QTable = new Dictionary<Tuple<int, int>, List<double>>();

    for (var i = 0; i < n; i++)
    {
        for (var j = 0; j < m; j++)
            QTable.Add(new Tuple<int, int>(i, j), new
            List<double> { 0, 0, 0, 0});
    }
}
```

Q-learning 过程发生在以下方法中(如代码清单 17-3 所示)；actionByFreq 参数用于确定是使用“频率+随机”的状态访问策略，还是仅依赖 Q 值来完成迷宫。由于每个学习过程都需要一些时间，将需要仅依赖“频率+随机”策略来尝试“学习”——即足够频繁地访问每个状态，以学习经验并能够最终习得最优策略，该策略能够在最短的时间内以最短的步数走出迷宫。

代码清单 17-3 InitQTable()方法

```
public void QLearning(bool actionByFreq = false)
{
    var currentState = new Tuple<int, int>(X, Y);
    var action = SelectAction(actionByFreq);

    if (!_freq.ContainsKey(ActionToTuple(action)))
    _freq.Add(ActionToTuple(action), 1);
    else
    _freq[ActionToTuple(action)]++;
    ActionToTuple(action, true);

    var reward = Reward[currentState.Item1, currentState.Item2];

    QTable[currentState][(int) action] = reward +
    _discountFactor * QTable[new Tuple<int, int>(X, Y)].Max();
}
```

动作选择策略的代码非常重要，它编写在代码清单 17-4 所示的 SelectAction()方法中，该策略用于引导 Agent 学习最优策略。如果 actionByFreq 变量已被激活(设置为 True)，则 Agent 将根据“频率+随机”策略执行操作；否则，它将始终选择具有最高值的 *Q*(s', a)。

代码清单 17-4 SelectAction()方法

```
private QAgentAction SelectAction(bool actionByFreq)
{
    var bestValue = double.MinValue;
    var bestAction = QAgentAction.None;
    var availableActions = AvailableActions();

    if (actionByFreq)
        return FreqStrategy(availableActions);

    for (var i = 0; i < 4; i++)
    {
        if (!availableActions.Contains(ActionSelector(i)))
            continue;
        var value = QTable[new Tuple<int, int>(X, Y)][i];
        if (value > bestValue)
        {
            bestAction = ActionSelector(i);
            bestValue = value;
        }
    }

    return bestAction;
}
```

上述方法使用了代码清单 17-5 所示的 FreqStrategy()方法。在该方法中，应用概率为 0.5 的随机动作策略，或基于频率的访问策略——即根据_freq 字典访问最少访问的相邻状态。

代码清单 17-5 FreqStrategy()方法

```
private QAgentAction FreqStrategy(List<QAgentAction> availableActions)
{
    var newPos = availableActions.Select(availableAction =>
    ActionToTuple(availableAction)).ToList();
    var lowest = double.MaxValue;
    var i = 0;
    var bestIndex = 0;

    if (Random.NextDouble() <= Randomness)
        return availableActions[Random.Next(availableActions.Count)];

    foreach (var tuple in newPos)
    {
        if (!_freq.ContainsKey(tuple))
        {
            bestIndex = i;
            break;
        }

        if (_freq[tuple] <= lowest)
        {
            lowest = _freq[tuple];
            bestIndex = i;
        }

        i++;
    }

    return availableActions[bestIndex];
}
```

为了确定 Agent 的可用动作(不会使 Agent 撞到墙上的动作)集，在 QAgent 类中加入了 AvailableActions()方法，如代码清单 17-6 所示。

代码清单 17-6 AvailableActions()方法

```
private List<QAgentAction> AvailableActions()
{
    var result = new List<QAgentAction>();

    if (X - 1 >= 0 && _map[X - 1, Y])
        result.Add(QAgentAction.Up);

    if (X + 1 < _n && _map[X + 1, Y])
        result.Add(QAgentAction.Down);
```

```
        if (Y - 1 >= 0 && _map[X, Y - 1])
            result.Add(QAgentAction.Left);

        if (Y + 1 < _m && _map[X, Y + 1])
            result.Add(QAgentAction.Right);

        return result;
    }
```

按惯例，以{up, down, left, right}的动作顺序匹配从 0 开始的整数，因此，up = 0，down = 1，left = 2，right = 3。代码清单 17-7 中所示的 ActionSelector()方法将整数转换为其等效动作(稍后就将介绍 QAgentAction 枚举类型)。

在代码清单 17-7 中还可以看到 ActionToTuple()方法，该方法将一个 QAgentAction 实例转换为一个 Tuple<int, int>实例，该 Tuple<int, int>实例表示执行该动作后返回的结果状态。

代码清单 17-7　ActionSelector()方法和 ActionToTuple()方法

```
public QAgentAction ActionSelector(int action)
{
    switch (action)
    {
        case 0:
            return QAgentAction.Up;
        case 1:
            return QAgentAction.Down;
        case 2:
            return QAgentAction.Left;
        case 3:
            return QAgentAction.Right;
        default:
            return QAgentAction.None;
    }
}
public Tuple<int, int> ActionToTuple(QAgentAction action,
bool execute = false)
{
    switch (action)
    {
        case QAgentAction.Up:
            if (execute) X--;
            return new Tuple<int, int>(X - 1, Y);
        case QAgentAction.Down:
            if (execute) X++;
            return new Tuple<int, int>(X + 1, Y);
        case QAgentAction.Left:
            if (execute) Y--;
            return new Tuple<int, int>(X, Y - 1);
        case QAgentAction.Right:
```

```
            if (execute) Y++;
            return new Tuple<int, int>(X, Y + 1);
        default:
           return new Tuple<int, int>(-1, -1);
    }
}
```

为了完成 QAgent 类，添加了 Reset()方法(见代码清单 17-8)，该方法通过将 Agent 设置为起始位置并清除_frequency 字典，重置该 Agent，或为一个新回合作准备。用于描述 Agent 可能使用的动作的 QAgentAction 枚举如代码清单 17-8 所示。

代码清单 17-8　Reset()方法和 QAgentAction 枚举

```
    public void Reset()
    {
        X = 0;
        Y = 0;
        _freq.Clear();
    }

public enum QAgentAction
{
    Up, Down, Left, Right, None
}
```

上文已经给出了该程序的机器学习代码，但还缺少一个组件：Windows 窗体上的 GUI。MazeGui 是 Form 类的派生类，用于可视化表示迷宫，如代码清单 17-9 所示。别忘了，我们正在编写一个 Windows 窗体应用程序。

代码清单 17-9　MazeGui 类的域和构造函数

```
public partial class MazeGui : Form
    {
        private readonly int _n;
        private readonly int _m;
        private readonly bool[,] _map;
        private readonly QAgent _agent;
        private Stopwatch _stopWatch;
        private int _episode;

        public MazeGui(int n, int m, bool [,] map, double [,] reward)
        {
            InitializeComponent();
            timer.Interval = 100;
            _n = n;
            _m = m;
            _map = map;
            _ agent = new QAgent(0, 0, 0.9, _n, _m, reward, map, .5);
            _stopWatch = new Stopwatch();
        }
```

```
}
```

该类包含以下属性或域。

- _n：迷宫的行数。
- _m：迷宫的列数。
- _map：矩阵，其中的布尔值用于指示某个单元格是否为墙。
- _agent：QAgent 类的实例。
- _stopWatch：用于计量 Q-learning 过程每一回合所用时间的秒表。
- _episode：到目前为止在 Q-learning 过程中完成的回合数目。

为了在迷宫上绘制所有元素，为绘图控件(Picture Box)实现了 Paint 事件，如代码清单 17-10 所示。

代码清单 17-10 显示迷宫的 Picture Box 控件的 Paint 事件

```
private void MazeBoardPaint(object sender, PaintEventArgs e)
{
    var pen = new Pen(Color.Wheat);

    var cellWidth = mazeBoard.Width / _n;
    var cellHeight = mazeBoard.Height / _m;

    for (var i = 0; i < _n; i++)
        e.Graphics.DrawLine(pen, new Point(i * cellWidth, 0),new Point(i * cellWidth,
        i * cellWidth + mazeBoard.Height));
    for (var i = 0; i < _m; i++)
        e.Graphics.DrawLine(pen, new Point(0, i * cell Height), new Point(i * cellHeight
        + mazeBoard.Width, i * cellHeight));

    for (var i = 0; i < _map.GetLength(0); i++)
    {
        for (var j = 0; j < _map.GetLength(1); j++)
        {
            if (!_map[i, j])
                e.Graphics.FillRectangle(new Solid
                Brush(Color.LightGray), j * cellWidth,
                i * cellHeight, cellWidth, cellHeight);
        }
    }

    for (var i = 0; i < _map.GetLength(0); i++)
    {
        for (var j = 0; j < _map.GetLength(1); j++)
        {
            if (_map[i, j])
                e.Graphics.DrawString(String.Format("{0:0.00}",
                _agent.QTable[new Tuple<int, int>(i, j)][0].
                ToString(CultureInfo.GetCultureInfo
                ("en-US"))) + "," +
                String.Format("{0:0.00}", _agent.QTable[new
```

```
                Tuple<int, int>(i, j)][1].ToString(CultureInfo.
                GetCultureInfo("en-US"))) + "," +
                String.Format("{0:0.00}", _agent.QTable[new
                Tuple<int, int>(i, j)][2].ToString
                (CultureInfo.GetCultureInfo("en-US"))) + "," +
                String.Format("{0:0.00}", _agent.QTable[new
                Tuple<int, int>(i, j)][3].ToString(CultureInfo.
                GetCultureInfo("en-US")))
            ,new Font("Arial", 8, FontStyle.Bold),
            new SolidBrush(Color.White), j * cellWidth,
            i * cellHeight);
        }
    }


            e.Graphics.FillEllipse(new SolidBrush(Color.
            Tomato), _agent.Y * cellWidth, _agent.X *
            cellHeight, cellWidth, cellHeight);
            e.Graphics.DrawString("Exit", new Font("Arial", 12,
            FontStyle.Bold), new SolidBrush(Color.Yellow),
            (_m - 1) * cellWidth + 15, (_n - 1) * cellHeight + 15);
}
```

其中，将Agent绘制为椭圆形，将墙壁绘制为灰色单元格。此外还将在每个可行走的单元格上绘制四个值：即状态s下所有4种可能动作的效用值$Q(s, a)$。

为了从Agent处获取动作并执行，加入了一个定时器，该定时器在当前回合数小于20时每秒触发一次，使用“频率+随机”策略来调用Agent的QLearning()方法。在处理该定时器Tick事件的方法中(如代码清单17-11所示)，还会重置stopWatch和Agent的状态，并将本回合消耗的时间写到一个文件中。

■ 注意

当处于目标状态s时，不采用Q-learning规则更新$Q(s, a)$；反之，我们获取目标状态的奖励值并将其直接赋值给$Q(s, a)$。

最后，刷新mazeBoard，以在GUI上显示新更改。

代码清单17-11　处理Tick事件的方法

```
private void TimerTick(object sender, EventArgs e)
{
    if (!_stopWatch.IsRunning)
        _stopWatch.Start();
    if (_agent.X != _n - 1 || _agent.Y != _m - 1)
        _agent.QLearning(_episode < 20);
    else
    {
        _agent.QTable[new Tuple<int, int>
        (_n - 1, _m - 1)] = new List<double>
                                         {
```

```
                                        _agent.Reward
                                        [_n - 1, _m - 1],
                                        _agent.Reward
                                        [_n - 1, _m - 1],
                                        _agent.Reward
                                        [_n - 1, _m - 1],
                                        _agent.Reward
                                        [_n - 1, _m - 1]
                                        };
            _stopWatch.Stop();
            _agent.Reset();

            var file = new StreamWriter("E:/time_difference.txt", true);
            file.WriteLine(_stopWatch.ElapsedMilliseconds);
            file.Close();
                _stopWatch.Reset();
                _episode++;
            }

            mazeBoard.Refresh();
        }
    }
```

现在所有组件已经就绪，接下来测试该应用程序并运行它，正如本书中一贯的做法，在一个控制台应用程序中创建所需的地图和奖励矩阵(如代码清单 17-12 所示)。

代码清单 17-12 测试 MazeGui 应用程序

```
var map = new [,]
            {
                {true, false, true, false, true},
                {true, true, true, false, true},
                {true, false, true, false, true},
                {true, false, true, true, true},
                {true, true, true, false, true}
            };

var reward = new [,]
            {
                {-0.01, -0.01, -0.01, -0.01, -0.01},
                {-0.01, -0.01, -0.01, -0.01, -0.01},
                {-0.01, -0.01, -0.01, -0.01, -0.01},
                {-0.01, -0.01, -0.01, -0.01, -0.01},
                {-0.01, -0.01, -0.01, -0.01, 1},
            };

Application.EnableVisualStyles();
Application.SetCompatibleTextRenderingDefault(false);
Application.Run(new MazeGui(5, 5, map, reward));
```

执行代码清单 17-12 中的代码后得到的结果将是本章开发的 Windows 窗体应用程序的一个实例(如图 17-6 所示)。奖励函数为目标状态包含奖励 1，为任何其他状态包含奖励-0.01。在 Agent 完成第一个回合时，目标状态(Exit)的每个动作均包含奖励 1，即，*Q*('Exit', {up, down, left, right}) = 1。

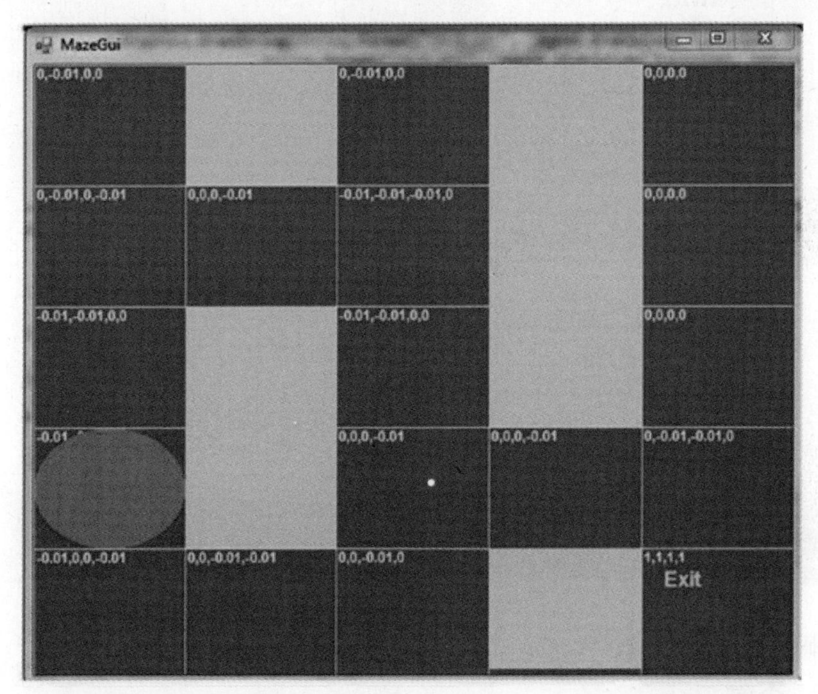

图 17-6　回合 2，QAgent 正在学习和更新 *Q* 值，这些值显示在每个单元格的左上角

使用之前描述的探索策略(该策略综合考虑了访问单元格的历史频率和执行动作的随机性)，在每个回合中持续访问每个状态。在完成 20 个回合之后，Agent 开始仅依赖于所学习的 *Q* 值获取动作，并总是执行 *Q*(s', a)具有最高值的动作。在本例中能够找到最优策略，如图 17-7 所示。

图 17-7 中展示了 20 个回合后最终计算出的 *Q*(s, a)值。读者可以验证，从单元格(0, 0)开始，并始终选择具有最高 *Q* 值的动作(记住它们的出现顺序是上、下、左、右)执行，得到的路径将是最优策略——该策略以最少的步数导向出口。

回想一下，我们在 Q-learning 中的目标实际上是学习 *Q* 函数，即 *Q*(s, a)。在本例中，学习得出的是函数的列表形式，其中状态作为表或矩阵的行，动作作为表或矩阵的列。在某些情形下，考虑到状态空间可能很庞大，这样做将很困难。对于此类情况，可以依靠函数逼近器(如神经网络)来近似出 *Q* 函数。这实际上正是 Tesauro 在其流行的西洋双陆棋 Agent 中使用的方法，该方法能够击败当时的西洋双陆棋世界冠军。

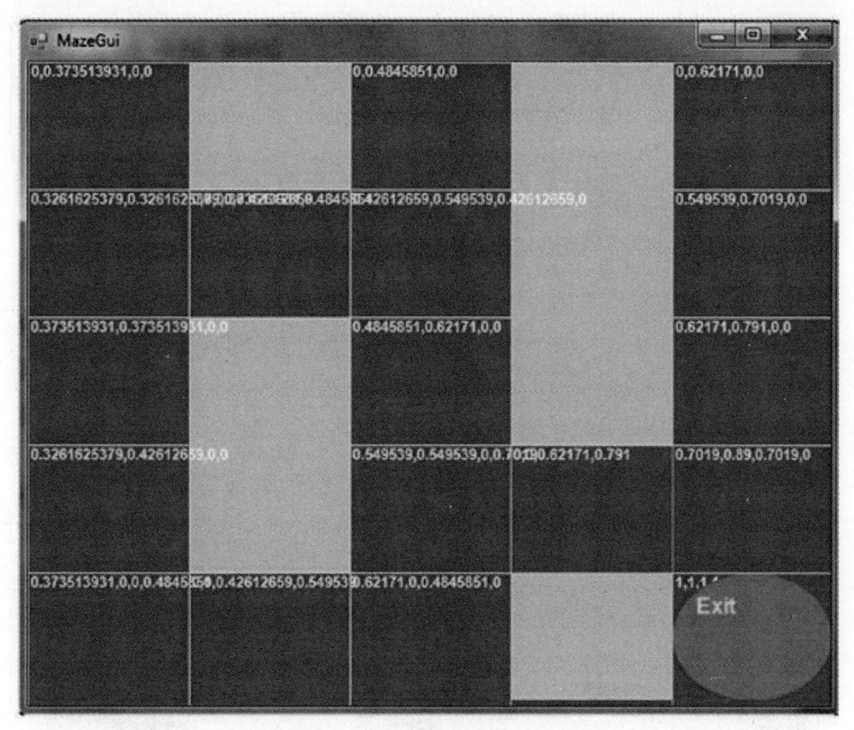

图 17-7　由 Agent 发现并执行的最优策略

17.8　本章小结

在本章中描述了一个有趣的主题——强化学习(RL)，这是与监督学习和无监督学习比肩的最重要机器学习范式之一。我们首先定义了马尔可夫决策过程(MDP)，即 RL 中用于建模现实世界问题的数学框架。然后描述了值函数(*V*)和动作-值函数(*Q*)，并展示了它们之间的关系以及它们在求解最优策略中的重要性。本章中也介绍了策略的概念。我们给出了几种求解马尔可夫决策过程的方法。接下来详细介绍了值迭代算法和策略迭代算法。最后，我们讨论了 Q-learning 并实现了一个实际问题，使用该算法让 Agent 学习如何以最短的步数走出迷宫。